Jochen Wengenroth

Wahrscheinlichkeitstheorie

W
DE
G

Walter de Gruyter
Berlin · New York

Prof. Dr. Jochen Wengenroth
Département de Mathématiques
Université de Liège
Grande Traverse 12 (Bât. B37)
4000 Liège
Belgien
E-Mail: J.Wengenroth@ulg.ac.be

♾ Gedruckt auf säurefreiem Papier, das die US-ANSI-Norm über Haltbarkeit erfüllt.

ISBN 978-3-11-020358-5

Bibliografische Information der Deutschen Nationalbibliothek

Die Deutsche Nationalbibliothek verzeichnet diese Publikation in der Deutschen
Nationalbibliografie; detaillierte bibliografische Daten sind im Internet
über http://dnb.d-nb.de abrufbar.

Printed in Germany.
Einbandgestaltung: Martin Zech, Bremen.
Druck und Bindung: AZ Druck und Datentechnik GmbH, Kempten.

Für Annette, Hannah und Philipp.

Vorwort

Es gibt keine Wahrscheinlichkeit – so beginnt Bruno de Finetti sein Werk über Wahrscheinlichkeitstheorie. Und auch wenn diese Äußerung mindestens stark übertrieben ist, bietet sie gute Gelegenheit, den Zweck dieser Theorie zu beschreiben. Wahrscheinlichkeitstheorie ist *nicht* die Analyse eines objektiven Sachverhalts, den man Zufall nennen könnte. Ein Verfechter der gegenteiligen Ansicht wird sagen, dass etwa das Ergebnis eines Münzwurfs oder einer Lottoziehung prinzipiell unvorhersehbar sei und durch eben diesen Zufall „gesteuert" werde – was immer das auch sein mag: Karl Popper spricht von *propensities* und stellt sich darunter wohl etwas ähnliches wie magnetische Kräfte vor, von denen einige in die eine Richtung ziehen und manche in die andere, so dass das Ergebnis ein Mittel der wirkenden Kräfte ist. Diesem Verfechter kann man mit dem Argument begegnen, dass *Indeterminiertheit* überhaupt nichts mit der Funktion von Münzwürfen oder Lottoziehungen zu tun hat: Ob die Würfel noch rollen oder aber im Würfelbecher schon gefallen sind, so dass ein Glücksspieler das Ergebnis nicht sieht, spielt für sein Wettverhalten gar keine Rolle – er braucht so oder so ein vernünftiges Modell, in dem er die Situation beschreiben und seine Strategie planen kann.

Ob es nun Indeterminiertheit und Zufall gibt, und allein schon die Frage, ob sich diese Begriffe überhaupt definieren lassen, ist ein alter philosophischer Streit, zu dem wir hier nichts beitragen wollen – die Wahrscheinlichkeitstheorie braucht diese Begriffe nicht, und allein, dass Laplace sowohl Mitbegründer der Wahrscheinlichkeitstheorie als auch mit seinem *Laplaceschen Dämon* der Vertreter des Determinismus schlechthin war, ist ein Indiz dafür.

Der Streit ist für die mathematische Behandlung der Wahrscheinlichkeit deshalb belanglos, weil sie Modelle zur Verfügung stellt, die von nur einem einzigen völlig unstrittigen Aspekt des Wahrscheinlichkeitsbegriffs ausgehen. Jede philosophische Auffassung ist dann auf die logischen Konsequenzen der Wahrscheinlichkeitstheorie verpflichtet.

Trotzdem wollen wir noch kurz die weiteren außermathematischen Aspekte des Begriffs ansprechen. Wenn man wie de Finetti die objektive Existenz von Wahrscheinlichkeit bestreitet, kann man sie als sozusagen psychologisches Phänomen verstehen. Auch falls alle vergangenen und zukünftigen Tatsachen im Prinzip determiniert sind und von einer Intelligenz, die so umfassend ist wie der schon erwähnte Laplacesche Dämon, berechnet werden können, steht außer Frage, dass die menschliche Intelligenz bestenfalls Teilinformationen erkennen und verarbeiten kann. Man muss das Feld dann freilich nicht der Psychologie überlassen, sondern kann Kriterien formulieren, wie mit Teilinformationen *rational* umzugehen ist – wobei rational hier in einem sehr strengen Sinn gemeint ist, nämlich als Vermeidung logischer Widersprüche.

In de Finettis Konzeption wird der rationale Umgang mit unsicheren Informationen durch die Analyse von Wetten auf Ereignisse wie etwa Ergebnisse von Fußballspielen operationalisiert, und er zeigt, dass allein die Vermeidung von Wettsystemen, die zu einem *sicheren* Verlust führen, Bedingungen impliziert, die stringent genug für die mathematische Theorie sind. Wir wollen dies nicht im Detail sondern nur an einem Beispiel ausführen. Bei de Finetti bedeutet, einem Ereignis die Wahrscheinlichkeit von 1/4 zuzuordnen, die Bereitschaft, einen Wetteinsatz von 0,25 € zu leisten, wenn bei Eintritt des Ereignisses 1 € ausgezahlt wird, und außerdem gegen jeden Einsatz von mehr als 0,25 € bei Eintritt selbst 1 € auszuzahlen. Jemandem der dem gegenteiligen Ereignis eine andere Wahrscheinlichkeit zuordnet als 3/4 – also zum Beispiel 1/2 – kann man dann ein System von Wetten vorlegen, bei dem er mit Sicherheit Geld verliert: Er müsste je 1 € auf A und das gegenteilige Ereignis $B = A^c$ setzen und für (etwas mehr) als 2 € Einsatz auf A und 3 € auf B (sozusagen als Bank) Wetten akzeptieren. Im Fall von A bekäme er 4 € ausgezahlt und müsste selbst 8 € zahlen (mit einem Netto-Verlust von 1 €) und im Fall von B bekäme er 2 € und müsste 6 € zahlen (was ebenfalls zu einem Netto-Verlust von 1 € führt).

Diesen Spezialfall der Additivität von Wahrscheinlichkeiten werden wir im 1. Kapitel wiedersehen und im 3. Kapitel in der Linearität von Erwartungswerten. Eine ähnlich Form der Rationalität finden wir auch im 10. Kapitel bei einer finanzmathematischen Anwendung: Der Preis einer „zufälligen" Auszahlungsfunktion wird dadurch bestimmt, wie man an diese Funktion am billigsten mit einer sicheren nachbilden kann.

Der subjektivistische Aspekt, der bei de Finetti im Vordergrund steht, spielt auch im allgemeinen Verständnis von Wahrscheinlichkeit eine wichtige Rolle – selbst wenn man nicht gleich Haus und Hof verwetten will, wenn man eine Aussage über zu erwartende Ereignisse macht. Dennoch ist man seiner Aussage in einem gewissen Sinn verpflichtet (dem Deutschen fehlt leider ein so schöner Begriff wie *commitment*) – ein Wetterexperte, der eben im Fernsehen eine Regenwahrscheinlichkeit von 1 % verkündet hat (ohne übrigens zu sagen, was genau er damit meint), würde sich mit Schirm und Schal sehr suspekt machen.

Daneben gibt es einen „frequentistischen" Aspekt, der darauf beruht, dass sich viele Situationen, in denen von Wahrscheinlichkeit die Rede ist, durch ihre „Wiederholbarkeit" auszeichnen. Es wird oft als Erfahrungstatsache bezeichnet, dass sich die relativen Häufigkeiten von oft ausgeführten Experimenten einem Grenzwert annähern. Richard von Mises hat versucht, den Begriff Wahrscheinlichkeit als diesen Grenzwert zu *definieren*. Und auch wenn dieser Versuch furios gescheitert ist – sowohl auf der philosophischen Seite, weil bei ihm der physikalische Sinn von Ereignis, das insbesondere zu einem bestimmten Zeitpunkt stattfinden hat, verloren geht, als auch auf der mathematischen, weil seine Definition von zufälligen oder in seiner Terminologie *regellosen* Folgen als haltlos nachgewiesen wurde – spielt dieser Aspekt sowohl in der Alltagssprache als auch im praktischen Umgang etwa bei Versicherungen eine wichti-

ge Rolle. Wir werden ihn in den Grenzwertsätzen der Wahrscheinlichkeitstheorie und
insbesondere im Gesetz der großen Zahlen wiederfinden, allerdings nicht im Zusammenhang mit der ganz verschiedenen Definition sondern als eine der beeindruckenden
Konsequenzen.

Auch die oben angedeuteten *propensities* von Popper treffen wir in einer gewissen
Form im Zentralen Grenzwertsatz im 5. Kapitel wieder: viele kleine unabhängige
Einflüsse führen zu einer spezifischen Verteilung von Wahrscheinlichkeiten.

Die mathematisch-axiomatische Theorie der Wahrscheinlichkeit wurde von Andrei
N. Kolmogorov begründet: Sie vermeidet alle inhaltlichen und philosophischen Pro-
bleme, indem sie nicht definiert, was Wahrscheinlichkeit ist, sondern indem sie die
Regeln beschreibt, denen der Begriff genügt.

Kolmogorovs Terminologie war nicht neu sondern zum großen Teil der bereits exis-
tierenden Maßtheorie entlehnt. Man betrachtet eine Familie $\mathcal{A}$ von Teilmengen der
Menge der möglichen Konstellationen $\omega \in \Omega$ und verlangt von einer *Wahrscheinlich-
keitsverteilung* $P : \mathcal{A} \to [0, 1]$ die als *σ-Additivität* bezeichnete Bedingung

$$P\left(\bigcup_{n \in \mathbb{N}} A_n\right) = \sum_{n \in \mathbb{N}} P(A_n)$$

für alle sich paarweise ausschließenden $A_n \in \mathcal{A}$ sowie $P(\Omega) = 1$. Für $A \in \mathcal{A}$ heißt
dann $P(A)$ Wahrscheinlichkeit von A.

Der Begriff *Wahrscheinlichkeit eines Ereignisses* ist also relativ zu der Abbildung
P und deshalb nur innerhalb des Modells sinnvoll. Für die Frage nach der *Bedeutung*
von Wahrscheinlichkeit mag dieser axiomatische Zugang auf den ersten Blick enttäu-
schend sein. Auf den zweiten jedoch erahnt man vielleicht auch den Nutzen für die
philosophische Frage: Bevor nicht ein Modell, also die Abbildung P, spezifiziert ist,
hat der Begriff Wahrscheinlichkeit gar keine feststehende Bedeutung, und aller Streit
rührt von unterschiedlichen *impliziten* Annahmen her. Die Angabe von P erfordert,
diese Annahmen zu explizieren, und falls Einigkeit über das Modell herrscht, lässt
sich der Streit durch Leibniz' berühmte Aufforderung entscheiden: *calculemus!*

Bei allen inhaltlichen Interpretationen ist mindestens die endliche Additivität

$$P(A_1 \cup \cdots \cup A_n) = P(A_1) + \cdots + P(A_n)$$

für disjunkte Ereignisse unstrittig, und obgleich manche Teile der Wahrscheinlichkeitstheorie auch mit dieser schwächeren Eigenschaft auskämen, erlaubt erst die Bedingung für abzählbare Disjunktionen eine elegante mathematische Theorie.

Wir geben an dieser Stelle den heiklen Punkt in Hinblick auf die Anwendungen
und Interpretationen zu – mit der Bitte an den Leser, dieses Problem dann wieder zu
vergessen. In der Theorie wird stets verlangt, dass der Definitionsbereich $\mathcal{A}$ von P
schnittstabil ist, das heißt aus $A \in \mathcal{A}$ und $B \in \mathcal{A}$ folgt $A \cap B \in \mathcal{A}$. Während man
die Additivität von P mit Rationalitätsforderungen wie zum Beispiel bei de Finetti

begründen kann, ist dies für die Schnittstabilität keineswegs so klar. Man kann wohl-
begründete Vermutungen über die Erfolgsaussichten des FC A am nächsten Wochen-
ende als auch über die der Borussia B haben und die vielleicht sogar mit Wahrscheinlichkeiten quantifizieren – und sich mit gutem Grund eines Urteils darüber enthalten,
dass beide Mannschaften gewinnen, zum Beispiel, weil man nicht weiß, ob sie ge-
geneinander spielen. Und selbst wenn man das weiß, ist überhaupt nicht evident oder
gar durch Rationalitätsforderungen festgelegt, wie das gemeinsame Eintreten zweier
Ereignisse zu bewerten ist.

Die Modelle der Wahrscheinlichkeitstheorie sind für jemanden, der nicht einmal
weiß, ob A gegen B spielt, also nicht gemacht. Wem dieses Beispiel zu banal ist,
denke an einen Arzt, der sich durchaus über zwei mögliche Nebenwirkungen seiner
Behandlung im Klaren ist aber nicht darüber, wie die beiden genau zusammenhängen.

Wir werden also stets voraussetzen, dass jemand, der sich zutraut, zwei Ereignisse
A und B vernünftig zu bewerten, auch über deren Konjunktion ein rationales Urteil
abgeben kann. Und auch wenn wir den Leser eben gebeten haben, diesen heiklen
Punkt wieder zu vergessen – man darf durchaus im Gedächtnis behalten, dass die
Modellierung ungewisser Situationen eine anspruchsvolle Aufgabe ist.

Soviel beziehungsweise so wenig zur Philosophie der Wahrscheinlichkeit, und nun
zur Motivation für dieses Buch.

Bis vor gar nicht so langer Zeit wurden wahrscheinlichkeitstheoretische Modelle vor allem in der Statistik benutzt, um zu entscheiden, welches einer Klasse von
Modellen am wenigsten unplausibel ist (die holprige Formulierung ist Poppers *Logik
der Forschung* geschuldet, nach der sich eine Theorie oder ein Modell nicht verifizieren sondern bloß als unpassend herausstellen lassen). Die dafür benötigte „klassische" Wahrscheinlichkeitstheorie ließ sich inklusive der Grundlagen der Maßtheorie
in einer an deutschen Universitäten üblichen zweisemestrigen Vorlesung darstellen,
so dass womöglich sogar noch etwas Zeit für statistische Anwendungen oder Ausbli-
cke auf die „moderne" Theorie stochastischer Prozesse blieb. Deren Hauptergebnis
(nämlich die Itô-Formel in Kapitel 9), das in seiner Bedeutung mit dem Hauptsatz der
Differential- und Integralrechnung der Analysis vergleichbar ist und eine herausragende Rolle bei Anwendungen zum Beispiel in der *Finanzstochastik* spielt, war dann
selbst in einfachen Versionen weit jenseits des behandelten Stoffs und blieb als Thema
einer spezialisierten Vorlesung über stochastische Prozesse und somit Studierenden
mit diesem speziellen Interesse vorbehalten.

Dieses Buch ist ein Versuch, die gesamte für dieses Hauptergebnis benötigte Wahrscheinlichkeitstheorie in einem Umfang darzustellen, der tatsächlich in zwei Semes-
tern zu bewältigen ist, und ohne dabei auf zentrale Ergebnisse der klassischen Theorie
zu verzichten. Allerdings ist der vorliegende Text ein *Buch* und kein *Vorlesungsmanuskript*, letzteres würde deutlich mehr Redundanz enthalten und sich auch stilistisch
ziemlich unterscheiden.

Die häufig benutzten Mittel, eine elaborierte Theorie kurz darzustellen – nämlich entweder die Grundlagen bloß anzudeuten und für die Details auf die Literatur zu verweisen oder sie gar als Übungsaufgaben getarnt dem Leser zu überlassen – sind in vielerlei Hinsicht unbefriedigend, und man wird feststellen, dass dieses Buch (an manchen Stellen vielleicht sogar etwas übertrieben) eigenständig (oder *self-contained*) ist: Alles was nicht mit Sicherheit im ersten Jahr eines Mathematikstudiums gelehrt wird, findet sich hier mit Beweis. Dadurch werden Überraschungen vermieden wie man sie gelegentlich in dicken Lehrbüchern findet, die – häufig im Zusammenhang mit Anwendungen des dargestellten Materials – in lockerem Ton einige Ergebnisse über das xyz herbei zaubern, die man ja in jedem Buch über die abc-Theorie nachlesen kann.

Was hier im Wesentlichen benötigt wird, sind der Umgang mit Reihen (mit positiven Summanden, was alle Konvergenzfragen auf den Unterschied zwischen beschränkten und unbeschränkten Partialsummenfolgen reduziert), Stetigkeit und partielle Differenzierbarkeit reeller Funktionen, die Hauptachsentransformation der linearen Algebra und die Terminologie metrischer Räume (die findet man zwar im Anhang, der aber nicht als Einführung für jemanden zu verstehen ist, der davon noch nie gehört hat). Vor allem aber ein souveräner Umgang mit den Grundbegriffen der Mengenlehre und insbesondere der Urbildabbildung (einem Leser, der sich seiner selbst vergewissern will, sei die allererste Übungsaufgabe empfohlen) sowie der Wunsch und die Bereitschaft, alle Aussagen im Text zu verifizieren: Ich habe mich bemüht, den Leser dabei nicht allein zu lassen, zum Beispiel, indem ich auf die so beliebte Wendung wie „es ist leicht einzusehen, dass ...“ verzichtet und die eingesparte halbe Zeile für einen Hinweis auf das benötigte Argument benutzt habe. Auch wenn Irrtümer natürlich nicht ausgeschlossen sind, halte ich die manchmal nicht ausgeführten Details wie die Verifikation der Voraussetzungen bei der Anwendung eines Satzes in fast allen Fällen für sehr leicht.

Um bei der Behandlung des Themas weder auf tiefer liegende Ergebnisse noch einige Anwendungen zu verzichten, wurden oft Zugänge und Beweise gewählt, die vielleicht nur in einigen Details neu sind aber in ihrer Gesamtheit zu einem deutlichen Unterschied zu der „klassischen Darstellung" führen.

Zwei stilistische Mittel zur stringenten Darstellung, die dieses Buch deutlich von einem Vorlesungsmanuskript unterscheiden, sind einerseits der Verzicht auf eine starke Untergliederung. Abgesehen von den nummerierten Sätzen, die sozusagen das logische Gerüst der Theorie bilden, finden sich Beispiele und Definitionen im laufenden Text, wobei letztere fett gedruckt und im Index mit Verweis auf die Seitenzahl gesammelt sind. Andererseits erweist sich die etwas ungewöhnlich Benutzung von $a \equiv b$ als definitorische im Unterschied zur behaupteten Gleichheit als sehr nützlich, auch um bloß vorübergehende Bezeichnungen einzuführen, was Wendungen wie „wobei wir a mit b bezeichnen" erspart.

Die Kürze der Darstellung hat neben ihren Vorzügen – insbesondere ist so viel leichter ein Überblick über die vielen theoretischen Zusammenhänge zu erreichen als bei einer breiteren Darstellung – natürlich ihren Preis: Einerseits verlangt sie vom

Leser ein hohes Maß an Konzentration, und andererseits kommen manche wichtige Themen der Wahrscheinlichkeitstheorie nur am Rande vor. Als größtes Versäumnis betrachte ich dabei eine ziemliche Vernachlässigung zeitdiskreter stochastischer Prozesse und zweitens das Fehlen von Markov-Prozessen, die nur in der Form von Prozessen mit unabhängigen Zuwächsen vorkommen.

Bevor es zur Sache geht, möchte ich den Herren T. Kalmes, H. Luschgy und W. Sendler für eine Reihe kritischer Anmerkungen und hilfreicher Diskussionen danken sowie Ch. Becker und N. Kenessey, die sowohl Teile des Manuskripts gelesen als auch als Hörer meiner Vorlesungen keine Unsauberkeiten haben durchgehen lassen, insbesondere Herr Becker hat seinen Finger in jede wunde Stelle gelegt. Schließlich bedanke ich mich herzlich bei Lisa Schmitt, die das Manuskript in LaTeX umgesetzt hat.

Liège, Mai 2008   Jochen Wengenroth

Inhaltsverzeichnis

Kapitel 1
Ereignisse und Modelle

Wir führen in diesem Kapitel das Vokabular der Wahrscheinlichkeitstheorie ein, das aus suggestiven Sprechweisen für mengentheoretische Zusammenhänge besteht.

Wir betrachten stets eine Menge Ω von **Konstellationen** $\omega \in \Omega$, die zum Beispiel die möglichen Resultate eines Experiments beschreiben. Teilmengen von Ω nennen wir dann **Ereignisse** (von Ω). Ω selbst heißt das **sichere Ereignis**, und die leere Menge heißt **unmögliches Ereignis**. Zum Beispiel kann man mit der Menge $\Omega = \{1, 2, \ldots, 6\}$ die Ergebnisse des Wurfs mit einem Würfel beschreiben, und $A = \{1, 3, 5\}$ ist das Ereignis, dass die gewürfelte Zahl ungerade ist.

Eine Menge $\mathcal{A}$ von Ereignissen von Ω – also eine Teilmenge der **Potenzmenge** $\mathcal{P}(\Omega)$ – heißt σ-**Algebra** (über Ω), falls das sichere Ereignis Element von $\mathcal{A}$ ist, mit jedem Ereignis $A \in \mathcal{A}$ auch das gegenteilige Ereignis $A^c = \Omega \setminus A$ Element von $\mathcal{A}$ ist, und für jede Folge $(A_n)_{n \in \mathbb{N}}$ von Ereignissen $A_n \in \mathcal{A}$ auch die Vereinigung $\bigcup_{n \in \mathbb{N}} A_n \in \mathcal{A}$ ist.

Die Ereignisse $A \in \mathcal{A}$ nennen wir $\mathcal{A}$-**zulässige** Ereignisse oder auch $\mathcal{A}$-**messbar** und das Paar $(\Omega, \mathcal{A})$ einen **Messraum**.

Oft ist es suggestiv, eine σ-Algebra $\mathcal{A}$ als ein System von Informationen anzusehen in dem Sinn, dass man von den $\mathcal{A}$-zulässigen Ereignissen weiß, *ob sie eingetreten sind*. Dann kann man die drei Axiome als Rationalitätsforderungen verstehen (wobei die Bedingung für abzählbare Disjunktionen statt für endliche ein Preis für die elegante mathematische Theorie ist). In diesem Sinn beschreiben die minimale σ-Algebra $\{\emptyset, \Omega\}$ und die maximale σ-Algebra $\mathcal{P}(\Omega)$ vollständige Ignoranz beziehungsweise Allwissenheit.

Für eine Menge $\{\mathcal{A}_\alpha : \alpha \in I\}$ von σ-Algebren über Ω ist

$$\bigwedge \{\mathcal{A}_\alpha : \alpha \in I\} \equiv \bigwedge_{\alpha \in I} \mathcal{A}_\alpha \equiv \bigcap_{\alpha \in I} \mathcal{A}_\alpha = \{A \subseteq \Omega : A \in \mathcal{A}_\alpha \text{ für alle } \alpha \in I\}$$

wieder eine σ-Algebra und zwar die (bezüglich der Inklusion) größte, die in allen $\mathcal{A}_\alpha$ enthalten ist (interpretiert man $\mathcal{A}_\alpha$ als Informationssysteme verschiedener Personen, so wäre dieses Minimum $\bigwedge_{\alpha \in I} \mathcal{A}_\alpha$ der „common sense"). Ist $\mathcal{E}$ irgendeine Menge von Ereignissen von Ω, so ist

$$\sigma(\mathcal{E}) \equiv \sigma_\Omega(\mathcal{E}) \equiv \bigwedge \{\mathcal{A} : \mathcal{A} \; \sigma\text{-Algebra mit } \mathcal{E} \subseteq \mathcal{A}\}$$

die minimale σ-Algebra über Ω, die $\mathcal{E}$ umfasst. $\mathcal{E}$ heißt dann ein **Erzeuger** von $\sigma(\mathcal{E})$. Diese **erzeugte** σ-Algebra ist also durch $\mathcal{E}$ eindeutig bestimmt, aber andererseits gibt es in der Regel sehr viele verschiedene Erzeuger.

$\sigma(\mathcal{E})$ lässt sich nur in sehr speziellen Situationen konkret beschreiben. Zum Beispiel ist $\sigma(\{A\}) = \{\varnothing, A, A^c, \Omega\}$ für jedes Ereignis $A \subseteq \Omega$. Das rechte Mengensystem ist nämlich eine σ-Algebra, die $\{A\}$ umfasst, und andererseits enthält jede σ-Algebra mit A auch A^c und sowieso $\varnothing$ und Ω. Ist $\Omega = \{1, \ldots, 6\}$ die Menge der möglichen Resultate eines Würfelwurfs und $A = \{2, 4, 6\}$, so beschreibt $\sigma(\{A\})$ die Information, ob die Augenzahl gerade ist.

Mit dem gleichen Argument wie eben kann man $\sigma(\mathcal{E})$ für eine (höchstens) abzählbare **Zerlegung** $\mathcal{E} = \{A_n : n \in \mathbb{N}\}$ von Ω beschreiben, das heißt falls A_n paarweise disjunkt mit $\Omega = \bigcup_{n \in \mathbb{N}} A_n$ sind: Mit der Bezeichnung $A(J) \equiv \bigcup_{n \in J} A_n$ für $J \subseteq \mathbb{N}$ gilt dann $\sigma(\mathcal{E}) = \{A(J) : J \subseteq \mathbb{N}\}$. Wegen $\Omega = A(\mathbb{N})$, $A(J)^c = A(J^c)$ und $\bigcup_{n \in \mathbb{N}} A(J_n) = A(\bigcup_{n \in \mathbb{N}} J_n)$ ist nämlich das rechte Mengensystem eine σ-Algebra, die alle $A_n = A(\{n\})$ enthält, und jede σ-Algebra enthält mit allen A_n auch die abzählbaren Vereinigungen $A(J)$.

Ist $\mathcal{E} = \{B_1, \ldots, B_n\} \subseteq \mathcal{P}(\Omega)$ endlich und definieren wir für $s \in \{0, 1\}^n$ die Mengen $A_s \equiv \bigcap_{s_j = 1} B_j \cap \bigcap_{s_j = 0} B_j^c$, so ist $\tilde{\mathcal{E}} \equiv \{A_s : s \in \{0, 1\}^n\}$ eine Zerlegung von Ω, weil jedes $\omega \in \Omega$ Element genau derjenigen Menge A_s mit $s_j = 1$ falls $\omega \in B_j$ und $s_j = 0$ falls $\omega \notin B_j$ ist. Außerdem gilt $\sigma(\mathcal{E}) = \sigma(\tilde{\mathcal{E}})$, weil B_j die Vereinigung aller A_s mit $s_j = 1$ ist. Also erhalten wir die Darstellung

$$\sigma(\mathcal{E}) = \Big\{ \bigcup_{s \in J} A_s : J \subseteq \{0, 1\}^n \Big\}.$$

Selbst für abzählbares $\mathcal{E}$ kann man die erzeugte σ-Algebra im Allgemeinen nur durch einen „transfiniten" Prozess konstruktiv beschreiben. Wir werden aber eine solche „Konstruktion" nie benutzen, sondern kommen immer mit der abstrakten aber einfachen Definition als Minimum aller σ-Algebren, die $\mathcal{E}$ enthalten, aus.

Mit Hilfe des Minimums können wir nun auch das Maximum

$$\bigvee_{\alpha \in I} \mathcal{A}_\alpha \equiv \bigvee \{\mathcal{A}_\alpha : \alpha \in I\} \equiv \sigma \Big(\bigcup_{\alpha \in I} \mathcal{A}_\alpha \Big)$$

als die kleinste σ-Algebra, die alle $\mathcal{A}_\alpha$ umfasst, definieren. Schon das Beispiel $\mathcal{A}_n \equiv \sigma_{\mathbb{N}}(\{n\})$ zeigt, dass $\bigcup_{\alpha \in I} \mathcal{A}_\alpha$ selbst im Allgemeinen keine σ-Algebra ist. In der Interpretation als rationale Informationssysteme heißt das, dass die Vereinigung (also zum Beispiel eine Anhäufung von Internetseiten) nicht rational zu sein braucht. Für $I = \{1, \ldots, n\}$ schreiben wir $\bigvee_{\alpha \in I} \mathcal{A}_\alpha = \mathcal{A}_1 \vee \cdots \vee \mathcal{A}_n$ und $\bigwedge_{\alpha \in I} \mathcal{A}_\alpha = \mathcal{A}_1 \wedge \cdots \wedge \mathcal{A}_n$.

Ist Ω mit einer Metrik d versehen (die für uns wichtigen Definitionen und Ergebnisse über metrische Räume findet man im Anhang), so heißt

$$\mathcal{B}(\Omega, d) \equiv \sigma(\{A : A \text{ offen}\})$$

Borel-σ-Algebra über Ω.

Sind speziell $\Omega = \mathbb{R}^n$ und d die euklidische Metrik, so schreiben wir die Borel-σ-Algebra als $\mathbb{B}_n$ und im Fall $n = 1$ als $\mathbb{B} \equiv \mathbb{B}_1$. Die Borel-$\sigma$-Algebra $\mathbb{B}_n$ enthält

insbesondere alle Mengen, die sich durch „abzählbare Prozesse" mittels Komplement-
und Durchschnittbildung aus offenen Mengen beschreiben lassen, und es ist mühsa-
mer, Ereignisse zu finden, die nicht $\mathbb{B}_n$-zulässig sind, als in den meisten Fällen die
Zulässigkeit konkreter Mengen zu zeigen.

Für eine σ-Algebra $\mathcal{A}$ heißt eine Abbildung $\mu : \mathcal{A} \to [0, +\infty]$ ein **Maß** auf $\mathcal{A}$
oder $(\Omega, \mathcal{A})$ und $(\Omega, \mathcal{A}, \mu)$ heißt dann **Maßraum**, falls

$$\mu(\varnothing) = 0 \text{ und } \mu\Big(\bigcup_{n \in \mathbb{N}} A_n \Big) = \sum_{n=1}^{\infty} \mu(A_n)$$

für alle Folgen $(A_n)_{n \in \mathbb{N}}$ *paarweise disjunkter* Ereignisse $A_n \in \mathcal{A}$ (weil alle Summanden positiv sind, steht die Konvergenz der Reihe im Intervall $[0, +\infty]$ nicht in Frage).
μ heißt ein **Wahrscheinlichkeitsmaß** oder eine **Verteilung** und $(\Omega, \mathcal{A}, \mu)$ heißt dann
Wahrscheinlichkeitsraum oder **Modell**, falls $\mu(\Omega) = 1$ gilt. Üblicherweise werden
wir ein Wahrscheinlichkeitsmaß mit dem Symbol P bezeichnen. Die Normiertheit
impliziert zusammen mit der σ**-Additivität** angewendet auf $A_1 = \Omega$ und $A_n = \varnothing$
für $n \geq 2$ übrigens schon das erste Axiom $P(\varnothing) = 0$.

Wir sehen hier die zweite wichtige Funktion von σ-Algebren für die Theorie, nämlich als Definitionsbereiche von Maßen. Maße μ, die nur die Werte 0 und 1 annehmen,
spezifizieren für jedes $\mathcal{A}$-zulässige Ereignis A, *dass* es eingetreten ist, falls $\mu(A) = 1$,
beziehungsweise dass es nicht eingetreten ist, falls $\mu(A) = 0$. Das **Dirac-Maß**

$$\delta_a(A) \equiv \begin{cases} 1, & a \in A \\ 0, & a \notin A \end{cases}$$

in einem Punkt $a \in \Omega$ ist das typische Beispiel für diese Situation. Dies ist also
der Grenzfall eines allgemeinen Wahrscheinlichkeitsmaßes, das jedem $A \in \mathcal{A}$ die
„Eintrittssicherheit" zuordnet. Endliche Additivität wäre dann wiederum eine Ratio-
nalitätsforderung und die σ-Additivität ist auch hier der Tribut an die Eleganz der
Theorie.

Wir interessieren uns vornehmlich für Verteilungen, allgemeine Maße sind aber oft
ein wichtiges Hilfsmittel und als Instrument zur Bestimmung von Längen, Flächen
und Volumina auch in anderen Bereichen der Mathematik von zentraler Bedeutung.
Bevor wir erste Beispiele für Verteilungen angeben, beweisen wir die grundlegenden
Eigenschaften von Maßen. Für eine Folge von Ereignissen A_n schreiben wir dabei
$A_n \uparrow A$ und $A_n \downarrow A$ falls $A_n \subseteq A_{n+1}$ und $A = \bigcup_{n \in \mathbb{N}} A_n$ beziehungsweise $A_{n+1} \subseteq$
A_n und $A = \bigcap_{n \in \mathbb{N}} A_n$.

Satz 1.1 (Einmaleins der Maßtheorie)
Für einen Maßraum $(\Omega, \mathcal{A}, \mu)$ und $A, B, A_n \in \mathcal{A}$ gelten folgende Aussagen:

1. Sind $A_1, \ldots, A_n$ paarweise disjunkt, so gilt $\mu\Big(\bigcup_{k=1}^{n} A_k \Big) = \sum_{k=1}^{n} \mu(A_k)$.

2. $\mu(A \cup B) + \mu(A \cap B) = \mu(A) + \mu(B)$.

3. *Für* $A \subseteq B$ *ist* $\mu(B \setminus A) + \mu(A) = \mu(B)$.

4. *Für* $A \subseteq B$ *ist* $\mu(A) \leq \mu(B)$.

5. $\mu\left(\bigcup_{n \in \mathbb{N}} A_n\right) \leq \sum_{n=1}^{\infty} \mu(A_n)$.

6. $A_n \uparrow A$ *impliziert* $\mu(A_n) \to \mu(A)$.

7. $A_n \downarrow A$ *und* $\mu(A_1) < \infty$ *implizieren* $\mu(A_n) \to \mu(A)$.

Die Eigenschaften in 1. und 4.–7. heißen **Additivität**, **Monotonie**, **Sub-σ-Additivität** und **Stetigkeit** von unten beziehungsweise oben.

Beweis. 1. folgt aus der σ-Additivität mit $A_k = \emptyset$ für $k > n$. Diese endliche Additivität impliziert die dritte Aussage, da A und $B \setminus A$ disjunkt mit Vereinigung B sind. 4. folgt aus 3. und der Positivität, und wegen $A \cup B = A \cup (B \setminus (A \cap B))$ liefert die Anwendung von 3. auf $A \cap B \subseteq B$ die zweite Aussage.
6. folgt aus der Monotonie, falls $\mu(A_n) = \infty$ für ein $n \in \mathbb{N}$ gilt. Andernfalls sind $B_n \equiv A_n \setminus A_{n-1}$ mit $A_0 \equiv \emptyset$ paarweise disjunkt, und mit 3. folgt

$$\mu(A) = \mu\left(\bigcup_{n \in \mathbb{N}} B_n\right) = \sum_{n=1}^{\infty} \mu(B_n) = \lim_{N \to \infty} \sum_{n=1}^{N} \mu(A_n) - \mu(A_{n-1}) = \lim_{N \to \infty} \mu(A_N).$$

2. impliziert induktiv $\mu(\bigcup_{k=1}^{n} A_k) \leq \sum_{k=1}^{n} \mu(A_k)$ und damit folgt 5. aus der Stetigkeit von unten. Wegen $A_1 \setminus A_n \uparrow A_1 \setminus A$ folgt 7. aus 6. und 3. $\square$

Um Verteilungen auf der Potenzmenge $\mathcal{A} = \mathcal{P}(\Omega)$ einer n-elementigen Menge Ω zu definieren, muss man nicht die 2^n Wahrscheinlichkeiten $P(A)$ für $A \subseteq \Omega$ angeben. Wegen der Additivität reicht die Definition von $P(\{\omega\})$ für jedes $\omega \in \Omega$. Mit der Bezeichnung $\sum_{\omega \in A} f(\omega) \equiv \sup\{\sum_{\omega \in E} f(\omega) : E \subseteq A \text{ endlich}\}$ für $f : A \to [0, \infty]$ gilt allgemeiner:

Satz 1.2 (Diskrete Modelle)
Seien $(\Omega, \mathcal{A})$ *ein Messraum und* $f : \Omega \to [0, +\infty]$ *eine Abbildung. Dann ist durch* $\mu(A) \equiv \sum_{\omega \in A} f(\omega)$ *ein Maß auf* $\mathcal{A}$ *definiert. Ist* Ω *höchstens abzählbar, so ist jedes Maß auf* $\mathcal{P}(\Omega)$ *von dieser Form.*

Beweis. $\mu(\emptyset) = 0$ folgt aus der Definition der leeren Summe als 0, und die σ-Additivität folgt aus der unbedingten Konvergenz von Reihen mit positiven Summanden. Für gegebenes Maß μ auf $\mathcal{P}(\Omega)$ liefert bei abzählbarem Ω wegen der σ-Additivität $f(\omega) \equiv \mu(\{\omega\})$ die gewünschte Darstellung. $\square$

In der Situation von Satz 1.2 heißt f eine **Zähldichte** von μ, und μ heißt **diskret**. Das zu $f = 1$ gehörige Maß heißt **Zählmaß** auf Ω. Das Zählmaß auf $\mathbb{N}$ und die Ereignisse $A_n = \{n, n + 1, n + 2, \ldots\} \downarrow \emptyset$ zeigen, dass Satz 1.1.7 ohne die Voraussetzung $\mu(A_1) < \infty$ im Allgemeinen falsch ist.

Diskrete *Verteilungen* können wir nun durch Zähldichten f mit $\sum_{\omega \in \Omega} f(\omega) = 1$ definieren. Für endliches Ω heißt das Maß mit Zähldichte $f(\omega) \equiv 1/|\Omega|$ **Laplace-Verteilung** auf Ω. Sie ist das paradigmatische Modell für Situationen wie dem Würfeln, in denen alle Konstellationen als gleichmöglich angesehen werden. Speziell auf $\Omega = \{0, 1\}$ heißt die Laplace-Verteilung auch **Bernoulli-Verteilung**.

Die Verteilung auf $\Omega = \{0, \ldots, n\}$ mit Zähldichte $f(k) \equiv \binom{n}{k} p^k (1 - p)^{n-k}$ für festes $p \in [0, 1]$ wird mit $B(n, p)$ bezeichnet und heißt **Binomialverteilung** mit Parametern n und p. Wie wir noch begründen werden, ist sie ein angemessenes Modell für die „Verteilung der Treffer mit Wahrscheinlichkeit p in n unabhängigen Experimenten".

Die Verteilung auf $\Omega = \mathbb{N}_0$ mit Zähldichte $f(n) \equiv e^{-\lambda} \lambda^n / n!$ heißt **Poisson-Verteilung** mit Parameter $\lambda \geq 0$ und wird mit $Po(\lambda)$ bezeichnet. Wir werden später sehen, dass sie ein Modell für die „Verteilung seltener Ereignisse" liefert.

Als Modell für „Wartezeiten auf Ereignisse mit Wahrscheinlichkeit p" dient die **geometrische Verteilung** $Ge(p)$ auf $\Omega = \mathbb{N}$ mit Zähldichte $f(n) \equiv (1 - p)^{n-1} p$.

Für nicht abzählbares Ω liefert die Definition

$$P(A) \equiv \begin{cases} 0, & \text{falls } A \text{ abzählbar} \\ 1, & \text{sonst} \end{cases}$$

auf $\mathcal{A} \equiv \{A \subseteq \Omega : A \text{ oder } A^c \text{ abzählbar }\}$ eine (nicht diskrete) Verteilung, die gelegentlich als trennendes Beispiel dient ($\mathcal{A}$ ist eine σ-Algebra, weil die abzählbare Vereinigung abzählbarer Mengen wieder abzählbar ist, und P ist eine Verteilung, weil für paarweise disjunkte Ereignisse in $\mathcal{A}$ höchstens eines abzählbares Komplement besitzt).

Schon mit diskreten Verteilungen lassen sich überraschende Beispiele untersuchen. Wir können die j-te Komponente einer Konstellation $\omega = (\omega_1, \ldots, \omega_n) \in \Omega \equiv \{1, \ldots, N\}^n$ im Fall $N = 365$ als Geburtstag des j-ten Kinds einer Klasse mit n Schülern oder im Fall $N = \binom{49}{6}$ als Ergebnis der j-ten von bislang n durchgeführten Lottoziehungen „6 aus 49" interpretieren. Seien P die Laplace-Verteilung auf Ω und $A \equiv \{(\omega_1, \ldots, \omega_n) \in \Omega : \text{es gibt } i \neq j \text{ mit } \omega_i = \omega_j\}$. In der Interpretation als Geburtstage von Kindern einer Schulklasse beschreibt A das Ereignis, dass zwei Kinder am selben Tag Geburtstag feiern. Durch Induktion nach n erhalten wir, dass A^c genau $N(N - 1) \cdots (N - n + 1)$ Elemente hat, und wegen $|\Omega| = N^n$ folgt

$$P(A) = 1 - P(A^c) = 1 - \frac{N(N - 1) - (N - n + 1)}{N^n} = 1 - \prod_{k=0}^{n-1} \left(1 - \frac{k}{N}\right).$$

Die einfache Ungleichung $\exp(x) \geq 1 + x$ für $x \in \mathbb{R}$ (die zum Beispiel aus dem Mittelwertsatz folgt) liefert dann

$$P(A) \geq 1 - \exp\Big(-\sum_{k=0}^{n-1} \frac{k}{N}\Big) = 1 - \exp\Big(-\frac{n(n-1)}{2N}\Big).$$

Weil $P(A) \geq 1/2$ schon für $n(n-1) \geq 2N\log 2$ gilt (also $n \geq 23$ für $N = 365$ und $n \geq 4404$ für $N = \binom{49}{6}$), wird dieses Beispiel manchmal **Kollisionsparadoxon** genannt.

Eine nützliche Verallgemeinerung von Satz 1.1.2 ist:

Satz 1.3 (Siebformel)
Seien $(\Omega, \mathcal{A}, \mu)$ ein Maßraum und $A_1, \ldots, A_n \in \mathcal{A}$ mit $\mu(\bigcup_{j=1}^{n} A_j) < \infty$. Dann gilt

$$\mu\Big(\bigcup_{j=1}^{n} A_j\Big) = \sum(-1)^{|S|+1}\mu\Big(\bigcap_{j\in S} A_j\Big),$$

wobei über alle nicht-leeren Teilmengen $S \subseteq \{1, \ldots, n\}$ summiert wird.

In der Siebformel werden also alle $\mu(A_j)$ mit positivem Vorzeichen, alle $\mu(A_j \cap A_k)$ mit negativem Vorzeichen und allgemeiner die Maße aller Schnitte von k verschiedenen Mengen mit dem Vorzeichen $(-1)^{k+1}$ addiert. Weil nach Voraussetzung $\mu(A_j) < \infty$ für alle $j \in \{1, \ldots, n\}$ gilt, ist diese Summe tatsächlich definiert.

Beweis. Für $n = 1$ ist nichts zu beweisen und für $n \geq 2$ folgt aus Satz 1.1.2 und zweimalige Anwendung der Siebformel für $n - 1$ Ereignisse

$$\begin{aligned}
\mu\Big(\bigcup_{j=1}^{n} A_j\Big) &= \mu(A_n) + \mu\Big(\bigcup_{j=1}^{n-1} A_j\Big) - \mu\Big(\bigcup_{j=1}^{n-1} A_j \cap A_n\Big)\\
&= \mu(A_n) + \sum_{\emptyset\neq S\subseteq\{1,\ldots,n-1\}} (-1)^{|S|+1}\mu\Big(\bigcap_{j\in S} A_j\Big)\\
&\quad - \sum_{\emptyset\neq T\subseteq\{1,\ldots,n-1\}} (-1)^{|T|+1}\mu\Big(\bigcap_{j\in T\cup\{n\}} A_j\Big)
\end{aligned}$$

und dies stimmt mit der rechten Seite in der Siebformel für $A_1, \ldots, A_n$ überein. $\square$

Eine klassische Anwendung der Siebformel ist das **Rencontre-Problem**. Wir betrachten die Laplace-Verteilung P auf der Menge der Permutationen $\Omega \equiv \{f : \{1, \ldots, n\} \to \{1, \ldots, n\}$ bijektiv$\}$ und suchen die Wahrscheinlichkeit der Menge der Permutationen mit mindestens einem Fixpunkt. Die Konstellationen lassen sich etwa als Ergebnisse von Verlosungen auf einer Weihnachtsfeier interpretieren, zu der jeder Gast ein Geschenk mitbringt. Gesucht ist dann die Wahrscheinlichkeit dafür,

dass mindestens einem Gast das selbst mitgebrachte Geschenk zugelost wird. Für $A_j \equiv \{f \in \Omega : f(j) = j\}$ und ein k-elementiges $S \subseteq \{1, \ldots, n\}$ liefert die Restriktion auf $\{1, \ldots, n\} \setminus S$ eine bijektive Abbildung zwischen $\bigcap_{j \in S} A_j$ und der Menge der Permutationen auf S^c. Weil es $\binom{n}{k}$ Teilmengen von $\{1, \ldots, n\}$ mit k Elementen gibt, folgt mit der Siebformel

$$P\left(\bigcup_{j=1}^{n} A_j\right) = \frac{1}{n!} \sum_{k=1}^{n} (-1)^{k+1} \binom{n}{k} (n-k)! = \sum_{k=1}^{n} (-1)^{k+1} \frac{1}{k!} = 1 - \sum_{k=0}^{n} (-1)^k / k!$$

Weil dies sehr schnell gegen $1 - e^{-1}$ konvergiert, hängt die gesuchte Wahrscheinlichkeit unerwarteter Weise „kaum" von n ab.

Während der Raum der Konstellationen in den bisherigen Beispielen der Situation angepasst war, erscheint die Wahl der Laplace-Verteilung allenfalls plausibel, wenn nicht gar willkürlich. Im Laplace-Modell werden nämlich sehr *spezifische* Annahmen über die Wahrscheinlichkeiten getroffen, die *nicht* – wie manchmal suggeriert wird – daraus abgeleitet werden können, dass man für die zu modellierende Situation keine spezifischen Informationen hat.

Wir werden nun sehen, dass eine Verteilung auf einer σ-Algebra $\mathcal{A}$ schon durch jeden **schnittstabilen** Erzeuger $\mathcal{E}$ (das heißt für alle $A, B \in \mathcal{E}$ gilt $A \cap B \in \mathcal{E}$) eindeutig bestimmt ist, dies setzt der Willkür immerhin eine Grenze.

Dafür benötigen wir ein Hilfsmittel, das wir immer wieder benutzen werden. Ein Mengensystem $\mathcal{D} \subseteq \mathcal{P}(\Omega)$ heißt **Dynkin-System** (über Ω), falls es das sichere Ereignis enthält, mit jedem Ereignis auch das gegenteilige und mit jeder Folge *paarweise disjunkter* Ereignisse auch die Vereinigung. Insbesondere ist also jede σ-Algebra ein Dynkin-System, und wegen

$$\bigcup_{n \in \mathbb{N}} A_n = \bigcup_{n \in \mathbb{N}} A_n \cap A_{n-1}^c \cap \cdots \cap A_1^c$$

sind schnittstabile Dynkin-Systeme schon σ-Algebren. Genau wie im Fall von σ-Algebren ist für $\mathcal{E} \subseteq \mathcal{P}(\Omega)$ durch

$$\delta(\mathcal{E}) \equiv \delta_\Omega(\mathcal{E}) \equiv \bigcap \{\mathcal{D} \text{ Dynkin-System mit } \mathcal{E} \subseteq \mathcal{D}\}$$

das minimale Dynkin-System, das $\mathcal{E}$ umfasst, definiert.

Satz 1.4 (Dynkin-Argument)
Für jedes schnittstabile Mengensystem $\mathcal{E} \subseteq \mathcal{P}(\Omega)$ gilt $\sigma(\mathcal{E}) = \delta(\mathcal{E})$.

Beweis. Weil jede σ-Algebra ein Dynkin-System ist, gilt $\delta(\mathcal{E}) \subseteq \sigma(\mathcal{E})$. Also müssen wir zeigen, dass $\delta(\mathcal{E})$ eine σ-Algebra ist, und wegen des oben gesagten reicht der Nachweis, dass $\delta(\mathcal{E})$ schnittstabil ist.

Für $B \in \delta(\mathcal{E})$ definieren wir $\mathcal{D}_B \equiv \{A \in \delta(\mathcal{E}) : A \cap B \in \delta(\mathcal{E})\}$. Dann ist jedes dieser Mengensysteme ein Dynkin-System, wobei die Stabilität bezüglich Komplementbildung wegen $B \cap A^c = (B^c \cup A)^c = (B^c \cup (A \cap B))^c$ aus der Disjunktheit von B^c und $A \cap B$ folgt, die beide $\delta(\mathcal{E})$ angehören.

Für $B \in \mathcal{E}$ gilt dann $\mathcal{E} \subseteq \mathcal{D}_B$, weil für $A \in \mathcal{E}$ sogar $A \cap B \in \mathcal{E}$ gilt. Also ist auch $\delta(E) \subseteq \mathcal{D}_B$, weil $\mathcal{D}_B$ ein Dynkin-System ist.

Für alle $A \in \delta(\mathcal{E})$ und $B \in \mathcal{E}$ haben wir also $B \cap A \in \delta(\mathcal{E})$ und damit $\mathcal{E} \subseteq \mathcal{D}_A$ gezeigt. Wieder weil $\mathcal{D}_A$ ein Dynkin-System ist, folgt damit $\delta(\mathcal{E}) \subseteq \mathcal{D}_A$ für jedes $A \in \delta(\mathcal{E})$, so dass $\delta(\mathcal{E})$ wie gewünscht schnittstabil ist. $\square$

Für spätere Zwecke beweisen wir die oben erwähnte Eindeutigkeitsaussage für Verteilungen in etwas größerer Allgemeinheit. Wir nennen ein Maß $\mu : \mathcal{A} \to [0, +\infty]$ **σ-endlich** auf $\mathcal{E} \subseteq \mathcal{A}$ (und nur σ-endlich, falls $\mathcal{E} = \mathcal{A}$), falls es Ereignisse $E_n \in \mathcal{E}$ gibt mit $E_n \uparrow \Omega$ und $\mu(E_n) < +\infty$ für jedes $n \in \mathbb{N}$.

Endliche Maße μ, das heißt Maße mit $\mu(\Omega) < \infty$, sind also auf jedem Mengensystem σ-endlich, das eine Folge $E_n \uparrow \Omega$ enthält.

Das Zählmaß auf einer überabzählbaren Menge ist ein Beispiel für ein nicht σ-endliches Maß.

Satz 1.5 (Maßeindeutigkeit)

Seien μ und ν zwei Maße auf $\mathcal{A}$, die auf einem schnittstabilen Erzeuger $\mathcal{E}$ von $\mathcal{A}$ übereinstimmen und σ-endlich auf $\mathcal{E}$ sind. Dann gilt $\mu = \nu$.

Beweis. Sei $(E_n)_{n\in\mathbb{N}}$ eine Folge in $\mathcal{E}$ mit $\mu(E_n) = \nu(E_n) < \infty$ und $E_n \uparrow \Omega$. Für jedes $n \in \mathbb{N}$ ist dann $\mathcal{D}_n \equiv \{A \in \mathcal{A} : \mu(A \cap E_n) = \nu(A \cap E_n)\}$ ein Dynkin-System (die Komplementstabilität folgt aus $\mu(A^c \cap E_n) + \mu(A \cap E_n) = \mu(E_n) < \infty$). Weil μ und ν auf dem schnittstabilen Erzeuger $\mathcal{E}$ übereinstimmen, gilt $\mathcal{E} \subseteq \mathcal{D}_n$, und mit dem Dynkin-Argument folgt $\mathcal{A} = \sigma(\mathcal{E}) = \delta(\mathcal{E}) \subseteq \mathcal{D}_n$ für jedes $n \in \mathbb{N}$. Mit der Stetigkeit von unten erhalten wir für $A \in \mathcal{A}$

$$\mu(A) = \lim_{n\to\infty} \mu(A \cap E_n) = \lim_{n\to\infty} \nu(A \cap E_n) = \nu(A).$$ $\square$

Das Beispiel $\nu = P$ vor dem Kollisionsparadoxon und $\mu = 2P$ zeigt, dass man selbst für endliche Maße auf die Voraussetzung, dass ν auf $\mathcal{E}$ σ-endlich ist, nicht verzichten kann (auf dem Erzeuger $\mathcal{E} \equiv \{A \subseteq \Omega : A \text{ abzählbar}\}$ sind ν und μ beide gleich 0). Sind allerdings ν und μ beide Wahrscheinlichkeitsmaße, so genügt die Übereinstimmung auf einem schnittstabilen Erzeuger $\mathcal{E}$, weil dann auch $\mathcal{E} \cup \{\Omega\}$ schnittstabil ist und ν und μ dort übereinstimmen.

Eine wichtige Anwendung von Satz 1.5 ist, dass Verteilungen P auf der Borel-σ-Algebra $\mathbb{B}$ über $\mathbb{R}$ durch ihre **Verteilungsfunktion** $F : \mathbb{R} \to \mathbb{R}$, $F(x) \equiv P((-\infty, x])$ eindeutig bestimmt sind: Weil sich jedes offene Intervall als

$$(a, b) = \bigcup_{n\in\mathbb{N}} (-\infty, b - 1/n] \setminus (-\infty, a]$$

darstellen lässt und jede offene Menge abzählbare Vereinigung von Intervallen (etwa allen enthaltenen Intervallen mit rationalen Endpunkten) ist, gilt $\{A \subseteq \mathbb{R} \text{ offen}\} \subseteq \sigma(\{(-\infty, x] : x \in \mathbb{R}\})$. Also ist die Menge $\{(-\infty, x] : x \in \mathbb{R}\}$ ein schnittstabiler Erzeuger von $\mathbb{B}$. Genauso zeigt man, dass etwa $\{(-\infty, x) : x \in \mathbb{Q}\}$ ein Erzeuger von $\mathbb{B}$ ist.

Eine weitere Möglichkeit zur Einschränkung der oben monierten Beliebigkeit bei der Wahl von Modellen besteht darin, Verteilungen aus „elementareren" herzuleiten. Zum Beispiel wäre jede Angabe einer Zähldichte für die „Anzahl der Richtigen beim Lotto n aus N" ziemlich willkürlich. Plausibler ist die Annahme der Laplace-Verteilung aller „Ziehungen" in $\Omega \equiv \{Z \subseteq \{1, \ldots, N\} : |Z| = n\}$. Für jeden „Tipp" $T \in \Omega$ und jedes $k \in \{0, \ldots, n\}$ ist durch $Z \mapsto (Z \cap T, Z \cap T^c)$ eine Bijektion zwischen $A_k \equiv \{Z \in \Omega : |Z \cap T| = k\}$, also dem Ereignis „$k$ Richtige", und $\{R \subseteq T : |R| = k\} \times \{F \subseteq T^c : |F| = n - k\}$ definiert. Wegen $|\Omega| = \binom{N}{n}$ folgt

$$P(A_k) = \frac{\binom{n}{k}\binom{N-n}{n-k}}{\binom{N}{n}}.$$

Durch diesen Ausdruck wird die Zähldichte der (speziellen) **hypergeometrischen Verteilung** $H(N, n)$ auf der Potenzmenge von $\{0, \ldots, n\}$ definiert.

Wie in diesem Beispiel lassen sich Ereignisse oft sehr bequem durch Abbildungen auf dem Raum der Konstellationen beschreiben, und in der Wahrscheinlichkeitstheorie ist es üblich, diese Abbildung mit Großbuchstaben vom Ende des lateinischen Alphabets zu bezeichnen (was für Studierende mit Kenntnissen aus der Grundvorlesung über Analysis zunächst gewöhnungsbedürftig ist). Wir hätten etwa das Ereignis $A = \{(\omega_1, \ldots, \omega_n) \in \Omega : \text{ es gibt } i \neq j \text{ mit } \omega_i = \omega_j\}$ aus dem Kollisionsparadoxon auch als $A = \{\omega \in \Omega : X(\omega) < n\}$ mit der Abbildung $X(\omega_1, \ldots, \omega_n) \equiv |\{\omega_1, \ldots, \omega_n\}|$ beschreiben können.

Wir benutzen für eine Abbildung $X : \Omega \to \mathcal{X}$ und ein Ereignis $B \subseteq \mathcal{X}$ außer der üblichen Bezeichnung $X^{-1}(B) \equiv \{\omega \in \Omega : X(\omega) \in B\}$ für das **Urbild** auch die kürzere Schreibweise $\{X \in B\}$ und analog $\{X \in B, Y \in C\} = \{X \in B\} \cap \{Y \in C\}$ oder $\{X = Y\} = \{\omega \in \Omega : X(\omega) = Y(\omega)\}$ für zwei Abbildungen X, Y auf Ω.

Falls $X : \Omega \to \mathcal{X}$ bijektiv ist, stimmt das Urbild mit dem Bild unter der meist ebenfalls mit X^{-1} bezeichneten Umkehrabbildung überein, so dass die leider häufige Verwechslung zwischen *Umkehr-* und *Urbildabbildung* im Fall bijektiver Abbildungen nicht zu Fehlern führt. Verwechslungen von X^{-1} mit dem multiplikativen Inversen $x^{-1} = 1/x$ von reellen Zahlen sind hingegen kaum zu befürchten.

Folgendes Beispiel zeigt die Prägnanz obiger Schreibweisen. Seien $\Omega \equiv \{0, 1\}^n$, $X_j(\omega_1, \ldots, \omega_n) \equiv \omega_j$ und $X(\omega) \equiv \sum_{j=1}^{n} X_j(\omega)$. Interpretieren wir die j-te Komponente einer Konstellation als Erfolg ($\omega_j = 1$) beziehungsweise Misserfolg ($\omega_j = 0$) in der j-ten Wiederholung eines Versuchs, so beschreibt $X(\omega)$ die Anzahl der Erfolge.

Für die Laplace-Verteilung P auf Ω und $k \in \{0, \dots, n\}$ gilt dann

$$
P(\{X = k\}) = P\Big(\bigcup_{|S|=k} \{X_j = 1 \text{ für } j \in S\} \cap \{X_j = 0 \text{ für } j \notin S\} \Big)
$$

$$
= \sum_{|S|=k} 1/2^n = \binom{n}{k} 1/2^n,
$$

weil $\{X_j = 1 \text{ für } j \in S\} \cap \{X_j = 0 \text{ für } j \notin S\}$ einelementig ist. Dies ist die Zähldichte von $B(n, 1/2)$.

Für jede Abbildung $X : \Omega \to \mathcal{X}$ haben wir durch $B \mapsto X^{-1}(B)$ die Urbildabbildung $\mathcal{P}(\mathcal{X}) \to \mathcal{P}(\Omega)$ definiert, und für $\mathcal{B} \subseteq \mathcal{P}(\mathcal{X})$ nennen wir das Bild $X^{-1}(\mathcal{B}) = \{X^{-1}(B) : B \in \mathcal{B}\}$ unter der Urbildabbildung auch kürzer Urbild von $\mathcal{B}$. Mit $\mathcal{B}$ ist auch $X^{-1}(\mathcal{B})$ eine σ-Algebra.

Um wie im Beispiel eben Wahrscheinlichkeiten von Ereignissen $A = X^{-1}(B)$ messen zu können, müssen sie natürlich im Definitionsbereich des Wahrscheinlichkeitsmaßes liegen. Für zwei Messräume $(\Omega, \mathcal{A})$ und $(\mathcal{X}, \mathcal{B})$ nennen wir deshalb eine Abbildung $X : \Omega \to \mathcal{X}$ **messbar** oder genauer $(\mathcal{A}, \mathcal{B})$-messbar, falls $X^{-1}(\mathcal{B}) \subseteq \mathcal{A}$ gilt. Dann schreiben wir auch: $X : (\Omega, \mathcal{A}) \to (\mathcal{X}, \mathcal{B})$ ist messbar.

Ist μ ein Maß auf $\mathcal{A}$, so heißt $\mu^X \equiv \mu \circ X^{-1}$ **Bildmaß** von μ unter X. Für $B \in \mathcal{B}$ gilt also

$$
\mu^X(B) = \mu(X^{-1}(B)) = \mu(\{X \in B\})
$$

und oft schreiben wir dafür auch $\mu(X \in B)$.

Für ein Wahrscheinlichkeitsmaß P nennen wir P^X die **Verteilung** von X (unter P). In dieser Situation heißt X auch $(\mathcal{X}, \mathcal{B})$-wertige **Zufallsgröße** (auf $(\Omega, \mathcal{A}, P)$) und wir schreiben $X \sim P^X$, was insbesondere dann nützlich ist, wenn P^X eine bekannte Verteilung ist. $X \sim B(n, p)$ bedeutet also $P^X = B(n, p)$ und X heißt dann auch $B(n, p)$-verteilt.

$(\mathbb{R}^n, \mathbb{B}_n)$-wertige Zufallsgrößen heißen n-dimensionale **Zufallsvektoren** und im Fall $n = 1$ auch Zufallszahlen oder **Zufallsvariablen**.

Zwei Zufallsgrößen X, Y heißen **identisch verteilt**, falls sie die gleiche Verteilung besitzen (X, Y müssen also gleichen Wertebereich haben, können aber auf verschiedenen Wahrscheinlichkeitsräumen definiert sein). Auch wenn die dadurch definierte Äquivalenzrelation „weit von der Identität entfernt ist", schreiben wir dann $X \stackrel{d}{=} Y$ (das d steht für „distribution"), X und Y sind also **verteilungsgleich**. Ist zum Beispiel $X \sim B(1, 1/2)$, so gilt $X \stackrel{d}{=} X^2 \stackrel{d}{=} 1 - X$. Dieses einfache Beispiel zeigt, dass aus $X \stackrel{d}{=} \tilde{X}$ und $Y \stackrel{d}{=} \tilde{Y}$ *weder* $(X, Y) \stackrel{d}{=} (\tilde{X}, \tilde{Y})$ *noch* $X + Y \stackrel{d}{=} \tilde{X} + \tilde{Y}$ folgt. Dabei sind (X, Y) und $X + Y$ „argumentweise" als $(X, Y)(\omega) = (X(\omega), Y(\omega))$ und $(X + Y)(\omega) = X(\omega) + Y(\omega)$ definiert.

Bei der Notation $X \sim B(n, p)$ werden sowohl der Raum der Konstellationen als auch das Wahrscheinlichkeitsmaß P ignoriert. Der Grund dafür ist (ein metaphysisch zart besaiteter Leser möge die folgenden Zeilen ruhig überspringen, sie sind für die mathematische Theorie belanglos), dass es für die Stochastik in der Regel keine Rolle spielt, wie die Konstellationen zustande kommen, etwa ob die Lottomaschine samstags mit einem Rad oder mittwochs mit einem Gebläse betrieben wird. Auch ist es unerheblich, dass die realen Konstellationen viele weitere Eigenschaften haben können, die im Modell nicht berücksichtigt werden. Zum Beispiel werden beim Lotto die Kugeln nacheinander gezogen, was wir im Beispiel zur hypergeometrischen Verteilung ignoriert haben. Eine sehr vage aber vielleicht nützliche Vorstellung ist manchmal, Ω als sehr groß anzunehmen – etwa als Menge „aller möglichen Weltläufe" – und P als „den Zufall, der den aktuellen Weltverlauf steuert". Die Verteilungen P^X von Zufallsvariablen liefern also Kenntnisse über das unzugängliche P. Zurück zur Sache.

Die Messbarkeit einer Abbildung ist eine technisch (und auch bei der Interpretation als Information) wichtige Eigenschaft, die glücklicherweise meistens leicht zu verifizieren ist. Nützlich sind dabei oft folgende Aussagen.

Satz 1.6 (Urbild σ-Algebren)
Seien $X : \Omega \to \mathcal{X}$ eine Abbildung und $\mathcal{E} \subseteq \mathcal{P}(\mathcal{X})$. Dann ist die vom Urbild erzeugte σ-Algebra das Urbild der erzeugten σ-Algebra, also

$$\sigma_\Omega(X^{-1}(\mathcal{E})) = X^{-1}(\sigma_\mathcal{X}(\mathcal{E})).$$

Beweis. $X^{-1}(\sigma_\mathcal{X}(\mathcal{E}))$ ist eine σ-Algebra über Ω, die $X^{-1}(\mathcal{E})$ und daher auch die erzeugte σ-Algebra $\sigma_\Omega(X^{-1}(\mathcal{E}))$ umfasst. Andererseits ist $\mathcal{G} \equiv \{B \subseteq \mathcal{X} : X^{-1}(B) \in \sigma_\Omega(X^{-1}(\mathcal{E}))\}$ eine σ-Algebra über $\mathcal{X}$, die $\mathcal{E}$ und damit auch $\sigma_\mathcal{X}(\mathcal{E})$ umfasst. □

Wegen dieses Satzes muss man für den Nachweis der Messbarkeit einer Abbildung $X : (\Omega, \mathcal{A}) \to (\mathcal{X}, \mathcal{B})$ nur $\{X \in B\} \in \mathcal{A}$ für alle Mengen eines Erzeugers von $\mathcal{B}$ überprüfen. Wir haben im Zusammenhang mit der Definition der Verteilungsfunktion nach Satz 1.5 gezeigt, dass $\mathcal{E} \equiv \{(-\infty, x] : x \in \mathbb{R}\}$ ein Erzeuger der Borel-σ-Algebra $\mathbb{B}$ ist. Mit Satz 1.6 erhalten wir also, dass eine Abbildung $X : \Omega \to \mathbb{R}$ genau dann $(\mathcal{A}, \mathbb{B})$-messbar, wenn $\{X \leq x\} \in \mathcal{A}$ für alle $x \in \mathbb{R}$ gilt.

Diese Kriterium impliziert zum Beispiel, dass jede monotone Funktion $X : \mathbb{R} \to \mathbb{R}$ bezüglich der Borel-σ-Algebra messbar ist, weil dann Urbilder von Intervallen wieder Intervalle sind.

Satz 1.7 (Komposition und Messbarkeit)
Sind $X : (\Omega, \mathcal{A}) \to (\mathcal{X}, \mathcal{B})$ und $Y : (\mathcal{X}, \mathcal{B}) \to (\mathcal{Y}, \mathcal{C})$ beide messbar, so ist auch die Komposition $Y \circ X : (\Omega, \mathcal{A}) \to (\mathcal{Y}, \mathcal{C})$ messbar. Für jedes Maß μ auf $\mathcal{A}$ gilt $\mu^{Y \circ X} = (\mu^X)^Y$.

Beweis. Für $B \in \mathcal{B}$ gilt $(Y \circ X)^{-1}(B) = \{\omega \in \Omega : Y(X(\omega)) \in B\} = \{\omega \in \Omega : X(\omega) \in Y^{-1}(B)\} = X^{-1}(Y^{-1}(B))$. □

Gelegentlich tritt die Situation auf, dass Y bloß auf dem Bild $M \equiv X(\Omega) \subseteq \mathcal{X}$ definiert ist. Wir betrachten dann die **Spur-σ-Algebra** $\mathcal{B} \cap M \equiv \{B \cap M : B \in \mathcal{B}\}$. Fassen wir X als Abbildung $\Omega \to M$ auf, so bleibt wegen $X^{-1}(B \cap M) = X^{-1}(B)$ für alle $B \in \mathcal{B}$ die Messbarkeit erhalten. Ist dann $Y : (M, \mathcal{B} \cap M) \to (\mathcal{Y}, \mathcal{C})$ messbar, so folgt die Messbarkeit der Komposition $Y \circ X$ aus Satz 1.7.

In der Situation von Borel-σ-Algebren erhalten wir als Anwendung der letzten beiden Sätze:

Satz 1.8 (Messbarkeit und Stetigkeit)

1. Sind $\mathcal{A}$ und $\mathcal{B}$ die Borel-σ-Algebren über den metrischen Räumen Ω beziehungsweise $\mathcal{X}$, so ist jede stetige Abbildung von Ω nach $\mathcal{X}$ auch messbar.

2. Seien $\mathcal{X}$ ein metrischer Raum mit Borel-σ-Algebra $\mathcal{B}$ und $X_n : (\Omega, \mathcal{A}) \to (\mathcal{X}, \mathcal{B})$ messbar, so dass für jedes $\omega \in \Omega$ der Grenzwert $X(\omega) \equiv \lim_{n \to \infty} X_n(\omega)$ existiert. Dann ist X ebenfalls $(\mathcal{A}, \mathcal{B})$-messbar.

Beweis. 1. Ist $\mathcal{E}$ die Menge der offenen Teilmengen von $\mathcal{X}$, so folgt mit Satz 1.6 die Beziehung $X^{-1}(\mathcal{B}) = X^{-1}(\sigma_{\mathcal{X}}(\mathcal{E})) = \sigma_\Omega(X^{-1}(\mathcal{E})) \subseteq \mathcal{A}$, weil stetige Urbilder offener Mengen offen sind.

2. Für jede Teilmenge B von $\mathcal{X}$ ist durch

$$f(x) \equiv \operatorname{dist}(x, B) \equiv \inf\{d(x, b) : b \in B\}$$

eine stetige **Abstandsfunktion** definiert. Sind nämlich $x \in \mathcal{X}$, $\varepsilon > 0$ und $b \in B$ mit $d(x, b) \le \operatorname{dist}(x, B) + \varepsilon$, so folgt für jedes $y \in \mathcal{X}$

$$f(y) - f(x) \le d(y, b) - d(x, b) + \varepsilon \le d(y, x) + \varepsilon.$$

Durch Grenzübergang $\varepsilon \to 0$ und Rollentausch erhalten wir, dass f sogar eine **Kontraktion** ist, das heißt $|f(x) - f(y)| \le d(x, y)$. Ist nun $B \subseteq \mathcal{X}$ abgeschlossen, so gilt

$$\{X \in B\} = \{f \circ X = 0\} = \{\lim_{n \to \infty} f \circ X_n = 0\} = \bigcap_{k \in \mathbb{N}} \bigcup_{n \in \mathbb{N}} \bigcap_{m \ge n} \{f \circ X_m < 1/k\}.$$

Wegen 1. und Satz 1.7 ist daher $\{X \in B\} \in \mathcal{A}$. Weil die Menge der abgeschlossenen Teilmengen die Borel-σ-Algebra erzeugt, folgt aus Satz 1.6 die Messbarkeit von X.
$\square$

Messbarkeit ist also nicht nur eine schwächere Eigenschaft als Stetigkeit, sie hat auch viel bessere Permanenzeigenschaften (für die Stetigkeit der Grenzfunktion in der Situation 1.8.2 müsste man etwa gleichmäßige Konvergenz voraussetzen).

Ein weiteres Beispiel für die guten Permanenzeigenschaften ist die **fallweise Beschreibung** von Abbildungen: Sind $X_n : (\Omega, \mathcal{A}) \to (\mathcal{X}, \mathcal{B})$ messbar und $A_n \in \mathcal{A}$ paarweise disjunkt mit $\bigcup_{n \in \mathbb{N}} A_n = \Omega$, so ist durch $Y(\omega) \equiv X_n(\omega)$, falls $\omega \in A_n$, wieder eine $(\mathcal{A}, \mathcal{B})$-messbare Abbildung definiert, weil $\{Y \in B\} = \bigcup_{n \in \mathbb{N}} A_n \cap \{X_n \in B\}$ für alle $B \in \mathcal{B}$ gilt.

Im Sinn der Information beschreibt

$$\sigma(X) \equiv X^{-1}(\mathcal{B}) = \{\{X \in B\} : B \in \mathcal{B}\}$$

die durch die Zufallsgröße X gelieferte Information. Wir nennen $\sigma(X)$ auch die von X **erzeugte σ-Algebra**. In dieser Notation kommt $\mathcal{B}$ nicht vor, und wir verwenden sie daher nur, wenn $\mathcal{B}$ durch den Kontext gegeben ist (beispielsweise ist $\sigma(X) = X^{-1}(\mathbb{B}_n)$, falls X ein n-dimensionaler Zufallsvektor ist). $\sigma(X)$ ist also die minimale σ-Algebra über Ω, so dass X messbar ist.

Der Wert $x = X(\omega)$ gibt Auskunft über die „unzugängliche" Konstellation $\omega \in \Omega$ (typischerweise sind Zufallsgrößen weit von der Injektivität entfernt, so dass $X(\omega) = x$ für sehr viele $\omega \in \Omega$ gilt) und $\sigma(X)$ besteht aus den Ereignissen $A = \{X \in B\}$ für die man bei Kenntnis von $x = X(\omega)$ die Frage nach $\omega \in A$ entscheiden kann. Auch die Messbarkeit einer Abbildung $Y : (\Omega, \sigma(X)) \to (\mathcal{Y}, \mathcal{C})$ lässt sich im Sinn der Information interpretieren: Kennt man den Wert $x = X(\omega)$, so kann man für jedes $C \in \mathcal{C}$ entscheiden, ob $Y(\omega) \in C$ gilt. Wir werden darüber hinaus nach Satz 3.3 noch sehen, dass man ein $(\sigma(X), \mathcal{C})$-messbares Y in den meisten Fällen als $Y = h \circ X$ mit einem messbaren $h : (\mathcal{X}, \mathcal{B}) \to (\mathcal{Y}, \mathcal{C})$ faktorisieren kann, das heißt Y hängt in einem sehr konkreten Sinn von X ab.

Sind allgemeiner $(\mathcal{X}_\alpha, \mathcal{B}_\alpha)$ für $\alpha \in I$ Messräume und $X_\alpha : \Omega \to \mathcal{X}_\alpha$ Abbildungen, so ist $\sigma(X_\alpha : \alpha \in I) \equiv \bigvee_{\alpha \in I} \sigma(X_\alpha)$ die kleinste σ-Algebra, so dass alle X_α messbar sind. Sie beschreibt die von allen X_α gemeinsam gelieferte Information.

Satz 1.9 (Universelle Eigenschaft, Abzählbarkeit)
Seien $(\mathcal{X}_\alpha, \mathcal{B}_\alpha)$ Messräume für $\alpha \in I$ und $X_\alpha : \Omega \to \mathcal{X}_\alpha$ Abbildungen.

1. Ist $(M, \mathcal{M})$ ein Messraum, so ist eine Abbildung $F : M \to \Omega$ genau dann $(\mathcal{M}, \sigma(X_\alpha : \alpha \in I))$-messbar, wenn alle Kompositionen $X_\alpha \circ F : (M, \mathcal{M}) \to (\mathcal{X}_\alpha, \mathcal{B}_\alpha)$ messbar sind.

2. $\sigma(X_\alpha : \alpha \in I) = \bigcup_{J \text{ abzählbar}} \sigma(X_\alpha : \alpha \in J)$.

Beweis. 1. Ist F messbar, so folgt die Messbarkeit aller $X_\alpha \circ F$ aus Satz 1.7. Andererseits bedeutet die Messbarkeit aller Kompositionen, dass $F^{-1}(\bigcup_{\alpha \in I} \sigma(X_\alpha)) \subseteq \mathcal{M}$ gilt, und wegen Satz 1.6 folgt die $(\mathcal{M}, \bigvee_{\alpha \in I} \sigma(X_\alpha))$-Messbarkeit von F.

2. Das Mengensystem $\mathcal{R}$ auf der rechten Seite ist in $\sigma(X_\alpha : \alpha \in I)$ enthalten und enthält seinerseits $\bigcup_{\alpha \in I} \sigma(X_\alpha)$. Wir müssen also zeigen, dass $\mathcal{R}$ eine σ-Algebra ist. Sind $A_n \in \sigma(X_\alpha : \alpha \in J_n)$ mit abzählbaren Mengen $J_n \subseteq I$, so ist $J \equiv \bigcup_{n \in \mathbb{N}} J_n$ wieder abzählbar und damit folgt $\bigcup_{n \in \mathbb{N}} A_n \in \sigma(X_\alpha : \alpha \in J) \subseteq \mathcal{R}$. $\square$

Ein sehr wichtiges Beispiel für die Erzeugung von σ-Algebren durch Abbildungen ist die Produktbildung. Sind $(\mathcal{X}_\alpha, \mathcal{B}_\alpha)$ für $\alpha \in I$ Messräume, so besteht das **kartesische Produkt** $\prod_{\alpha \in I} \mathcal{X}_\alpha$ aus allen **Familien** oder I-**Tupeln** $(x_\alpha)_{\alpha \in I}$ mit $x_\alpha \in \mathcal{X}_\alpha$

für alle $\alpha \in I$. Dabei ist ein I-Tupel $(x_\alpha)_{\alpha \in I}$ als die Abbildung $f : I \to \bigcup_{\alpha \in I} \mathcal{X}_\alpha$ mit $f(\alpha) \equiv x_\alpha$ definiert, der einzige Unterschied zur üblichen Notation etwa in der Analysis ist, dass das Argument als Index geschrieben wird.

Falls $I = \{1, \dots, n\}$, schreiben wir auch $\prod_{\alpha \in I} \mathcal{X}_\alpha \equiv \prod_{\alpha=1}^n \mathcal{X}_\alpha \equiv \mathcal{X}_1 \times \dots \times \mathcal{X}_n$, und falls $\mathcal{X}_\alpha = \mathcal{X}$ für alle $\alpha \in I$, benutzen wir das Symbol $\mathcal{X}^I = \prod_{\alpha \in I} \mathcal{X}_\alpha$. Wie üblich schreiben wir $\mathcal{X}^n \equiv \mathcal{X}^{\{1,\dots,n\}}$ für das n-fache Produkt und $\mathcal{X}^{n \times m} \equiv \mathcal{X}^{\{1,\dots,n\} \times \{1,\dots,m\}}$ für den Raum aller $n \times m$ Matrizen. Außerdem nennen wir $\mathbb{N}$-Tupel Folgen.

Für $J \subseteq I$ definiert die Restriktion $f \mapsto f|_J$ eine Abbildung $\pi_{I,J} : \prod_{\alpha \in I} \mathcal{X}_\alpha \to \prod_{\alpha \in J} \mathcal{X}_\alpha$. Die Auswertungsabbildung $\pi_\beta : \prod_{\alpha \in I} \mathcal{X}_\alpha \to \mathcal{X}_\beta$, $\pi_\beta(f) \equiv f(\beta)$ nennen wir die (kanonische) **Projektion** auf die Komponente $\mathcal{X}_\beta$.

Die **Produkt-σ-Algebra** $\bigotimes_{\alpha \in I} \mathcal{B}_\alpha \equiv \sigma(\pi_\alpha : \alpha \in I)$ ist also die minimale σ-Algebra über $\prod_{\alpha \in I} \mathcal{X}_\alpha$, so dass alle Projektionen messbar sind. Wir schreiben auch $\bigotimes_{\alpha \in I}(\mathcal{X}_\alpha, \mathcal{B}_\alpha)$ für den Messraum $(\prod_{\alpha \in I} \mathcal{X}_\alpha, \bigotimes_{\alpha \in I} \mathcal{B}_\alpha)$, und im Fall gleicher Faktoren $\mathcal{B}_\alpha = \mathcal{B}$ benutzen wir die Bezeichnungen $\mathcal{B}^I$ und $\mathcal{B}^n \equiv \mathcal{B}^{\{1,\dots,n\}}$ (wobei die Verwechselungsgefahr mit dem kartesischen Mengenprodukt gering ist).

Für überabzählbares I impliziert Satz 1.9.2, dass jedes Ereignis $A \in \mathcal{B}^I$ nur von abzählbar vielen Komponenten abhängt, das heißt, es gibt $J \subseteq I$ abzählbar und $B \in \mathcal{B}^J$ mit $A = \pi_{I,J}^{-1}(B)$. Damit folgt zum Beispiel, dass $A \equiv \{f : \mathbb{R} \to \mathbb{R} : f \text{ stetig}\}$ *nicht* $\mathbb{B}^\mathbb{R}$-zulässig ist. Andernfalls wäre $A = \pi_{\mathbb{R},J}^{-1}(B)$ mit einem abzählbarem $J \subseteq \mathbb{R}$ und $B \in \mathbb{B}^J$. Durch $f(x) \equiv 1$ für alle $x \in \mathbb{R}$ und

$$g(x) \equiv \begin{cases} 1, & \text{falls } x \in J \\ 0, & \text{falls } x \notin J \end{cases}$$

sind Funktionen definiert mit $\pi_{\mathbb{R},J}(g) = \pi_{\mathbb{R},J}(f) \in B$, was $g \in A$ und damit Stetigkeit von g impliziert. Dies widerspricht der Tatsache, dass jedes nicht-leere offene Intervall (als überabzählbare Menge) Elemente von J^c enthält.

Für metrische Räume $(\mathcal{X}_1, d_1), \dots, (\mathcal{X}_n, d_n)$ versehen wir das Produkt $\mathcal{X} \equiv \prod_{j=1}^n \mathcal{X}_j$ mit der **Produktmetrik** $d_\infty(x, y) \equiv \max\{d_j(x_j, y_j) : 1 \le j \le n\}$ und schreiben $(\mathcal{X}, d_\infty) \equiv \bigotimes_{j=1}^n (\mathcal{X}_j, d_j)$. Bezeichnen wir die offenen Kugeln in $\mathcal{X}_j$ und $\mathcal{X}$ mit $B_j(x, \varepsilon)$ beziehungsweise $B(x, \varepsilon)$, so gilt für $x = (x_1, \dots, x_n)$ also $B(x, \varepsilon) = \prod_{j=1}^n B_j(x_j, \varepsilon)$.

Wir nennen einen metrischen Raum **separabel**, falls es eine abzählbare Menge gibt, die **dicht** ist, das heißt ihr Abschluss ist der ganze Raum.

Für solche Räume zeigen wir jetzt, dass die Borel-σ-Algebren mit Produkten kommutieren:

Satz 1.10 (Produkte von Borel-σ-Algebren)
Für separable metrische Räume $(\mathcal{X}_j, d_j)$ ist

$$\mathcal{B}\left(\bigotimes_{j=1}^n (\mathcal{X}_j, d_j)\right) = \bigotimes_{j=1}^n \mathcal{B}(\mathcal{X}_j, d_j).$$

Beweis. Der Beweis beruht darauf, dass die Borel-σ-Algebra eines separablen metrischen Raums $(\mathcal{X}, d)$ von dem System aller Kugeln erzeugt wird. Für eine abzählbare dichte Menge S ist nämlich jede offene Menge A die abzählbare Vereinigung aller in A enthaltenen Kugeln $B(y, \varepsilon)$ mit $y \in S$ und rationalem $\varepsilon > 0$: Für $x \in A$ gibt es ein rationales $\varepsilon > 0$ mit $B(x, 2\varepsilon) \subseteq A$ und ein $y \in S$ mit $d(x, y) < \varepsilon$, und deshalb ist $x \in B(y, \varepsilon) \subseteq B(x, 2\varepsilon) \subseteq A$. Das System aller offenen Mengen – und damit auch die Borel-σ-Algebra – ist daher in der σ-Algebra $\sigma(\{B(x, \varepsilon) : x \in X, \varepsilon > 0\})$ enthalten.

Wegen $B(x, \varepsilon) = \prod_{j=1}^{n} B_j(x_j, \varepsilon) \in \bigotimes_{j=1}^{n} \mathcal{B}(\mathcal{X}_j, d_j)$ sind die Kugeln des Produktraums im Produkt der Borel-σ-Algebren. Für abzählbare dichte Teilmengen S_j von X_j ist das Produkt $S_1 \times \cdots \times S_n$ wiederum abzählbar und dicht bezüglich der Produktmetrik. Wegen obiger Aussage folgt daher $\mathcal{B}(\bigotimes_{j=1}^{n}(\mathcal{X}_j, d_j)) \subseteq \bigotimes_{j=1}^{n} \mathcal{B}(X_j, d_j)$. Andererseits sind die Projektionen $\pi_j : \mathcal{X} \to \mathcal{X}_j$ stetig und daher messbar, und dies impliziert die umgekehrte Inklusion. $\square$

Satz 1.10 für $\mathcal{X}_j = \mathbb{R}$ versehen mit der vom Betrag erzeugten Metrik liefert

$$\mathbb{B}^n = \mathbb{B}_1 \otimes \cdots \otimes \mathbb{B}_1 = \mathbb{B}_n :$$

Die Produktmetrik d_∞ hat zwar nicht die selben Kugeln wir die euklidische Metrik d_2, aber wegen $d_\infty(x, y) \leq d_2(x, y) \leq \sqrt{n} d_\infty(x, y)$ erzeugen die beiden Metriken die selben offenen Mengen.

Für einen Zufallsvektor $X : (\Omega, \mathcal{A}) \to (\mathbb{R}^n, \mathbb{B}^n)$ sind die Komponenten $\pi_k \circ X : (\Omega, \mathcal{A}) \to (\mathbb{R}, \mathbb{B})$ messbar, also Zufallsvariablen, und umgekehrt ist wegen der universellen Eigenschaft für Zufallsvariablen $X_1, \ldots, X_n : (\Omega, \mathcal{A}) \to (\mathbb{R}, \mathbb{B})$ durch $X(\omega) \equiv (X_1(\omega), \ldots, X_n(\omega))$ ein Zufallsvektor definiert. Ist $S : (\mathbb{R}^n, \mathbb{B}^n) \to (\mathbb{R}^m, \mathbb{B}^m)$ messbar (wegen Satz 1.8.1 gilt dies insbesondere für alle stetigen Abbildungen), so ist die Komposition $S \circ (X_1, \ldots, X_n) : (\Omega, \mathcal{A}) \to (\mathbb{R}^m, \mathbb{B}^m)$ wiederum messbar. Insbesondere sind also Summen und Produkte von Zufallsvariablen wieder Zufallsvariablen, und wegen Satz 1.8.2 stimmt das auch für konvergente Reihen.

Auf die Separabilität in Satz 1.10 kann man übrigens nicht verzichten. Weil wir dies aber nirgends benutzen werden, ist der Rest dieses Abschnitts für den Fortgang der Theorie entbehrlich. Für einen Messraum $(\mathcal{X}, \mathcal{B})$ ist $\mathcal{B} \otimes \mathcal{B} = \bigcup \sigma(\mathcal{E}) \otimes \sigma(\mathcal{E})$, wobei über alle abzählbaren $\mathcal{E} \subseteq \mathcal{B}$ vereinigt wird – diese Vereinigung ist nämlich eine σ-Algebra. Falls die Diagonale $\Delta \equiv \{(x, x) : x \in \mathcal{X}\}$ ein $\mathcal{B} \otimes \mathcal{B}$-zulässiges Ereignis ist, gibt es daher ein abzählbares $\mathcal{E} \subseteq \mathcal{B}$ mit $\Delta \in \sigma(\mathcal{E}) \otimes \sigma(\mathcal{E})$. Weiter ist $\mathcal{G} \equiv \{A \subseteq \mathcal{X} \times \mathcal{X} : \text{für alle } x \in \mathcal{X} \text{ ist } \{y \in \mathcal{X} : (x, y) \in A\} \in \sigma(\mathcal{E})\}$ eine σ-Algebra, die $\{E \times F : E, F \in \mathcal{E}\}$ und damit auch $\sigma(\mathcal{E}) \otimes \sigma(\mathcal{E})$ enthält, und damit folgt $\{x\} = \{y \in \mathcal{X} : (x, y) \in \Delta\} \in \sigma(\mathcal{E})$ für alle $x \in \mathcal{X}$. Für $x \neq y$ gibt es deshalb $E \in \mathcal{E}$ mit $x \in E$ und $y \notin E$ oder $x \notin E$ und $y \in E$, weil anderenfalls $\sigma(\mathcal{E})$ in der σ-Algebra $\{A \subset \mathcal{X} : \{x, y\} \subseteq A \text{ oder } \{x, y\} \subseteq A^c\}$ enthalten wäre, was $\{x\} \in \sigma(\mathcal{E})$ widerspricht. Für $\mathcal{E} = \{E_n : n \in \mathbb{N}\}$ ist daher durch $f = (f_n)_{n \in \mathbb{N}}$ mit $f_n(x) \equiv 1$ für $x \in E_n$ und $f_n(x) \equiv 0$ für $x \notin E_n$ eine *injektive* Abbildung $f : \mathcal{X} \to \{0, 1\}^{\mathbb{N}}$ definiert.

Ist nun $\mathcal{X}$ so groß, dass es keine Injektion nach $\{0,1\}^{\mathbb{N}}$ gibt – also zum Beispiel $\mathcal{X} \equiv \mathcal{P}(\{0,1\}^{\mathbb{N}})$ – so folgt $\Delta \notin \mathcal{B} \otimes \mathcal{B}$. Für die diskrete Metrik $d(x,y) \equiv 1$ für $x \neq y$ und $d(x,x) \equiv 0$ ist andererseits Δ bezüglich der Produktmetrik abgeschlossen, so dass $\Delta \in \mathcal{B}((\mathcal{X},d) \otimes (\mathcal{X},d)) \neq \mathcal{B}(\mathcal{X},d) \otimes \mathcal{B}(\mathcal{X},d)$.

Aufgaben

1.1. Zeigen Sie für eine Abbildung $X : \Omega \to \mathcal{X}$, dass die Umkehrabbildung $X^{-1} : \mathcal{P}(\mathcal{X}) \to \mathcal{P}(\Omega)$ genau dann injektiv (beziehungsweise surjektiv) ist, wenn X surjektiv (beziehungsweise injektiv) ist.

1.2. Zeigen Sie für σ-Algebren $\mathcal{A}_1, \ldots, \mathcal{A}_n$ über einer Menge Ω, dass $\{A_1 \cap \cdots \cap A_n : A_j \in \mathcal{A}_j\}$ ein schnittstabiler Erzeuger von $\mathcal{A}_1 \vee \cdots \vee \mathcal{A}_n$ ist.

1.3. Seien Ω eine Menge und $\mathcal{E} \equiv \{A \subseteq \Omega : A \text{ endlich}\}$. Bestimmen Sie die von $\mathcal{E}$ erzeugte σ-Algebra.

1.4. Zeigen Sie für σ-Algebren $\mathcal{A}, \mathcal{B}, \mathcal{C}$ über einer Menge $(\mathcal{A} \wedge \mathcal{B}) \vee (\mathcal{A} \wedge \mathcal{C}) \subseteq \mathcal{A} \wedge (\mathcal{B} \vee \mathcal{C})$ und, dass im Allgemeinen keine Gleichheit gilt.

1.5. Für Abbildungen $X_1, \ldots, X_n : \Omega \to \mathbb{R}$ seien $S_k \equiv \sum_{j=1}^{k} X_j$. Betrachten Sie auf $\mathbb{R}$ die Borel-σ-Algebra, und zeigen Sie $\sigma(X_1, \ldots, X_n) = \sigma(S_1, \ldots, S_n)$.

1.6. Seien $X, Y : (\Omega, \mathcal{A}) \to (\mathcal{X}, \mathcal{B})$ messbare Abbildungen. Zeigen Sie $\{X = Y\} \in \mathcal{A}$, falls $(\mathcal{X}, \mathcal{B})$ polnisch (dieser Begriff wird im Anhang erklärt, wo man auch einen für die Aufgabe nützlichen Satz findet) oder auch bloß ein separabler metrischer Raum mit seiner Borel-σ-Algebra ist, und geben Sie ein Beispiel an, in dem diese Menge kein zulässiges Ereignis ist.

1.7. Zeigen Sie, dass eine unendliche σ-Algebra $\mathcal{A}$ nicht abzählbar ist. Nehmen Sie dazu das Gegenteil an, und folgern Sie, dass für $\omega \in \Omega$ durch $M_\omega \equiv \bigcap_{\omega \in A \in \mathcal{A}} A$ Elemente von $\mathcal{A}$ definiert sind, die entweder gleich oder disjunkt sind. Zeigen Sie außerdem, dass $\{M_\omega : \omega \in \Omega\}$ unendlich ist.

1.8. Für $n \leq N$ sei $\Omega \equiv \{Z \subseteq \{1, \ldots, N\} : |Z| = n\}$ wie im Beispiel zur hypergeometrischen Verteilung mit der Laplace-Verteilung versehen. Weiter sei $\{1, \ldots, N\} = \bigcup_{j=1}^{r} M_j$ eine Zerlegung in paarweise disjunkte m_j-elementige Mengen M_j (man denke etwa an eine Urne mit N Kugeln, die je eine von r verschiedenen Farben haben). Für $k_j \leq m_j$ mit $k_1 + \cdots + k_r = n$ sei

$$A_{k_1, \ldots, k_r} \equiv \{Z \in \Omega : |Z \cap M_j| = k_j \text{ für alle } 1 \leq j \leq r\}.$$

Zeigen Sie $P(A_{k_1, \ldots, k_r}) = \binom{m_1}{k_1} \cdots \binom{m_r}{k_r} / \binom{N}{n}$.

1.9. Seien $(\Omega, \mathcal{A})$ ein Messraum und $\mu : \mathcal{A} \to [0, \infty)$ additiv, das heißt $\mu(A \cup B) = \mu(A) + \mu(B)$ für alle disjunkten $A, B \in \mathcal{A}$. Zeigen Sie, dass μ genau dann ein Maß ist, wenn $A_n \downarrow \varnothing$ stets $\mu(A_n) \to 0$ impliziert.

1.10. Sei P eine Verteilung auf $(\mathbb{R}, \mathbb{B})$ mit $P(B) \in \{0, 1\}$ für alle $B \in \mathbb{B}$. Zeigen Sie, dass P ein Dirac-Maß ist. Verallgemeinern Sie die Aussage auf Verteilungen auf polnischen Räumen.

1.11. Sei P eine Verteilung auf einem Messraum $(\mathcal{X}, \mathcal{B})$ mit $\{x\} \in \mathcal{B}$ für alle $x \in \mathcal{X}$. Zeigen sie, dass $\{x \in \mathcal{X} : P(\{x\}) > 0\}$ (höchstens) abzählbar ist.

1.12. Zeigen Sie für eine Verteilung P auf $(\mathbb{R}, \mathbb{B})$, dass die Sprungstellen der zugehörigen Verteilungsfunktion genau die Punkte $x \in \mathbb{R}$ mit $P(\{x\}) > 0$ sind.

1.13. Bestimmen Sie in der Situation des Rencontre-Problems die Wahrscheinlichkeiten der Ereignisse $A_k \equiv \{f \in \Omega : |\{x \in \{1, \dots, n\} : f(x) = x\}| = k\}$.

1.14. Zeigen Sie, dass das Maximum $A \mapsto \max\{\nu(A), \mu(A)\}$ zweier Maße auf einem Messraum $(\Omega, \mathcal{A})$ im Allgemeinen kein Maß ist.

1.15. Sei $\mathcal{M}$ eine gerichtete Menge von Maßen auf einem Messraum $(\Omega, \mathcal{A})$, das heißt für alle $\nu, \mu \in \mathcal{M}$ existiert ein $\lambda \in \mathcal{M}$ mit $\max\{\nu(A), \mu(A)\} \leq \lambda(A)$ für alle $A \in \mathcal{A}$. Zeigen Sie, dass durch $\varrho(A) \equiv \sup\{\mu(A) : \mu \in \mathcal{M}\}$ ein Maß auf $\mathcal{A}$ definiert ist.

1.16. Zeigen Sie für einen Maßraum $(\Omega, \mathcal{A}, \mu)$, dass durch

$$\mathcal{N} \equiv \{N \subseteq \Omega : N \subseteq A \text{ oder } N^c \subseteq A \text{ für ein } A \in \mathcal{A} \text{ mit } \mu(A) = 0\}$$

eine σ-Algebra definiert ist, so dass sich μ zu einem eindeutig bestimmten Maß μ^* auf $\mathcal{A} \vee \mathcal{N}$ fortsetzen lässt. (Der Maßraum $(\Omega, \mathcal{A} \vee \mathcal{N}, \mu^*)$ heißt **Vervollständigung** von $(\Omega, \mathcal{A}, \mu)$.) Zeigen Sie dazu, dass es zu jedem $A \in \mathcal{A} \vee \mathcal{N}$ Ereignisse $B, C \in \mathcal{A}$ gibt mit $(A \setminus B) \cup (B \setminus A) \subseteq C$ und $\mu(C) = 0$ und dass dann $\mu^*(A) \equiv \mu(B)$ wohldefiniert ist.

1.17. Seien $(\mathcal{X}_\alpha, \mathcal{B}_\alpha)$ Messräume und $X_\alpha : \Omega \to \mathcal{X}_\alpha$ für $\alpha \in I$ Abbildungen. Zeigen Sie $\sigma(X_\alpha : \alpha \in I) = \sigma(X)$ für $X \equiv (X_\alpha)_{\alpha \in I} : \Omega \to \prod_{\alpha \in I} \mathcal{X}_\alpha$, wobei dieses Produkt mit der Produkt-σ-Algebra $\bigotimes_{\alpha \in I} \mathcal{B}_\alpha$ versehen ist.

Kapitel 2

Unabhängigkeit und Modellierung

Wir haben im ersten Kapitel gesehen, dass sich Ereignisse oft durch Zufallsgrößen beschreiben lassen und dass man für die Berechnung der Wahrscheinlichkeiten von Ereignissen $\{X \in B\}$ nicht das Wahrscheinlichkeitsmaß P selbst, sondern nur die Verteilung P^X benötigt. Wir werden bei der Modellierung tatsächlich meistens nur an der Verteilung P^X interessiert sein, der Wahrscheinlichkeitsraum $(\Omega, \mathcal{A}, P)$ wird unerheblich sein. Typischerweise setzt sich dabei die Zufallsgröße aus Komponenten X_α zusammen, das heißt, X ist eine messbare Abbildung $(\Omega, \mathcal{A}) \to \bigotimes_{\alpha \in I}(\mathcal{X}_\alpha, \mathcal{B}_\alpha)$ mit $X_\alpha = \pi_\alpha \circ X$.

Eine Familie $(X_\alpha)_{\alpha \in I}$ von Zufallsgrößen $X_\alpha : (\Omega, \mathcal{A}) \to (\mathcal{X}_\alpha, \mathcal{B}_\alpha)$ heißt **unabhängig** (oder genauer: **stochastisch unabhängig bezüglich** P), falls

$$P\Big(\bigcap_{\alpha \in J}\{X_\alpha \in B_\alpha\}\Big) = \prod_{\alpha \in J} P(X_\alpha \in B_\alpha)$$

für *alle* endlichen Mengen $J \subseteq I$ und *alle* $B_\alpha \in \mathcal{B}_\alpha$ gilt.

Wir werden im 6. Kapitel sehen, dass *stochastische Unabhängigkeit* tatsächlich so charakterisiert werden kann, dass Unabhängigkeit im üblichen Sinn der Umgangssprache benutzt wird (nämlich dass Änderungen eines „Parameters" keinen Einfluss auf das Resultat haben). Für den Moment verzichten wir auf dürre Erklärungen und fassen Unabhängigkeit als einfachste Möglichkeit zur Modellierung der Verteilung von Familien von Zufallsgrößen auf, deren Nützlichkeit sich schon bald herausstellen wird.

Die Definition hängt nur von der Verteilung der zusammengesetzten Zufallsgröße $X = (X_\alpha)_{\alpha \in I} : (\Omega, \mathcal{A}) \to \bigotimes_{\alpha \in I}(\mathcal{X}_\alpha, \mathcal{B}_\alpha)$ ab, weil die linke Seite der definierenden Gleichung mit $P^X(\bigcap_{\alpha \in J} \pi_\alpha^{-1}(B_\alpha))$ übereinstimmt und jeder Faktor auf der rechten Seite mit $P^X(\pi_\alpha^{-1}(B_\alpha))$. Wir haben im 1. Kapitel vor Satz 1.6 gesehen, dass die Verteilung eines Zufallsvektors (X, Y) im Allgemeinen *nicht* durch die Verteilungen von X und Y festgelegt ist. Für eine unabhängige Familie $(X_\alpha)_{\alpha \in I}$ hingegen ist die **gemeinsame Verteilung** $P^{(X_\alpha)_{\alpha \in I}}$ wegen des Maßeindeutigkeitssatzes durch die Verteilungen der X_α eindeutig bestimmt, da $\{\bigcap_{\alpha \in J} \pi_\alpha^{-1}(B_\alpha)) : J \subset I$ endlich, $B_\alpha \in \mathcal{B}_\alpha\}$ ein schnittstabiler Erzeuger von $\bigotimes_{\alpha \in I} \mathcal{B}_\alpha$ ist.

Ist I endlich (für $I = \{1, \ldots, n\}$ sagen wir auch $X_1, \ldots, X_n$ sind unabhängig), so müssen wir bloß Schnitte der Form $\bigcap_{\alpha \in I}\{X_\alpha \in B_\alpha\}$ untersuchen, ist nämlich $J \subseteq I$, so folgt die Bedingung für „J-Schnitte" aus der für I-Schnitte mit $B_\alpha = \mathcal{X}_\alpha$ für $\alpha \notin J$.

Analog zur Definition für Zufallsgrößen heißt eine Familie $(\mathcal{E}_\alpha)_{\alpha \in I}$ von Mengen-systeme $\mathcal{E}_\alpha \subseteq \mathcal{A}$ unabhängig (bezüglich P), falls $P(\bigcap_{\alpha \in J} A_\alpha) = \prod_{\alpha \in J} P(A_\alpha)$ für alle endlichen $J \subseteq I$ und alle $A_\alpha \in \mathcal{E}_\alpha$ gilt. Für endliches I folgt die Bedingung für J-Schnitte allerdings nur dann aus der für I-Schnitte, wenn es für jedes $\alpha \in I$ entweder $A_{\alpha,n} \in \mathcal{E}_\alpha$ mit $A_{\alpha,n} \uparrow \mathcal{X}_\alpha$ oder paarweise disjunkte $A_{\alpha,n} \in \mathcal{E}_\alpha$ mit $\bigcup_{n \in \mathbb{N}} A_{\alpha,n} = \mathcal{X}_\alpha$ gibt (im ersten Fall können wir die Stetigkeit von unten und im zweiten Fall die σ-Additivität benutzen). Falls etwa ein $\mathcal{E}_\alpha = \{\varnothing\}$ ist, so ist die Bedingung für I-Schnitte immer erfüllt.

Für $\mathcal{E}_\alpha = \sigma(X_\alpha) = \{\{X_\alpha \in B\} : B \in \mathcal{B}_\alpha\}$ erhalten wir wieder die Definition der Unabhängigkeit von Zufallsgrößen, und falls $\mathcal{E}_\alpha = \{A_\alpha\}$, nennen wir auch die Familie $(A_\alpha)_{\alpha \in I}$ der Ereignisse unabhängig.

Bei Formulierungen wie „seien $X_1, \ldots, X_n$ unabhängige Zufallsgrößen" wird auf das zugrunde liegende Wahrscheinlichkeitsmaß P nur sehr indirekt Bezug genommen (der Begriff Zufallsgröße wird nur im Kontext von Wahrscheinlichkeitsräumen benutzt). Trotzdem sollte man nicht vergessen, dass Unabhängigkeit ein „stochastischer Begriff" ist, dessen Definition von P abhängt. Ist $P = \delta_a$ das Dirac-Maß in einem Punkt $a \in \Omega$, so sind alle Familien von Zufallsgrößen unabhängig bezüglich P, weil beide Seiten der definierenden Gleichungen entweder den Wert 1 oder 0 ergeben, je nachdem ob $X_\alpha(a) \in B_\alpha$ für alle $\alpha \in J$ gilt oder nicht. Im „nicht-stochastischen" Grenzfall ist stochastische Unabhängigkeit also immer gegeben.

Typischerweise wird die Unabhängigkeit von Zufallsgrößen nicht verifiziert, sondern beim Modellieren vorausgesetzt. Das n-malige Werfen einer Münze, die mit Wahrscheinlichkeit p auf Kopf fällt, modellieren wir durch unabhängige Zufallsvariablen $X_1, \ldots, X_n$, die jeweils mit Wahrscheinlichkeit p beziehungsweise $1 - p$ die Werte 1 und 0 annehmen, das heißt also $X_j \sim B(1, p)$. Dann gilt für $k \in \{0, \ldots, n\}$

$$P\left(\sum_{j=1}^{n} X_j = k \right) = P\left(\bigcup_{|S|=k} \left(\bigcap_{j \in S} \{X_j = 1\} \cap \bigcap_{j \in S^c} \{X_j = 0\} \right) \right)$$

$$= \sum_{|S|=k} \prod_{j \in S} P(X_j = 1) \prod_{j \in S^c} P(X_j = 0) = \binom{n}{k} p^k (1-p)^{n-k}.$$

Die Summe von n unabhängigen $B(1, p)$-verteilten Zufallsvariablen ist also $B(n, p)$-verteilt.

Wir sehen an diesem Beispiel, dass bei der Modellierung der Raum Ω der Konstellationen und das Wahrscheinlichkeitsmaß P keine besondere Rolle spielen, sondern lediglich als bequeme Notation bei der Rechnung verwendet werden. Die Angabe eines konkreten Wahrscheinlichkeitsraums $\Omega \equiv \{0, 1\}^n$ mit der Zähldichte $f(\omega_1, \ldots, \omega_n) \equiv \prod_{j=1}^{n} p^{\omega_j} (1-p)^{1-\omega_j}$ und der Zufallsvariablen $X_j(\omega_1, \ldots, \omega_n) \equiv \omega_j$ hätten das Wesentliche des Modells (nämlich die Unabhängigkeit von $X_1, \ldots, X_n$ und deren Verteilungen) eher verschleiert denn erhellt.

Es ist in der Regel ziemlich aufwändig, die Unabhängigkeit einer Familie von Zufallsgrößen mittels der Definition zu beweisen. Eine Vereinfachung liefert:

Satz 2.1 (Unabhängigkeit von Erzeugern)
*Seien $(\Omega, \mathcal{A}, P)$ ein Wahrscheinlichkeitsraum und $(\mathcal{E}_\alpha)_{\alpha \in I}$ eine unabhängige Familie
schnittstabiler Mengensysteme. Dann ist auch $(\sigma(\mathcal{E}_\alpha))_{\alpha \in I}$ unabhängig.*

Beweis. Sei $J = \{\alpha_1, \ldots, \alpha_n\} \subseteq I$ n-elementig. Für $A_2 \in \mathcal{E}_{\alpha_2} \cup \{\Omega\}, \ldots, A_n \in$
$\mathcal{E}_{\alpha_n} \cup \{\Omega\}$ ist dann $\mathcal{D} \equiv \{A_1 \in \sigma(\mathcal{E}_{\alpha_1}) : P(\bigcap_{j=1}^n A_j) = \prod_{j=1}^n P(A_j)\}$ ein Dynkin-
System, weil

$$
P\left(A_1^c \cap \bigcap_{j=2}^n A_j\right) = P\left(\bigcap_{j=2}^n A_j \setminus \bigcap_{j=1}^n A_j\right) = P\left(\bigcap_{j=2}^n A_j\right) - P\left(\bigcap_{j=1}^n A_j\right)
$$

$$
= \prod_{j=2}^n P(A_j) - \prod_{j=1}^n P(A_j) = P(A_1^c) \prod_{j=2}^n P(A_j).
$$

Weil $\mathcal{E}_{\alpha_1} \subseteq \mathcal{D}$ schnittstabil ist, folgt mit dem Dynkin-Argument $\sigma(\mathcal{E}_{\alpha_1}) \subseteq \mathcal{D}$.

Wegen der Bemerkung über I- und J-Schnitte haben wir also die Unabhängigkeit
von $\sigma(\mathcal{E}_{\alpha_1}), \mathcal{E}_{\alpha_2}, \ldots, \mathcal{E}_{\alpha_n}$ gezeigt. Induktiv folgt damit, dass $\sigma(\mathcal{E}_{\alpha_1}), \ldots, \sigma(\mathcal{E}_{\alpha_n})$ unabhängig sind.   □

Aus diesem Satz erhalten wir zum Beispiel, dass Zufallsvariablen $X_1, \ldots, X_n$ genau dann unabhängig sind, wenn

$$
P(X_1 \leq x_1, \ldots, X_n \leq x_n) = \prod_{j=1}^n P(X_j \leq x_j)
$$

für alle $(x_1, \ldots, x_n) \in \mathbb{R}^n$ gilt. Die durch die linke Seite der Gleichung definierte
Funktion heißt **gemeinsame Verteilungsfunktion** der $X_1, \ldots, X_n$ und die Funktion
auf der rechten Seite ist das **Tensorprodukt** $\bigotimes_{j=1}^n F_{X_j}$ der Verteilungsfunktionen
F_{X_j} von X_j.

Satz 2.2 (Zusammenlegen)
*Seien $(\Omega, \mathcal{A}, P)$ ein Wahrscheinlichkeitsraum und $(\mathcal{G}_\alpha)_{\alpha \in I}$ eine unabhängige Familie
von σ-Algebren $\mathcal{G}_\alpha \subseteq \mathcal{A}$. Für eine Menge K und paarweise disjunkte Mengen $I(\beta) \subseteq$
I ist dann $(\bigvee_{\alpha \in I(\beta)} \mathcal{G}_\alpha)_{\beta \in K}$ wiederum unabhängig.*

Beweis. $\mathcal{E}_\beta \equiv \{\bigcap_{\alpha \in J(\beta)} G_\alpha : J(\beta) \subseteq I(\beta) \text{ endlich}, G_\alpha \in \mathcal{G}_\alpha\}$ sind schnittstabile
Erzeuger von $\bigvee_{\alpha \in I(\beta)} \mathcal{G}_\alpha$, so dass $(\mathcal{E}_\beta)_{\beta \in K}$ unabhängig ist: Sind nämlich $J \subset K$
endlich und $A_\beta \equiv \bigcap_{\alpha \in J(\beta)} G_\alpha \in \mathcal{E}_\beta$, so folgt wegen der Disjunktheit der $J(\beta)$

$$
P\left(\bigcap_{\beta \in J} A_\beta\right) = P\left(\bigcap_{\beta \in J} \bigcap_{\alpha \in J(\beta)} G_\alpha\right) = \prod_{\beta \in J} \prod_{\alpha \in J(\beta)} P(G_\alpha) = \prod_{\beta \in J} P(A_\beta). \quad \square
$$

Eine typische Anwendung des letzten Satzes ist etwa, dass die Unabhängigkeit von Zufallsvariablen $X_1, \ldots, X_n$ die Unabhängigkeit von $Y \equiv \sum_{j=1}^{m} X_j$ und $Z \equiv \sum_{j=m+1}^{n} X_j$ impliziert: Die von Y erzeugte σ-Algebra ist nämlich wegen der Stetigkeit der Addition in $\sigma(X_1) \vee \cdots \vee \sigma(X_m)$ enthalten, und analog gilt $\sigma(Z) \subseteq \sigma(X_{m+1}) \vee \cdots \vee \sigma(X_n)$. Damit hätte man die Aussage vor Satz 2.1 über Summen unabhängiger $B(1, p)$-verteilter Zufallsvariablen auch induktiv (und mit etwas geringerem „kombinatorischen Aufwand") beweisen können.

Eine einfach zu beweisende aber oft benutzte Konsequenz der Unabhängigkeit ist das folgende 0-1-Gesetz. Für eine Folge $(A_n)_{n \in \mathbb{N}}$ von Ereignissen bestehen

$$\limsup_{n \to \infty} A_n \equiv \bigcap_{n \in \mathbb{N}} \bigcup_{m \geq n} A_m \quad \text{und} \quad \liminf_{n \to \infty} A_n \equiv \bigcup_{n \in \mathbb{N}} \bigcap_{m \geq n} A_m$$

aus den Konstellationen, die zu unendlich vielen beziehungsweise fast allen (das heißt allen bis auf endlich viele) A_n gehören. Für eine Folge $(X_n)_{n \in \mathbb{N}}$ von Zufallsvariablen ist zum Beispiel $\{X_n$ konvergiert gegen $X\} = \bigcap_{\varepsilon > 0} \liminf_{n \to \infty} A_{n,\varepsilon}$ mit $A_{n,\varepsilon} \equiv \{|X_n - X| < \varepsilon\}$.

Satz 2.3 (Borel–Cantelli-Lemma)

Seien $(\Omega, \mathcal{A}, P)$ ein Wahrscheinlichkeitsraum und $A_n \in \mathcal{A}$. Dann gelten:

1. $P\left(\limsup\limits_{n \to \infty} A_n\right) = 0$, *falls* $\sum\limits_{n=1}^{\infty} P(A_n) < \infty$.

2. $P\left(\limsup\limits_{n \to \infty} A_n\right) = 1$, *falls* $\sum\limits_{n=1}^{\infty} P(A_n) = \infty$ *und* $(A_n)_{n \in \mathbb{N}}$ *unabhängig ist.*

Beweis. 1. Wegen $\bigcup_{m \geq n} A_m \downarrow A \equiv \limsup_{n \to \infty} A_n$ folgt aus der Stetigkeit von oben und der Sub-σ-Additivität

$$P(A) = \lim_{n \to \infty} P\left(\bigcup_{m \geq n} A_m\right) \leq \lim_{n \to \infty} \sum_{m=n}^{\infty} P(A_m) = 0.$$

2. Wegen Satz 2.1 ist $(A_n^c)_{n \in \mathbb{N}}$ unabhängig, und aus $\bigcap_{m \geq n} A_m^c \uparrow A^c$ folgt mit der Stetigkeit von unten und der reellen Ungleichung $1 - x \leq e^{-x}$

$$P(A^c) = \lim_{n \to \infty} P\left(\bigcap_{m \geq n} A_m^c\right) = \lim_{n \to \infty} \lim_{p \to \infty} P\left(\bigcap_{m=n}^{p} A_m^c\right)$$

$$= \lim_{n \to \infty} \lim_{p \to \infty} \prod_{m=n}^{p} 1 - P(A_m) \leq \lim_{n \to \infty} \lim_{p \to \infty} \exp\left(-\sum_{m=n}^{p} P(A_m)\right) = 0.$$

$\square$

Einen wichtigen Spezialfall des Borel–Cantelli-Lemmas erhalten wir für eine unabhängige Folge $(A_n)_{n\in\mathbb{N}}$ von Ereignissen mit $P(A_n) = P(A_m) = p > 0$, die wir
– obwohl wir noch gar nicht wissen, ob es eine solche Folge überhaupt gibt – als
Modell für die „unendlichfache Wiederholung eines Experiments" auffassen können.
Dann können wir Satz 2.3.2 als „Murphy's law" interpretieren: *Alles, was schief gehen
kann, geht mit Wahrscheinlichkeit 1 unendlich oft schief.*
   Ein allgemeineres aber dafür weniger spezifisches Ergebnis ist:

Satz 2.4 (Kolmogorovs 0-1-Gesetz)
*Seien $(\Omega, \mathcal{A}, P)$ ein Wahrscheinlichkeitsraum und $(\mathcal{A}_n)_{n\in\mathbb{N}}$ eine unabhängige Fol-
ge von σ-Algebren $\mathcal{A}_n \subseteq \mathcal{A}$. Dann gilt für jedes Ereignis $A \in \bigwedge_{n\in\mathbb{N}} \bigvee_{m\geq n} \mathcal{A}_m$
entweder $P(A) = 0$ oder $P(A) = 1$.*

   Die Ereignisse in $\mathcal{A}_\infty \equiv \bigwedge_{n\in\mathbb{N}} \bigvee_{m\geq n} \mathcal{A}_m$ heißen **terminal** (bezüglich $(\mathcal{A}_n)_{n\in\mathbb{N}}$)
oder im Englischen auch *tail events* (eine wörtliche Übersetzung dessen ist zum Glück
nicht üblich). Typische terminal Ereignisse sind $A = \limsup_{n\to\infty} A_n$ mit $A_n \in \mathcal{A}_n$,
weil für jedes $n \in \mathbb{N}$ die Darstellung $A = \bigcap_{m\geq n} \bigcup_{k\geq m} A_k$ gilt, der man $A \in$
$\bigvee_{m\geq n} \mathcal{A}_m$ direkt ansieht. Für eine Folge $(X_n)_{n\in\mathbb{N}}$ von Zufallsvariablen sind zum
Beispiel

$$\{(X_n)_{n\in\mathbb{N}} \text{ beschränkt}\}, \{X_1 + \cdots + X_n \text{ konvergiert}\} \text{ oder } \{X_n > 0 \text{ unendlich oft}\}$$

terminal bezüglich $(\sigma(X_n))_{n\in\mathbb{N}}$, weil die Ereignisse jeweils nur vom „Ende" der Folge abhängen.

Beweis. Für jedes $n \in \mathbb{N}$ sind $\mathcal{A}_1 \vee \cdots \vee \mathcal{A}_n$ und $\bigvee_{m>n} \mathcal{A}_m$ wegen Satz 2.2 unabhängig. Aus $\mathcal{A}_\infty \subseteq \bigvee_{m>n} \mathcal{A}_m$ folgt daher die Unabhängigkeit der Mengensys-
teme $\bigcup_{n\in\mathbb{N}} \mathcal{A}_1 \vee \cdots \vee \mathcal{A}_n$ und $\mathcal{A}_\infty$, und Satz 2.1 impliziert, dass $\bigvee_{n\in\mathbb{N}} \mathcal{A}_n$ und
$\mathcal{A}_\infty$ unabhängig sind. Für $A \in \mathcal{A}_\infty \subseteq \bigvee_{n\in\mathbb{N}} \mathcal{A}_n$ und $B \equiv A \in \mathcal{A}_\infty$ folgt also
$P(A \cap A) = P(A)P(A)$ und daher $P(A) \in \{0, 1\}$. $\square$

   Für eine unabhängige Folge $(X_n)_{n\in\mathbb{N}}$ von Zufallsvariablen erhalten wir insbesondere, dass $P(\{\frac{1}{n} \sum_{j=1}^n X_j \text{ konvergiert}\})$ entweder 0 oder 1 ist, und wir werden in
Satz 4.10 (und unabhängig davon noch zweimal in Satz 6.12 und nach Satz 8.7) tatsächlich zeigen, dass diese Wahrscheinlichkeit gleich 1 ist, falls die Zufallsvariablen
identisch verteilt sind und eine (im 3. Kapitel noch zu definierende) „Integrierbarkeitsvoraussetzung" erfüllen. Dieses als *starkes Gesetz der großen Zahlen* bezeichnete Resultat ist fundamental für die Interpretation und Anwendbarkeit des Wahrscheinlichkeitsbegriffs: Es liefert eine theoretische Begründung der „Erfahrungstatsache"
dass *die Mittel der Ergebnisse von wiederholt ausgeführten Experimenten konvergieren.* Insofern ist es auch eine Rechtfertigung, wiederholt ausführbare Experimente mit
unabhängigen Zufallsgrößen zu *modellieren.*
   Dabei ist natürlich *Existenz* eine Minimalforderung für jedes vernünftige Modell,
weshalb wir im Folgenden untersuchen, ob es zu vorgegebenen Verteilungen Q_α auf

Messräumen $(\mathcal{X}_\alpha, \mathcal{B}_\alpha)$ einen Wahrscheinlichkeitsraum $(\Omega, \mathcal{A}, P)$ und eine unabhängige Familie $(X_\alpha)_{\alpha \in I}$ von Zufallsgrößen mit $P^{X_\alpha} = Q_\alpha$ gibt. Diese Frage ist nicht nur für die Modellbildung zentral sondern auch für die Theorie selbst. Nur wenn wir zeigen können, dass es unabhängige $B(1, p)$-verteilte Zufallsvariablen überhaupt gibt, können wir das Beispiel vor Satz 2.1 benutzen, um Aussagen über die $B(n, p)$-Verteilung zu gewinnen.

Ist I endlich und sind Q_α Verteilungen auf abzählbaren Mengen $\mathcal{X}_\alpha$ mit Zähldichten f_α, so ist die Frage leicht zu beantworten: Durch $f((x_\alpha)_{\alpha \in I}) \equiv \prod_{\alpha \in I} f_\alpha(x_\alpha)$ ist eine Zähldichte auf $\Omega \equiv \prod_{\alpha \in I} \mathcal{X}_\alpha$ definiert, und für das zugehörige Wahrscheinlichkeitsmaß P auf $\mathcal{P}(\Omega)$ sind die Projektionen $X_\alpha \equiv \pi_\alpha$ unabhängig mit $P^{X_\alpha} = Q_\alpha$. Für $x_\alpha \in \mathcal{X}_\alpha$ gilt nämlich

$$P\left(\bigcap_{\alpha \in I} \{X_\alpha = x_\alpha\} \right) = P(\{(x_\alpha)_{\alpha \in I}\}) = f((x_\alpha)_{\alpha \in I}) = \prod_{\alpha \in I} P(X_\alpha = x_\alpha),$$

und wegen Satz 2.1 und der Bemerkung über I- und J-Schnitte nach der Definition der Unabhängigkeit von Mengensystemen folgt die Unabhängigkeit von $(X_\alpha)_{\alpha \in I}$.

Selbst für $\mathcal{X}_\alpha = \{0, 1\}$ und $Q_\alpha = B(1, \frac{1}{2})$ funktioniert diese einfache Konstruktion bei unendlicher Indexmenge $I = \mathbb{N}$ nicht mehr: $f((x_\alpha)_{\alpha \in \mathbb{N}}) = \prod_{\alpha \in \mathbb{N}} f_\alpha(x_\alpha) = \prod_{\alpha \in \mathbb{N}} 1/2$ ist dann stets 0, also *keine* Zähldichte eines Wahrscheinlichkeitsmaßes.

Trotzdem gilt der folgende Satz, mit dessen Hilfe wir sämtliche Existenzfragen für stochastische Modelle beantworten werden. Trotz der Plausibilität des Satzes – man ist versucht zu sagen: „Wir nehmen einfach eine faire Münze und werfen sie immer wieder" – ist der Beweis der schwierigste dieser ersten Kapitel.

Satz 2.5 (Bernoulli-Folgen)
Es gibt eine unabhängige Folge von $B(1, \frac{1}{2})$-verteilten Zufallsgrößen.

Beweis. Seien $\Omega \equiv \{0, 1\}^{\mathbb{N}}, r_n : \Omega \to \{0, 1\}^n$ die Restriktionen und Q_n die Laplace-Verteilungen auf $\mathcal{B}_n \equiv \mathcal{P}(\{0, 1\}^n)$. Auf dem schnitt- und komplementstabilen Erzeuger $\mathcal{E} \equiv \bigcup_{n \in \mathbb{N}} r_n^{-1}(\mathcal{B}_n)$ der Produkt-σ-Algebra $\mathcal{A} \equiv \bigotimes_{n \in \mathbb{N}} \mathcal{P}(\{0, 1\})$ ist durch $Q(r_n^{-1}(B)) \equiv Q_n(B)$ eine Abbildung wohldefiniert. Ist nämlich $r_n^{-1}(B) = r_m^{-1}(C)$ für $n \leq m$, so gilt $C = B \times \prod_{n < k \leq m} \{0, 1\}$ und daher $Q_n(B) = Q_m(C)$. Wegen dieser Unabhängigkeit von der Darstellung erhalten wir auch die Additivität $Q(E \cup F) = Q(E) + Q(F)$ für alle disjunkten $E, F \in \mathcal{E}$. Die ganze Arbeit im Beweis besteht darin, ein Wahrscheinlichkeitsmaß P auf $\mathcal{A}$ zu konstruieren, das auf $\mathcal{E}$ mit Q übereinstimmt. Dann sind nämlich die Projektionen $X_n \equiv \pi_n : (\Omega, \mathcal{A}) \to (\{0, 1\}, \mathcal{P}(\{0, 1\}))$ Zufallsgrößen, so dass für alle $m \in \mathbb{N}$ und $A_n \subseteq \{0, 1\}$

$$P\left(\bigcap_{n=1}^{m} \{X_n \in A_n\} \right) = Q\left(\bigcap_{n=1}^{m} \{X_n \in A_n\} \right) = Q_m(A_1 \times \cdots \times A_m)$$

$$= \frac{1}{2^m} |A_1 \times \cdots \times A_m| = \prod_{n=1}^{m} P(X_n \in A_n),$$

das heißt, $(X_n)_{n\in\mathbb{N}}$ ist unabhängig mit $X_n \sim B(1, 1/2)$ für alle $n \in \mathbb{N}$.

Zunächst ist Q sogar σ-additiv (und damit auch sub-σ-additiv) auf $\mathcal{E}$, das heißt, für alle paarweise disjunkten $E_m \in \mathcal{E}$ mit $E \equiv \bigcup_{m\in\mathbb{N}} E_m \in \mathcal{E}$ gilt $Q(\bigcup_{m\in\mathbb{N}} E_m) = \sum_{m=1}^{\infty} Q(E_m)$. Der Grund hierfür ist, dass E schon Vereinigung *endlich* vieler E_m sein muss, alle übrigen sind dann $\emptyset$, und die σ-Additivität folgt aus der endlichen Additivität. Weil alle $F \in \mathcal{E}$ gleichzeitig kompakt und offen bezüglich des Produkts der diskreten Metriken auf $\{0, 1\}$ sind, folgt die obige „Kompaktheitseigenschaft" aus dem Satz von Tychonov. Für einen elementaren Beweis nehmen wir die Existenz von $x_m = (x_{m,k})_{k\in\mathbb{N}} \in E \setminus \bigcup_{j=1}^{m} E_j$ für jedes $m \in \mathbb{N}$ an. Wegen $\{x_{m,k} : m \in \mathbb{N}\} \subseteq \{0, 1\}$ finden wir induktiv unendliche Mengen $M_k \subseteq M_{k-1} \subseteq \mathbb{N}$ und $y_k \in \{0, 1\}$, so dass $(x_{m,1}, \ldots, x_{m,k}) = (y_1, \ldots, y_k)$ für alle $m \in M_k$ gilt. Ist $E \in r_n^{-1}(\mathcal{B}_n)$ – das heißt insbesondere, dass die Zugehörigkeit zu E nur von den ersten n Komponenten einer Folge abhängt –, so folgt $y = (y_k)_{k\in\mathbb{N}} \in E$, weil $r_n(y) = r_n(x_m)$ für alle $m \in M_n$. Ist nun $y \in E_m \in r_k^{-1}(\mathcal{B}_k)$ für geeignete $m, k \in \mathbb{N}$, so gibt es $p \in M_k$ mit $p \geq m$, und wegen $r_k(y) = r_k(x_p)$ folgt der Widerspruch $x_p \in E_m \subseteq \bigcup_{j=1}^{p} E_j$.

Wir definieren nun für beliebiges $A \subseteq \Omega$ (das sogenannte äußere Maß)

$$P(A) \equiv \inf\left\{ \sum_{m=1}^{\infty} Q(E_m) : E_m \in \mathcal{E}, A \subseteq \bigcup_{m\in\mathbb{N}} E_m \right\}$$

und beweisen, dass die Einschränkung von P auf $\mathcal{A} = \sigma(\mathcal{E})$ ein Wahrscheinlichkeitsmaß mit $P(E) = Q(E)$ für alle $E \in \mathcal{E}$ ist.

Wegen $\emptyset = \bigcup_{n\in\mathbb{N}} \emptyset$ gilt $P(\emptyset) = 0$, und wegen der Sub-σ-Additivität von Q gilt $1 = Q(\Omega) \leq \sum_{m=1}^{\infty} Q(E_m)$ für alle Folgen $(E_m)_{m\in\mathbb{N}}$ in $\mathcal{E}$ mit $\bigcup_{m\in\mathbb{N}} E_m = \Omega$, also folgt $P(\Omega) = 1$. Wir zeigen jetzt, dass P sub-σ-additiv ist. Seien dazu $A_n \subseteq \Omega$, $\varepsilon > 0$ und $E_{n,m} \in \mathcal{E}$ mit $A_n \subseteq \bigcup_{m\in\mathbb{N}} E_{n,m}$ und $P(A_n) + \varepsilon/2^n \geq \sum_{m=1}^{\infty} Q(E_{n,m})$. Wegen $\bigcup_{n\in\mathbb{N}} A_n \subseteq \bigcup_{m,n\in\mathbb{N}} E_{m,n}$ folgt dann

$$P\left(\bigcup_{n\in\mathbb{N}} A_n\right) \leq \sum_{n=1}^{\infty} \sum_{m=1}^{\infty} Q(E_{n,m}) \leq \varepsilon + \sum_{n=1}^{\infty} P(A_n).$$

Das zentrale Argument ist nun der Nachweis, dass (das „Carathéodory-System")

$$\mathcal{D} \equiv \{A \subseteq \Omega : P(T) = P(T \cap A) + P(T \setminus A) \text{ für alle } T \subseteq \Omega\}$$

ein Dynkin-System ist, auf dem P σ-additiv ist. Wegen der Sub-Additivität von P ist dabei bloß die Ungleichung $P(T) \geq P(T \cap A) + P(T \setminus A)$ fraglich.

Sind $A_n \in \mathcal{D}$ paarweise disjunkt, $A \equiv \bigcup_{n\in\mathbb{N}} A_n$ und $T \subseteq \Omega$ eine „Testmenge", so folgt durch Induktion nach $n \in \mathbb{N}$

$$P(T) = \sum_{k=1}^{n} P(T \cap A_k) + P\left(T \setminus \bigcup_{k=1}^{n} A_k\right),$$

indem man im Induktionsschritt $T \setminus (A_1 \cup \cdots \cup A_n)$ als Testmenge für A_{n+1} verwendet. Weil P monoton wächst, folgt mit $T \setminus (A_1 \cup \cdots \cup A_n) \supseteq T \setminus A$ und Grenzübergang

$$P(T) \geq \sum_{k=1}^{\infty} P(T \cap A_k) + P(T \setminus A) \geq P(T \cap A) + P(T \setminus A)$$

wegen der Sub-σ-Additivität. Also ist $\mathcal{D}$ ein Dynkin-System, und mit $T \equiv \bigcup_{n \in \mathbb{N}} A_n$ erhalten wir gleichzeitig $P(\bigcup_{n \in \mathbb{N}} A_n) = \sum_{n=1}^{\infty} P(A_n)$.

Als Nächstes zeigen wir $\mathcal{E} \subseteq \mathcal{D}$. Sind $E \in \mathcal{E}$, $T \subseteq \Omega$ eine Testmenge und $\varepsilon > 0$, so gibt es $E_m \in \mathcal{E}$ mit $T \subseteq \bigcup_{m \in \mathbb{N}} E_m$ und

$$\begin{aligned} P(T) + \varepsilon &\geq \sum_{m=1}^{\infty} Q(E_m) = \sum_{m=1}^{\infty} Q(E_m \cap E) + \sum_{m=1}^{\infty} Q(E_m \setminus E) \\ &\geq P(T \cap E) + P(T \setminus E), \end{aligned}$$

weil $\bigcup_{m \in \mathbb{N}} E_m \cap E$ und $\bigcup_{m \in \mathbb{N}} E_m \setminus E$ Obermengen von $T \cap E$ beziehungsweise $T \setminus E$ sind. Damit folgt $\mathcal{E} \subseteq \mathcal{D}$, und mit dem Dynkin-Argument erhalten wir $\mathcal{A} = \sigma(\mathcal{E}) = \delta(\mathcal{E}) \subseteq \mathcal{D}$. Daher ist P ein Wahrscheinlichkeitsmaß auf $\mathcal{A}$, und es bleibt nur noch zu zeigen, dass P auf $\mathcal{E}$ mit Q übereinstimmt:

Für $E \in \mathcal{E}$ gilt $P(E) \leq Q(E)$, weil $E \subseteq E \cup \bigcup_{n \geq 2} \varnothing$, und damit folgt auch $P(E^c) \leq Q(E^c)$, also $P(E) = 1 - P(E^c) \geq 1 - Q(E^c) = Q(E)$. □

Der obige Beweis beinhaltet alle wesentlichen Argumente eines allgemeinen Maßfortsetzungssatzes von Carathéodory, den man in jedem Buch über Maßtheorie findet. Allerdings erscheinen bei uns diese Argumente (insbesondere das Kompaktheitsargument) in besonders einfacher Form, weshalb wir zum Beispiel die benötigte Version des Satzes von Tychonov leicht zeigen können.

Die in Satz 2.5 konstruierte Bernoulli-Folge dient als „paradigmatisches" Modell für eine unendliche Folge von Münzwürfen, und wir werden alle Existenzprobleme für Modelle mit Hilfe dieser Folge lösen. Als erste Anwendung erhalten wir:

Satz 2.6 (Gleichverteilung auf [0, 1])
Es gibt eine unabhängige Folge $(X_n)_{n \in \mathbb{N}}$ von Zufallsvariablen X_n, so dass für alle $n \in \mathbb{N}$ und jedes Intervall $I \subseteq [0, 1]$ die Länge von I mit $P(X_n \in I)$ übereinstimmt.

Die Verteilung P^{X_1} heißt **Gleichverteilung** auf $[0, 1]$ und wird mit $U(0, 1)$ bezeichnet. Die **Länge** $\ell(I)$ eines Intervalls $I \in \{[a, b], [a, b), (a, b], (a, b)\}$ mit $a \leq b$ ist dabei natürlich in jedem Fall $b - a$. Wir werden im Folgenden benutzen, dass die Länge additiv ist, das heißt, ist I ein Intervall mit Endpunkten $a \leq b$, das disjunkte Vereinigung von Intervallen $I_1, \ldots, I_n$ mit Endpunkten $a_j \leq b_j$ ist, so gilt $\ell(I) = \ell(I_1) + \cdots + \ell(I_n)$. Wir verlassen uns dabei nicht auf die Anschauung, sondern nummerieren die als nicht leer angenommenen Intervalle, so dass $a_1 \leq \cdots \leq a_n$ gilt, und erhalten dann $b_j = a_{j+1}$ für $1 \leq j \leq n - 1$ sowie $a = a_1$ und $b_n = b$, weil sonst die I_j entweder nicht disjunkt beziehungsweise Teilmengen von I (falls in einer der Bedingungen >) oder nicht überdeckend wären (falls in einer der Bedingungen < stünde). Also gilt

$$\sum_{j=1}^{n} \ell(I_j) = \sum_{j=1}^{n} b_j - a_j = b_n - a_n + \sum_{j=1}^{n-1} a_{j+1} - a_j = b_n - a_1 = \ell(I).$$

Beweis. Mit einer bijektiven Abbildung $\varphi : \mathbb{N} \times \mathbb{N} \to \mathbb{N}$ erhalten wir aus einer Bernoulli-Folge $(Z_n)_{n \in \mathbb{N}}$ auf einem Wahrscheinlichkeitsraum $(\Omega, \mathcal{A}, P)$ eine „Bernoulli-Matrix", also eine unabhängige Familie $(Y_{n,m})_{(n,m) \in \mathbb{N}^2}$ von Zufallsvariablen $Y_{n,m} \equiv Z_{\varphi(n,m)} \sim B(1, 1/2)$ für alle $n, m \in \mathbb{N}$. Dann ist $((Y_{n,m})_{m \in \mathbb{N}})_{n \in \mathbb{N}}$ wegen Satz 2.2 eine unabhängige Folge von Bernoulli-Folgen $(Y_{n,m})_{m \in \mathbb{N}}$. Nach Satz 1.8.2 sind durch $X_n \equiv \sum_{m=1}^{\infty} 2^{-m} Y_{n,m}$ Zufallsvariablen $(\Omega, \mathcal{A}) \to (\mathbb{R}, \mathbb{B})$ definiert, und weil wieder nach Satz 1.8.2 $\sigma(X_n) \subseteq \sigma(Y_{n,m} : m \in \mathbb{N})$ gilt, ist $(X_n)_{n \in \mathbb{N}}$ eine unabhängige Folge von Zufallsvariablen.

$(Y_{n,m})_{m \in \mathbb{N}}$ ist also die Folge der Ziffern in einer Binärdarstellung von X_n, und um die Binärdarstellung eindeutig festzulegen, betrachten wir

$$A_n \equiv \limsup_{m \to \infty} \{Y_{n,m} = 0\} = \{Y_{n,m} = 0 \text{ für unendlich viele } m \in \mathbb{N}\}.$$

Wegen $P(Y_{n,m} = 0) = 1/2$ impliziert das Borel–Cantelli-Lemma $P(A_n) = 1$.

Ist $J \equiv [\sum_{i=1}^{j} 2^{-i} \delta_i, 2^{-j} + \sum_{i=1}^{j} 2^{-i} \delta_i)$ mit $\delta_i \in \{0, 1\}$ ein „dyadisches Intervall" der Länge $\ell(J) = 2^{-j}$, so folgt

$$P(X_n \in J) = P(A_n \cap \{X_n \in J\}) = P(A_n \cap \{Y_{n,1} = \delta_1, \ldots, Y_{n,j} = \delta_j\})$$

$$= P\left(\bigcap_{i=1}^{j} \{Y_{n,i} = \delta_i\}\right) = \prod_{i=1}^{j} P(Y_{n,i} = \delta_i) = 2^{-j} = \ell(J).$$

Weil jedes Intervall $I = [a, b)$ mit Endpunkten in $\{j 2^{-k} : j \in \mathbb{N}_0, k \in \mathbb{N}\}$ disjunkte Vereinigung von dyadischen Intervallen ist, gilt auch in diesem Fall $P(X_n \in I) = \ell(I)$. Sind schließlich K ein beliebiges Intervall und $\varepsilon > 0$, so gibt es $I_0 \subseteq K \subseteq I_1$ mit Intervallen I_0, I_1 wie eben und $\ell(I_1) - \ell(I_0) < \varepsilon$, und damit erhalten wir $|P(X_n \in K) - \ell(K)| < \varepsilon$ durch Fallunterscheidung für den Betrag. □

Wir haben als Anwendung von Satz 1.5 gesehen, dass jede Verteilung Q auf der Borel-σ-Algebra $\mathbb{B}$ über $\mathbb{R}$ durch die zugehörige Verteilungsfunktion $F : \mathbb{R} \to [0, 1]$, $F(x) = Q((-\infty, x])$ eindeutig festgelegt ist. F ist monoton wachsend, und aus der Stetigkeit von oben beziehungsweise unten erhalten wir, dass F rechtsseitig stetig ist mit $\lim_{x \to -\infty} F(x) = 0$ und $\lim_{x \to +\infty} F(x) = 1$.

Wir nennen nun (wie wir gleich sehen werden aus gutem Grund) jede monoton wachsende und rechtsstetige Funktion F mit $F(x) \to 0$ für $x \to -\infty$ und $F(x) \to 1$

für $x \to \infty$ eine **Verteilungsfunktion** auf $\mathbb{R}$. Wegen dieser Eigenschaften ist $\{x \in \mathbb{R} : F(x) \geq y\}$ für jedes $y \in (0, 1)$ ein Intervall der Form $[a, \infty)$, und wir bezeichnen die Abbildung $F^- : (0, 1) \to \mathbb{R}$, $F^-(y) \equiv \min\{x \in \mathbb{R} : F(x) \geq y\}$ als die zu F gehörige **Quantilfunktion** oder auch **inverse Verteilungsfunktion** (ist $F : \mathbb{R} \to (0, 1)$ bijektiv, so ist F^- tatsächlich die Umkehrfunktion). Für $x \in \mathbb{R}$ und $y \in (0, 1)$ gilt also $F(x) \geq y$ genau dann, wenn $F^-(y) \leq x$.

Satz 2.7 (Korrespondenzsatz)
Seien F eine Verteilungsfunktion auf $\mathbb{R}$ und Y eine $U(0, 1)$-verteilte Zufallsvariable mit Werten in $(0, 1)$. Dann ist F die Verteilungsfunktion von $P^{F^- \circ Y}$.

Beweis. Weil $\mathcal{E} \equiv \{(-\infty, x] : x \in \mathbb{R}\}$ ein Erzeuger von $\mathbb{B}$ ist, folgt mit Satz 1.6 und $\{F^- \leq x\} = (0, F(x)] \cap (0, 1)$, dass $F^- : ((0, 1), \mathbb{B} \cap (0, 1)) \to (\mathbb{R}, \mathbb{B})$ messbar ist. Wie wir im Anschluss von Satz 1.7 gesehen haben, ist daher auch $F^- \circ Y$ messbar und für $x \in \mathbb{R}$ folgt $P(F^- \circ Y \leq x) = P(Y \leq F(x)) = P(Y \in (0, F(x)]) = F(x)$. $\square$

Ist $\tilde{Y}$ irgendeine $U(0, 1)$-verteilte Zufallsvariable, so gilt $P(\tilde{Y} \notin (0, 1)) = 0$ und durch

$$Y \equiv \begin{cases} \tilde{Y}, & \text{falls } \tilde{Y} \in (0, 1) \\ 1/2, & \text{falls } \tilde{Y} \notin (0, 1) \end{cases}$$

ist eine $U(0, 1)$-verteilte Zufallsvariable mit Werten in $(0, 1)$ definiert. Wir haben diesen Wertebereich nur deshalb vorausgesetzt, damit $F^- \circ Y$ auf dem ganzen Raum Ω definiert ist.

Mit Hilfe der letzten beiden Sätze können wir die vor Satz 2.5 gestellte Existenzfrage für jede Folge $(Q_n)_{n \in \mathbb{N}}$ von Verteilungen auf $(\mathbb{R}, \mathbb{B})$ lösen: Ist $(\tilde{Y}_n)_{n \in \mathbb{N}}$ eine unabhängige Folge von $U(0, 1)$-verteilten Zufallsvariablen und definieren wir Y_n wie eben, so ist durch $(X_n)_{n \in \mathbb{N}} \equiv (F_n^- \circ Y_n)_{n \in \mathbb{N}}$ eine unabhängige Folge von Zufallsvariablen definiert mit $X_n \sim Q_n$, wobei F_n die zu Q_n gehörige Verteilungsfunktion ist. Dieses Resultat stimmt allgemeiner für eine Folge $(Q_n)_{n \in \mathbb{N}}$ von Verteilungen auf Borel-σ-Algebren $\mathcal{B}_n$ von vollständigen metrischen und separablen Räumen $\mathcal{X}_n$ (wir nennen dann $(\mathcal{X}_n, \mathcal{B}_n)$ einen **polnischen** Messraum). Im Satz A.3 des Anhangs werden wir nämlich beweisen, dass es zu jedem der polnischen Messräume $(\mathcal{X}_n, \mathcal{B}_n)$ eine Menge $B_n \in \mathbb{B}$ und eine bijektive Abbildung $T_n : \mathcal{X}_n \to B_n$ gibt, so dass sowohl $T_n : (\mathcal{X}_n, \mathcal{B}_n) \to (B_n, \mathbb{B} \cap B_n)$ als auch die Umkehrabbildung $S_n : (B_n, \mathbb{B} \cap B_n) \to (\mathcal{X}_n, \mathcal{B}_n)$ messbar sind (T_n heißt dann **Borel-Isomorphismus**).

Definieren wir dann $\tilde{Q}_n(A) = Q_n(T_n^{-1}(A \cap B_n))$ und wählen eine unabhängige Folge $(\tilde{Y}_n)_{n \in \mathbb{N}}$ mit $\tilde{Y}_n \sim \tilde{Q}_n$, so können wir wie oben $\tilde{Y}_n$ zu Y_n mit Werten in B_n modifizieren. Dann ist $(X_n)_{n \in \mathbb{N}} \equiv (S_n \circ Y_n)$ eine unabhängige Folge von $(\mathcal{X}_n, \mathcal{B}_n)$-wertigen Zufallsgrößen mit

$$P^{X_n} = (P^{Y_n})^{S_n} = (Q_n^{T_n})^{S_n} = Q_n^{S_n \circ T_n} = Q_n.$$

Wir haben also gezeigt:

Satz 2.8 (Existenz unabhängiger Folgen)

Für jede Folge von Verteilungen Q_n auf polnischen Räumen $(\mathcal{X}_n, \mathcal{B}_n)$ gibt es einen Wahrscheinlichkeitsraum $(\Omega, \mathcal{A}, P)$ und eine unabhängige Folge $(X_n)_{n \in \mathbb{N}}$ von Zufallsgrößen $X_n : (\Omega, \mathcal{A}) \to (\mathcal{X}_n, \mathcal{B}_n)$ mit $X_n \sim Q_n$.

Der Satz ist insbesondere auf die wichtige Situation $(\mathcal{X}_n, \mathcal{B}_n) = (\mathbb{R}^d, \mathbb{B}^d)$ anwendbar. Für diesen Fall erhalten wir später mit Satz 6.7 einen Beweis, der keinerlei Ergebnisse über polnische Räume benutzt.

Aus einer $U(0, 1)$-Verteilung, also einem Wahrscheinlichkeitsmaß auf $\mathbb{B}$, das jedem Intervall $I \subseteq [0, 1]$ seine Länge zuordnet, können wir leicht ein Maß auf $\mathbb{B}$ konstruieren, das diese Eigenschaft für jedes (endliche) Intervall besitzt.

Satz 2.9 (Existenz des Lebesgue-Maßes)

Für jedes $n \in \mathbb{N}$ gibt es genau ein Maß λ_n auf $\mathbb{B}^n$ mit $\lambda_n \left(\prod_{j=1}^{n} I_j \right) = \prod_{j=1}^{n} \ell(I_j)$ für alle Intervalle $I_j \subseteq \mathbb{R}$.

λ_n heißt n-dimensionales **Lebesgue-Maß**, und λ_1 bezeichnen wir auch mit λ. Kartesische Produkte $I = I_1 \times \cdots \times I_n$ von Intervallen I_j nennen wir **n-dimensionale Intervalle**, und $\mathrm{vol}(I) \equiv \ell(I_1) \cdots \ell(I_n)$ heißt **Volumen** von I.

Beweis. Weil jede offene Teilmenge von $\mathbb{R}$ abzählbare Vereinigung von offenen Intervallen mit rationalen Endpunkten ist, bilden diese Intervalle einen Erzeuger von $\mathbb{B}$. Wegen $\mathbb{B}^n = \mathbb{B} \otimes \cdots \otimes \mathbb{B}$ bilden daher die kartesischen Produkte von Intervallen einen schnittstabilen Erzeuger von $\mathbb{B}^n$. Für ein Maß λ_n wie im Satz gilt $\lambda_n((-m, m)^n) = (2m)^n < \infty$, also ist λ_n auf dem Erzeuger σ-endlich und die Eindeutigkeit folgt aus Satz 1.5. Es bleibt also die Existenz zu beweisen.

Nach Satz 2.6 gibt es unabhängige $U(0, 1)$-verteilte Zufallsvariablen $Y_1, \ldots, Y_n$ auf einem Wahrscheinlichkeitsraum $(\Omega, \mathcal{A}, P)$, und für den zusammengesetzten Zufallsvektor $Y \equiv (Y_1, \ldots, Y_n)$ und jedes n-dimensionale Intervall $I = I_1 \times \cdots \times I_n$ mit $I_j \subseteq [0, 1]$ erhalten wir $P^Y(I) = P(\bigcap_{j=1}^{n} \{Y_j \in I_j\}) = \prod_{j=1}^{n} P(Y_j \in I_j) = \mathrm{vol}(I)$.

Für $z \in \mathbb{Z}^n$ ist $W_z \equiv (z, z + 1]^n$ ein „Würfel". Bezeichnen wir den konstanten Zufallsvektor $\omega \mapsto z$ wieder mit z, so erhalten wir $P^{Y+z}(I) = \mathrm{vol}(I)$ für alle n-dimensionalen Intervalle $I \subseteq W_z$. Für $A \in \mathbb{B}^n$ definieren wir nun $\lambda_n(A) \equiv \sum_{z \in \mathbb{Z}^n} P^{Y+z}(A \cap W_z)$, wobei die Summationsreihenfolge wegen der Positivität der Summanden keine Rolle spielt. Da alle P^{Y+z} Maße auf $\mathbb{B}^n$ sind, ist auch λ_n ein Maß. Weil $\{W_z : z \in \mathbb{Z}^n\}$ eine Zerlegung von $\mathbb{R}^n$ ist, folgt für jedes n-dimensionale Intervall $I = \prod_{j=1}^{n} I_j$ mit der σ-Additivität von λ_n und der Additivität der Länge

$$\lambda_n(I) = \sum_{z \in \mathbb{Z}^n} \lambda_n(I \cap W_z) = \sum_{z_1 \in \mathbb{Z}} \cdots \sum_{z_n \in \mathbb{Z}} \lambda_n \left(\prod_{j=1}^{n} I_j \cap (z_j, z_j + 1] \right)$$

$$= \sum_{z_1 \in \mathbb{Z}} \cdots \sum_{z_n \in \mathbb{Z}} \prod_{j=1}^{n} \ell(I_j \cap (z_j, z_j + 1]) = \prod_{j=1}^{n} \sum_{z_j \in \mathbb{Z}} \ell(I_j \cap (z_j, z_{j+1}])$$

$$= \prod_{j=1}^{n} \ell(I_j) = \text{vol}(I). \qquad \Box$$

Wir haben hier übrigens die Additivität des n-dimensionalen Volumens mit bewiesen – wer schon versucht hat, diese „elementare" Tatsache ohne Appell an die Anschauung zu beweisen, wird das zu schätzen wissen.

Definiert man die Länge eines unbeschränkten reellen Intervalls als ∞ und die Produkte $0\infty \equiv \infty 0 \equiv 0$, so folgt die definierende Eigenschaft $\lambda_n(I) = \text{vol}(I)$ für beliebige n-dimensionale Intervalle I wegen $I \cap (-m, m)^n \uparrow I$ aus der Stetigkeit von unten. Insbesondere ist $\lambda_n(H) = 0$ für alle (abgeschlossenen) Hyperebenen der Form $H \equiv \{x \in \mathbb{R}^n : x_j = c\}$ mit $c \in \mathbb{R}$.

Das n-dimensionale Lebesgue-Maß spielt eine ausgezeichnete Rolle in der Stochastik, und wir beweisen jetzt einige „geometrische" Eigenschaften, die seine Besonderheit ausmachen. Für $z \in \mathbb{R}^n$ ist durch $T_z(x) \equiv x + z$ die **Translation** um z definiert. Weil für ein n-dimensionales Intervall I auch $T_z^{-1}(I)$ ein n-dimensionales Intervall mit gleichem Volumen ist, folgt aus der Eindeutigkeitsaussage im Satz 2.8 die **Translationsinvarianz** $\lambda_n \circ T_z^{-1} = \lambda_n$ des Lebesgue-Maßes. Dadurch ist λ_n bis auf Multiplikation mit Konstanten auch schon eindeutig bestimmt (wobei für $\alpha \geq 0$ das Produkt $\alpha\lambda_n$ natürlich durch $(\alpha\lambda_n)(A) \equiv \alpha(\lambda_n(A))$ definiert ist):

Satz 2.10 (Translationsinvarianz)
Ein Maß μ auf $\mathbb{B}^n$ mit $\alpha \equiv \mu((0, 1]^n) < \infty$ ist genau dann translationsinvariant, wenn $\mu = \alpha\lambda_n$ gilt.

Beweis. Der Einheitswürfel $W \equiv (0, 1]^n$ ist disjunkte Vereinigung der m^n Würfel $W_{m,z} \equiv \prod_{j=1}^{n}(z_j, z_j + \frac{1}{m}]$ mit $z \in Z_m \equiv \{0, \frac{1}{m}, \ldots, \frac{m-1}{m}\}^n$. Wegen $W_{m,z} = T_{-z}^{-1}(W_{m,0})$ folgt $\alpha = \sum_{z \in Z_m} \mu(W_{m,z}) = m^n \mu(W_{m,0})$, und mit $\lambda_n(W_{m,0}) = 1/m^n$ erhalten wir $\mu(W_{m,z}) = \alpha\lambda_n(W_{m,z})$ für alle $m \in \mathbb{N}$ und $z \in Z_m$.

Sind nun $I = \prod_{j=1}^{n}(\alpha_j, \beta_j]$ ein n-dimensionales Intervall mit rationalen $\alpha_j \leq \beta_j$ und m der Hauptnenner von $\{\alpha_j, \beta_j : 1 \leq j \leq n\}$, so ist I die disjunkte Vereinigung aller in I enthaltenen $W_{m,z}$, und mit der Additivität von μ und λ_n folgt $\mu(I) = \alpha\lambda_n(I)$. Weil die Menge all dieser Intervalle ein Erzeuger von $\mathbb{B}^n$ ist, folgt $\mu = \alpha\lambda_n$ aus dem Eindeutigkeitssatz. $\qquad \Box$

Wir nennen eine Abbildung $T : \mathbb{R}^n \to \mathbb{R}^n$ **Bewegung**, falls

$$\|T(x) - T(y)\| = \|x - y\|$$

für alle $x, y \in \mathbb{R}^n$ gilt, wobei $\|x\| \equiv (\sum_{j=1}^{n} x_j^2)^{1/2}$ die **euklidische Norm** bezeichnet.

Satz 2.11 (Bewegungsinvarianz des Lebesgue-Maßes)
Für jede Bewegung $T : \mathbb{R}^n \to \mathbb{R}^n$ *gilt* $\lambda_n^T = \lambda_n$.

Beweis. Sind S eine Bewegung und $z \equiv -S(0)$, so ist $T \equiv T_z \circ S$ eine Bewegung mit $T(0) = 0$. Aus $\lambda_n^T = \lambda_n$ folgt dann auch

$$\lambda_n^S = \lambda^{T_{-z} \circ T} = (\lambda_n^T)^{T_{-z}} = \lambda_n^{T_{-z}} = \lambda_n.$$

Also reicht es, den Satz für Bewegungen T mit $T(0) = 0$ zu beweisen. Wir zeigen zuerst, dass T linear ist, was einigen Lesern aus der Linearen Algebra bekannt sein wird. Wegen $T(0) = 0$ gilt $\|T(x)\| = \|x\|$, und aus der „Parallelogrammgleichung" $\|x + y\|^2 + \|x - y\|^2 = 2(\|x\|^2 + \|y\|^2)$ erhalten wir dann $\|T(x) + T(y)\| = \|x + y\|$. Mit dem Skalarprodukt $\langle x, y \rangle \equiv \sum_{j=1}^{n} x_j y_j$ und der „Polarisierungsidentität" $4\langle x, y \rangle = \|x + y\|^2 - \|x - y\|^2$ folgt dann die Winkeltreue $\langle T(x), T(y) \rangle = \langle x, y \rangle$ und damit

$$\|T(x + y) - T(x) - T(y)\|^2$$
$$= \|T(x + y)\|^2 - 2\langle T(x + y), T(x) + T(y) \rangle + \|T(x) + T(y)\|^2$$
$$= \|x + y\|^2 - 2\langle x + y, x + y \rangle + \|x + y\|^2 = 0,$$

also die Additivität. Analog erhalten wir die Homogenität aus

$$\|T(\alpha x) - \alpha T(x)\|^2 = \|T(\alpha x)\|^2 - 2\alpha\langle T(\alpha x), T(x) \rangle + \alpha^2 \|T(x)\|^2 = 0.$$

Aus $T(x) = T(y)$ folgt stets $\|x - y\| = 0$, also ist T eine injektive lineare Abbildung $\mathbb{R}^n \to \mathbb{R}^n$, und weil $T(\mathbb{R}^n)$ die Dimension n hat, ist T auch surjektiv.

Wir zeigen nun die Translationsinvarianz von $\mu \equiv \lambda_n^T$. Für jedes $z \in \mathbb{R}^n$ gibt es $y \in \mathbb{R}^n$ mit $T(y) = z$, und für $x \in \mathbb{R}^n$ gilt damit

$$(T_z \circ T)(x) = T(x) + T(y) = T(x + y) = (T \circ T_y)(x),$$

und wir erhalten $\mu^{T_z} = \lambda_n^{T_z \circ T} = \lambda_n^{T \circ T_y} = (\lambda_n^{T_y})^T = \lambda_n^T = \mu$. Wegen Satz 2.10 müssen wir schließlich noch $\alpha \equiv \mu((0, 1]^n) = 1$ zeigen. Für $K \equiv \{x \in \mathbb{R}^n : \|x\|^2 \leq n\}$ gilt $T^{-1}(K) = K$ und wegen $(0, 1]^n \subseteq K$ erhalten wir zunächst $\alpha \leq \mu(K) = \lambda_n(T^{-1}(K)) = \lambda_n(K) < \infty$, also $\alpha\lambda_n(K) = \mu(K) = \lambda_n(K)$ und daher $\alpha = 1$. $\square$

Satz 2.12 (Transformation unter affinen Abbildungen)
Seien $A \in \mathbb{R}^{n \times n}$ *regulär,* $b \in \mathbb{R}^n$ *und* $T(x) = Ax + b$. *Dann gilt* $\lambda_n^T = |\det A|^{-1}\lambda_n$.

Beweis. Weil jede lineare Abbildung auf $\mathbb{R}^n$ stetig ist, folgt die Messbarkeit von T aus Satz 1.8.

Wegen der Translationsinvarianz können wir $b = 0$ annehmen. Identifizieren wir Matrizen $A \in \mathbb{R}^{n \times n}$ mit den zugehörigen linearen Abbildungen $x \mapsto Ax$, so ist wegen $\langle Qx, Qx \rangle = \langle x, Q^t Qx \rangle = \langle x, x \rangle$ jede orthogonale Matrix Q eine Bewegung.

Durch Hauptachsentransformation finden wir ein orthogonales Q, so dass $Q^t A^t A Q$ eine Diagonalmatrix mit positiven Diagonalelementen ist. Für deren Wurzel D ist dann $S \equiv A Q D^{-1}$ orthogonal mit $S^t A Q = D$. Bezeichnen wir die Diagonalelemente von D mit d_j, so ist für jedes Intervall $I_j \subseteq \mathbb{R}$ die Menge $J_j \equiv \{x \in \mathbb{R} : d_j x \in I_j\}$ wieder ein Intervall mit $\ell(J_j) = |d_j|^{-1} \ell(I_j)$, also folgt für $I = \prod_{j=1}^n I_j$

$$\lambda_n^D(I) = \lambda_n\Big(\prod_{j=1}^n J_j \Big) = \prod_{j=1}^n |d_j|^{-1} \ell(I_j) = |\det D|^{-1} \lambda_n(I).$$

Der Eindeutigkeitssatz impliziert nun $\lambda_n^D = |\det D|^{-1} \lambda_n$, und aus Satz 2.11 folgt mit der Orthogonalität von Q und S

$$\lambda_n^A = (\lambda_n^Q)^A = \lambda_n^{AQ} = \lambda_n^{SD} = (\lambda_n^D)^S = |\det D|^{-1} \lambda_n^S$$
$$= |\det D|^{-1} \lambda_n = |\det A|^{-1} \lambda_n. \qquad \square$$

In der Situation von Satz 2.12 ist $\{Ax : x \in [0,1]^n\}$ das Urbild unter der linearen (also messbaren) Umkehrabbildung von A, also ist die Menge $\mathbb{B}_n$-zulässig und wir erhalten $|\det A| = \lambda_n(\{Ax : x \in [0,1]^n\})$, das heißt, der Betrag der Determinante ist das Maß des „Parallelepipeds" $A([0,1]^n)$.

Falls A nicht regulär ist, ist $\{Ax : x \in [0,1]^n\}$ in einer Hyperebene H enthalten, für die wegen der Bewegungsinvarianz und dem Beispiel nach Satz 2.9 $\lambda_n(H) = 0$ gilt. Die $\mathbb{B}_n$-Messbarkeit von $A([0,1]^n)$ folgt in dieser Situation aus der topologischen Tatsache, dass stetige Bilder kompakter Mengen kompakt und daher abgeschlossen sind. Obige Interpretation der Determinante stimmt also auch für singuläre Matrizen. Um das Maß von komplizierteren Mengen berechnen zu können, benötigen wir Integrationstechniken, die wir im nächsten Kapitel entwickeln.

Wir zeigen jetzt noch, dass es ein Maß mit den geometrischen Eigenschaften von λ_n auf der Potenzmenge $\mathcal{P}(\mathbb{R}^n)$ *nicht* geben kann. Dies benötigen wir zwar nicht explizit für die Wahrscheinlichkeitstheorie, aber es rechtfertigt den Aufwand den wir in diesem Kapitel betrieben haben: Ein translationsinvariantes Maß auf $\mathcal{P}(\mathbb{R})$, das Intervallen ihre Länge zuordnet, wäre (insbesondere für die Geometrie aber auch für die Wahrscheinlichkeitstheorie) ein hervorragendes Modell – mit dem einzigen aber entscheidenden Nachteil mangelnder Existenz. Andererseits zeigt das folgende Argument, dass manchmal etwas technisch anmutende Messbarkeitsvoraussetzungen unverzichtbar sind. Insbesondere erhalten wir, dass die Borel-σ-Algebra $\mathbb{B}$ *nicht* mit der Potenzmenge übereinstimmt.

Die Äquivalenzrelation $x \sim y$, falls $x - y \in \mathbb{Q}$, erzeugt eine Zerlegung $\{M_\alpha : \alpha \in I\}$ von $\mathbb{R}$ in paarweise disjunkte nicht leere Äquivalenzklassen M_α mit einer geeigneten Indexmenge I. Nach Definition der Relation gilt $M_\alpha + \mathbb{Q} = \{x + q : x \in M_\alpha, q \in \mathbb{Q}\} = M_\alpha$, also $M_\alpha \cap [0,1] \neq \emptyset$. Mit Hilfe des Auswahlaxioms finden wir $(x_\alpha)_{\alpha \in I} \in \prod_{\alpha \in I} M_\alpha \cap [0,1]$ und definieren $E \equiv \{x_\alpha : \alpha \in I\} \subseteq [0,1]$. Weil E mit jeder Äquivalenzklasse nur ein Element gemeinsam hat, ist

$(E + q)_{q \in \mathbb{Q}}$ eine paarweise disjunkte Familie von Mengen. Wir nehmen nun die Existenz eines translationsinvarianten Maßes auf $\mathscr{P}(\mathbb{R})$ an, das Intervallen ihre Länge zuordnet. Weil dieses Maß auf $\mathbb{B}$ mit dem Lebesgue-Maß übereinstimmt, bezeichnen wir es wiederum mit λ. Aus der Monotonie des Maßes erhalten wir dann $\lambda(E) \leq 1$. Wegen der Translationsinvarianz gilt $\lambda(E + q) = \lambda(E)$ für alle $q \in \mathbb{Q}$, und aus

$$\sum_{q \in \mathbb{Q} \cap [0,1]} \lambda(E + q) = \lambda(E + \mathbb{Q} \cap [0,1]) \leq \lambda([0,2]) = 2$$

folgt $\lambda(E) = 0$. Andererseits gilt aber $E + \mathbb{Q} = \mathbb{R}$, weil jedes $x \in \mathbb{R}$ in einer Äquivalenzklasse M_α enthalten, also zu x_α äquivalent ist. Damit folgt der Widerspruch

$$\infty = \lambda(\mathbb{R}) = \lambda\Big(\bigcup_{q \in \mathbb{Q}} E + q \Big) = \sum_{q \in \mathbb{Q}} \lambda(E + q) = 0.$$

Wir wollen dieses Kapitel mit einer Bemerkung über Unabhängigkeit und Modellierung schließen. Auch wenn wir häufig zum Beispiel über stochastisch unabhängige Folgen von Zufallsvariablen Aussagen machen, ist es bei der Modellierung ungewisser Situationen oft kritisch, Annahmen über das zugrunde liegende Wahrscheinlichkeitsmaß oder auch nur über die Verteilungen der Zufallsvariablen zu treffen. Will man etwa die Wirksamkeit eines neuen Medikaments untersuchen und traktiert verschiedene Testpersonen mit dem Mittel, so hat die Annahme der Unabhängigkeit der Personen, die mit Zufallsgrößen $X_1, \ldots, X_n$ modelliert werden, eine gewisse Plausibilität. Nimmt man noch $P^{X_j} = P^{X_1}$ für alle j an, so verfolgt man das Ziel, die Verteilung P^{X_1} zu bestimmen. Als Daten hat man dabei die Werte $x_j = X_j(\omega)$ für ein einziges $\omega \in \Omega$ zur Verfügung, und angesichts dieser knappen Information kann man häufig nicht mehr erwarten, als gewisse Kennzahlen wie zum Beispiel den „Schwerpunkt" oder das „Mittel" der Verteilung P^{X_1} zu bestimmen. Auch von solchen Kennzahlen handelt das nächste Kapitel.

Aufgaben

2.1. Bestimmen Sie für eine unabhängige Folge von $B(1, p)$-verteilten Zufallsvariablen X_n die Verteilungen von $M_n \equiv \max\{X_1, \ldots, X_n\}$, $m_n \equiv \min\{X_1, \ldots, X_n\}$ und $Y \equiv \min\{n \in \mathbb{N} : X_n = 1\}$ mit $\min \varnothing \equiv \infty$.

2.2. Bestimmen Sie die Verteilungen vom Minimum und vom Maximum zweier unabhängiger geometrisch verteilter Zufallsvariablen.

2.3. Zeigen Sie, dass Summen unabhängiger Poisson-verteilter Zufallsvariablen wieder Poisson-verteilt sind.

2.4. Zeigen Sie, dass eine Zufallsvariable genau dann von sich selbst unabhängig ist, wenn es eine Konstante $c \in \mathbb{R}$ gibt mit $P(X = c) = 1$.

2.5. Finden Sie (etwa auf $\Omega = \{1, \ldots, 4\}$ mit der Laplace-Verteilung) Zufallsvariablen X, Y, Z, die nicht stochastisch unabhängig sind, so dass jeweils zwei davon unabhängig sind.

2.6. Für $n \in \mathbb{N}$ seien $A_n \equiv \bigcup\{(j/2^n, (j+1)/2^{-n}] : j \in \{1, \ldots, 2^n\}$ ungerade$\}$. Zeigen Sie für die Gleichverteilung $P = U(0, 1)$, dass die durch $X_n \equiv I_{A_n}$ definierten **Rademacher-Funktionen** eine Bernoulli-Folge bilden.

2.7. Zeigen Sie, dass es auf $(\mathbb{R}, \mathbb{B})$ kein translationsinvariantes Wahrscheinlichkeitsmaß gibt.

2.8. Bestimmen Sie die inverse Verteilungsfunktion der Exponentialverteilung.

2.9. Zeigen Sie, dass inverse Verteilungsfunktionen immer linksstetig sind.

2.10. Sei X eine Zufallsvariable mit stetiger Verteilungsfunktion $F(x) = P(X \le x)$. Zeigen Sie $F \circ X \sim U(0, 1)$.

2.11. Zeigen Sie $\sin(2\pi U) \overset{d}{=} \cos(2\pi U)$ für $U \sim U(0, 1)$.

2.12. Sei $\triangle$ ein Dreieck, also die konvexe Hülle dreier Punkte $a, b, c \in \mathbb{R}^2$. Zeigen Sie $\triangle \in \mathbb{B}_2$ und berechnen Sie (etwa durch Reduktion auf den Fall $a = 0$, $b = (0, 1)$ und $c = (1, 0)$) die „Fläche" $\lambda_2(\triangle)$.

2.13. Finden Sie für $\varepsilon > 0$ eine dichte und offene Teilmenge A_ε von $\mathbb{R}$ mit $\lambda(A_\varepsilon) \le \varepsilon$. Dabei hilft die Tatsache, dass $\mathbb{Q}$ abzählbar ist.

Leser, die mit dem Satz von Baire und der damit zusammenhängenden Terminologie vertraut sind, können dann folgern, dass $B \equiv \bigcap_{n\in\mathbb{N}} A_{1/n}$ eine Menge von „zweiter Kategorie" (also *groß* im Sinn der Topologie) ist, die $\lambda(B) = 0$ erfüllt (also im Sinn des Lebesgue Maßes *klein* ist).

Kapitel 3

Integration

Die Idee zur Konstruktion eines Integrals $\int X\,d\mu$ für eine messbare Abbildung $X:(\Omega,\mathcal{A}) \to (\mathbb{R},\mathbb{B})$ und ein Maß μ auf $\mathcal{A}$ ist sehr einfach: Für **Indikatorfunktionen**

$$I_A(\omega) \equiv \begin{cases} 1, & \omega \in A \\ 0, & \omega \notin A \end{cases}$$

definieren wir das Integral als Maß der Indikatormenge A, durch lineare Fortsetzung erweitern wir die Definition auf Funktionen, die nur endlich viele Werte annehmen, und erhalten schließlich durch Approximation das Integral für eine möglichst große Klasse von Integranden. Dieses Vorgehen ist sehr ähnlich wie beim „Regelintegral", das in manchen Lehrbüchern der Analysis behandelt wird. Dort sind die „Grundbausteine" Indikatorfunktionen von Intervallen, deren Integral ist die Länge des Intervalls, Linearkombinationen der Grundbausteine heißen Treppenfunktionen, und durch gleichmäßige Approximation erhält man das Integral für Regelfunktionen, die definitionsgemäß gleichmäßige Grenzwerte von Treppenfunktionen sind. Beim klassischen Riemann-Integral approximiert man nicht gleichmäßig sondern bezüglich der „Halbnorm" $\|f\| \equiv \inf\left\{\int_a^b h(x)\,dx : h \text{ Treppenfunktion mit } |f| \le h\right\}$. Der hier benutzte Integralbegriff unterscheidet sich durch eine allgemeinere Klasse von Grundbausteinen und dadurch, dass wir monoton approximieren.

Wir betrachten bis auf Weiteres einen Maßraum $(\Omega,\mathcal{A},\mu)$ und nennen eine messbare Funktion $X:(\Omega,\mathcal{A}) \to (\mathbb{R},\mathbb{B})$ **elementar**, falls sie nur endlich viele positive Werte annimmt. Sind $\alpha_1,\dots,\alpha_n \ge 0$ alle Werte (die wir ohne weitere Erwähnung stets als paarweise verschieden annehmen), so definieren wir das (elementare) **Integral**

$$\int X\,d\mu \equiv \sum_{j=1}^n \alpha_j\,\mu(X = \alpha_j),$$

wobei wir wie bisher $0\infty = 0$, $a\infty = \infty$ für $a > 0$ und $a + \infty = \infty$ für $a \in [0,\infty]$ benutzen.

Physikalisch lässt sich dieses Integral als Schwerpunkt des (diskreten) Bildmaßes μ^X interpretieren, und für ein Wahrscheinlichkeitsmaß $\mu = P$ ist $\int X\,dP$ das mit den Wahrscheinlichkeiten $P(X = \alpha_j)$ gewichtete *Mittel* der Werte (weil $\alpha_1,\dots,\alpha_n$ alle Werte von X sind, ist die Summe der Gewichte $P(X = \alpha_j)$ gleich 1). Ist zum Beispiel P^X die Laplace-Verteilung auf $\{1,\dots,n\}$, so gilt

$$\int X\,dP = \sum_{j=1}^n jP(X = j) = \sum_{j=1}^n j/n = (n+1)/2.$$

Ist $P^X = H(N, n)$ die hypergeometrische Verteilung, die zur Modellierung der Treferanzahl beim Lotto n aus N dient, so erhalten wir mit Hilfe der Tatsache, dass die Summe über alle Werte der Zähldichte von $H(N-1, n-1)$ gleich 1 ist,

$$\int X \, dP = \sum_{j=0}^{n} j \binom{n}{j} \binom{N-n}{n-j} \binom{N}{n}^{-1}$$

$$= \binom{N}{n}^{-1} n \sum_{j=1}^{n} \binom{n-1}{j-1} \binom{N-1-(n-1)}{(n-1)-(j-1)}$$

$$= \binom{N}{n}^{-1} n \binom{N-1}{n-1} = n \frac{n}{N}.$$

Satz 3.1 (Linearität und Monotonie)

1. Sind X, Y elementar und $a, b \geq 0$, so gilt $\int aX + bY \, d\mu = a \int X \, d\mu + b \int Y \, d\mu$.

2. Sind X, Y elementar mit $X \leq Y$, so ist $\int X \, d\mu \leq \int Y \, d\mu$.

Beweis. 1. Sind $\alpha_1, \ldots, \alpha_n$ und $\beta_1, \ldots, \beta_m$ die Werte von X beziehungsweise Y, so hat $Z \equiv X + Y$ Werte $\gamma_1, \ldots, \gamma_p$ mit $\{\gamma_1, \ldots, \gamma_p\} = \{\alpha_i + \beta_j : 1 \leq i \leq n, 1 \leq j \leq m\}$. Weil die Ereignisse $\{X = \alpha_i, Y = \beta_j\}$ paarweise disjunkt sind, folgt mit der Additivität von μ

$$\int Z \, d\mu = \sum_{k=1}^{p} \gamma_k \mu(Z = \gamma_k) = \sum_{k=1}^{p} \sum_{\alpha_i + \beta_j = \gamma_k} (\alpha_i + \beta_j) \mu(X = \alpha_i, Y = \beta_j)$$

$$= \sum_{i=1}^{n} \sum_{j=1}^{m} \alpha_i \mu(X = \alpha_i, Y = \beta_j) + \sum_{j=1}^{m} \sum_{i=1}^{n} \beta_j \mu(X = \alpha_i, Y = \beta_j)$$

$$= \sum_{i=1}^{n} \alpha_i \mu(X = \alpha_i) + \sum_{j=1}^{m} \beta_j \mu(Y = \beta_j) = \int X \, d\mu + \int Y \, d\mu.$$

Für $a = 0$ ist 0 der einzige Wert von aX, und es gilt $\int aX \, d\mu = 0 = a \int X \, d\mu$. Für $a > 0$ sind $a\alpha_1, \ldots, a\alpha_n$ die Werte von aX, und es folgt

$$\int aX \, d\mu = \sum_{j=1}^{n} a\alpha_j \mu(aX = a\alpha_j) = a \sum_{j=1}^{n} \alpha_j \mu(X = \alpha_j) = a \int X \, d\mu.$$

2. $Y - X$ ist elementar und mit der Additivität folgt

$$\int X \, d\mu \leq \int X \, d\mu + \int Y - X \, d\mu = \int Y \, d\mu. \qquad \square$$

Eine wichtige Eigenschaft des elementaren Integrals ist, dass $\int X\,d\mu$ nur von den Zahlen $\mu(X = \alpha_j)$ also vom Bildmaß μ^X abhängt. Dies kann man etwa zur Berechnung von $\int X\,dP$ einer $B(n, p)$-verteilten Zufallsvariable nutzen. Sind $X_1, \ldots, X_n$ unabhängige $B(1, p)$-verteilte Zufallsvariablen, so gilt $\sum_{j=1}^{n} X_j \sim B(n, p)$ und daher

$$\int X\,dP = \sum_{j=1}^{n} \int X_j\,dP = np.$$

Für $p = n/N$ stimmt dies mit dem Integral einer $H(N, n)$-verteilten Zufallsvariable überein, was nicht weiter bemerkenswert wäre – es sei denn, man interpretiert die $B(n, p)$- und $H(n, N)$-Verteilungen als Modelle für das n-fache Ziehen *mit* beziehungsweise *ohne* Zurücklegen von Kugeln aus einer Urne mit n weißen und $N - n$ schwarzen Kugeln und fragt nach dem „mittleren Wert" für die Anzahl der weißen gezogenen Kugeln. Der ist also in beiden Modellen gleich.

Es erweist sich als bequem, den Integralbegriff für Funktionen mit Werten in $\overline{\mathbb{R}} \equiv \mathbb{R} \cup \{-\infty, \infty\}$ zu definieren – auch wenn wir meistens am Integral reellwertiger Funktionen interessiert und die nun folgenden Vereinbarungen etwas langweilig sind. Man merke sich, dass $\infty - \infty$ und ∞/∞ *nicht* definiert werden und die übrigen Operationen der „Intuition entsprechen".

Wir setzen zunächst durch $-\infty \leq a \leq +\infty$ für $a \in \mathbb{R}$ die Ordnungsrelation fort und definieren $\infty + a \equiv a + \infty \equiv \infty$ für $a \in (-\infty, \infty]$ und $-\infty + a \equiv a + (-\infty) \equiv -\infty$ für $a \in [-\infty, \infty)$. Weiter setzen wir $-\infty 0 \equiv 0(-\infty) \equiv 0$, $\infty a \equiv a\infty \equiv \infty$, $-\infty a \equiv a(-\infty) \equiv -\infty$ und $a/0 \equiv \infty$ für $a > 0$ sowie $\infty a \equiv a\infty \equiv -\infty$, $-\infty a \equiv a(-\infty) \equiv \infty$ und $a/0 \equiv -\infty$ für $a < 0$ und schließlich $a/\infty \equiv a/-\infty \equiv 0$ für $a \in \mathbb{R}$. Diese Fortsetzungen sind so gewählt, dass Assoziativ- und Distributivgesetze immer dann gelten, *wenn alle Ausdrücke definiert*, das heißt zum Beispiel nicht von der Form $-\infty + \infty$ oder $0/0$ sind. Wir schreiben im Folgenden „$a + b$ ist definiert", falls das Paar (a, b) im Definitionsbereich der fortgesetzten Addition liegt, das heißt $\{a, b\} \neq \{-\infty, \infty\}$.

Um der Gefahr zu entgehen, nicht-definierte Ausdrücke zu benutzen, ist es oft günstig, statt a/b die Schreibweise ab^{-1} zu benutzen, wobei $b^{-1} \equiv 1/b$. Für $a = b \in \{0, \infty, -\infty\}$ ist der Wert dann jeweils 0.

Wir betrachten auf $\overline{\mathbb{R}}$ die Metrik $d(x, y) \equiv |\arctan(x) - \arctan(y)|$ mit der Konvention $\arctan(\pm\infty) = \pm\pi$ (statt des arctan kann man jede stetige streng monotone Funktion betrachten, die reelle Grenzwerte für $x \to \pm\infty$ besitzt). Die „Kugeln" $B(x, \varepsilon)$ mit reellem Mittelpunkt und kleinem Radius sind dann – wie beim Betragsabstand auf $\mathbb{R}$ – offene Intervalle um x. Wir bezeichnen die zugehörige Borel-σ-Algebra mit $\overline{\mathbb{B}} = \mathscr{B}(\overline{\mathbb{R}}, d)$ und erhalten

$$\overline{\mathbb{B}} = \sigma(\{[-\infty, b) : b \in \mathbb{R}\}).$$

Die Intervalle $[-\infty, b)$ sind nämlich Kugeln mit Mittelpunkt $-\infty$, und andererseits enthält die σ-Algebra auf der rechten Seite alle offenen reellen Intervalle

$$(a,b) = \bigcup_{n \in \mathbb{N}} [-\infty, b) \setminus [-\infty, a + \tfrac{1}{n})$$

und auch die Kugeln $(a, \infty] = \bigcup_{n \in \mathbb{N}} \overline{\mathbb{R}} \setminus [-\infty, a + \tfrac{1}{n})$ mit Mittelpunkt ∞. Weil jede bezüglich d offene Menge als *abzählbare* Vereinigung von Kugeln dargestellt werden kann, ist $\overline{\mathbb{B}}$ in der rechten σ-Algebra enthalten.

Genau wie im Fall reellwertiger Funktionen ist wegen Satz 1.6 eine Abbildung $X : \Omega \to \overline{\mathbb{R}}$ genau dann $(\mathcal{A}, \overline{\mathbb{B}})$-messbar, wenn $\{X \leq b\} \in \mathcal{A}$ für alle $b \in \mathbb{R}$ gilt. Damit erhalten wir, dass mit X und Y auch $X + Y$ messbar ist, falls für jedes $\omega \in \Omega$ die Summe $X(\omega) + Y(\omega)$ existiert.

Die Menge aller messbaren Abbildungen $X : (\Omega, \mathcal{A}) \to (\overline{\mathbb{R}}, \overline{\mathbb{B}})$ bezeichnen wir mit $\mathcal{M}(\Omega, \mathcal{A})$ und mit $\mathcal{M}_+(\Omega, \mathcal{A})$ die Menge der positiven $X \in \mathcal{M}(\Omega, \mathcal{A})$.

Für $X \in \mathcal{M}_+(\Omega, \mathcal{A})$ definieren wir nun das **Integral** (bezüglich μ) durch

$$\int X \, d\mu \equiv \sup \left\{ \int Y \, d\mu : Y \text{ elementar mit } Y \leq X \right\}.$$

Die Monotonie des elementaren Integrals überträgt sich direkt auf das Integral und impliziert, dass die Definition für Elementarfunktionen mit der alten übereinstimmt, was die Benutzung des gleichen Symbols rechtfertigt.

Wir zeigen nun einen einfachen aber sehr oft benutzten Satz über das Vertauschen von Grenzwerten und Integralen. Für Funktionen $X_n, X : \Omega \to \overline{\mathbb{R}}$ schreiben wir dabei $X_n \uparrow X$, falls $X_n(\omega) \leq X_{n+1}(\omega)$ und $X_n(\omega) \to X(\omega)$ für jedes $\omega \in \Omega$.

Satz 3.2 (Monotone Konvergenz, Levi)

Für Folgen $X_n \in \mathcal{M}_+(\Omega, \mathcal{A})$ mit $X_n \uparrow X$ gilt $\lim\limits_{n \to \infty} \int X_n \, d\mu = \int \lim\limits_{n \to \infty} X_n \, d\mu$.

Beweis. Die Messbarkeit von X folgt aus Satz 1.8.2 oder auch aus $\{X \leq x\} = \bigcap_{n \in \mathbb{N}} \{X_n \leq x\}$ für alle $x \in \mathbb{R}$.

Wegen der Monotonie des Integrals existiert $c \equiv \lim_{n \to \infty} \int X_n \, d\mu \leq \int X \, d\mu$, und für die umgekehrte Ungleichung zeigen wir $c \geq \int Y \, d\mu$ für jedes elementare $Y \leq X$. Seien dazu $\alpha_1, \ldots, \alpha_m$ die Werte von Y, $\delta < 1$ und $A_n \equiv \{X_n \geq \delta Y\}$. Wegen $X_n \uparrow X$ gilt dann $A_n \uparrow \Omega$ also auch $A_n \cap \{Y = \alpha_j\} \uparrow \{Y = \alpha_j\}$, und mit der Stetigkeit von unten, der Additivität des elementaren Integrals und der Monotonie des Integrals folgt

$$\delta \int Y \, d\mu = \lim_{n \to \infty} \sum_{j=1}^{m} \delta \alpha_j \mu(A_n \cap \{Y = \alpha_j\})$$

$$= \lim_{n \to \infty} \int \delta Y I_{A_n} \, d\mu \leq \lim_{n \to \infty} \int X_n \, d\mu,$$

weil $\delta Y I_{A_n} \leq X_n$. Mit $\delta \to 1$ folgt daraus $\int Y \, d\mu \leq c$. $\qquad\square$

Ist X eine Zufallsvariable mit abzählbar vielen Werten $\alpha_n \geq 0$, $n \in \mathbb{N}$, so ist X der monotone Limes der Folge $X_n = \sum_{j=1}^{n} \alpha_j I_{\{X=\alpha_j\}}$ und Levis Satz liefert $\int X\, dP = \sum_{j=1}^{\infty} \alpha_j P(X = \alpha_j)$. Ist etwa X Poisson-verteilt mit Parameter $\lambda \geq 0$, so folgt damit

$$\int X\, dP = \sum_{j=0}^{\infty} j e^{-\lambda} \lambda^j / j! = e^{-\lambda} \lambda \sum_{j=1}^{\infty} \lambda^{j-1}/(j-1)! = \lambda.$$

Wegen des folgenden Approximationssatzes kann man Levis Satz oft benutzen, um sehr leicht Eigenschaften des elementaren Integrals auf das allgemeine Integral zu übertragen.

Satz 3.3 (Approximation)
Für jedes $X \in \mathcal{M}_+(\Omega, \mathcal{A})$ gibt es Elementarfunktionen Y_n mit $Y_n \uparrow X$.

Beweis. Wir definieren Y_n fallweise als $Y_n \equiv k2^{-n}$ für $X \in [k2^{-n}, (k+1)2^{-n})$ und $k \in \{0, \dots, n2^n - 1\}$ und $Y_n \equiv n$ für $X \geq n$. Dann sind Y_n elementar mit $Y_{n+1} - Y_n \in \{k/2^{n+1} : 0 \leq k \leq 2^{n+1}\}$ und $0 \leq X - Y_n \leq 2^{-n}$ für $X \leq n$. Daher gilt $Y_n \uparrow X$. $\qquad\qquad\square$

Satz 3.3 ist sogar eine Charakterisierung der Funktionen in $\mathcal{M}_+(\Omega, \mathcal{A})$. Damit erhalten wir auch eine sehr „anschauliche" Beschreibung von $\mathcal{M}_+(\Omega, \sigma(Y))$ für ein messbares $Y : (\Omega, \mathcal{A}) \to (\mathcal{Y}, \mathcal{C})$: Eine Abbildung $X \geq 0$ ist genau dann bezüglich $\sigma(Y)$ messbar, wenn es $h \in \mathcal{M}_+(\mathcal{Y}, \mathcal{C})$ gibt mit $X = h \circ Y$. Für Elementarfunktionen $X_n = \sum_{j=0}^{m} \alpha_j I_{\{Y \in C_j\}}$ haben die Funktionen $h_n = \sum_{j=0}^{m} \alpha_j I_{C_j}$ die Eigenschaft $X_n = h_n \circ Y$, und falls $X_n \uparrow X$, folgt $X = (\sup_{n \in \mathbb{N}} h_n) \circ Y$.

Satz 3.4 (Lemma von Fatou)
Für Folgen $X_n \in \mathcal{M}_+(\Omega, \mathcal{A})$ gilt $\liminf\limits_{n \to \infty} \int X_n\, d\mu \geq \int \liminf\limits_{n \to \infty} X_n\, d\mu$.

Beweis. Seien $Y_n \equiv \inf_{m \geq n} X_m$. Wegen $\{Y_n < a\} = \bigcup_{m \geq n}\{X_m < a\}$ sind $Y_n \in \mathcal{M}_+(\Omega, \mathcal{A})$ mit $Y_n \uparrow Y \equiv \liminf_{n \to \infty} X_n$, und mit Satz 3.2 und der Monotonie des Integrals folgt

$$\int \liminf_{n \to \infty} X_n\, d\mu = \lim_{n \to \infty} \int \inf_{m \geq n} X_m\, d\mu \leq \lim_{n \to \infty} \inf_{m \geq n} \int X_m\, d\mu = \liminf_{n \to \infty} \int X_n\, d\mu.$$

$$\square$$

Selbst falls die Folge $(X_n)_{n \in \mathbb{N}}$ in Satz 3.4 punktweise konvergiert, gilt im Allgemeinen keine Gleichheit: Für das Zählmaß μ auf $\mathbb{N}$ und $X_n = I_{\{n\}}$ gelten $\lim_{n \to \infty} X_n = 0$ und $\lim_{n \to \infty} \int X_n\, d\mu = 1$. Dieses einfache Beispiel ist eine gute Gedächtnisstütze, welche der Ungleichungen $\geq$ oder $\leq$ im Fatou-Lemma die richtige ist.

Um schließlich das Integral einer nicht positiven Abbildung $X : (\Omega, \mathcal{A}) \to (\overline{\mathbb{R}}, \overline{\mathbb{B}})$ zu definieren, bezeichnen wir mit $X^+ \equiv X \vee 0 = \max\{X, 0\}$ und $X^- \equiv -X \vee 0$ den **Positivteil** beziehungsweise **Negativteil** von X.

Wegen $X = X^+ - X^-$ nennen wir $X \in \mathcal{M}(\Omega, \mathcal{A})$ **integrierbar** (bezüglich μ), falls $\int X^+ d\mu < \infty$ oder $\int X^- d\mu < \infty$ gelten. (Häufig wird in der Literatur gefordert, dass $\int X^\pm d\mu$ beide endlich sind, was zu der sprachlich etwas seltsamen Situation führt, dass man nicht-integrierbare Funktionen integriert. Unser Begriff wird dann oft Quasi-Integrierbarkeit genannt.)

Wegen $X^\pm \le |X|$ und der Monotonie des Integrals ist insbesondere jedes $X \in \mathcal{M}(\Omega, \mathcal{A})$ mit $\int |X| d\mu < \infty$ integrierbar.

Für integrierbares $X \in \mathcal{M}(\Omega, \mathcal{A})$ heißt in naheliegender Weise

$$\int X d\mu = \int X^+ d\mu - \int X^- d\mu$$

das **Integral** von X bezüglich μ.

Satz 3.5 (Integrationsregeln)
Seien $X, Y \in \mathcal{M}(\Omega, \mathcal{A})$ integrierbar und $a, b \in \mathbb{R}$.

1. Sind $aX + bY$ und $a \int X d\mu + b \int Y d\mu$ definiert, so ist $aX + bY$ integrierbar mit

$$\int aX + bY \, d\mu = a \int X d\mu + b \int Y d\mu.$$

Falls aX für $a \in \{\pm\infty\}$ integrierbar ist, gilt ebenfalls $\int aX \, d\mu = a \int X d\mu$.

2. $X \le Y$ impliziert $\int X d\mu \le \int Y d\mu$.

3. $|\int X d\mu| \le \int |X| d\mu$.

4. $\int |X| d\mu = 0$ gilt genau dann, wenn $\mu(X \ne 0) = 0$.

5. $|\int X d\mu| < \infty$ impliziert $\mu(|X| = \infty) = 0$.

Beweis. 1. Sind X, Y positiv und $(X_n)_{n \in \mathbb{N}}$, $(Y_n)_{n \in \mathbb{N}}$ Folgen elementarer Funktionen mit $X_n \uparrow X$ und $Y_n \uparrow Y$, so erhalten wir aus $X_n + Y_n \uparrow X + Y$ wegen Satz 3.2 und der Linearität des elementaren Integrals

$$\int X + Y \, d\mu = \lim_{n \to \infty} \int X_n d\mu + \int Y_n d\mu = \int X d\mu + \int Y d\mu.$$

Im allgemeinen Fall gilt $(X + Y)^+ - (X + Y)^- = X + Y = X^+ - X^- + Y^+ - Y^-$, was $(X + Y)^+ + X^- + Y^- = (X + Y)^- + X^+ + Y^+$ und damit

$$\int (X+Y)^+ d\mu + \int X^- d\mu + \int Y^- d\mu = \int (X+Y)^- d\mu + \int X^+ d\mu + \int Y^+ d\mu$$

impliziert. Dies liefert die Additivität des Integrals, falls alle Integrale der Positiv- und Negativteile von X und Y reell sind, weil dann wegen $(X + Y)^+ \leq X^+ + Y^+$ auch das Integral $\int (X + Y)^+ d\mu$ reell ist.

Falls $\int X^- d\mu = \infty$ oder $\int Y^- d\mu = \infty$ müssen $\int X^+ d\mu$ und $\int Y^+ d\mu$ reell sein, weil sonst $\int X d\mu + \int Y d\mu$ nicht definiert wäre. Wegen obiger Identität gilt in diesem Fall also $\int (X + Y)^- d\mu = \infty$ und damit $\int X + Y d\mu = \int X d\mu + \int Y d\mu = -\infty$. Analog folgt die Additivität, falls $\int X^+ d\mu = \infty$ oder $\int Y^+ d\mu = \infty$. Die Homogenität $\int aX d\mu = a \int X d\mu$ folgt für positives X und $a \geq 0$ mit dem Approximationssatz und monotoner Konvergenz und im allgemeinen Fall wieder durch Zerlegen $X = X^+ - X^-$.

2. Durch $Z(\omega) \equiv Y(\omega) - X(\omega)$, falls $X(\omega) < \infty$, und $Z(\omega) \equiv 0$, falls $X(\omega) = \infty$, ist eine Funktion $Z \in \mathcal{M}_+(\Omega, \mathcal{A})$ definiert mit $X + Z = Y$. Falls $\int X d\mu = -\infty$ ist die zu beweisende Aussage klar, und wegen $\int Z d\mu \geq 0$ ist andernfalls $\int X d\mu + \int Z d\mu$ definiert, und mit der Additivität folgt $\int X d\mu \leq \int X d\mu + \int Z d\mu = \int Y d\mu$.

3. Ebenfalls mit der Additivität erhalten wir wegen $|X| = X^+ + X^-$

$$\left| \int X d\mu \right| = \left| \int X^+ d\mu - \int X^- d\mu \right| \leq \int X^+ d\mu + \int X^- d\mu = \int |X| d\mu.$$

4. Falls $\mu(|X| > 0) = 0$, folgt aus $|X| \leq \infty I_{\{|X|>0\}}$ mit der Monotonie des Integrals $\int |X| d\mu \leq \infty \mu(|X| > 0) = 0$. Ist andererseits $\int |X| d\mu = 0$, so impliziert die Stetigkeit von unten für die Mengen $A_n \equiv \{|X| \geq 1/n\} \uparrow \{|X| > 0\}$

$$\mu(|X| > 0) = \lim_{n \to \infty} \mu(A_n) = \lim_{n \to \infty} n \int \tfrac{1}{n} I_{A_n} d\mu \leq \limsup_{n \to \infty} n \int |X| d\mu = 0.$$

5. Falls $\mu(X^+ = \infty) > 0$ liefern $X^+ \geq \infty I_{\{X^+=\infty\}}$ und die Monotonie des Integrals $\int X^+ d\mu \geq \infty \mu(X^+ = \infty) = \infty$. Das gleiche Argument beweist den Fall $\mu(X^- = \infty) > 0$. $\square$

Eine wichtige Konsequenz aus Satz 3.5.4 ist, dass sich weder Integrierbarkeit noch das Integral einer Funktion ändern, wenn wir sie auf einer Menge $B \in \mathcal{A}$ mit $\mu(B) = 0$ abändern (so dass die Messbarkeit erhalten bleibt): Wegen der Additivität gilt für integrierbares X nämlich

$$\int X d\mu = \int X I_{B^c} d\mu + \int X I_B d\mu = \int X I_{B^c} d\mu,$$

weil $|\int X I_{B^c} d\mu| \leq \int |X I_{B^c}| d\mu = 0$.

Deshalb ist es auch sinnvoll von der Integrierbarkeit und dem Integral von Funktionen X zu reden, die bloß auf einer Menge $A \in \mathcal{A}$ mit $\mu(A^c) = 0$ definiert und $(\mathcal{A} \cap A, \overline{\mathbb{B}})$-messbar sind.

Wir nennen ein Ereignis $A \subseteq \Omega$ μ-**fast sicher** (oder auch bloß fast sicher, wenn das Maß μ durch den Kontext gegeben ist), falls es ein zulässiges Ereignis $B \in \mathcal{A}$

mit $\mu(B) = 0$ und $B^c \subseteq A$ gibt. Wir sagen dann auch A gilt μ-fast sicher, und für Ereignisse wie $\{X = Y\}$ schreiben wir $X = Y$ μ-fast sicher oder $X(\omega) = Y(\omega)$ für μ-fast alle $\omega \in \Omega$, falls $\{X = Y\}$ μ-fast sicher gilt. Ein $\mathcal{A}$-zulässiges Ereignis A gilt genau dann fast sicher, wenn $\mu(A^c) = 0$ ist, und nur gelegentlich benötigen wir nicht zulässige Ereignisse. Die Sub-σ-Additivität von Maßen impliziert, dass abzählbare Durchschnitte (oder „Konjunktionen") fast sicherer Ereignisse wiederum fast sicher sind.

In dieser Sprechweise besagen Satz 3.5.4, dass $\int |X| d\mu = 0$ genau dann gilt, wenn $X = 0$ μ-fast sicher, und Satz 3.5.5, dass X μ-fast sicher reellwertig ist, falls $\int X d\mu$ reell ist. Falls also $\int X d\mu$ und $\int Y d\mu$ reell sind, ist $X + Y$ μ-fast sicher definiert und es gilt $\int X + Y d\mu = \int X d\mu + \int Y d\mu$.

Einer der wichtigsten allgemeinen Grenzwertsätze sowohl der Stochastik als auch der Analysis ist:

Satz 3.6 (Dominierte Konvergenz, Lebesgue)
Seien $X_n, X, Y \in \mathcal{M}(\Omega, \mathcal{A})$ mit $X_n \to X$ und $|X_n| \leq Y$ μ-fast sicher sowie $\int Y d\mu < \infty$. Dann existiert $\lim\limits_{n \to \infty} \int X_n d\mu = \int X d\mu$.

Beweis. Nach Abändern der Funktionen auf der Menge

$$B \equiv \{X_n \not\to X\} \cup \bigcup_{n \in \mathbb{N}} \{|X_n| > Y\} \cup \{Y = \infty\}$$

mit $\mu(B) = 0$ können wir annehmen, dass die Voraussetzungen auf ganz Ω erfüllt sind. Mit der Linearität des Integrals und zweifacher Anwendung des Lemmas von Fatou auf $X_n + Y \geq 0$ und $Y - X_n \geq 0$ erhalten wir dann

$$\int X d\mu = \int \liminf_{n \to \infty} X_n + Y d\mu - \int Y d\mu \leq \liminf_{n \to \infty} \int X_n + Y d\mu - \int Y d\mu$$

$$= \liminf_{n \to \infty} \int X_n d\mu \leq \limsup_{n \to \infty} \int X_n d\mu = \int Y d\mu - \liminf_{n \to \infty} \int Y - X_n d\mu$$

$$\leq \int Y d\mu - \int Y - X d\mu = \int X d\mu.$$

Also gilt $\liminf_{n \to \infty} \int X_n d\mu = \limsup_{n \to \infty} \int X_n d\mu = \int X d\mu$. $\qquad \square$

Das Beispiel nach Satz 3.4 zeigt, dass auch der Satz von Lebesgue ohne die „Dominiertheit" $|X_n| \leq Y$ im Allgemeinen falsch ist.

Sind μ ein *endliches* Maß, $\int |X_n| d\mu < \infty$ und gilt $X_n \to X$ *gleichmäßig* auf Ω, so ist die Konvergenz $X_n \to X$ auch dominiert: Falls $|X_n(\omega) - X(\omega)| \leq 1$ für alle $n \geq n_0$ und $\omega \in \Omega$ gilt, folgt $|X_n| \leq Y \equiv 2 + \max\{|X_k| : k \in \{1, \ldots, n_0\}\}$ für alle $n \in \mathbb{N}$, und es gilt $\int Y d\mu \leq 2\mu(\Omega) + \sum_{k=1}^{n_0} \int |X_k| d\mu < \infty$.

Ist $f : [a, b] \to \mathbb{R}$ eine Regelfunktion, also gleichmäßiger Grenzwert einer Folge von Treppenfunktionen, so erhalten wir wegen $\lambda([a, b]) < \infty$ insbesondere, dass das

Regelintegral $\int_a^b f(x)dx$ mit dem **Lebesgue-Integral** $\int f I_{[a,b]}d\lambda$ übereinstimmt (für Treppenfunktionen folgt diese Übereinstimmung aus der Linearität und $\lambda(I) = \ell(I)$ für jedes Intervall I). Im Vergleich zum Regelintegral ist das Integral bezüglich des Lebesgue-Maßes viel angenehmer beim Studium von Grenzprozessen – auch dann, wenn man sich nur für Integrale zum Beispiel stetiger Funktionen interessiert (die wegen der gleichmäßigen Stetigkeit auf kompakten Intervallen immer Regelfunktionen sind).

Um eine der typischen Anwendungen das Satzes von Lebesgue bequem formulieren zu können, definieren wir

$$\mathcal{L}_1(\Omega, \mathcal{A}, \mu) \equiv \{X : (\Omega, \mathcal{A}) \to (\mathbb{R}, \mathbb{B}) \text{ messbar} : \int |X|d\mu < \infty\}.$$

Im 4. Kapitel werden wir Eigenschaften dieses Raums ausführlich untersuchen. Für eine Abbildung $f : \mathcal{X} \times \mathcal{Y} \to \mathcal{Z}$ und $x \in \mathcal{X}$ bezeichnen wir die Abbildung $y \mapsto f(x, y)$ mit $f(x, \cdot)$ und für $y \in \mathcal{Y}$ analog die Abbildung $x \mapsto f(x, y)$ mit $f(\cdot, y)$.

Satz 3.7 (Parameterintegrale)
Seien J ein Intervall und $f : J \times \Omega \to \mathbb{R}$ eine Abbildung mit $f(x, \cdot) \in \mathcal{L}_1(\Omega, \mathcal{A}, \mu)$ für jedes $x \in J$, so dass $f(\cdot, \omega)$ für jedes $\omega \in \Omega$ eine auf J differenzierbare Abbildung mit Ableitung $f'(\cdot, \omega)$ ist. Falls es $g \in \mathcal{L}_1(\Omega, \mathcal{A}, \mu)$ gibt mit $|f'(x, \omega)| \le g(\omega)$ für alle $(x, \omega) \in J \times \Omega$, ist $x \mapsto \int f(x, \cdot)d\mu$ differenzierbar mit Ableitung $x \mapsto \int f'(x, \cdot)d\mu$.

Beweis. Seien $x \in J$, $(\varepsilon_n)_{n\in\mathbb{N}}$ eine Nullfolge mit $\varepsilon_n \ne 0$ und $x + \varepsilon_n \in J$ sowie

$$g_n(\omega) \equiv \varepsilon_n^{-1}(f(x + \varepsilon_n, \omega) - f(x, \omega)).$$

Dann ist $f'(x, \cdot) = \lim_{n\to\infty} g_n$ als Grenzwert messbarer Funktionen wieder messbar. Wegen des Mittelwertsatzes gibt es $\xi = \xi(n, \omega)$ mit $g_n(\omega) = f'(\xi, \omega)$, was $|g_n(\omega)| \le g(\omega)$ impliziert. Mit der Linearität des Integrals und dominierter Konvergenz erhalten wir daher

$$\varepsilon_n^{-1}\left(\int f(x + \varepsilon_n, \cdot)d\mu - \int f(x, \cdot)d\mu\right) = \int g_n d\mu \to \int f'(x, \cdot)d\mu. \qquad \square$$

Mit Satz 3.7 kann man manchmal ganz konkrete Integrale berechnen, die mit den „klassischen" Techniken Substitutionsregel und partielle Integration nicht ohne Weiteres zu bestimmen sind. Sei etwa $f(y) \equiv \frac{e^{-2y} - e^{-y}}{y}$. Für $f(t, y) \equiv \frac{e^{-ty} - e^{-y}}{y}$ und $F(t) \equiv \int I_{(0,\infty)} f(t, \cdot)d\lambda$ verifiziert man leicht die Voraussetzungen von Satz 3.7 und erhält wegen $f'(t, y) = -e^{-ty} = \frac{d}{dy}\frac{e^{-ty}}{t}$ durch Vertauschen von Lebesgue- und Regel-Integral

$$F'(t) = \int I_{(0,\infty)} f'(t, \cdot)d\lambda = \lim_{n\to\infty}\int_0^n -e^{-ty}\,dy = -1/t$$

für $t > 0$. Wegen $F(1) = 0$ folgt $F(t) = -\log(t)$, und das gesuchte Integral ist daher $\int I_{(0,\infty)} f\,d\lambda = F(2) = -\log(2)$.

Satz 3.8 (Substitutionsregel)

Sei $T : (\Omega, \mathcal{A}) \to (\mathcal{X}, \mathcal{B})$ messbar. Eine Abbildung $X \in \mathcal{M}(\mathcal{X}, \mathcal{B})$ ist genau dann bezüglich μ^T integrierbar, wenn $X \circ T$ bezüglich μ integrierbar ist, und dann gilt $\int X \, d\mu^T = \int X \circ T \, d\mu$.

Beweis. Für eine Indikatorfunktion $X = I_B$ gilt

$$\int I_B \, d\mu^T = \mu^T(B) = \mu(T^{-1}(B)) = \int I_{T^{-1}(B)} \, d\mu = \int I_B \circ T \, d\mu.$$

Falls $X = \sum_{k=1}^{n} \beta_k I_{B_k}$ elementar ist (mit den Werten β_k von X und $B_k \equiv \{X = \beta_k\}$ lässt sich jedes elementare X so darstellen), folgt mit der Linearität

$$\int X \, d\mu^T = \sum_{k=1}^{n} \beta_k \int I_{B_k} \, d\mu^T = \sum_{k=1}^{n} \beta_k \int I_{B_k} \circ T \, d\mu = \int X \circ T \, d\mu.$$

Sind nun X positiv und X_n elementar mit $X_n \uparrow X$, so sind auch $X_n \circ T$ elementar mit $X_n \circ T \uparrow X \circ T$ und mit monotoner Konvergenz folgt

$$\int X \, d\mu^T = \lim_{n \to \infty} \int X_n \, d\mu^T = \lim_{n \to \infty} \int X_n \circ T \, d\mu = \int X \circ T \, d\mu.$$

Ist schließlich X beliebig, so folgt aus $(X \circ T)^\pm = X^\pm \circ T$ und $\int X^\pm \, d\mu^T = \int (X \circ T)^\pm \, d\mu$ die Behauptung im allgemeinen Fall. $\qquad\square$

Das obige Beweisprinzip, also sukzessiv von Indikatorfunktionen über elementare und positive Funktionen auf alle integrierbaren Funktionen zu schließen, nennen wir **Standardschluss** der Integrationstheorie. Bei den meisten Anwendungen bedarf lediglich der Fall von Indikatorfunktionen eines speziellen Arguments. Die anderen Schritte lassen sich fast immer gleich, nämlich mit dem Approximationssatz, monotoner Konvergenz und der Zerlegung $X = X^+ - X^-$ behandeln.

Für das n-dimensionale Lebesgue-Maß λ_n und eine bijektive affine Transformation $T(x) = Ax + b$ mit invertierbarem $A \in \mathbb{R}^{n \times n}$ und $b \in \mathbb{R}^n$ gilt $|\det A| \lambda_n^T = \lambda_n$ wegen Satz 2.12, also erhalten wir für integrierbares $X \in \mathcal{M}(\mathbb{R}^n, \mathbb{B}^n)$

$$\int (X \circ T) |\det A| \, d\lambda_n = \int X \, d\lambda_n.$$

Diese spezielle Substitutionsregel gilt allgemeiner für „C^1-umkehrbare" Abbildungen T, wobei $\det A$ durch die Jacobi-Determinante ersetzt wird. Das werden wir aber nur im sehr viel einfacheren Fall $n = 1$ und für stetige Integranden benötigen, diese Version folgt sofort aus dem Hauptsatz der Integralrechnung, dessen üblicher Beweis auch für das Integral bezüglich λ funktioniert:

Sei $f : [a, b] \to \mathbb{R}$ messbar mit $\int I_{[a,b]}|f|\,d\lambda < \infty$. Ist f stetig in ei-nem Punkt $x \in [a, b]$, so ist $F(z) \equiv \int I_{[a,z]} f\,d\lambda$ differenzierbar in x mit $F'(x) = f(x)$.

Wir untersuchen die Differenzenquotienten für $t > 0$, das gleiche Argument liefert dann auch den linksseitigen Grenzwert. Es gilt

$$
\begin{aligned}
|(F(x + t) - F(x))/t - f(x)| &= \left| \frac{1}{t} \int I_{(x,x+t]}(y)(f(y) - f(x))d\lambda(y) \right| \\
&\leq \sup_{x \leq y \leq x+t} |f(y) - f(x)|,
\end{aligned}
$$

und wegen der Stetigkeit konvergiert dieser Ausdruck gegen 0.

Weil wegen des Mittelwertsatzes die Differenz zweier Funktionen mit gleicher Ableitung konstant ist, erhalten wir also $\int I_{[a,b]} f\,d\lambda = F|_a^b \equiv F(b) - F(a)$ für jedes stetige f und jede Stammfunktion F von f.

Aus dem Hauptsatz folgt sofort die partielle Integrationsregel

$$
\int I_{[a,b]} f' g\,d\lambda = fg\big|_a^b - \int I_{[a,b]} fg'\,d\lambda
$$

für stetig differenzierbare Funktionen f und g.

Für positives f folgt mit monotoner Konvergenz $\int I_{[-n,n]} f\,d\lambda \to f\,d\lambda$, also können wir auch solche Integrale mit Stammfunktionen berechnen.

Für ein Ereignis $A \in \mathcal{A}$ und eine Funktion $X : B \to \overline{\mathbb{R}}$, die auf einer Obermenge $B \supseteq A$ definiert ist und deren Einschränkung auf A bezüglich $(\mathcal{A} \cap A, \overline{\mathbb{B}})$-messbar ist, definieren wir (als letzte Erweiterung des Integralbegriffs) das **Integral über eine Menge A** durch

$$
\int_A X\,d\mu \equiv \int I_A X\,d\mu,
$$

falls $I_A X$ bezüglich μ integrierbar ist ($I_A X$ ist natürlich auf A^c gleich 0, egal ob und wie X dort definiert ist). Falls $X \in \mathcal{M}(\Omega, \mathcal{A})$ integrierbar ist, folgt aus $(I_A X)^{\pm} \leq X^{\pm}$, dass $\int_A X\,d\mu$ für jedes $A \in \mathcal{A}$ existiert.

Aus anderer Perspektive liefert also ein integrierbares $f : (\Omega, \mathcal{A}) \to (\overline{\mathbb{R}}, \overline{\mathbb{B}})$ eine durch $\nu(A) \equiv \int_A f\,d\mu$ definierte Abbildung $\nu : \mathcal{A} \to \overline{\mathbb{R}}$. Wir benutzen hier die Bezeichnung f statt wie bisher X, weil die typische Rolle von f eine andere als die einer Zufallsvariablen X sein wird. Sind $A_n \in \mathcal{A}$ paarweise disjunkt mit Vereinigung $A \equiv \bigcup_{n\in\mathbb{N}} A_n$, so ist $I_A f = \lim_{m\to\infty} \sum_{n=1}^m I_{A_n} f$, und falls f positiv ist oder $\int |f|\,d\mu < \infty$ erfüllt, ist diese Konvergenz monoton beziehungsweise dominiert, weil $|\sum_{n=1}^m I_{A_n} f| \leq |f|$ für alle $m \in \mathbb{N}$ gilt. In diesen Fällen implizieren die Sätze von Levi beziehungsweise Lebesgue

$$
\nu\Big(\bigcup_{n\in\mathbb{N}} A_n \Big) = \lim_{m\to\infty} \int \sum_{n=1}^m I_{A_n} f\,d\mu = \sum_{n=1}^{\infty} \nu(A_n).
$$

Für $f \in \mathcal{M}_+(\Omega, \mathcal{A})$ ist also $\nu : \mathcal{A} \to [0, +\infty]$ ein Maß auf $(\Omega, \mathcal{A})$, und wir nennen f eine μ-**Dichte** von ν und benutzen die Bezeichnung

$$\nu \equiv f \cdot \mu, \text{ so dass } f \cdot \mu(A) = \int_A f \, d\mu \text{ für } A \in \mathcal{A}.$$

Ist μ das Zählmaß auf Ω, so sind die nach Satz 1.2 bezeichneten Zähldichten tatsächlich μ-Dichten.

Oft benutzt man für μ-Dichten auch das Symbol $f = \frac{d\nu}{d\mu}$, was allerdings etwas irreführend sein kann, weil wegen Satz 3.5.4 jedes messbare g mit $f = g$ μ-fast sicher dieselbe Abbildung ν liefert, das heißt, f ist durch ν und μ nicht eindeutig bestimmt. Allerdings sind Dichten fast sicher eindeutig:

Satz 3.9 (Eindeutigkeit von Dichten)
Seien $f, g \in \mathcal{M}(\Omega, \mathcal{A})$ bezüglich eines σ-endliches Maßes μ integrierbar, so dass $\int_A f \, d\mu \le \int_A g \, d\mu$ für alle $A \in \mathcal{A}$. Dann gilt $f \le g$ μ-fast sicher.

Beweis. Wir nehmen $\mu(f > g) \ne 0$ an und finden wegen der σ-Endlichkeit $A \in \mathcal{A}$ mit $A \subseteq \{f > g\}$ und $0 < \mu(A) < \infty$. Wegen der Stetigkeit von unten gibt es dann $n \in \mathbb{N}$ und $B \in \mathcal{A}$ mit $B \subseteq \{f \wedge n > g \vee (-n)\}$ und $0 < \mu(B) < \infty$. Für die positive Funktion $h \equiv (f - g)I_B$ folgt dann wegen $-n\mu(B) \le \int_B f \, d\mu \le \int_B g \, d\mu \le n\mu(B)$ aus der Linearität des Integrals $0 \le \int h \, d\mu = \int_B f \, d\mu - \int_B g \, d\mu \le 0$, und Satz 3.5.4 impliziert den Widerspruch $\mu(h \ne 0) = \mu(B) = 0$. $\square$

Durch Angabe einer μ-Dichte können wir leicht neue Maße auf $(\Omega, \mathcal{A})$ definieren, wobei $f \cdot \mu$ genau dann eine *Verteilung* ist, wenn $\int f \, d\mu = 1$ gilt.

Die in Satz 2.6 konstruierte Gleichverteilung $U(0, 1)$ können wir nun als Maß $f \cdot \lambda$ mit der λ-Dichte $f = I_{(0,1)}$ auffassen. Ist allgemeiner $B \in \mathbb{B}^n$ mit $0 < \lambda_n(B) < \infty$, so heißt $U(B) \equiv \lambda_n(B)^{-1} I_B \cdot \lambda_n$ **Gleichverteilung** auf B.

Für $f_\tau(x) \equiv \tau e^{-\tau x} I_{(0,\infty)}(x)$ mit einem Parameter $\tau > 0$ erhalten wir mit Hilfe einer Stammfunktion das Integral $\int f_\tau \, d\lambda = 1$. Das Wahrscheinlichkeitsmaß $\mathrm{Exp}(\tau) \equiv f_\tau \cdot \lambda$ heißt **Exponentialverteilung** mit Parameter τ. Sie dient oft als Modell für Wartezeiten, weil für eine $\mathrm{Exp}(\tau)$-verteilte Zufallsvariable X und $x, y \ge 0$

$$P(X > x + y) = \int_{(x+y,\infty)} f_\tau \, d\lambda = e^{-\tau(x+y)} = P(X > x)P(X > y)$$

gilt, was man als „Gedächtnislosigkeit der Exponentialverteilung" bezeichnet.

Eine λ-Dichte einer Verteilung auf $(\mathbb{R}, \mathbb{B})$ kann man häufig dadurch bestimmen, dass man die zugehörige Verteilungsfunktion F zu differenzieren versucht. Ist beispielsweise F stetig und stückweise stetig differenzierbar (das heißt, es gibt eine endliche Menge $E \subset \mathbb{R}$, so dass F auf jedem Intervall $I \subseteq E^c$ stetig differenzierbar ist), so ist wegen des Hauptsatzes der Integralrechnung $f \equiv F' I_{E^c}$ eine λ-Dichte.

Ist etwa $X \sim U(-\frac{\pi}{2}, \frac{\pi}{2})$ eine gleichverteilte Zufallsvariable, so erfüllt die Verteilungsfunktion F von $Y \equiv \sin X$ für $t \in (-1, 1)$

$$F(t) = P(X \le \arcsin t) = \frac{1}{\pi}\left(\frac{\pi}{2} + \arcsin t\right)$$

und $F(t) = 0$ für $t \le -1$ sowie $F(t) = 1$ für $t \ge 1$. Durch Differenzieren erhalten wir also die λ-Dichte $f(x) \equiv \frac{1}{\pi\sqrt{1-x^2}}I_{(-1,1)}(x)$ der Verteilung von $\sin X$.

Die gleiche Methode kann man für Maße μ auf $([0, \infty), \mathbb{B} \cap [0, \infty))$ anwenden, obwohl dann die Bezeichnung *Verteilungsfunktion* für $t \mapsto \mu([0, t])$ nicht gebräuchlich ist. Ist $T \equiv \|\cdot\|$ die euklidische Norm auf $\mathbb{R}^n$ und $\mu \equiv \lambda_n^T$, so erhalten wir (zum Beispiel aus Satz 2.12 mit der Transformation $x \mapsto rx$) für $r \ge 0$

$$\mu([0, r]) = \lambda_n(\{T \le r\}) = r^n\lambda_n(\{T \le 1\}).$$

Bezeichnen wir das Maß der n-dimensionalen Einheitskugel mit $V_n \equiv \lambda_n(\{y \in \mathbb{R}^n : \|y\| \le 1\})$ – wir werden V_n übrigens schon bald berechnen können –, so erhalten wir durch Differenzieren, dass $f(r) \equiv nV_n r^{n-1}I_{(0,\infty)}(r)$ eine λ-Dichte von $\mu = \lambda_n^{\|\cdot\|}$ ist. Mit Hilfe des folgenden Satzes kann man damit oft Integrale bezüglich λ_n berechnen, falls der Integrand nur von der Norm abhängt.

Satz 3.10 (Integration mit Dichten)
Für $f \in \mathcal{M}_+(\Omega, \mathcal{A})$ ist eine Abbildung $X \in \mathcal{M}(\Omega, \mathcal{A})$ genau dann bezüglich $\nu \equiv f \cdot \mu$ integrierbar, wenn das Produkt Xf bezüglich μ integrierbar ist. In diesem Fall gilt $\int X \, d\nu = \int Xf \, d\mu$.

Beweis. Für Indikatorfunktionen $X = I_A$ gilt

$$\int I_A d\nu = \nu(A) = \int_A f \, d\mu = \int I_A f \, d\mu.$$

Sowohl die Messbarkeit von Xf als auch die Aussage des Satzes folgen per Standardschluss. $\square$

Weil fast alle konkreten Integrale bezüglich einer Verteilung mit Dichte berechnet werden, ist folgende Anwendung des Transformationssatzes 2.12 oft hilfreich. Sind $X = (X_1, \ldots, X_n)$ ein n-dimensionaler Zufallsvektor mit $P^X = f_X \cdot \lambda_n$ und $T(x) = Ax + b$ eine bijektive affine Transformation, so besitzt die Verteilung von $Y \equiv T \circ X$ die λ_n-Dichte

$$f_Y(x) \equiv \frac{1}{|\det A|}f_X(A^{-1}(x - b)).$$

Für $B \in \mathbb{B}^n$ folgt nämlich mit der Substitutionsregel, Satz 3.10 und Satz 2.12

$$\begin{aligned}
P(Y \in B) &= \int I_B \circ T \, dP^X = \int (I_B \circ T)(f_X \circ T^{-1} \circ T) \, d\lambda_n \\
&= \int_B f_X \circ T^{-1} d\lambda_n^T = \int_B \frac{1}{|\det A|} f_X \circ T^{-1} d\lambda_n.
\end{aligned}$$

In der Situation 3.10 ist die Schreibweise $f = \frac{d\nu}{d\mu}$ sehr suggestiv. Die Formel lautet dann $\int X \frac{d\nu}{d\mu} d\mu = \int X d\nu$, das heißt, man darf hier „kürzen". Ähnlich plausibel ist die Regel $\frac{d\kappa}{d\nu} \frac{d\nu}{d\mu} = \frac{d\kappa}{d\mu}$, die wir nun beweisen.

Satz 3.11 (Kettenregel)
Für $f, g \in \mathcal{M}_+(\Omega, \mathcal{A})$ gilt $f \cdot (g \cdot \mu) = fg \cdot \mu$.

Beweis. Für $A \in \mathcal{A}$ folgt durch zweimalige Anwendung von Satz 3.10

$$f \cdot (g \cdot \mu)(A) = \int I_A f d(g \cdot \mu) = \int I_A fg d\mu = fg \cdot \mu(A). \qquad \square$$

Bevor wir uns mit einer der wichtigsten Integrationstechniken befassen, machen wir noch einige Anmerkungen zu den bisher verwendeten Bezeichnungen. Die Symbolik $\int X d\mu$ für das Integral hat eher historische als logische oder mathematisch zwingende Gründe. Bei gegebenem Maßraum $(\Omega, \mathcal{A}, \mu)$ ist das Integral eine Abbildung von der Menge der integrierbaren Funktionen in die Menge $\overline{\mathbb{R}}$, und üblicherweise bezeichnet man diese Abbildung mit einem suggestiv gewählten Namen und setzt das Argument, also ein integrierbares X, in Klammern dahinter.

Weil sich Mengen und Indikatorfunktionen eineindeutig entsprechen und wegen $\int I_A d\mu = \mu(A)$, ist es nahe liegend, für obige Abbildung wieder das Symbol μ zu benutzen, also $\mu(X) \equiv \int X d\mu$ (wir werden aber auf diese ultimativ kurze Schreibweise meistens verzichten).

Genau so, wie man bei der Addition $a_1 + \cdots + a_n = \sum_{j=1}^{n} a_j$ einen Summationsindex benutzt, ist es oft hilfreich, eine **Integrationsvariable** einzuführen. Ist ω oder $\heartsuit$ irgendein im Kontext nicht benutztes Symbol, so schreiben wir auch

$$\int_A X(\omega) d\mu(\omega) \equiv \int_A X(\heartsuit) d\mu(\heartsuit) \equiv \int_A X d\mu.$$

Wir können also etwa $\int \frac{1}{\sqrt{2\pi}} e^{-x^2/2} d\lambda(x) = 1$ formulieren (und in Satz 3.16 auch beweisen) ohne $f(x) \equiv \frac{1}{\sqrt{2\pi}} e^{-x^2/2}$ zu definieren, um dann $\int f d\lambda = 1$ auszusagen. Der Nutzen von Integrationsvariablen zeigt sich auch, wenn eine Funktion $f : \mathcal{X} \times \mathcal{Y} \to \mathbb{R}$ gegeben ist und wir etwa bei festem $x \in \mathcal{X}$ die Funktion $y \mapsto f(x, y)$ integrieren wollen. Anstatt wie in Satz 3.7 $\int f(x, \cdot) d\mu$ können wir jetzt auch $\int f(x, y) d\mu(y)$ schreiben. Wir zeigen gleich die Messbarkeit solcher Abbildungen. Für spätere Zwecke tun wir dies nicht nur für ein gegebenes Maß μ, sondern für „messbare Familien" von Maßen.

Für zwei Messräume $(\Omega, \mathcal{A})$ und $(\mathcal{X}, \mathcal{B})$ nennen wir eine Abbildung $K : \Omega \times \mathcal{B} \to [0, \infty]$ einen **Kern** von $(\Omega, \mathcal{A})$ nach $(\mathcal{X}, \mathcal{B})$, falls für jedes $\omega \in \Omega$ durch $B \mapsto K(\omega, B)$ ein Maß auf $\mathcal{A}$ definiert und für jedes $B \in \mathcal{B}$ die Abbildung $\omega \mapsto K(\omega, B)$ bezüglich $(\mathcal{A}, \overline{\mathbb{B}})$-messbar ist. Falls alle Maße $K(\omega, \cdot)$ Verteilungen sind, nennen wir K einen **Markov-Kern**.

Fassen wir (entgegen der bisher suggerierten Vorstellung) $\omega \in \Omega$ als einen Parameter auf, so ist ein Markov-Kern also eine messbar parametrisierte Familie von Wahrscheinlichkeitsmaßen auf $(\mathcal{X}, \mathcal{B})$. Fast alle bisher betrachteten Beispiele von Verteilungen sind von dieser Form (abgesehen davon, dass der Parameter anders bezeichnet wurde): Die Binomialverteilungen $B(n, p)$ auf $(\mathcal{X}, \mathcal{B}) = (\mathbb{N}_0, \mathcal{P}(\mathbb{N}_0))$ hängen vom Parameter $(n, p) \in \mathbb{N} \times [0, 1]$ ab, die Exponentialverteilungen $\text{Exp}(\tau)$ von $\tau \in [0, \infty)$ und so fort. Dass die Abhängigkeit vom Parameter messbar ist, folgt fast immer aus dem nachfolgenden Satz. Wir haben schon angedeutet, dass bei der Modellierung unsicherer Situationen die „Modellklasse" entweder zwangsläufig (wie anders als durch eine $B(1, p)$-Verteilung sollte man eine Situation mit nur zwei möglichen Ausgängen modellieren?) oder wie etwa bei Wartezeiten durch allgemeine Überlegungen nahegelegt ist. Im 5. Kapitel werden wir den „zentralen Grenzwertsatz" als ein sehr allgemeines Argument für die Wahl einer bestimmten Modellklasse kennen lernen.

Wenn die Ergebnisse von Rechnungen in Modellen nicht von Parametern abhängen sollen (für manche Anwender scheint deren Interpretation zu schwierig zu sein), kann man sich entweder auf einen Parameter festlegen oder aber mit einer (freilich wiederum zu rechtfertigenden) Verteilung auf dem Parameterraum mitteln. Bevor wir dies im Satz 3.13 durchführen, klären wir die damit verbundenen Messbarkeitsfragen.

Ein Kern K von $(\Omega, \mathcal{A})$ nach $(\mathcal{X}, \mathcal{B})$ heißt σ**-endlich**, falls es $E_n \in \mathcal{B}$ mit $E_n \uparrow \mathcal{X}$ gibt, so dass $\sup\{K(\omega, E_n) : \omega \in \Omega\} < \infty$ für alle $n \in \mathbb{N}$ gilt, das heißt, $(K(\omega, \cdot))_{\omega \in \Omega}$ ist eine „gleichmäßig σ-endliche" Familie von Maßen auf $\mathcal{B}$.

Satz 3.12 (Messbarkeit von Schnitten)

Für einen σ-endlichen Kern K von $(\Omega, \mathcal{A})$ nach $(\mathcal{X}, \mathcal{B})$, $f \in \mathcal{M}_+(\Omega \times \mathcal{X}, \mathcal{A} \otimes \mathcal{B})$ und jedes $\omega_0 \in \Omega$ ist $x \mapsto f(\omega_0, x)$ eine $(\mathcal{B}, \overline{\mathbb{B}})$-messbare Abbildung, und $\omega \mapsto \int_{\mathcal{X}} f(\omega, x) dK(\omega, x)$ ist $(\mathcal{A}, \overline{\mathbb{B}})$-messbar.

Beweis. Seien $E_n \in \mathcal{B}$ mit $E_n \uparrow \mathcal{X}$ und $\sup\{K(\omega, E_n) : \omega \in \Omega\} < \infty$ sowie

$$\mathcal{D}_n \equiv \{M \in \mathcal{A} \otimes \mathcal{B} : \text{die Aussage des Satzes stimmt für } f_M \equiv I_M I_{\Omega \times E_n}\}.$$

Wir zeigen zuerst, dass $\mathcal{D}_n$ Dynkin-Systeme über $\Omega \times \mathcal{X}$ sind. Aus $f_{\Omega \times \mathcal{X}}(\omega, x) = I_{E_n}(x)$ und $\int f_{\Omega \times \mathcal{X}}(\omega, x) dK(\omega, x) = K(\omega, E_n)$ erhalten wir $\Omega \times \mathcal{X} \in \mathcal{D}_n$. Die Komplementstabilität folgt damit wegen $f_{M^c} = f_{\Omega \times \mathcal{X}} - f_M$ aus der Linearität des Integrals und der Tatsache, dass Differenzen messbarer Funktionen wieder messbar sind – wegen $K(\omega, E_n) < \infty$ sind dabei die auftretenden Funktionen reellwertig. Sind $M_k \in \mathcal{D}_n$ paarweise disjunkt mit Vereinigung $M \equiv \bigcup_{k \in \mathbb{N}} M_k$, so implizieren $f_M = \sum_{k \in \mathbb{N}} f_{M_k}$ und Levis Satz, dass $M \in \mathcal{D}_n$ gilt.

Ist nun $M = A \times B$ mit $A \in \mathcal{A}$ und $B \in \mathcal{B}$, so gilt $f_M(\omega, x) = I_A(\omega) I_{B \cap E_n}(x)$, und damit folgt $A \times B \in \mathcal{D}_n$. Weil solche Produktmengen einen schnittstabilen Erzeuger von $\mathcal{A} \otimes \mathcal{B}$ bilden, impliziert das Dynkin-Argument $\mathcal{A} \otimes \mathcal{B} \subseteq \mathcal{D}_n$ für jedes

$n \in \mathbb{N}$. Für $M \in \mathcal{A} \otimes \mathcal{B}$ erhalten wir dann aus $I_M = \lim_{n \to \infty} I_M I_{\Omega \times E_n}$ und monotoner Konvergenz, dass die Aussage des Satzes für alle Indikatorfunktionen und mit Standardschluss schließlich für alle $f \in \mathcal{M}_+(\Omega \times \mathcal{X}, \mathcal{A} \otimes \mathcal{B})$ stimmt. ☐

Für einen Kern K von $(\Omega, \mathcal{A})$ nach $(\mathcal{X}, \mathcal{B})$ und ein Maß ν auf dem „Parameterraum" $(\Omega, \mathcal{A})$ können wir jetzt leicht ein Maß auf $(\mathcal{X}, \mathcal{B})$ definieren, indem wir bezüglich ν integrieren. Dadurch erhalten wir sogar ein „gemeinsames Modell":

Satz 3.13 (Produktmaße)
Seien K ein σ-endlicher Kern von $(\Omega, \mathcal{A})$ nach $(\mathcal{X}, \mathcal{B})$ und ν ein Maß auf $\mathcal{A}$. Für $M \in \mathcal{A} \otimes \mathcal{B}$ ist durch

$$\nu \otimes K(M) \equiv \int_\Omega \int_\mathcal{X} I_M(\omega, x) dK(\omega, x) d\nu(\omega)$$

ein Maß auf $\mathcal{A} \otimes \mathcal{B}$ definiert mit $\nu \otimes K(A \times B) = \int_A K(\omega, B) d\nu(\omega)$ für alle $A \in \mathcal{A}, B \in \mathcal{B}$. Für σ-endliches ν ist $\nu \otimes K$ durch diese Eigenschaft eindeutig bestimmt.

Die definierende Formel bedeutet, dass zuerst (bei festem $\omega \in \Omega$) das Integral von $I_M(\omega, \cdot)$ bezüglich des Maßes $K(\omega, \cdot)$ gebildet wird und dann das von ω abhängende Ergebnis bezüglich ν integriert wird. Das Maß $\nu \otimes K$ heißt **Produkt** von ν mit K.

Für einen Markov-Kern und $M = A \times \mathcal{X}$ gilt dann $\nu(A) = \nu \otimes K(A \times \mathcal{X})$. Für $M = \Omega \times B$ erhalten wir andererseits die „über den Parameter gemittelte Verteilung"

$$\nu \cdot K(B) \equiv \nu \otimes K(\Omega \times B) = \int_\Omega K(\omega, B) d\nu(\omega).$$

Für $\omega \in \Omega$ gilt damit $K(\omega, B) = (\delta_\omega \cdot K)(B)$.

Beweis. Wegen Satz 3.12 ist $\omega \mapsto \int I_M(\omega, x) dK(\omega, x)$ eine positive messbare Abbildung, so dass $\nu \otimes K$ wohldefiniert ist. Die σ-Additivität erhalten wir durch zweifache Anwendung des Satzes von Levi. Für $M = A \times B$ ist

$$\int I_M(\omega, x) dK(\omega, x) = I_A(\omega) \int I_B(x) dK(\omega, x) = I_A(\omega) K(\omega, B)$$

und dies zeigt $\nu \otimes K(A \times B) = \int_A K(\omega, B) d\nu(\omega)$.

Für $A_n \in \mathcal{A}$ mit $A_n \uparrow \Omega$ und $\nu(A_n) < \infty$ sowie $E_n \in \mathcal{B}$ mit $E_n \uparrow \mathcal{X}$ und $\sup_{\omega \in \Omega} K(\omega, E_n) < \infty$ ist $\nu \otimes K(A_n \times E_n) \leq \nu(A_n) \sup_{\omega \in \Omega} K(\omega, E_n) < \infty$. Wegen $A_n \times E_n \uparrow \Omega \times \mathcal{X}$ ist also $\nu \otimes K$ auf dem schnittstabilen Erzeuger $\{A \times B : A \in \mathcal{A}, B \in \mathcal{B}\}$ von $\mathcal{A} \otimes \mathcal{B}$ σ-endlich, und die Eindeutigkeitsaussage folgt aus Satz 1.5. ☐

Als Beispiel betrachten wir bei festem $n \in \mathbb{N}$ die Binomialverteilungen $K(x, \cdot) \equiv B(n, x)$ auf $(\mathcal{X}, \mathcal{B}) \equiv (\mathbb{N}, \mathcal{P}(\mathbb{N}))$ mit $x \in \Omega \equiv [0, 1]$ und bilden das Produkt mit der

Gleichverteilung $\nu \equiv U(0, 1)$. Für die Wahrscheinlichkeiten $p_k \equiv \nu \cdot K(\{k\})$ erhalten wir für $0 \leq k < n$ durch partielle Integration

$$
\begin{aligned}
p_k &= \int_{[0,1]} B(n, x)(\{k\}) d\lambda(x) = \binom{n}{k} \int_{[0,1]} x^k (1-x)^{n-k} d\lambda(x) \\
&= \binom{n}{k} \left(\frac{x^{k+1}}{k+1} (1-x)^{n-k} \Big|_0^1 + \frac{n-k}{k+1} \int_{[0,1]} x^{k+1} (1-x)^{n-k-1} d\lambda(x) \right) \\
&= \binom{n}{k+1} \int_{[0,1]} x^{k+1} (1-x)^{n-(k+1)} d\lambda(x) = p_{k+1}.
\end{aligned}
$$

Durch Integration des Parameters x der $B(n, x)$-Verteilungen bezüglich der Gleichverteilung erhalten wir also eine Laplace-Verteilung.

Satz 3.14 (Integration für Produktmaße)
Seien K ein σ-endlicher Kern von $(\Omega, \mathcal{A})$ nach $(\mathcal{X}, \mathcal{B})$, ν ein Maß auf $\mathcal{A}$ und $f \in \mathcal{M}(\Omega \times \mathcal{X}, \mathcal{A} \otimes \mathcal{B})$ bezüglich $\nu \otimes K$ integrierbar. Durch $g(\omega) \equiv \int f(\omega, x) dK(\omega, x)$ ist ν-fast sicher eine ν-integrierbare Funktion definiert mit

$$
\int f d\nu \otimes K = \int_\Omega \int_{\mathcal{X}} f(\omega, x) dK(\omega, x) d\nu(\omega).
$$

Beweis. Für Indikatorfunktionen ist die Formel gerade die Definition des Produkts $\nu \otimes K(M) = \int I_M d\nu \otimes K$, und für positives f folgt die Behauptung mit Standardschluss.

Sei nun f bezüglich $\nu \otimes K$ integrierbar und etwa $\int f^+ d\nu \otimes K < \infty$. Durch $g_\pm(\omega) \equiv \int f^\pm(\omega, x) dK(\omega, x)$ sind wegen Satz 3.12 $(\mathcal{A}, \overline{\mathbb{B}})$-messbare Funktionen definiert mit $\int g_\pm d\nu = \int f^\pm d\nu \otimes K$. Wegen $\int g_+ d\nu < \infty$ und Satz 3.5.5 gilt $g_+ < \infty$ ν-fast sicher, so dass $h \equiv g_+ - g_-$ ν-fast sicher definiert ist mit

$$
h = \int f^+(\cdot, x) d\nu \otimes K(\cdot, x) - \int f^-(\cdot, x) d\nu \otimes K(\cdot, x) = \int f(\cdot, x) d\nu \otimes K(\cdot, x) = g
$$

ν-fast sicher wegen der Linearität des Integrals aus Satz 3.5.1 (wir behaupten übrigens nicht, dass g_+ der Positivteil von g sei). Weil $\int g_+ d\nu - \int g_- d\nu = \int f d\nu \otimes K$ definiert ist, folgt wieder mit Satz 3.5.1 die Behauptung. $\square$

Ist μ ein σ-endliches Maß auf $(\mathcal{X}, \mathcal{B})$ und $K(\omega, B) \equiv \mu(B)$ der **konstante Kern** von $(\Omega, \mathcal{A})$ nach $(\mathcal{X}, \mathcal{B})$, so ist für ein Maß ν auf $(\Omega, \mathcal{A})$ das **Produktmaß** von ν und μ durch $\nu \otimes \mu \equiv \nu \otimes K$ definiert. Für σ-endliches ν ist es wegen Satz 3.13 durch $\nu \otimes \mu(A \times B) = \nu(A)\mu(B)$ eindeutig bestimmt. Wir werden übrigens bald sehen, dass diese „Produktformel" in enger Beziehung zur Unabhängigkeit steht (den genauen Zusammenhang zwischen *stochastischer Unabhängigkeit* und der Tatsache, dass der konstante Kern nicht vom Parameter $\omega \in \Omega$ abhängt, klären wir im 6. Kapitel).

Wir definieren noch das Produkt von endlich vielen σ-endlichen Maßen μ_j auf $(\Omega_j, \mathcal{A}_j)$ rekursiv durch

$$\bigotimes_{j=1}^{n} \mu_j \equiv \left(\bigotimes_{j=1}^{n-1} \mu_j\right) \otimes \mu_n.$$

Weil dieses Produkt durch $\left(\bigotimes_{j=1}^{n} \mu_j\right)(A_1 \times \cdots \times A_n) = \prod_{j=1}^{n} \mu_j(A_j)$ eindeutig bestimmt ist, erhalten wir die Assoziativität $\mu_1 \otimes (\mu_2 \otimes \mu_3) = (\mu_1 \otimes \mu_2) \otimes \mu_3$.

Für jedes n-dimensionale Intervall $I = I_1 \times \cdots \times I_n$ gilt

$$\left(\bigotimes_{j=1}^{n} \lambda_1\right)(I) = \prod_{j=1}^{n} \lambda_1(I_j) = \prod_{j=1}^{n} \ell(I_j) = \lambda_n(I),$$

und mit der Eindeutigkeitsaussage im Existenzsatz 2.9 für das Lebesgue-Maß folgt $\bigotimes_{j=1}^{n} \lambda_1 = \lambda_n$. Wegen der Assoziativität erhalten wir daraus $\lambda_n \otimes \lambda_m = \lambda_{n+m}$.

Sind ν und μ zwei σ-endliche Maße auf $(\Omega, \mathcal{A})$ beziehungsweise $(\mathcal{X}, \mathcal{B})$, so können wir einerseits das Produktmaß $\nu \otimes \mu$ auf $(\Omega, \mathcal{A}) \otimes (\mathcal{X}, \mathcal{B})$ und andererseits das Produktmaß $\mu \otimes \nu$ auf $(\mathcal{X}, \mathcal{B}) \otimes (\Omega, \mathcal{A})$ definieren. Die Permutation $\pi : \Omega \times \mathcal{X} \to \mathcal{X} \times \Omega$, $\pi(\omega, x) \equiv (x, \omega)$ ist bijektiv und sowohl π als auch die Umkehrabbildung $\sigma \equiv \pi^{-1}$ sind wegen $\pi^{-1}(B \times A) = A \times B$ und Satz 1.6 messbar. Weil $\nu \otimes \mu$ und $\mu \otimes \nu$ durch $\nu \otimes \mu(A \times B) = \nu(A)\mu(B) = \mu \otimes \nu(B \times A)$ eindeutig bestimmt sind, gilt $(\mu \otimes \nu)^\sigma = \nu \otimes \mu$. Aus Satz 3.14 erhalten wir damit einen der nützlichsten Sätze der Analysis und Stochastik:

Satz 3.15 (Iterierte Integration, Fubini)
Seien $(\Omega, \mathcal{A}, \nu)$ und $(\mathcal{X}, \mathcal{B}, \mu)$ σ-endliche Maßräume und $f \in \mathcal{M}(\Omega \times \mathcal{X}, \mathcal{A} \otimes \mathcal{B})$ bezüglich $\nu \otimes \mu$ integrierbar. Dann gilt

$$\int f \, d\nu \otimes \mu = \int_\Omega \int_\mathcal{X} f(\omega, x) d\mu(x) d\nu(\omega) = \int_\mathcal{X} \int_\Omega f(\omega, x) d\nu(\omega) d\mu(x).$$

Die Voraussetzung $\int f^+ d\nu \otimes \mu < \infty$ oder $\int f^- d\nu \otimes \mu < \infty$ überprüft man oft dadurch, dass man den Satz für die positiven Funktionen f^+ und f^- benutzt. In vielen Anwendungen des Satzes ist entscheidend, dass man die Integrationsreihenfolge vertauschen kann – das Produktmaß braucht man dabei oft gar nicht.

Beweis. Mit dem konstanten Kern $K(\omega, \cdot) = \mu$ folgt die erste Identität aus Satz 3.14. Damit und mit der Substitutionsregel erhalten wir wegen $(\mu \otimes \nu)^\sigma = \nu \otimes \mu$

$$\int_\mathcal{X} \int_\Omega f(\omega, x) d\nu(\omega) d\mu(x) = \int (f \circ \sigma) d\mu \otimes \nu = \int f d(\mu \otimes \nu)^\sigma = \int f d\nu \otimes \mu.$$

$\square$

Als eine erste Anwendung berechnen wir nun die Maße der n-dimensionalen Kugeln $K(n,r) \equiv \{y \in \mathbb{R}^n : \|y\| \leq r\}$, die uns noch zur Bestimmung der λ-Dichte von $\lambda_n^{\|\cdot\|}$ fehlen:

$$
\begin{aligned}
V_n &\equiv \lambda_n(K(n,1)) = \int I_{K(n,1)}(z)d\lambda_1 \otimes \lambda_{n-1}(z) \\
&= \int_{[-1,1]} \int I_{K(n-1,\sqrt{1-x^2})}(y)d\lambda_{n-1}(y)d\lambda(x) \\
&= \int_{[-1,1]} \int (1-x^2)^{(n-1)/2} I_{K(n-1,1)}(y)d\lambda_{n-1}(y)d\lambda(x) \\
&= V_{n-1} \int_{[-1,1]} (1-x^2)^{(n-1)/2} d\lambda(x).
\end{aligned}
$$

Für $n = 2$ erhalten wir mit den Substitutionen $x = \sin\varphi$ und $x = \cos\varphi$ wegen $\sin^2 + \cos^2 = 1$ die „Fläche" des Einheitskreises

$$
V_2 = 2 \int_{[-\frac{\pi}{2},\frac{\pi}{2}]} \cos^2(\varphi)d\lambda(\varphi) = \int_{[-\frac{\pi}{2},\frac{\pi}{2}]} \cos^2(\varphi)d\lambda(\varphi) + \int_{[-\frac{\pi}{2},\frac{\pi}{2}]} \sin^2(\varphi)d\lambda(\varphi) = \pi.
$$

Sind in der Situation von Fubinis Satz $f \in \mathcal{M}_+(\Omega,\mathcal{A})$ und $g \in \mathcal{M}_+(\mathcal{X},\mathcal{B})$, so ist die durch $f \otimes g(\omega,x) \equiv f(\omega)g(x)$ definierte Abbildung eine $\nu \otimes \mu$-Dichte von $(f \cdot \nu) \otimes (g \cdot \mu)$. Mit dieser **Produktdichte** gilt also

$$
(f \otimes g) \cdot (\nu \otimes \mu) = (f \cdot \nu) \otimes (g \cdot \mu).
$$

Ebenfalls mit Satz 3.15 erhalten wir eine Interpretation des Integrals $\int X \, d\mu$ einer Funktion $X \in \mathcal{M}_+(\Omega,\mathcal{A})$ bezüglich eines σ-endlichen Maßes μ als „Fläche" des **Subgraphen**

$$
G \equiv \{(x,\omega) \in [0,\infty) \times \Omega : x \leq X(\omega)\}.
$$

Wegen der universellen Eigenschaft aus Satz 1.9.1 ist $(x,\omega) \rightarrow (x,X(\omega))$ messbar, was $G \in \mathbb{B} \otimes \mathcal{A}$ impliziert, und mit $I_G(x,\omega) = I_{[0,X(\omega)]}(x) = I_{[x,\infty)}(X(\omega))$ folgt durch iteriertes Integrieren und Vertauschen der Integrationsreihenfolge

$$
\lambda \otimes \mu(G) = \int_{[0,\infty)} \mu(X \geq x)d\lambda(x) = \int_\Omega X \, d\mu.
$$

Eine ähnliche Anwendung ist die Bestimmung des zum Produkt FG von zwei *stetigen* Verteilungsfunktionen gehörigen Wahrscheinlichkeitsmaßes. Bezeichnen wir das gemäß Satz 2.7 durch eine Verteilungsfunktion F eindeutig bestimmte Wahrscheinlichkeitsmaß P mit dF, so gilt die Produkt- oder **partielle Integrationsregel**

$$
d(FG) = F \cdot dG + G \cdot dF.
$$

Für $P = dF$, $Q = dG$ und $z \in \mathbb{R}$ ist nämlich

$$F \cdot Q((-\infty, z]) = \int_{(-\infty, z]} F(x) dQ(x) = \int_{(-\infty, z]} \int I_{(-\infty, x]}(y) dP(y) dQ(x)$$

$$= \int \int I_{(-\infty, z]}(x) I_{[y, \infty)}(x) dQ(x) dP(y) = \int Q([y, z]) dP(y)$$

$$= \int_{(-\infty, z]} G(z) - G(y) dP(y) = F(z)G(z) - \int_{(-\infty, z]} G(y) dP(y),$$

wobei wir für die vorletzte Identität die Stetigkeit von G ausgenutzt haben.

Die partielle Integrationsregel gilt (mit demselben Beweis) für Maße ν und μ auf $(\mathbb{R}, \mathbb{B})$, so dass $\nu(I)$ und $\mu(I)$ für alle Intervalle $I = (-\infty, x]$ endlich sind. Der einzige Unterschied ist, dass dann die Bezeichnung Verteilungsfunktion nicht üblich ist. Außerdem ist noch erwähnenswert, dass es reicht, in jedem Punkt $z \in \mathbb{R}$ die Stetigkeit einer der beiden Verteilungsfunktionen zu fordern.

Um die mit Abstand wichtigste Verteilung der gesamten Wahrscheinlichkeitstheorie einzuführen, zeigen wir nun wiederum mit dem Satz von Fubini:

Satz 3.16 (Gauß-Dichte)

Für alle $\mu \in \mathbb{R}$ und $\sigma^2 > 0$ gilt $\int \exp\left(\dfrac{(x-\mu)^2}{2\sigma^2}\right) d\lambda(x) = \sqrt{2\pi\sigma^2}$.

Beweis. Mit Hilfe der affinen Transformation $x \mapsto (x - \mu)/\sigma$ folgt der Satz aus dem Fall $\mu = 0$ und $\sigma^2 = 1$.

Wegen $\exp(-x^2/2)\exp(-y^2/2) = \exp(-(x^2 + y^2)/2) = \exp(-\|(x, y)\|^2/2)$ erhalten wir durch iteriertes Integrieren mit der Substitutionsregel, der Dichte von $\lambda_2^{\|\cdot\|}$, die wir vor Satz 3.10 berechnet haben, und der Stammfunktion von $r\exp(-r^2/2)$

$$\left(\int \exp(-x^2/2) d\lambda(x)\right)^2 = \int \exp(-x^2/2) d\lambda(x) \int \exp(-y^2/2) d\lambda(y)$$

$$= \int \exp(-\|z\|^2/2) d\lambda_2(z) = \int \exp(-r^2/2) d\lambda_2^{\|\cdot\|}(r)$$

$$= \int_{(0,\infty)} \exp(-r^2/2) 2V_2 r \, d\lambda(r) = 2V_2 = 2\pi. \qquad \square$$

Die Verteilung $N(\mu, \sigma^2)$ auf $(\mathbb{R}, \mathbb{B})$ mit der λ-Dichte

$$\varphi_{\mu, \sigma^2}(x) \equiv \frac{1}{\sqrt{2\pi\sigma^2}} \exp\left(\frac{(x-\mu)^2}{2\sigma^2}\right)$$

heißt Gauß- oder **Normalverteilung** mit Parametern μ und σ^2. Aus der Bemerkung nach Satz 3.10 folgt, dass für eine $N(0, 1)$-verteilte Zufallsvariable X, $\mu \in \mathbb{R}$ und

$\sigma \neq 0$ die Zufallsvariable $Y \equiv \sigma X + \mu$ wiederum normalverteilt ist mit Parametern μ und σ^2.

Da wir nun wieder im Zentrum der Wahrscheinlichkeitstheorie angelangt sind, ist es höchste Zeit anzumerken, dass die Integrationstheorie nicht nur für viele stochastische Zusammenhänge als Hilfsmittel gebraucht wird, sondern dass das Integral $\int X \, dP$ bezüglich eines Wahrscheinlichkeitsmaßes eine wichtige stochastische Bedeutung als „Mittelwert" oder „Schwerpunkt" der Verteilung P^X hat. Für eine bezüglich P integrierbare Zufallsvariable $X : (\Omega, \mathcal{A}) \to (\mathbb{R}, \mathbb{B})$ heißt

$$E(X) \equiv \int X \, dP = \int_{\mathbb{R}} x \, dP^X(x) \; \textbf{Erwartungswert von } X.$$

Hier wird also wie nach Satz 3.11 angesprochen die Integration als Abbildung aufgefasst und mit dem Symbol E bezeichnet. Falls die Verteilung P nicht durch den Kontext gegeben ist, schreibt man gelegentlich auch $E_P(X)$.

Für $X \sim \text{Exp}(\tau)$ erhalten wir mit dem Beispiel nach Satz 3.15 (oder auch mit partieller Integration)

$$E(X) = \int_{[0,\infty)} P(X \geq x) d\lambda(x) = \int_{(0,\infty)} e^{-\tau x} d\lambda(x) = 1/\tau.$$

Diese Tatsache benutzt man bei der Modellierung von Wartezeiten, falls man vernünftige Annahmen über die „mittlere Wartezeit" machen kann, um τ festzulegen.

Für unabhängige $\text{Exp}(\tau)$-verteilte Zufallsvariablen $X_1, \ldots, X_n$ erhalten wir für das Maximum $Y \equiv X_1 \vee \cdots \vee X_n$ wegen $1 - z^n = (1-z)\sum_{j=0}^{n-1} z^j$

$$
\begin{aligned}
E(Y) &= \int_{[0,\infty)} 1 - P(Y < x) d\lambda(x) = \int_{[0,\infty)} 1 - (1 - e^{-\tau x})^n d\lambda(x) \\
&= \int_{[0,\infty)} e^{-\tau x} \sum_{j=0}^{n-1} (1 - e^{-\tau x})^j d\lambda(x) = \frac{1}{\tau} \sum_{j=0}^{n-1} \frac{1}{j+1} = \frac{1}{\tau} \sum_{j=1}^{n} \frac{1}{j}.
\end{aligned}
$$

Benutzt man X_j als Modell für die Haltbarkeit einer Sicherung, so zeigt diese Rechnung, dass die erwartete Haltbarkeit von n unabhängigen Sicherungen bloß logarithmisch und nicht etwa linear in n wächst (wie der „gesunde Menschenverstand" vielleicht glaubt).

Für eine $N(0, 1)$-verteilte Zufallsvariable X erhalten wir mittels Stammfunktion

$$E(X^+) = \int_{[0,\infty)} \frac{x}{\sqrt{2\pi}} e^{-x^2/2} d\lambda(x) = \frac{1}{\sqrt{2\pi}}$$

und genauso $E(X^-) = \frac{1}{\sqrt{2\pi}}$, also gilt $E(X) = 0$. Wenn man schon weiß, dass dieser Erwartungswert existiert (etwa indem man die Dichte $\varphi_{0,1}$ nach oben durch $C(1 + |x|)^{-3}$ mit einer geeigneten Konstanten C abschätzt), kann man auch mit der

Symmetrie der Verteilung argumentieren: $-X$ ist ebenfalls $N(0, 1)$-verteilt und die Linearität des Integrals impliziert daher $E(X) = E(-X) = -E(X) = 0$.

Mit partieller Integration folgt außerdem

$$E(X^2) = \int x^2 \varphi_{0,1}(x) d\lambda(x) = -x\varphi_{0,1}(x)\Big|_{-\infty}^{+\infty} + \int \varphi_{0,1}(x) d\lambda(x) = 1.$$

Weil $Y \equiv \sigma X + \mu$ für $\mu \in \mathbb{R}$ und $\sigma \neq 0$ eine $N(\mu, \sigma^2)$-verteilte Zufallsvariable ist und der Erwartungswert nur von der Verteilung abhängt, erhalten wir mit der Linearität $E(Y) = \mu$ und $E(Y^2) = \sigma^2 + \mu^2$ für *jede* $N(\mu, \sigma^2)$-verteilte Zufallsvariable Y.

Bevor wir zu weiteren Anwendungen des Satzes von Fubini kommen, geben wir noch ein Beispiel einer Zufallsvariablen ohne Erwartungswert.

Wegen $\int \frac{1}{1+x^2} d\lambda(x) = \arctan|_{-\infty}^{+\infty} = \pi$ ist $f(x) \equiv \frac{1}{\pi} \frac{1}{1+x^2}$ eine λ-Dichte eines Wahrscheinlichkeitsmaßes auf $\mathbb{B}$, der sogenannten **Cauchy-Verteilung**. Ist X eine Zufallsvariable mit $P^X = f \cdot \lambda$, so folgt mit Satz 3.10

$$E(X^+) = \int_{[0,\infty)} xf(x) d\lambda(x) \geq \frac{1}{\pi} \int_{[1,\infty)} \frac{x}{1+x^2} d\lambda(x)$$

$$\geq \frac{1}{2\pi} \int_{[1,\infty)} \frac{1}{x} d\lambda(x) = +\infty$$

und genauso $E(X^-) = +\infty$. Also ist X nicht integrierbar.

Satz 3.17 (Unabhängigkeit und Produktmaße)
Für $j \in \{1, \ldots, n\}$ seien $X_j : (\Omega, \mathcal{A}) \to (\mathcal{X}_j, \mathcal{B}_j)$ Zufallsgrößen auf einem Wahrscheinlichkeitsraum $(\Omega, \mathcal{A}, P)$.

$X_1, \ldots, X_n$ sind genau dann unabhängig, wenn $P^{(X_1, \ldots, X_n)} = \bigotimes_{j=1}^{n} P^{X_j}$ gilt.

Beweis. Einerseits gilt für alle $B_j \in \mathcal{B}_j$

$$\bigotimes_{j=1}^{n} P^{X_j}(B_1 \times \cdots \times B_n) = \prod_{j=1}^{n} P^{X_j}(B_j) = \prod_{j=1}^{n} P(X_j \in B_j).$$

Andererseits ist die Unabhängigkeit von $X_1, \ldots, X_n$ durch die erste Gleichheit in

$$\prod_{j=1}^{n} P(X_j \in B_j) = P\Big(\bigcap_{j=1}^{n} \{X_j \in B_j\}\Big) = P^{(X_1, \ldots, X_n)}(B_1 \times \cdots \times B_n)$$

charakterisiert. Also sind $X_1, \ldots, X_n$ genau dann unabhängig, wenn $P^{(X_1, \ldots, X_n)}$ und $\bigotimes_{j=1}^{n} P^{X_j}$ auf dem schnittstabilen Erzeuger $\{B_1 \times \cdots \times B_n : B_j \in \mathcal{B}_j\}$ und damit auf $\bigotimes_{j=1}^{n} \mathcal{B}_j$ übereinstimmen. $\qquad \square$

Wegen dieses Satzes können wir zu Verteilungen $Q_1, \ldots, Q_n$ auf Messräumen $(\mathcal{X}_j, \mathcal{B}_j)$ unabhängige Zufallsvariablen $X_j \sim Q_j$ ohne den allgemeinen Existenz-satz 2.8 durch Produktbildung konstruieren: $(\Omega, \mathcal{A}, P) \equiv (\prod_{j=1}^n \mathcal{X}_j, \bigotimes_{j=1}^n \mathcal{B}_j, \bigotimes_{j=1}^n Q_j)$ ist ein Wahrscheinlichkeitsraum, so dass die Projektionen $X_j \equiv \pi_j$ wegen Satz 3.17 unabhängig sind mit $X_j \sim Q_j$.

Mit Satz 3.17 lässt sich auch der Zusammenhang zwischen der Unabhängigkeit einer Folge $(X_n)_{n \in \mathbb{N}}$ und deren **paarweiser Unabhängigkeit** (das heißt X_n und X_m sind für alle $n \neq m$ unabhängig) klären. Mit der Laplace-Verteilung P auf $\Omega = \{0, 1, 2, 3\}$ und $X_j = I_{\{0, j\}}$ für $j \in \{1, 2, 3\}$ sieht man, dass paarweise Un-abhängigkeit im Allgemeinen eine echt schwächere Bedingung ist. Mit Satz 3.17 und der Assoziativität des Produkts erhalten wir aber, dass eine Folge $(X_n)_{n \in \mathbb{N}}$ von Zu-fallsgrößen genau dann unabhängig ist, wenn für jedes $n \in \mathbb{N}$ die zusammengesetzte Zufallsgröße $(X_1, \ldots, X_n)$ von X_{n+1} unabhängig ist.

Für σ-endliche Maße $\mu_1, \ldots, \mu_m$ auf $(\mathbb{R}^n, \mathbb{B}^n)$ und die durch $S(x_1, \ldots, x_m) \equiv \sum_{j=1}^m x_j$ definierte Summenabbildung $S : (\mathbb{R}^n)^m \to \mathbb{R}^n$ definieren wir die **Faltung** von $\mu_1, \ldots, \mu_m$ durch

$$\mu_1 * \cdots * \mu_m \equiv (\mu_1 \otimes \cdots \otimes \mu_m)^S.$$

Für eine positive messbare Abbildung $f : (\mathbb{R}^n, \mathbb{B}^n) \to (\overline{\mathbb{R}}, \overline{\mathbb{B}})$ folgt mit der Substitu-tionsregel und Fubinis Satz

$$\int f \, d\mu_1 * \cdots * \mu_m = \int \cdots \int f(x_1 + \cdots + x_m) \, d\mu_1(x_1) \cdots d\mu_m(x_m).$$

Sind $X_1, \ldots, X_m$ unabhängige n-dimensionale Zufallsvektoren, so gilt wegen Satz 3.17

$$\sum_{j=1}^n X_j \sim (P^{(X_1, \ldots, X_n)})^S = P^{X_1} * \cdots * P^{X_n},$$

das heißt, die Faltung der „Randverteilungen" P^{X_j} ist die Verteilung der Summe.

Satz 3.18 (Faltungsformel)
Seien ν, μ zwei σ-endliche Maße auf $(\mathbb{R}^n, \mathbb{B}^n)$ mit $\nu = f \cdot \lambda_n$. Dann besitzt $\nu * \mu$ die λ_n-Dichte $x \mapsto \int f(x - y) \, d\mu(y)$. Falls außerdem $\mu = g \cdot \lambda_n$, ist

$$f * g(x) \equiv \int f(x - y) g(y) \, d\lambda_n(y)$$

eine λ_n-Dichte von $\nu * \mu$.

Beweis. Für $A \in \mathbb{B}^n$ folgt durch Substitution, iteriertes Integrieren, Einsetzen der Dichte, der Translationsinvarianz des Lebesgue-Maßes und Vertauschen der Integra-tionsreihenfolge

$$\nu * \mu(A) = \int\int I_A(x+y)d\nu(x)d\mu(y) = \int\int I_A(x+y)f(x)d\lambda_n(x)d\mu(y)$$

$$= \int\int I_A(z)f(z-y)d\lambda_n(z)d\mu(y) = \int_A\int f(z-y)d\mu(y)d\lambda_n(z).$$

Die Formel $(f \cdot \lambda_n) * (g \cdot \lambda_n) = (f * g) \cdot \lambda_n$ folgt nun mit Satz 3.10. $\square$

Für unabhängige $\mathrm{Exp}(\tau)$-verteilte Zufallsvariablen $X_1,\dots,X_n$ erhalten wir mit der Faltungsformel und vollständiger Induktion $\sum_{j=1}^n X_j \sim \gamma_{n,\tau} \cdot \lambda$ mit

$$\gamma_{n,\tau}(x) \equiv \frac{\tau^n}{(n-1)!}x^{n-1}e^{-\tau x}I_{(0,\infty)}(x).$$

Allgemeiner ist durch die λ-Dichte $\gamma_{\alpha,\tau}(x) \equiv \frac{\tau^\alpha}{\Gamma(\alpha)}x^{\alpha-1}e^{-\tau x}I_{(0,\infty)}(x)$ die **Gammaverteilung** $\Gamma_{\alpha,\tau}$ mit Parametern $\alpha > 0$ und $\tau > 0$ definiert. Dabei ist $\Gamma(\alpha) \equiv \int_{(0,\infty)} y^{\alpha-1}e^{-y}d\lambda(y)$ die **Gammafunktion**, und mit der Substitution $y = \tau x$ folgt, dass $\Gamma_{\alpha,\tau}$ tatsächlich ein Wahrscheinlichkeitsmaß auf $\mathbb{B}$ ist.

Es gilt $\Gamma(1) = 1$ und wegen partieller Integration $\Gamma(\alpha+1) = \alpha\Gamma(\alpha)$ also insbesondere $\Gamma(n) = (n-1)!$ für $n \in \mathbb{N}$. Für $\alpha, \beta > 0$ und $x > 0$ folgt mit der Substitution $y = tx$

$$\gamma_{\alpha,\tau} * \gamma_{\beta,\tau}(x) = \int \gamma_{\alpha,\tau}(x-y)\gamma_{\beta,\tau}(y)d\lambda(y)$$

$$= \frac{\tau^{\alpha+\beta}}{\Gamma(\alpha)\Gamma(\beta)}e^{-\tau x}\int_{(0,y)}(x-y)^{\alpha-1}y^{\beta-1}d\lambda(y)$$

$$= \frac{\tau^{\alpha+\beta}}{\Gamma(\alpha)\Gamma(\beta)}x^{\alpha+\beta-1}e^{-\tau x}\int_{(0,1)}(1-t)^{\alpha-1}t^{\beta-1}d\lambda(t).$$

$B(\alpha,\beta) \equiv \int_{(0,1)}(1-t)^{\alpha-1}t^{\beta-1}d\lambda(t)$ heißt **Betafunktion**. Weil $\gamma_{\alpha,\tau} * \gamma_{\beta,\tau}$ und $\gamma_{\alpha+\beta,\tau}$ Dichten von *Wahrscheinlichkeitsmaßen* sind, erhalten wir durch Integration obiger Gleichung $\Gamma(\alpha)\Gamma(\beta) = \Gamma(\alpha+\beta)B(\alpha,\beta)$ und damit $\Gamma_{\alpha,\tau} * \Gamma_{\beta,\tau} = \Gamma_{\alpha+\beta,\tau}$.

Die Familie der Gammaverteilungen enthält nicht nur Faltungen $\mathrm{Exp}(\tau) * \cdots * \mathrm{Exp}(\tau)$ als Spezialfall. Sei X eine $N(0,1)$-verteilte Zufallsvariable mit Verteilungsfunktion $\Phi(z) \equiv P(X \le z)$. Ist F die Verteilungsfunktion von P^{X^2}, so gilt $F(z) = 0$ für $z \le 0$ und $F(z) = P(X^2 \le z) = P(X \in [-\sqrt{z},\sqrt{z}]) = \Phi(\sqrt{z}) - \Phi(-\sqrt{z})$ für $z > 0$. F ist also stetig und auf $\mathbb{R} \setminus \{0\}$ stetig differenzierbar mit

$$F'(z) = \frac{1}{2}z^{-1/2}\varphi_{0,1}(\sqrt{z}) + \frac{1}{2}z^{-1/2}\varphi_{0,1}(-\sqrt{z}) = z^{-1/2}\varphi_{0,1}(\sqrt{z})$$

$$= \frac{z^{-1/2}}{\sqrt{2\pi}}e^{-z/2} = \frac{\Gamma(\frac{1}{2})}{\sqrt{\pi}}\gamma_{\frac{1}{2},\frac{1}{2}}(z) \quad \text{für } z > 0.$$

Weil F' und $\gamma_{\frac{1}{2},\frac{1}{2}}$ Dichten von Verteilungen sind, folgt insbesondere $\Gamma(\frac{1}{2}) = \sqrt{\pi}$, und wir erhalten $X^2 \sim \Gamma_{\frac{1}{2},\frac{1}{2}}$. Für unabhängige $N(0,1)$-verteilte Zufallsvariablen $X_1, \ldots, X_n$ folgt dann $\sum_{j=1}^{n} X_j^2 \sim \Gamma_{\frac{n}{2},\frac{1}{2}}$. Diese Verteilung spielt in der Statistik eine wichtige Rolle und heißt auch χ_n^2-**Verteilung**.

Zum Abschluss dieses Kapitels behandeln wir ein paradox anmutendes Beispiel über die „Haltbarkeit von Rekorden", man denke dabei etwa an die Jahreshochwasser eines Flusses. Sei $(X_n)_{n \in \mathbb{N}}$ eine unabhängige Folge identisch verteilter positiver Zufallsvariablen, so dass $Q \equiv P^{X_1}$ eine stetige Verteilungsfunktion F besitzt. Wir definieren $T \equiv \inf\{n \geq 2 : X_n > X_1\}$ mit $\inf \emptyset \equiv \infty$ als den ersten Zeitpunkt, zu dem X_1 übertroffen wird. T nimmt Werte in $\mathbb{N} \cup \{\infty\}$ an, und für $m \geq 2$ gilt $\{T > m\} = \{X_2 \leq X_1, \ldots, X_m \leq X_1\} = \bigcap_{n=2}^{m} \{X_n \leq X_1\}$, was insbesondere die Messbarkeit von T impliziert. Die Ereignisse $\{X_n \leq X_1\}$ sind *nicht* unabhängig, wohl aber die Ereignisse $\{X_n \leq x\}$ für festes $x \in \mathbb{R}$.

Für $A \equiv \{(x_1, \ldots, x_m) \in \mathbb{R}^m : x_2 \leq x_1, \ldots, x_n \leq x_1\} \in \mathbb{B}^n$ folgt mit der Charakterisierung der Unabhängigkeit in Satz 3.17 und iteriertem Integrieren

$$
\begin{aligned}
P(T > m) &= P^{(X_1, \ldots, X_m)}(A) = P^{X_1} \otimes P^{(X_2, \ldots, X_m)}(A) \\
&= \int \int I_A(x_1, x_2, \ldots, x_m) \, dP^{(X_2, \ldots, X_m)}(x_2, \ldots, x_m) \, dP^{X_1}(x_1) \\
&= \int P\Big(\bigcap_{n=2}^{m} \{X_n \leq x\}\Big) \, dP^{X_1}(x) = \int \prod_{n=2}^{m} P(X_n \leq x) \, dP^{X_1}(x) \\
&= \int F(x)^{m-1} \, dP^{X_1}(x) = \int F^{m-1} \, dQ = \int y^{m-1} \, dQ^F(y)
\end{aligned}
$$

wegen der Substitutionsregel. Um dieses Integral zu berechnen, zeigen wir, dass Q^F die Gleichverteilung auf $(0,1)$ ist. Für jedes $Y \sim U(0,1)$ gilt $F^- \circ Y \sim Q$ wegen des Korrespondenzsatzes 2.7, wobei $F^-(y) = \inf\{x \in \mathbb{R} : F(x) \geq y\}$ die inverse Verteilungsfunktion ist. Wegen der Stetigkeit nimmt F jeden Wert $y \in (0,1)$ an, was $F \circ F^-(y) = y$ impliziert. Damit folgt $Y = F \circ F^- \circ Y \sim Q^F$.

Durch Einsetzen der Dichte von $U(0,1)$ erhalten wir nun

$$
P(T > m) = \int_{(0,1)} y^{m-1} \, d\lambda(y) = \frac{1}{m}
$$

für alle $m \in \mathbb{N}$, insbesondere hängt also die Verteilung von T nicht von der Verteilung der Zufallsvariablen X_1 ab.

Die Stetigkeit von oben liefert $P(T = \infty) = 0$, und außerdem folgt

$$
P(T = m) = P(T > m - 1) - P(T > m) = \frac{1}{m(m-1)} \quad \text{für } m \geq 2.
$$

Mit der Bemerkung nach Levis Satz 3.2 erhalten wir die „erwartete Haltbarkeit des ersten Rekords"

$$E(T) = \sum_{m=2}^{\infty} m P(T = m) = \sum_{m=2}^{\infty} \frac{1}{m-1} = +\infty.$$

Aufgaben

3.1. Zeigen Sie, dass die Indikatorfunktion des Limes superior einer Folge von Mengen mit dem Limes superior der Indikatorfunktionen übereinstimmt.

3.2. Sei $(\Omega, \mathcal{A}, P)$ ein Wahrscheinlichkeitsraum. Zeigen Sie, dass durch $d(A, B) \equiv P(A \triangle B)$ mit der **symmetrischen Differenz** $A \triangle B \equiv (A \setminus B) \cup (B \setminus A)$ eine vollständige Halbmetrik auf $\mathcal{A}$ definiert ist. (Sowohl für die Dreiecksungleichung als auch die Vollständigkeit ist die Tatsache $|I_A - I_B| = I_{A \triangle B}$ hilfreich.) Wann ist d ein Metrik?

3.3. Formulieren Sie die Sätze von Levi, Lebesgue und Fubini für das Zählmaß auf $(\mathbb{N}, \mathscr{P}(\mathbb{N}))$ als Aussagen über Reihen.

3.4. Bestimmen Sie die Erwartungswerte $E(X)$ und $E(X^2)$ einer Poisson-verteilten Zufallsvariablen X. Berechnen Sie diese Erwartungswerte ebenfalls für geometrisch, exponential-, $U(0, 1)$- und $\Gamma_{\alpha, \tau}$-verteilte Zufallsvariablen.

3.5. Zeigen Sie, dass $X \equiv \sum_{n=0}^{\infty} (-1)^n I_{[n, n+1)}$ nicht bezüglich des Lebesgue-Maßes integrierbar ist und dass $\lim_{r \to \infty} \int_{[0, r]} X \, d\lambda$ existiert.

3.6. Zeigen Sie durch Differenziation der Verteilungsfunktion, dass für unabhängige $X, Y \sim N(0, 1)$ der Quotient $Z \equiv X/Y$ Cauchy-verteilt ist. Zeigen Sie dazu mit Hilfe des Satzes von Fubini $P(X/Y \le t, Y > 0) = \int_{(0, \infty)} \Phi(ty) \varphi(y) \, d\lambda(y)$ mit der $N(0, 1)$-Dichte φ und zugehöriger Verteilungsfunktion Φ, und benutzen Sie für die Differenziation dieses Parameterintegrals Satz 3.7.

3.7. Finden Sie $X_n \in \mathcal{M}^+(\mathbb{R}, \mathbb{B})$ mit $\int X_n \, d\lambda = 1$ für alle $n \in \mathbb{N}$, so dass die Folge gleichmäßig gegen 0 konvergiert.

3.8. Seien $(\Omega, \mathcal{A}, \mu)$ eine Maßraum, $I \subseteq \mathbb{R}$ und $f_t \in \mathcal{M}(\Omega, \mathcal{A})$ für $t \in I$, so dass die Abbildung $t \mapsto f_t(\omega)$ für jedes $\omega \in \Omega$ stetig ist. Zeigen Sie, dass $t \mapsto \int f_t \, d\mu$ stetig ist, falls es $g \in \mathcal{L}_1(\Omega, \mathcal{A}, \mu)$ mit $|f_t| \le g$ für alle $t \in I$ gibt.

3.9. Seien $X_1, \ldots, X_n$ unabhängige exponentialverteilte Zufallsvariablen. Bestimmen Sie λ-Dichten der Verteilungen von $\max\{X_1, \ldots, X_n\}$ und $\min\{X_1, \ldots, X_n\}$.

3.10. Seien $(\mathcal{X}, \mathcal{B}, \nu)$ und $(\mathcal{Y}, \mathcal{C}, \mu)$ σ-endliche Maßräume, $f \in \mathcal{M}_+((\mathcal{X}, \mathcal{B}) \otimes (\mathcal{Y}, \mathcal{C}))$ und $g \in \mathcal{M}_+(\mathcal{X}, \mathcal{B})$. Zeigen Sie, dass durch $K(x, \cdot) \equiv f(x, \cdot) \cdot \mu$ ein Kern von $(\mathcal{X}, \mathcal{B})$ und $(\mathcal{Y}, \mathcal{C})$ definiert ist und dass für $\tilde{\nu} \equiv g \cdot \nu$ das Maß $\tilde{\nu} \otimes K$ die $\nu \otimes \mu$-Dichte $h(x, y) \equiv f(x, y) g(x)$ besitzt (falls $\tilde{\nu}$ und K σ-endlich sind).

3.11. Zeigen Sie, dass durch $K(\alpha, \cdot) \equiv \mathrm{Exp}(\alpha)$ ein Markov-Kern von $((0, \infty), \mathbb{B} \cap (0, \infty))$ nach $(\mathbb{R}, \mathbb{B})$ definiert ist, und berechnen Sie für $P \equiv \mathrm{Exp}(1)$ eine λ-Dichte der Verteilung $Q \equiv P \cdot K$.

3.12. Zeigen Sie, dass $\lambda * \lambda$ nicht σ-endlich ist.

3.13. Bestimmen Sie λ-Dichten von $Q * Q$ und $Q * Q * Q$ für die Gleichverteilung $Q = U(0, 1)$.

3.14. Zeigen Sie $N(0, 1) * N(0, 1) = N(0, 2)$ und $U(0, 1) * B(1, \frac{1}{2}) = U(0, 2)$.

3.15. Berechnen Sie für unabhängige $X, Y \sim N(0, 1)$ die Erwartungswerte der Zufallsvariablen $|X + Y|$, $X \wedge Y$ und $X \vee Y$.

3.16. Seien X, Y unabhängige Zufallsvariablen mit $X \sim \mathrm{Exp}(\alpha)$ und $Y \sim \mathrm{Exp}(\beta)$. Berechnen Sie $P(X < Y)$.

3.17. Zeigen Sie $c \equiv \int_{(0, \infty)} e^{-x^2/2} d\lambda(x) = y \int_{(0, \infty)} e^{-(xy)^2/2} d\lambda(x)$ für alle $y > 0$ und dann mit dem Satz von Fubini (und natürlich ohne Satz 3.16 zu benutzen) $c^2 = \pi/2$.

3.18. Zeigen Sie $\lim_{r \to \infty} \int_{(0, r)} \frac{\sin x}{x} d\lambda(x) = \frac{\pi}{2}$. Benutzen Sie dazu die Identität $\frac{1}{x} = \int_{(0, \infty)} e^{-xt} d\lambda(t)$, iterierte Integration und für den Grenzübergang dominierte Konvergenz.

3.19. Seien $f : \mathbb{R} \to \mathbb{R}$ stetig differenzierbar und X eine Zufallsvariable mit $f \circ X \in \mathscr{L}_1$. Zeigen Sie (wie im Beweis der partiellen Integrationsregel)

$$E(f \circ X - f(0)) = \int_{(0, \infty)} f'(t) P(X > t) d\lambda(t) - \int_{(-\infty, 0)} f'(t) P(X < t) d\lambda(t).$$

Kapitel 4

Konvergenz von Zufallsvariablen

Viele Situationen, in denen von Wahrscheinlichkeiten die Rede ist, zeichnen sich durch ihre „Wiederholbarkeit" aus. Man kann eine Münze immer wieder werfen, und es ist plausibel anzunehmen, dass sich die Würfe gegenseitig nicht beeinflussen. Wir untersuchen deshalb in diesem Kapitel die Konvergenz von Zufallsvariablen X_n und insbesondere die Folge der „Zeitmittel" $\frac{1}{n} \sum_{j=1}^{n} X_j$.

Dabei spielen verschiedene Konvergenzbegriffe und Metriken eine Rolle. Wir beginnen mit einem Abstandsbegriff, der eng mit der Integrationstheorie des letzten Kapitels zusammenhängt. Für einen Maßraum $(\Omega, \mathcal{A}, \mu)$, $X \in \mathcal{M}(\Omega, \mathcal{A})$ und $1 \leq p < \infty$ definieren wir

$$\|X\|_p \equiv \left(\int |X|^p \, d\mu \right)^{1/p}$$

mit der Vereinbarung $\infty^{1/p} \equiv \infty$ sowie

$$\|X\|_\infty \equiv \inf\{C \geq 0 : |X| \leq C \ \mu\text{-fast sicher}\}$$

mit $\inf \varnothing \equiv \infty$. Ist $C_n > \|X\|_\infty$ eine Folge mit $C_n \to \|X\|_\infty$, so erhalten wir

$$\mu(|X| > \|X\|_\infty) = \mu\left(\bigcup_{n \in \mathbb{N}} \{|X| > C_n\} \right) \leq \sum_{n=1}^{\infty} \mu(|X| > C_n) = 0,$$

also gilt $|X| \leq \|X\|_\infty$ μ-fast sicher. Das Infimum in der Definition ist also ein Minimum. Für $1 \leq p \leq \infty$ und $a \in \mathbb{R}$ gilt die Homogenität $\|aX\|_p = |a| \|X\|_p$, und wir zeigen nun auch die Dreiecksungleichung.

Satz 4.1 (Hölder- und Minkowski-Ungleichung)
Seien $X, Y \in \mathcal{M}(\Omega, \mathcal{A})$ und $p, q \in [1, \infty]$ mit $\frac{1}{p} + \frac{1}{q} = 1$. Dann gelten $\|XY\|_1 \leq \|X\|_p \|Y\|_q$ und $\||X| + |Y|\|_p \leq \|X\|_p + \|Y\|_p$.

Beweis. Für $p = \infty$ (und analog $q = \infty$) folgt aus $|X| \leq \|X\|_\infty$ fast sicher und der Monotonie des Integrals $\|XY\|_1 \leq \int \|X\|_\infty |Y| \, d\mu = \|X\|_\infty \|Y\|_1$.

Falls $\|X\|_p \|Y\|_q = 0$, ist wegen Satz 3.5.4 $|XY| = 0$ μ-fast sicher und daher $\|XY\|_1 = 0$. Für $\|X\|_p \|Y\|_q = \infty$ ist nichts zu zeigen, und es bleibt also der wesentliche Fall $1 < p, q < \infty$ und $0 < \|X\|_p \|Y\|_q < \infty$. Wegen der Homogenität können wir dann $\|X\|_p = \|Y\|_q = 1$ annehmen. Das entscheidende Argument ist nun die Konvexität der Exponentialfunktion. Für alle $s, t \in \mathbb{R}$ gilt

$$e^s e^t = \exp\left(\tfrac{1}{p} sp + \tfrac{1}{q} tq \right) \leq \tfrac{1}{p} \exp(sp) + \tfrac{1}{q} \exp(tq) = \tfrac{1}{p}(e^s)^p + \tfrac{1}{q}(e^t)^q,$$

was $|xy| \leq \frac{1}{p}|x|^p + \frac{1}{q}|y|^q$ für alle $x, y \in \mathbb{R}$ impliziert. Die Monotonie und Additivität des Integrals liefern damit

$$\|XY\|_1 \leq \frac{1}{p}\int |X|^p \, d\mu + \frac{1}{q}\int |Y|^q \, d\mu = \frac{1}{p}\|X\|_p^p + \frac{1}{q}\|Y\|_q^q = 1 = \|X\|_p\|Y\|_q.$$

Die zweite Ungleichung folgt für $p = \infty$ aus $|X| \leq \|X\|_\infty$ und $|Y| \leq \|Y\|_\infty$ μ-fast sicher, und sie ist im Fall $p = 1$ eine Identität. Für $\|X\|_p + \|Y\|_p = \infty$ ist nichts zu zeigen und andernfalls ist $A \equiv \||X| + |Y|\|_p < \infty$, weil

$$(|X| + |Y|)^p \leq (2\max\{|X|, |Y|\})^p = 2^p(|X|^p \vee |Y|^p) \leq 2^p(|X|^p + |Y|^p).$$

Mit der schon bewiesenen Hölder-Ungleichung folgt wegen $q(p - 1) = p$

$$
\begin{aligned}
A^p &= \int (|X| + |Y|)(|X| + |Y|)^{p-1} \, d\mu \\
&= \|X(|X| + |Y|)^{p-1}\|_1 + \|Y(|X| + |Y|)^{p-1}\|_1 \\
&\leq \|X\|_p\||X| + |Y|\|_p^{p/q} + \|Y\|_p\||X| + |Y|\|_p^{p/q} \\
&= (\|X\|_p + \|Y\|_p)A^{p-1}. \qquad\qquad\qquad\qquad \square
\end{aligned}
$$

Wie schon vor Satz 3.7 für $p = 1$ definieren wir nun für $p \in [1, \infty]$

$$\mathcal{L}_p \equiv \mathcal{L}_p(\Omega, \mathcal{A}, \mu) \equiv \{X : (\Omega, \mathcal{A}) \to (\mathbb{R}, \mathbb{B}) \text{ messbar} : \|X\|_p < \infty\}.$$

Wegen der Minkowski-Ungleichung ist $\mathcal{L}_p$ für jedes $1 \leq p \leq \infty$ ein Vektorraum und $\|\cdot\|_p$ ist eine Halbnorm auf $\mathcal{L}_p$, das heißt $\|aX\|_p = |a|\|X\|_p$ für $a \in \mathbb{R}$ und $X \in \mathcal{L}_p$ sowie $\|X + Y\|_p \leq \|X\|_p + \|Y\|_p$. Allerdings impliziert $\|X\|_p = 0$ nicht, dass $X = 0$ die Nullfunktion (also das Nullelement in $\mathcal{L}_p$) ist. Wegen Satz 3.5.4 gilt $\|X\|_p = 0$ genau dann, wenn $X = 0$ μ-fast sicher.

Die μ-fast sichere Gleichheit definiert eine Äquivalenzrelation, und wir bezeichnen (vorübergehend) die zu $X \in \mathcal{L}_p$ gehörige Äquivalenzklasse mit

$$\tilde{X} \equiv \{Y \in \mathcal{L}_p : X = Y \ \mu\text{-fast sicher}\} = \{Y \in \mathcal{L}_p : \|X - Y\|_p = 0\}.$$

Weil für $X_1 \in \tilde{X}$ und $Y_1 \in \tilde{Y}$ auch $X_1 + Y_1 = X + Y$ μ-fast sicher gilt, sind durch $\tilde{X} + \tilde{Y} \equiv \widetilde{X + Y}$ und $a\tilde{X} \equiv \widetilde{aX}$ für $a \in \mathbb{R}$ eine Addition und skalare Multiplikation für $L_p \equiv L_p(\Omega, \mathcal{A}, \mu) \equiv \{\tilde{X} : X \in \mathcal{L}_p\}$ definiert.

L_p ist also ein Vektorraum mit Nullelement $\tilde{0}$, und wegen der unteren Dreiecksungleichung $|\|X\|_p - \|Y\|_p| \leq \|X - Y\|_p$ haben äquivalente Funktionen gleiche p-Normen. Deshalb ist durch $\|\tilde{X}\|_p^\sim \equiv \|X\|_p$ eine Abbildung $L_p \to [0, \infty)$ wohldefiniert. $\|\cdot\|_p^\sim$ ist wiederum homogen und erfüllt die Dreiecksungleichung, und für $\|\tilde{X}\|_p^\sim = 0$ gilt nun $\tilde{X} = \tilde{0}$, das heißt, $\|\cdot\|_p^\sim$ ist eine Norm auf L_p.

Wir bezeichnen die Elemente von L_p meistens wieder mit X und schreiben $\|\cdot\|_p^\sim = \|\cdot\|_p$. Auch wenn manche Leser das vergessen haben sollten: So etwas macht man schon in der Schule, wenn man mit Brüchen n/m (also *Klassen* der durch $n/m \sim p/q$, falls $nq = mp$, definierten Äquivalenzrelation) rechnet. Entscheidend dabei ist, dass man nur Eigenschaften betrachtet, die unabhängig vom Repräsentanten einer Äquivalenzklasse sind (also nicht etwa Eigenschaften wie „ungerader Nenner" im Schulbeispiel).

Die Halbnormen $\|\cdot\|_p$ liefern einen ersten wichtigen Konvergenzbegriff. Für messbare Abbildungen $X, X_n : (\Omega, \mathcal{A}) \to (\mathbb{R}, \mathbb{B})$ schreiben wir $X_n \to X$ in $\mathscr{L}_p$, falls $\|X_n - X\|_p \to 0$. Für $1 \le p < \infty$ nennen wir dies auch **Konvergenz im p-ten Mittel**. $X_n \to X$ in $\mathscr{L}_\infty$ ist äquivalent zu $X_n \to X$ gleichmäßig μ-fast sicher, aber diese Konvergenzart spielt in der Stochastik kaum eine Rolle. Falls $\mu(\Omega) < \infty$, gilt für messbares $X : (\Omega, \mathcal{A}) \to (\overline{\mathbb{R}}, \overline{\mathbb{B}})$ und $1 \le p < q < \infty$ wegen der Hölder-Ungleichung für $\left(\frac{q}{q-p}\right)^{-1} + \left(\frac{q}{p}\right)^{-1} = 1$

$$\|X\|_p = \||I_\Omega|X|^p\|_1^{1/p} \le \|I_\Omega\|_{\frac{q}{q-p}}^{1/p} \||X|^p\|_{q/p}^{1/p} = \mu(\Omega)^{1/p - 1/q}\|X\|_q,$$

und diese Ungleichung gilt auch für $q = \infty$. Für $p < q$ und endliches Maß gilt also $\mathscr{L}_q \subseteq \mathscr{L}_p$ und Konvergenz in $\mathscr{L}_q$ impliziert Konvergenz in $\mathscr{L}_p$.

Wegen der Dreiecksungleichung ist jede in $\mathscr{L}_p$ konvergente Folge $(X_n)_{n \in \mathbb{N}}$ eine Cauchy-Folge, das heißt, für jedes $\varepsilon > 0$ gibt es ein $N \in \mathbb{N}$, so dass $\|X_n - X_m\|_p < \varepsilon$ für alle $n, m \ge N$. Umgekehrt gilt:

Satz 4.2 (Vollständigkeit von $\mathscr{L}_p$)
Jede Cauchy-Folge $(X_n)_{n \in \mathbb{N}}$ in $\mathscr{L}_p(\Omega, \mathcal{A}, \mu)$ konvergiert in $\mathscr{L}_p(\Omega, \mathcal{A}, \mu)$.

Beweis. Wegen der Cauchy Eigenschaft gibt es natürliche Zahlen $n(k+1) > n(k)$ mit $\|X_n - X_m\|_p \le 1/2^k$ für alle $n, m \ge n(k)$, und wir definieren $Y \in \mathcal{M}(\Omega, \mathcal{A})$ durch $Y \equiv \sum_{k=1}^\infty |X_{n(k+1)} - X_{n(k)}|$. Für $p < \infty$ folgt mit monotoner Konvergenz und der Minkowski-Ungleichung

$$\|Y\|_p = \lim_{m \to \infty} \left(\int \left(\sum_{k=1}^m |X_{n(k+1)} - X_{n(k)}| \right)^p d\mu \right)^{1/p}$$

$$\le \sum_{k=1}^\infty \|X_{n(k+1)} - X_{n(k)}\|_p \le 1,$$

und die gleiche Abschätzung gilt auch für $p = \infty$. Wegen Satz 3.5.5 ist $\mu(Y = \infty) = 0$, und indem wir (ohne die Bezeichnung zu ändern) alle Funktionen auf $\{Y = \infty\}$ zu 0 modifizieren, können wir durch

$$X \equiv X_{n(1)} + \sum_{k=1}^\infty (X_{n(k+1)} - X_{n(k)})$$

eine $(\mathcal{A}, \mathbb{B})$-messbare Abbildung definieren. Für jedes $k \in \mathbb{N}$ gilt für diese „Teleskopreihe" $X - X_{n(k)} = \sum_{j=k}^{\infty}(X_{n(j+1)} - X_{n(j)})$, und wie eben erhalten wir

$$\|X - X_{n(k)}\|_p \le \sum_{j=k}^{\infty} \|X_{n(j+1)} - X_{n(j)}\|_p \le \sum_{j=k}^{\infty} 1/2^j = 2^{-k+1}.$$

Ist nun $\varepsilon > 0$ und $(1/2)^{k-2} < \varepsilon$, so gilt für alle $n \ge n(k)$

$$\|X - X_n\|_p \le \|X - X_{n(k)}\|_p + \|X_{n(k)} - X_n\|_p \le 1/2^{k-1} + 1/2^k < \varepsilon,$$

das heißt $X_n \to X$ in $\mathcal{L}_p$. $\qquad\qquad\qquad\qquad\qquad\qquad\qquad\qquad\qquad\qquad\qquad\square$

Die Vollständigkeit von $\mathcal{L}_p$ spielt oft eine zentrale Rolle in Existenzbeweisen, etwa im Satz 4.15 unten. Die folgende (beinahe triviale) Ungleichung ermöglicht, Konvergenz in $\mathcal{L}_p$ mit anderen Konvergenzbegriffen zu vergleichen.

Satz 4.3 (Chebychev–Markov-Ungleichung)
Für $X \in \mathcal{M}(\Omega, \mathcal{A})$, $1 \le p < \infty$ und $\varepsilon > 0$ gilt $\mu(|X| \ge \varepsilon) \le \varepsilon^{-p} \|X\|_p^p$.

Beweis. $\varepsilon^p \mu(|X| \ge \varepsilon) = \int \varepsilon^p I_{\{|X| \ge \varepsilon\}} d\mu \le \int |X|^p d\mu = \|X\|_p^p.$ $\qquad\qquad\square$

Für $\|X_n - X\|_p \to 0$ folgt aus dieser einfachen Ungleichung

$$\mu(|X_n - X| \ge \varepsilon) \to 0 \text{ für jedes } \varepsilon > 0.$$

Wir nennen die Bedingung **μ-stochastische Konvergenz** und schreiben $X_n \overset{\mu}{\to} X$. Für $X_n \overset{\mu}{\to} X$ und $X_n \overset{\mu}{\to} Y$ folgt mit Stetigkeit von unten und der Sub-Additivität

$$
\begin{aligned}
\mu(X \ne Y) &= \lim_{\varepsilon \to 0} \mu(|X - Y| > \varepsilon) \\
&\le \lim_{\varepsilon \to 0} \limsup_{n \to \infty} \mu(|X_n - X| \ge \varepsilon/2) + \mu(|X_n - Y| \ge \varepsilon/2) = 0.
\end{aligned}
$$

Wie im Fall der $\mathcal{L}_p$-Konvergenz sind also auch stochastische Grenzwerte μ-fast sicher eindeutig.

Die Bezeichnung *stochastische* Konvergenz ist für nicht-normierte Maße unüblich (in der Literatur wird oft die Bezeichnung „Konvergenz nach Maß" benutzt), und wir beschränken uns nun auf Wahrscheinlichkeitsmaße. Wir schreiben

$$\mathcal{L}_0 \equiv \mathcal{L}_0(\Omega, \mathcal{A}, P) \equiv \{X : (\Omega, \mathcal{A}) \to (\mathbb{R}, \mathbb{B}) \text{ messbar}\}$$

für die Menge aller Zufallsvariablen (wegen $|X|^0 = 1$ ist dies konsistent mit der Bezeichnung $\mathcal{L}_p$ für $p \ge 1$) und $L_0 = L_0(\Omega, \mathcal{A}, P)$ für den Vektorraum der Äquivalenzklassen P-fast sicher gleicher Zufallsvariablen.

Satz 4.4 (Metrisierbarkeit der stochastischen Konvergenz)
Für $X, Y, Z \in \mathcal{L}_0(\Omega, \mathcal{A}, P)$ und $\varrho(X, Y) \equiv \int 1 \wedge |X - Y| \, dP$ gilt die Dreiecksunglei-chung $\varrho(X, Z) \leq \varrho(X, Y) + \varrho(Y, Z)$, und $X_n \xrightarrow{P} X$ ist äquivalent zu $\varrho(X_n, X) \to 0$.

Beweis. Wegen $1 \wedge (|X| + |Y|) \leq (1 \wedge |X|) + (1 \wedge |Y|)$ folgt $\varrho(X, Z) \leq \varrho(X, Y) + \varrho(Y, Z)$ aus der Dreiecksungleichung für den Betrag und der Additivität des Integrals. Für $\varepsilon \in (0, 1)$ liefert die Chebychev–Markov-Ungleichung

$$P(|X_n - X| \geq \varepsilon) = P(1 \wedge |X_n - X| \geq \varepsilon) \leq \varepsilon^{-1} \varrho(X_n, X).$$

Also impliziert $\varrho(X_n, X) \to 0$ die stochastische Konvergenz. Andererseits gilt für jedes $\varepsilon > 0$ und $n \in \mathbb{N}$

$$\varrho(X_n, X) = \int\limits_{\{|X_n - X| < \varepsilon\}} 1 \wedge |X_n - X| \, dP + \int\limits_{\{|X_n - X| \geq \varepsilon\}} 1 \wedge |X_n - X| \, dP$$
$$\leq \varepsilon + P(|X_n - X| \geq \varepsilon),$$

woraus die andere Implikation folgt. $\square$

Die Abbildung ϱ in Satz 4.4 ist eine Halbmetrik mit $\varrho(X, Y) = 0$ genau dann, wenn $X = Y$ P-fast sicher. Wie im Fall der L_p-Räume ist L_0 versehen mit $\tilde{\varrho}(\tilde{X}, \tilde{Y}) \equiv \varrho(X, Y)$ ein metrischer Raum. Wir zeigen jetzt noch die Vollständigkeit dieser Metrik, wobei wir im Beweis lediglich die Dreiecksungleichung und die Vollständigkeit von $\mathbb{R}$ benutzen.

Satz 4.5 (Vollständigkeit der stochastischen Konvergenz)
Jede Cauchy-Folge in $(\mathcal{L}_0(\Omega, \mathcal{A}, P), \varrho)$ ist konvergent.

Beweis. Wie im Beweis zu Satz 4.2 reicht es zu zeigen, dass jede Folge $(X_n)_{n \in \mathbb{N}}$ mit $\varrho(X_n, X_{n+1}) \leq 2^{-n}$ konvergiert. Für $h \equiv \sum_{n=1}^\infty 1 \wedge |X_n - X_{n+1}|$ gilt dann wegen monotoner Konvergenz $\int h \, dP \leq 1$ und daher $P(h < \infty) = 1$.

Für $\omega \in A \equiv \{h < \infty\}$ erhalten wir $|X_n(\omega) - X_{n+1}(\omega)| < 1$ für alle bis auf endlich viele $n \in \mathbb{N}$ und $\sum_{n=1}^\infty |X_n(\omega) - X_{n+1}(\omega)| < \infty$. Daher konvergiert $X_n(\omega)$ gegen ein $X(\omega)$. Wir definieren noch $X(\omega) \equiv 0$ für $\omega \notin A$ und erhalten $X \in \mathcal{L}_0(\Omega, \mathcal{A}, P)$ aus Satz 1.8.2 und mit dominierter Konvergenz $\varrho(X_n, X) \to 0$. $\square$

Der wichtigste Konvergenzbegriff für die Stochastik ist die **fast sichere Konver-genz**. Für X und $X_n \in \mathcal{L}_0(\Omega, \mathcal{A}, P)$ gilt die Eigenschaft $X_n \to X$ fast sicher genau dann, wenn

$$P\Big(\bigcap_{\varepsilon \in \mathbb{Q}_+} \bigcup_{n \in \mathbb{N}} \bigcap_{m \geq n} \{|X_m - X| \leq \varepsilon\} \Big) = 1.$$

Weil der Durchschnitt abzählbar vieler fast sicherer Ereignisse wieder fast sicher ist, folgt aus der Stetigkeit von unten mit Komplementbildung, dass $X_n \to X$ P-fast sicher genau dann gilt, wenn

$$\lim_{n \to \infty} P\Big(\bigcup_{m \geq n} |X_m - X| > \varepsilon\Big) = \lim_{n \to \infty} P(\sup_{m \geq n} |X_m - X| > \varepsilon) = 0$$

für alle $\varepsilon > 0$. Insbesondere impliziert die fast sichere Konvergenz die stochastische, und wegen der Sub-σ-Additivität ist die als **vollständige Konvergenz** bezeichnete Bedingung $\sum_{n=1}^{\infty} P(|X_n - X| > \varepsilon) < \infty$ für alle $\varepsilon > 0$ hinreichend für die fast sichere Konvergenz.

Eine einfache aber oft nützliche Eigenschaft der Konvergenz in halbmetrischen Räumen $(\mathcal{X}, d)$ ist, dass eine Folge $(x_n)_{n \in \mathbb{N}}$ genau dann gegen x konvergiert, wenn *jede* Teilfolge von $(x_n)_{n \in \mathbb{N}}$ eine weitere gegen x konvergente Teilfolge besitzt: Weil jede Teilfolge wieder gegen x konvergiert, ist die Bedingung notwendig, und falls $(x_n)_{n \in \mathbb{N}}$ nicht gegen x konvergiert, gibt es $\varepsilon > 0$, so dass $J \equiv \{n \in \mathbb{N} : d(x_n, x) \geq \varepsilon\}$ unendlich ist, und für jede unendliche Menge $K \subseteq J$ konvergiert auch $(x_n)_{n \in K}$ nicht gegen x.

Satz 4.6 (Teilfolgenkriterium)

Für $X, X_n \in \mathcal{L}_0(\Omega, \mathcal{A}, P)$ gilt $X_n \xrightarrow{P} X$ genau dann, wenn jede Teilfolge eine weitere Teilfolge besitzt, die fast sicher gegen X konvergiert.

Beweis. Weil fast sichere die stochastische Konvergenz impliziert, ist die Bedingung nach obiger Bemerkung hinreichend. Ist andererseits $X_n \xrightarrow{P} X$ und $(X_n)_{n \in J}$ eine Teilfolge, so gibt es $n(j) \in J$ mit $n(j) > n(j-1)$ und $P(|X_n - X| \geq \frac{1}{2^j}) \leq 1/2^j$ für alle $n \in J$ mit $n \geq n(j)$. Dann ist $K \equiv \{n(j) : j \in J\}$ eine unendliche Teilmenge, so dass für alle $\varepsilon > 0$

$$\sum_{j \in J} P(|X_{n(j)} - X| \geq \varepsilon) \leq \sum_{2^{-j} > \varepsilon} P(|X_{n(j)} - X| \geq \varepsilon) + \sum_{2^{-j} \leq \varepsilon} 1/2^j < \infty,$$

das heißt, $(X_n)_{n \in K}$ konvergiert sogar vollständig gegen X.   □

Wegen Satz 4.6 impliziert $X_n \xrightarrow{P} X$ für stetiges $f : \mathbb{R} \to \mathbb{R}$ wiederum $f \circ X_n \xrightarrow{P} f \circ X$ (für nicht gleichmäßig stetiges f ist diese sehr plausible Aussage allein mit der Definition nur sehr schwer zu beweisen).

Eine weniger erfreuliche Anwendung von Satz 4.6 ist, dass die fast sichere Konvergenz (für die meisten Wahrscheinlichkeitsräume $(\Omega, \mathcal{A}, P)$) *keine* Konvergenz in einem halbmetrischen Raum ist. Wegen der Bemerkung vor Satz 4.6 wären sonst nämlich stochastische und P-fast sichere Konvergenz äquivalent. Falls es unabhängige Ereignisse $A_n \in \mathcal{A}$ mit $P(A_n) \to 0$ und $\sum_{n=1}^{\infty} P(A_n) = \infty$ gibt, gilt $X_n \equiv I_{A_n} \xrightarrow{P} 0$ wegen $P(|X_n| \geq \varepsilon) = P(A_n) \to 0$ für jedes $\varepsilon \in (0, 1]$, aber andererseits hat

$\{X_n \nrightarrow 0\} = \limsup_{n\to\infty} A_n$ wegen des Borel–Cantelli-Lemmas 2.3 Wahrscheinlichkeit 1. Für ein explizites Beispiel wählen wir etwa gemäß Satz 2.6 eine unabhängige Folge $(Y_n)_{n\in\mathbb{N}}$ von $U(0,1)$-verteilten Zufallsvariablen auf einem Wahrscheinlichkeitsraum $(\Omega, \mathcal{A}, P)$ und setzen $A_n \equiv \{Y_n \le 1/n\}$.

Um den genauen Zusammenhang zwischen $\mathcal{L}_p$-Konvergenz und stochastischer
Konvergenz zu klären, bemerken wir zuerst, dass für die Gleichverteilung auf dem
Raum $([0,1], \mathbb{B} \cap [0,1])$ und $\alpha > 0$ die Folge $X_n \equiv n^\alpha I_{[0,1/n]}$ fast sicher und damit
auch stochastisch gegen 0 konvergiert, und dass $X_n \to 0$ in $\mathcal{L}_p$ genau dann gilt, wenn
$\|X_n\|_p = n^\alpha (\int I_{[0,1/n]} d\lambda)^{1/p} = n^{\alpha - 1/p} \to 0$, also wenn $\alpha < 1/p$. Für $\alpha = p^{-1}$
erhalten wir also Beispiele von Folgen in $\mathcal{L}_p$ mit $X_n \xrightarrow{P} 0$ und $\|X_n\|_p = 1$ für alle
$n \in \mathbb{N}$.

Eine Menge $M \subseteq \mathcal{L}_1(\Omega, \mathcal{A}, P)$ heißt **gleichgradig integrierbar**, falls

$$\lim_{r\to\infty} \sup_{X\in M} \int_{\{|X|\ge r\}} |X| dP = 0.$$

Für $X \in \mathcal{L}_1$ folgt aus $|X| I_{\{|X|\ge r\}} \to 0$ und dem Satz von Lebesgue, dass $\{X\}$ und
damit auch jede endliche Teilmenge von $\mathcal{L}_1$ gleichgradig integrierbar ist, weil mit
M und K auch $M \cup K$ diese Bedingung erfüllt. Außerdem ist dann auch die als
Minkowski-Summe bezeichnete Menge $M + K \equiv \{X + Y : X \in M, Y \in K\}$
gleichgradig integrierbar, weil

$$\{|X + Y| \ge r\} \subseteq \{|X| \le |Y|, |Y| \ge r/2\} \cup \{|Y| \le |X|, |X| \ge r/2\}$$

und daher

$$\int_{\{|X+Y|\ge r\}} |X + Y| dP \le \int_{\{|Y|\ge r/2\}} 2|Y| dP + \int_{\{|X|\ge r/2\}} 2|X| dP.$$

Schließlich sind mit M auch $aM \equiv \{aX : X \in M\}$ für $a \in \mathbb{R}$ und die Menge
$\{Y \in \mathcal{L}_1(\Omega, \mathcal{A}, P) : \text{es gibt } X \in M \text{ mit } |Y| \le |X|\}$ gleichgradig integrierbar.

Satz 4.7 (Stochastische und $\mathcal{L}_p$-Konvergenz)
*Seien $1 \le p < \infty$ und $X, X_n \in \mathcal{L}_p(\Omega, \mathcal{A}, P)$. Dann gilt $X_n \to X$ in $\mathcal{L}_p$ genau
dann, wenn $X_n \xrightarrow{P} X$ und $\{|X_n|^p : n \in \mathbb{N}\}$ gleichgradig integrierbar ist.*

Beweis. Die $\mathcal{L}_p$-Konvergenz impliziert wegen Satz 4.3 die stochastische, und wir
zeigen erst, dass $|X_n - X|^p$ gleichgradig integrierbar ist. Ist $\varepsilon > 0$, so gibt es ein
$N \in \mathbb{N}$ mit $\|X_n - X\|_p^p < \varepsilon$ für $n \ge N$, und es gibt $r > 0$, so dass

$$\alpha(n, r) \equiv \int_{\{|X_n - X|^p \ge r\}} |X_n - X|^p dP < \varepsilon \quad \text{für } 1 \le n < N.$$

Aus $\alpha(n, r) \le \|X_n - X\|_p^p$ folgt dann $\alpha(n, r) < \varepsilon$ für alle $n \in \mathbb{N}$.

Wegen $|X_n|^p \leq (|X_n - X| + |X|)^p \leq 2^p (|X_n - X|^p + |X|^p)$ folgt die gleichgradige Integrierbarkeit von $\{|X_n|^p : n \in \mathbb{N}\}$ aus obiger Bemerkung über Minkowski-Summen gleichgradig integrierbarer Mengen.

Mit dem gleichen Argument folgt aus der gleichgradigen Integrierbarkeit der Menge $\{|X_n|^p : n \in \mathbb{N}\}$ die von $\{|X_n - X|^p : n \in \mathbb{N}\}$. Wegen Satz 4.6 und der vorangehenden Bemerkung können wir annehmen, dass $X_n \to X$ P-fast sicher gilt, und mit

$$\|X_n - X\|_p^p = \int\limits_{\{|X_n - X|^p \geq r\}} |X_n - X|^p \, dP + \int |X_n - X|^p I_{\{|X_n - X|^p < r\}} \, dP$$

folgt die $\mathscr{L}_p$-Konvergenz aus dem Satz von Lebesgue. $\square$

Eine beinahe triviale und trotzdem erstaunlich oft anwendbare hinreichende Bedingung für die gleichgradige Integrierbarkeit einer Menge $M \subseteq \mathscr{L}_1$ ist Beschränktheit in $\mathscr{L}_p$ für ein $p > 1$. Dies folgt aus

$$\int\limits_{\{|X| \geq r\}} |X| \, dP = r^{1-p} \int\limits_{\{|X| \geq r\}} |X| r^{p-1} \, dP \leq r^{1-p} \|X\|_p^p.$$

Aus diesem Kriterium erhalten wir insbesondere, dass für eine $\mathscr{L}_p$-beschränkte Folge und $1 \leq q < p$ stochastische und $\mathscr{L}_q$-Konvergenz äquivalent sind.

Die Theorie der $\mathscr{L}_p$-Räume ist am einfachsten und „ergiebigsten" im Fall $p = 2$, weil $\|\cdot\|_2$ durch das Skalarprodukt $\langle X, Y \rangle \equiv \int XY \, dP$ erzeugt wird. Wir werden gleich einige allgemeine Aussagen über Hilbert-Räume zeigen, wollen aber vorher die damit verbundenen stochastischen Begriffe einführen, die in der Wahrscheinlichkeitstheorie und vor allem in der Statistik eine ausgezeichnete Rolle spielen. Für $X, Y \in \mathscr{L}_2(\Omega, \mathscr{A}, P)$ heißen

$$\mathrm{Kov}(X, Y) \equiv E\big((X - E(X))(Y - E(Y))\big) \textbf{ Kovarianz},$$

$$\mathrm{Var}(X) \equiv \mathrm{Kov}(X, X) = E\big((X - E(X))^2\big) \textbf{ Varianz und}$$

$$\mathrm{Kor}(X, Y) \equiv (\mathrm{Var}(X)\mathrm{Var}(Y))^{-1/2} \mathrm{Kov}(X, Y) \textbf{ Korrelationskoeffizient}.$$

Im Sinn der Halbnorm $\|\cdot\|_2$ misst also die **Standardabweichung** $\sqrt{\mathrm{Var}(X)} = \|X - E(X)\|_2$ die Abweichung vom Erwartungswert. Wegen der Hölder-Ungleichung ist

$$\|(X - E(X))(Y - E(Y))\|_1 \leq \|X - E(X)\|_2 \|Y - E(Y)\|_2,$$

so dass $\mathrm{Kov}(X, Y)$ wohldefiniert ist und $|\mathrm{Kor}(X, Y)| \leq 1$ gilt. Aus der Linearität des Erwartungswerts folgen die **Verschiebungsformel**

$$\mathrm{Kov}(X, Y) = E(XY) - E(X)E(Y)$$

und die Bilinearität der Kovarianz, das heißt, für jedes $X \in \mathcal{L}_2$ ist $Y \mapsto \mathrm{Kov}(X, Y)$ linear. Damit folgt die häufig benutzte Identität

$$\mathrm{Var}\Big(\sum_{j=1}^{n} X_j \Big) = \sum_{j=1}^{n} \mathrm{Var}(X_j) + 2 \sum_{i<j} \mathrm{Kov}(X_i, X_j).$$

Die $\mathcal{L}_2$-Zufallsvariablen X und Y heißen **unkorreliert**, falls $\mathrm{Kov}(X, Y) = 0$, und für paarweise unkorrelierte $X_1, \ldots, X_n \in \mathcal{L}_2$ gilt die **Gleichheit von Bienaimé**

$$\mathrm{Var}\Big(\sum_{j=1}^{n} X_j \Big) = \sum_{j=1}^{n} \mathrm{Var}(X_j).$$

Wegen $E(X) = \int x\, dP^X(x)$ und $E(X^2) = \int x^2\, dP^X(x)$ hängt die Varianz $\mathrm{Var}(X)$ nur von der Verteilung P^X ab, und das gleiche Argument zeigt, dass die Kovarianz nur von der gemeinsamen Verteilung $P^{(X,Y)}$ abhängt.

Wir haben vor Satz 3.16 für eine $N(\mu, \sigma^2)$-verteilte Zufallsvariable Y ausgerechnet, dass $\sigma^2 = \mathrm{Var}(Y)$ gilt. Die Parameter von $N(\mu, \sigma^2)$ sind also der Erwartungswert μ und die Varianz σ^2.

Für $X \sim \mathrm{Exp}(\tau)$ erhalten wir mit partieller Integration

$$E(X^2) = \int_{(0,\infty)} x^2 \tau e^{-\tau x}\, d\lambda(x) = -x^2 e^{-\tau x}\Big|_0^{\infty} + \int_{(0,\infty)} 2x e^{-\tau x}\, d\lambda(x) = \frac{2}{\tau} E(X),$$

also $\mathrm{Var}(X) = E(X^2) - E(X)^2 = 1/\tau^2$.

Der folgende Satz zeigt, dass unabhängige Zufallsvariablen $X, Y \in \mathcal{L}_2$ unkorreliert sind. Das ist sowohl für konkrete Rechnungen als auch für die Theorie fundamental. Sind etwa $X_1, \ldots, X_n$ unabhängige $B(1, p)$-verteilte Zufallsvariablen, so liefert Satz 4.8 mit der Gleichheit von Bienaimé

$$\mathrm{Var}\Big(\sum_{j=1}^{n} X_j \Big) = \sum_{j=1}^{n} \mathrm{Var}(X_1) = np(1-p).$$

Wegen $X_1 + \cdots + X_n \sim B(n, p)$ folgt damit $\mathrm{Var}(X) = np(1-p)$ für jede $B(n, p)$-verteilte Zufallsvariable.

Satz 4.8 (Multiplikationssatz)
Für unabhängige Zufallsvariablen $X, Y \in \mathcal{L}_1$ gilt $E(XY) = E(X)E(Y)$.

Beweis. Für positive X und Y folgt wegen $P^{(X,Y)} = P^X \otimes P^Y$ durch iteriertes Integrieren

$$\begin{aligned}
E(XY) &= \int xy\, dP^{(X,Y)}(x, y) = \int xy\, dP^X \otimes P^Y(x, y) \\
&= \int \int xy\, dP^X(x) dP^Y(y) = E(X)E(Y).
\end{aligned}$$

Wegen der Stetigkeit ist der Betrag $(\mathbb{B}, \mathbb{B})$-messbar, was $\sigma(|X|) \subseteq \sigma(X)$ impliziert. Deshalb sind auch $|X|, |Y|$ unabhängig, und es gilt $\int |xy| dP^X \otimes P^Y(x, y) = E(|X|)E(|Y|) < \infty$. Also ist Fubinis Satz auch in der allgemeinen Situation anwendbar. □

Der folgende Satz interpretiert Varianz und Korrelationskoeffizient als Maße dafür, wie gut sich $X \in \mathcal{L}_2$ durch eine Konstante – wie sich herausstellt, ist dies gerade der Erwartungswert – beziehungsweise eine affine Funktion in der Variablen Y, die sogenannte Ausgleichsgerade, approximieren lässt:

Satz 4.9 (Ausgleichsgerade)
Seien $X, Y \in \mathcal{L}_2$, $a^* \equiv \sqrt{\frac{\mathrm{Var}(X)}{\mathrm{Var}(Y)}} \mathrm{Kor}(X, Y)$ und $b^* \equiv E(X) - a^* E(Y)$. Dann gelten:

1. $\displaystyle\min_{\mu \in \mathbb{R}} \|X - \mu\|_2^2 = \|X - E(X)\|_2^2 = \mathrm{Var}(X)$.

2. $\displaystyle\min_{a,b \in \mathbb{R}} \|X - (aY + b)\|_2^2 = \|X - (a^* Y + b^*)\|_2^2 = \mathrm{Var}(X)(1 - \mathrm{Kor}(X, Y)^2)$.

Beweis. $\|X - \mu\|_2^2 = \|X\|_2^2 - 2\mu E(X) + \mu^2$ ist für $\mu = E(X)$ minimal. Wenden wir dies bei festem $a \in \mathbb{R}$ auf $X - aY$ an, so ist $\|X - (aY + b)\|_2$ für $b = E(X) - aE(Y)$ minimal, und das Minimum ist wegen der Bilinearität der Kovarianz $\mathrm{Var}(X - aY) = \mathrm{Var}(X) - 2a \mathrm{Kov}(X, Y) + a^2 \mathrm{Var}(Y)$. Minimieren bezüglich a liefert die Behauptung. □

Der nun folgende Satz ist zwar relativ leicht zu beweisen, aber von herausragender Bedeutung für Interpretationen und Anwendungen der Wahrscheinlichkeitstheorie.

Satz 4.10 (Gesetz der großen Zahlen in $\mathcal{L}_2$)
Für paarweise unkorrelierte $X_n \in \mathcal{L}_2(\Omega, \mathcal{A}, P)$ mit $C \equiv \sup_{n \in \mathbb{N}} \mathrm{Var}(X_n) < \infty$ gilt

$$P\left(\left|\frac{1}{n} \sum_{j=1}^{n} (X_j - E(X_j))\right| \geq \varepsilon\right) \leq \frac{C}{n\varepsilon^2} \text{ für alle } \varepsilon > 0,$$

und $\displaystyle\frac{1}{n} \sum_{j=1}^{n} (X_j - E(X_j)) \to 0$ gilt sowohl in $\mathcal{L}_2$ als auch P-fast sicher.

Beweis. Seien $Y_j \equiv X_j - E(X_j)$ und $Z_n \equiv \frac{1}{n} \sum_{j=1}^{n} Y_j$. Mit der Chebychev–Markov-Ungleichung und der Gleichheit von Bienaimé folgt

$$\varepsilon^2 P(|Z_n| \geq \varepsilon) \leq \|Z_n\|_2^2 = n^{-2} \mathrm{Var}\left(\sum_{j=1}^{n} Y_j\right) = n^{-2} \sum_{j=1}^{n} \mathrm{Var}(Y_j) \leq n^{-1} C \to 0.$$

Es bleibt die fast sichere Konvergenz zu zeigen. Wegen $\sum_{n=1}^{\infty} P(|Z_{n^2}| \geq \varepsilon) \leq C/\varepsilon^2 \sum_{n=1}^{\infty} n^{-2} < \infty$ konvergiert Z_{n^2} sogar vollständig und daher auch fast sicher gegen 0. Für $n \in \mathbb{N}$ sei nun $m(n) \equiv \max\{m \in \mathbb{N} : m^2 \leq n\}$, so dass $m(n)^2 \leq n < (m(n)+1)^2$. Dann gilt $|Z_n| \leq |\frac{1}{m(n)^2} \sum_{j=1}^{m(n)^2} Y_j| + |R_n|$ und wir müssen noch zeigen, dass $R_n \equiv \frac{1}{n} \sum_{j=m(n)^2+1}^{n} Y_j$ fast sicher gegen null konvergiert.

Erneut mit der Chebychev–Markov-Ungleichung und der Gleichheit von Bienaimé folgt für $\varepsilon > 0$

$$\varepsilon^2 P(|R_n| \geq \varepsilon) \leq \text{Var}(R_n) = \frac{1}{n^2} \sum_{j=m(n)^2+1}^{n} \text{Var}(Y_j) \leq C \frac{n - m(n)^2}{n^2}$$

$$\leq C \frac{(m(n)+1)^2 - 1 - m(n)^2}{n^2} = 2C \frac{m(n)}{n^2} \leq 2C n^{-3/2}.$$

Wegen der Konvergenz von $\sum_{n=1}^{\infty} n^{-3/2}$ folgt $R_n \to 0$ P-fast sicher wieder wegen der vollständigen Konvergenz.   □

Satz 4.10 ist insbesondere auf unabhängige Folgen $(X_n)_{n\in\mathbb{N}}$ identisch verteilter Zufallsvariablen mit $X_1 \in \mathcal{L}_2(\Omega, \mathcal{A}, P)$ anwendbar. Dann gilt nämlich $E(X_n) = E(X_1)$ und $\text{Var}(X_n) = \text{Var}(X_1)$ für alle $n \in \mathbb{N}$, und das Gesetz der großen Zahlen besagt, dass das „Zeitmittel" $\frac{1}{n} \sum_{j=1}^{n} X_j$ fast sicher gegen den „theoretischen Mittelwert" $E(X_1)$ konvergiert. Wir werden später in Satz 6.13 und unabhängig davon noch einmal in Satz 8.7 beweisen, dass $\frac{1}{n} \sum_{j=1}^{n} X_j \to E(X_1)$ fast sicher auch unter der schwächeren Voraussetzung $X_1 \in \mathcal{L}_1(\Omega, \mathcal{A}, P)$ gilt.

Das Gesetz der großen Zahlen ist nicht nur für die Wahrscheinlichkeitstheorie fundamental, sondern hat auch Anwendungen in nicht-stochastischen Zusammenhängen. Wir illustrieren dies durch:

Satz 4.11 (Weierstraßscher Approximationssatz)
Für jede stetige Funktion $f : [0,1] \to \mathbb{R}$ gibt es eine Folge $(p_n)_{n\in\mathbb{N}}$ von Polynomen mit $\sup_{x\in[0,1]} |f(x) - p_n(x)| \to 0$.

Beweis. Wir zeigen die Behauptung mit Hilfe der Bernstein-Polynome

$$p_n(x) \equiv \sum_{j=0}^{n} f(j/n) \binom{n}{j} x^j (1-x)^{n-j}.$$

Für $\varepsilon > 0$ gibt es wegen der gleichmäßigen Stetigkeit von f ein $\delta > 0$ mit $|f(x) - f(y)| < \varepsilon/2$ für alle $|x - y| < \delta$. Seien $K \equiv \sup_{x\in[0,1]} |f(x)|$, $n \geq \varepsilon^{-1}\delta^{-2}K$, $x \in [0,1]$ und $X_1, \ldots, X_n$ unabhängige $B(1,x)$-verteilte Zufallsvariablen auf einem Wahrscheinlichkeitsraum $(\Omega, \mathcal{A}, P)$. Wegen $S_n \equiv \sum_{j=1}^{n} X_j \sim B(n,x)$ folgt dann

$$E\left(f \circ \frac{1}{n} \sum_{j=1}^{n} X_j\right) = \sum_{j=1}^{n} f(j/n) P(S_n = j) = p_n(x).$$

Für $A \equiv \{|x - S_n/n| < \delta\}$ erhalten wir damit wegen $E(S_n/n) = x$

$$|f(x) - p_n(x)| \leq \int_A |f(x) - f(S_n/n)| \, dP + \int_{A^c} |f(x) - f(S_n/n)| \, dP$$

$$\leq \varepsilon/2 + 2KP\left(\left|\frac{1}{n}\sum_{j=1}^{n} X_j - x\right| \geq \delta\right)$$

$$\leq \varepsilon/2 + \frac{2K}{n\delta^2}\mathrm{Var}(X_1) \leq \varepsilon/2 + K/2n\delta^2 < \varepsilon,$$

weil $\mathrm{Var}(X_1) = x(1-x) \leq 1/4$.   □

Der gleiche Beweis zeigt, dass jedes stetige $f : [0,1]^m \to \mathbb{R}$ gleichmäßiger Grenzwert einer Folge von Linearkombinationen der „Monome" $x_1^{j_1} \cdots x_m^{j_m}$ ist, und durch Transformation mit einer affinen Abbildung erhält man den Weierstraßschen Satz für alle stetigen Funktionen $f : I \to \mathbb{R}$ auf kompakten m-dimensionalen Intervallen.

Wir wollen nun einige Folgerungen aus der Vollständigkeit von $\mathcal{L}_2(\Omega, \mathcal{A}, \mu)$ ziehen, und dies ist in einer abstrakteren Situation einfacher als im konkreten Fall.

Eine reellwertige, symmetrische und bilineare Abbildung $H \times H \to \mathbb{R}$, $(x, y) \mapsto \langle x, y \rangle$ auf einem Vektorraum H über $\mathbb{R}$ heißt **Skalarprodukt**, falls $\langle x, x \rangle \geq 0$ für alle $x \in H$. Symmetrie und Bilinearität bedeuten dabei $\langle x, y \rangle = \langle y, x \rangle$ beziehungsweise $\langle x, ay + bz \rangle = a\langle x, y \rangle + b\langle x, z \rangle$ für alle $x, y, z \in H$ und $a, b \in \mathbb{R}$.

Meistens wird in der Literatur darüber hinaus gefordert, dass $\langle x, x \rangle = 0$ nur für das Nullelement $x = 0$ gilt. Diese Definitheit benötigt man aber für Existenzaussagen wie im folgenden Satz nicht, und wir lassen den Fall $\langle x, x \rangle = 0$ auch für $x \neq 0$ zu, um das wichtige Beispiel $H = \mathcal{L}_2(\Omega, \mathcal{A}, \mu)$ nicht auszuschließen.

Wir zeigen nun, dass durch $\|x\| \equiv \sqrt{\langle x, x \rangle}$ eine Halbnorm auf H definiert ist. Die Homogenität folgt aus $\|ax\| = \sqrt{a^2 \langle x, x \rangle} = |a|\|x\|$. Für $x, y \in H$ und $\lambda \in \mathbb{R}$ folgt mit der Bilinearität durch „Ausmultiplizieren"

$$0 \leq \|x + \lambda y\|^2 = \langle x, x \rangle + 2\lambda\langle x, y \rangle + \lambda^2 \langle y, y \rangle.$$

Durch Minimieren bezüglich λ, also $\lambda = -\langle x, y \rangle/\langle y, y \rangle$ für $y \neq 0$, folgt zunächst die **Cauchy–Schwarz-Ungleichung** $|\langle x, y \rangle| \leq \|x\|\|y\|$, und mit $\lambda = 1$ folgt damit $\|x + y\|^2 \leq (\|x\| + \|y\|)^2$.

Addition beziehungsweise Subtraktion der Gleichungen für $\lambda = 1$ und $\lambda = -1$ liefern außerdem die **Parallelogrammgleichung**

$$\|x + y\|^2 + \|x - y\|^2 = 2(\|x\|^2 + \|y\|^2)$$

und die **Polarisierungsidentität** $\|x + y\|^2 - \|x - y\|^2 = 4\langle x, y \rangle$.

H heißt **Halb-Hilbert-Raum**, falls die Halbmetrik $d(x, y) \equiv \|x - y\|$ vollständig ist. Wir nennen H einen (echten) **Hilbert-Raum**, falls außerdem $\|x\| = 0$ nur für $x = 0$ gilt.

Wegen Satz 4.2 ist $\mathcal{L}_2(\Omega, \mathcal{A}, \mu)$ für jeden Maßraum $(\Omega, \mathcal{A}, \mu)$ ein Halb-Hilbert-Raum mit dem Skalarprodukt $\langle X, Y \rangle = \int XY \, d\mu$.

Die zentrale Folgerung aus der Vollständigkeit ist der folgende Approximationssatz. Die „topologischen" Begriffe wie Abgeschlossenheit und Konvergenz beziehen sich natürlich auf die Halbmetrik $\|x - y\|$. Eine Menge $A \subseteq H$ heißt **konvex**, falls mit $a, b \in A$ und $\lambda \in [0, 1]$ auch $\lambda a + (1 - \lambda)b \in A$ gilt. Durch $\operatorname{dist}(x, A) \equiv \inf\{\|x - y\| : y \in A\}$ ist der **Abstand** von x zu A definiert.

Satz 4.12 (Bestapproximation)
Seien H ein Halb-Hilbert-Raum und $\varnothing \neq A \subseteq H$ abgeschlossen und konvex. Dann gibt es für jedes $x \in H$ ein $a \in A$ mit $\|x - a\| = \operatorname{dist}(x, A)$. Diese Bestapproximation ist eindeutig, falls H ein echter Hilbert-Raum ist.

Beweis. Sei $(y_n)_{n \in \mathbb{N}}$ eine Folge in A mit $\|x - y_n\| \to d \equiv \operatorname{dist}(x, A)$. Mit der Parallelogrammgleichung für $x - y_n$ und $x - y_m$ und der Homogenität folgt

$$
\begin{aligned}
\|y_n - y_m\|^2 &= 2(\|x - y_n\|^2 + \|x - y_m\|^2) - 4\|x - (\tfrac{1}{2}y_n + \tfrac{1}{2}y_m)\|^2 \\
&\leq 2\|x - y_n\|^2 + 2\|x - y_m\|^2 - 4d^2.
\end{aligned}
$$

Daher ist $(y_n)_{n \in \mathbb{N}}$ eine Cauchy-Folge, die wegen der Vollständigkeit von H und der Abgeschlossenheit von A gegen ein Element $a \in A$ konvergiert. Wegen $\|x - a\| \leq \|x - y_n\| + \|y_n - a\|$ folgt $\|x - a\| = d$.

Ist $b \in A$ ein weiteres Element mit $\|x - b\| = d$, so folgt aus obiger Rechnung mit $y_n = a$ und $y_m = b$, dass $\|a - b\|^2 = 0$ gilt. Für einen Hilbert-Raum impliziert dies $a = b$. □

Elemente x, y eines Vektorraums mit Skalarprodukt heißen **orthogonal** zueinander, falls $\langle x, y \rangle = 0$. Für eine Teilmenge $A \subseteq H$ heißt x orthogonal zu A und wir schreiben dann $x \perp A$, falls $\langle x, a \rangle = 0$ für alle $a \in A$. Die Menge $A^\perp \equiv \{x \in H : x \perp A\}$ heißt **Orthogonalkomplement** von A. Wegen der Linearität und Stetigkeit der Abbildungen $x \mapsto \langle x, a \rangle$ (letztere folgt aus $|\langle x, a \rangle - \langle y, a \rangle| = |\langle x - y, a \rangle| \leq \|x - y\|\|a\|$) ist $A^\perp = \bigcap_{a \in A}\{x \in H : \langle x, a \rangle = 0\}$ ein abgeschlossener Teilraum von H.

Satz 4.13 (Orthogonalprojektion)
Seien H ein Halb-Hilbert-Raum und $L \subseteq H$ ein abgeschlossener Teilraum.

1. Für $x \in H$ und $z \in L$ gilt $\|x - z\| = \operatorname{dist}(x, L)$ genau dann, wenn $x - z \perp L$.

2. Ist H ein echter Hilbert-Raum, so gibt es genau eine Abbildung $P : H \to L$ mit $\|x - P(x)\| = \operatorname{dist}(x, L)$ für alle $x \in H$. P ist linear mit $P \circ P = P$, $\|P(x)\| \leq \|x\|$ und $x - P(x) \perp L$ für alle $x \in H$.

Beweis. 1. Falls $\|x - z\| = \operatorname{dist}(x, L) \equiv d$, folgt für alle $y \in L$ und $t \in \mathbb{R}$

$$
d^2 \leq \|x - (z + ty)\|^2 = d^2 - 2t\langle x - z, y \rangle + t^2\|y\|^2,
$$

was $\langle x - z, y \rangle = 0$ impliziert (weil sonst das Polynom $t \mapsto t^2 \|y\|^2 - 2t \langle x - z, y \rangle$ für $\|y\| \neq 0$ zwei verschiedene Nullstellen hätte). Falls andererseits $x - z \perp L$, folgt für alle $y \in L$

$$\|x - y\|^2 = \|x - z + z - y\|^2 = \|x - z\|^2 + \|z - y\|^2 \geq \|x - z\|^2.$$

2. Wegen Satz 4.12 gibt es genau eine Abbildung $P : H \to L$ mit $\|x - P(x)\| = \mathrm{dist}(x, L)$. Wegen des ersten Teils gilt $x - P(x) \perp L$, was

$$\|x\|^2 = \|x - P(x) + P(x)\|^2 = \|x - P(x)\|^2 + \|P(x)\|^2 \geq \|P(x)\|^2$$

impliziert. Für $y \in L$ gilt $P(y) = y$, und dies liefert $P(P(x)) = P(x)$. Für $x, y \in H$ und $a, b \in \mathbb{R}$ ist $aP(x) + bP(y) \in L$ und

$$ax + by - (aP(x) + bP(y)) = a(x - P(x)) + b(y - P(y)) \in L^{\perp}.$$

Wegen der ersten Aussage folgt damit die Linearität. $\qquad \square$

Wir können jetzt Satz 4.9 als Aussagen über Orthogonalprojektionen interpretieren: $E(X)$ ist die Bestapproximation in $L \equiv \{X \in \mathcal{L}_2 : X \ P\text{-fast sicher konstant}\}$ und die Varianz $\|X - E(X)\|_2^2$ ist das Quadrat des „Approximationsfehlers". Analog ist $a^*Y + b^*$ die Bestapproximation in $L \equiv \{aY + b : a, b \in \mathbb{R}\}$.

Als letztes allgemeines Ergebnis zeigen wir nun einen Darstellungssatz für stetige lineare Funktionale auf einem Halb-Hilbert-Raum. Wie oben gesehen, ist für jedes $a \in H$ die Abbildung $x \mapsto \langle x, a \rangle$ linear und stetig, und umgekehrt gilt:

Satz 4.14 (Rieszscher Darstellungssatz)
Seien H ein Halb-Hilbert-Raum und $\varphi : H \to \mathbb{R}$ linear und stetig. Dann gibt es ein $a \in H$ mit $\varphi(x) = \langle x, a \rangle$ für alle $x \in H$.

Beweis. Wegen der Stetigkeit ist $L \equiv \{x \in X : \varphi(x) = 0\}$ in H abgeschlossen. Falls $L = H$, hat $a = 0$ die Darstellungseigenschaft, und andernfalls gibt es $b \in H$ mit $\varphi(b) = 1$. Wegen Satz 4.12 und 4.13.1 gibt es $z \in L$ mit $b - z \perp L$.
Für jedes $x \in H$ ist $x - \varphi(x)b \in L$, so dass

$$0 = \langle x - \varphi(x)b, b - z \rangle = \langle x, b - z \rangle - \varphi(x) \langle b, b - z \rangle.$$

Für $x = b - z$ folgt $\langle b, b - z \rangle = \|b - z\|^2 \neq 0$, und mit $a \equiv \|b - z\|^{-2}(b - z)$ erhalten wir $\varphi(x) = \langle x, a \rangle$ für alle $x \in H$. $\qquad \square$

Als Anwendung des Darstellungssatzes charakterisieren wir nun, wann ein Maß ν auf $\mathcal{A}$ eine Dichte bezüglich eines anderen Maßes μ besitzt. Wir nennen ν **absolut-stetig** bezüglich μ und schreiben dann $\nu \ll \mu$, falls für jedes Ereignis $A \in \mathcal{A}$ mit $\mu(A) = 0$ auch $\nu(A) = 0$ gilt.
Ist $\nu = f \cdot \mu$ und $\mu(A) = 0$, so folgt $f \cdot \mu(A) = \int_A f \, d\mu = 0$ aus Satz 3.5.4, das heißt, Absolutstetigkeit ist notwendig für die Existenz einer Dichte. Umgekehrt gilt:

Satz 4.15 (Radon–Nikodym)
Seien v und μ zwei σ-endliche Maße auf $(\Omega, \mathcal{A})$ mit $v \ll \mu$. Dann gibt es eine positive messbare Funktion $f : (\Omega, \mathcal{A}) \to (\mathbb{R}, \mathbb{B})$ mit $v = f \cdot \mu$.

Beweis (nach von Neumann). Wir nehmen zunächst an, dass v und μ endliche Maße sind und setzen $\tau \equiv v + \mu$. Mit Standardschluss folgt dann $\int X d\tau = \int X dv + \int X d\mu$ für alle $X \in \mathcal{L}_1(\Omega, \mathcal{A}, \tau)$. Auf $H \equiv \mathcal{L}_2(\Omega, \mathcal{A}, \tau)$ ist wegen der Hölder-Ungleichung durch $\varphi(X) \equiv \int X dv$ eine stetige lineare Abbildung definiert, und wegen des Darstellungssatzes gibt es $Z \in \mathcal{L}_2(\Omega, \mathcal{A}, \tau)$ mit

$$\int X dv = \langle X, Z \rangle = \int X Z d\tau \quad \text{für alle } X \in \mathcal{L}_2(\Omega, \mathcal{A}, \tau).$$

Für $X = I_{\{Z < 0\}}$ erhalten wir $0 \leq v(Z < 0) = \int Z I_{\{Z < 0\}} d\tau \leq 0$, also $Z \geq 0$ τ-fast sicher wegen Satz 3.5.4. Also besagt obige Gleichung $v = Z \cdot \tau = Z \cdot v + Z \cdot \mu$, und der Beweis besteht nun darin, das „formale Auflösen" $v = (1 - Z)^{-1} Z \cdot \mu$ zu rechtfertigen. Dann ist $f \equiv (1 - Z)^{-1} Z$ die gesuchte Dichte.

Für $A \equiv \{Z \geq 1\}$ folgt $v(A) = \int_A Z dv + \int_A Z d\mu \geq v(A) + \mu(A)$. Also $\mu(A) = 0$ und wegen $v \ll \mu$ auch $v(A) = 0$. Wir erhalten damit $(1 - Z) \cdot v = Z \cdot \mu$ und wegen der Kettenregel 3.11

$$(1 - Z)^{-1} Z \cdot \mu = (1 - Z)^{-1} (1 - Z) \cdot v = v,$$

weil das Produkt $(1 - Z)^{-1}(1 - Z)$ v-fast sicher gleich 1 ist.

Sind schließlich v und μ bloß σ-endlich, so gibt es $A_n \in \mathcal{A}$ und $A_n \uparrow \Omega$ mit $\mu(A_n) < \mu(A_{n+1}) < \infty$. Mit $B_n \equiv A_n \setminus A_{n-1}$ und $g \equiv \sum_{n=1}^{\infty} 2^{-n} \mu(B_n)^{-1} I_{B_n}$ erhalten wir ein Wahrscheinlichkeitsmaß $\tilde{\mu} = g \cdot \mu$ mit $\mu = g^{-1} \cdot \tilde{\mu}$. Genauso finden wir eine Verteilung $\tilde{v} = h \cdot v$ mit $v = h^{-1} \cdot \tilde{v}$. Aus der Transitivität von $\ll$ und $\tilde{v} \ll v \ll \mu \ll \tilde{\mu}$ erhalten wir $\tilde{v} \ll \tilde{\mu}$, und für eine $\tilde{\mu}$-Dichte $\tilde{f}$ von $\tilde{v}$ folgt mit der Kettenregel

$$v = h^{-1} \cdot \tilde{v} = h^{-1} \tilde{f} \cdot \tilde{\mu} = h^{-1} \tilde{f} g \cdot \mu. \qquad \square$$

Wir haben $v \ll \mu$ im Beweis nur benutzt, um $(1 - Z)^{-1}(1 - Z) = 1$ v-fast sicher zu erhalten. Im Allgemeinen heißt mit $f \equiv (1 - Z)^{-1} Z$ wie im Beweis eben $v_a \equiv f \cdot \mu$ **absolutstetiger Anteil** von v bezüglich μ und $v_s(A) \equiv v(A) - v_a(A)$ heißt **singulärer Anteil**. Die Darstellung $v = v_a + v_s$ heißt **Lebesgue-Zerlegung**.

Ist $Q = f \cdot \lambda$ ein Wahrscheinlichkeitsmaß auf $\mathbb{B}$, so ist die zugehörige Verteilungsfunktion $F(x) = Q((-\infty, x])$ wegen $\lambda(\{x\}) = 0$ in jedem Punkt stetig. Wir haben in Kapitel 3 gesehen, dass die Dichte f die Ableitung der Verteilungsfunktion ist, falls F stückweise stetig differenzierbar ist (die genauen Bedingungen, die man an F stellen muss, findet man in Lehrbüchern über „reelle Analysis"). Deshalb nennt man die Dichte manchmal auch die **Radon–Nikodym-Ableitung** von Q bezüglich λ.

Wir zeigen jetzt noch, dass die Stetigkeit der Verteilungsfunktion eine echt schwächere Bedingung als die Absolutstetigkeit bezüglich λ ist. Das klassische Beispiel dafür ist die **Cantor-Verteilung**, die wir mit einer Bernoulli-Folge $(X_n)_{n \in \mathbb{N}}$ aus Satz 2.5 als P^Z für $Z \equiv \sum_{n=1}^{\infty} 2X_n/3^n$ definieren können.

Mit $A \equiv \limsup_{n \to \infty} \{X_n = 0\}$ gilt wegen des Borel–Cantelli-Lemmas $P(A) = 1$, und für $z \in \mathbb{R}$ ist $A \cap \{Z = z\}$ entweder einelementig oder leer, und es folgt $P(Z = z) = P(A \cap \{Z = z\}) = 0$, also ist die Verteilungsfunktion von P^Z stetig.

Für $m \in \mathbb{N}$ hat $E_m \equiv \{\sum_{n=1}^{m} a_n 3^{-n} : a_n \in \{0, 2\}\}$ genau 2^m Elemente und wegen $2\sum_{n=m+1}^{\infty} 3^{-n} = 3^{-m}$ hat Z Werte in $C \equiv \bigcap_{m \in \mathbb{N}} C_m$ mit $C_m \equiv \bigcap_{z \in E_m} [z, z + 3^{-m}]$. Andererseits gilt $\lambda(C) \leq 2^m 3^{-m} \to 0$, und deshalb ist P^Z nicht absolut-stetig bezüglich λ.

Um die bisher untersuchten Konvergenzbegriffe auf Zufallsvektoren oder allgemeinere Zufallsgrößen auszudehnen, definieren wir für einen separablen normierten Raum $(\mathcal{X}, \| \cdot \|)$ mit Borel-σ-Algebra $\mathcal{B}$ und $1 \leq p \leq \infty$

$$\mathcal{L}_p(\mathcal{X}) \equiv \mathcal{L}_p(\Omega, \mathcal{A}, \mu; \mathcal{X}) \equiv \{X : (\Omega, \mathcal{A}) \to (\mathcal{X}, \mathcal{B}) \text{ messbar mit } \|X\| \in \mathcal{L}_p\}.$$

Wegen der Separabilität können wir Satz 1.10 anwenden, um aus der $\mathcal{B} \otimes \mathcal{B}$-Messbarkeit von (X, Y) für $X, Y \in \mathcal{L}_p(\mathcal{X})$ und der Stetigkeit der Addition $\mathcal{X} \times \mathcal{X} \to \mathcal{X}$ die Messbarkeit von $X + Y$ zu folgern. Mit der Dreiecksungleichung für die Norm $\| \cdot \|$ folgt dann aus Satz 4.1, dass $\mathcal{L}_p(\mathcal{X})$ mit $\|X\|_p \equiv \| \|X\| \|_p$ wiederum ein halbnormierter Raum ist. Ist $\mathcal{X}$ ein **Banach-Raum**, das heißt die Norm ist vollständig, so ist auch $\mathcal{L}_p(\mathcal{X})$ vollständig. Das wesentliche Argument im Beweis zu Satz 4.2, dass für $\sum_{n=1}^{\infty} \|x_n\| < \infty$ die Reihe $\sum_{n=1}^{\infty} x_n$ konvergiert, gilt nämlich in jedem Banach-Raum (wegen der Dreiecksungleichung bilden die Partialsummen eine Cauchy-Folge).

Stochastische und fast sichere Konvergenz können wir sogar für separable metrische Räume $(\mathcal{X}, d)$ definieren, nämlich als $X_n \xrightarrow{P} X$, falls $P(d(X_n, X) > \varepsilon) \to 0$ für alle $\varepsilon > 0$. Die Zulässigkeit des Ereignisses $\{d(X_n, X) > \varepsilon\}$ folgt wiederum aus Satz 1.10. Die Sätze 4.4, 4.5 und 4.6 gelten dann mit den offensichtlichen Modifikationen.

Der wichtigste Fall ist $\mathcal{X} = \mathbb{R}^n$ versehen mit der durch $\langle x, y \rangle \equiv \sum_{j=1}^{n} x_j y_j$ erzeugten Hilbert-Raum-Norm. Für einen Zufallsvektor $X = (X_1, \ldots, X_n)$ und $1 \leq p \leq \infty$ gilt $X \in \mathcal{L}_p(\mathbb{R}^n)$ genau dann, wenn $X_j \in \mathcal{L}_p$ für alle $j \in \{1, \ldots, n\}$, weil

$$\max_{1 \leq j \leq n} |X_j| \leq \|X\| \leq \sqrt{n} \max_{1 \leq j \leq n} |X_j|.$$

Mit dem gleichen Argument erhalten wir, dass eine Folge von Zufallsvektoren genau dann fast sicher oder stochastisch konvergiert, wenn jede Komponentenfolge dies tut.

Für $X \in \mathcal{L}_1(\mathbb{R}^n)$ heißt $E(X) \equiv (E(X_j))_{j \in \{1, \ldots, n\}}$ **Erwartungsvektor**, und für $X \in \mathcal{L}_2(\mathbb{R}^n)$ und $Y \in \mathcal{L}_2(\mathbb{R}^m)$ definieren wir die Matrix $K(X, Y) \in \mathbb{R}^{n \times m}$ durch die Komponenten $K(X, Y)_{j,k} \equiv \text{Kov}(X_j, Y_k)$. Die $n \times n$-Matrix

$$\text{Kov}(X) \equiv K(X, X) = \big(\text{Kov}(X_j, X_k)\big)_{j,k \in \{1, \ldots, n\}}$$

heißt **Kovarianzmatrix** von X. (Wir halten uns hier an die in der Literatur üblichen Bezeichnungen, obwohl im Fall $n = m = 1$ die Kovarianzmatrix mit der Varianz und $K(X, Y)$ mit der Kovarianz übereinstimmen).

Für $X \in \mathcal{L}_1(\mathbb{R}^n)$, $Y \in \mathcal{L}_1(\mathbb{R}^m)$, $A \in \mathbb{R}^{m \times n}$ und $B \in \mathbb{R}^{m \times p}$ liefern die Linearität des Integrals und die Bilinearität der Kovarianz $E(AX) = AE(X)$, $K(AX, Y) = AK(X, Y)$ und $K(X, BY) = K(X, Y)B^t$. Insbesondere erhalten wir $\mathrm{Kov}(AX) = A\mathrm{Kov}(X)A^t$.

Für $a \in \mathbb{R}^{1 \times n}$ folgt damit $a\mathrm{Kov}(X)a^t = \mathrm{Var}(aX) \geq 0$, Kovarianzmatrizen sind also immer positiv semidefinit.

Analog zum Erwartungsvektor definieren wir für $Z \in \mathcal{L}_1(\Omega, \mathcal{A}, \mu; \mathbb{C})$ das Integral von Z als

$$\int Z \, d\mu \equiv \int \Re Z \, d\mu + i \int \Im Z \, d\mu.$$

Wegen der Stetigkeit der Real- und Imaginärteilzuordnung sind $\Re Z$ und $\Im Z$ messbar, und wegen $|\Re Z| \vee |\Im Z| \leq |Z|$ sind Real- und Imaginärteil in $\mathcal{L}_1(\Omega, \mathcal{A}, \mu)$.

Die Definition der komplexen Multiplikation und die Linearität des Integrals liefern, dass das komplexe Integral $\mathbb{C}$-linear ist. Außerdem gilt die zu Satz 3.5.3 analoge Ungleichung $|\int Z \, d\mu| \leq \int |Z| \, d\mu$. Für $w \equiv \int Z \, d\mu$ ist nämlich

$$|w|^2 = w\overline{w} = \Re \int w\overline{Z} \, d\mu = \int \Re(w\overline{Z}) \, d\mu \leq \int |w\overline{Z}| \, d\mu = |w| \int |Z| \, d\mu.$$

Durch Anwenden auf Real- und Imaginärteil erhalten wir aus den Sätzen der Integrationstheorie die entsprechenden Aussagen für das komplexe Integral.

Das zentrale Argument im Beweis der Hölder-Ungleichung war die Konvexität der Exponentialfunktion, und wir wollen zum Abschluss dieses Kapitels eine allgemeinere Ungleichung beweisen. Dafür benötigen wir ein Ergebnisse der konvexen Analysis. Wir bezeichnen mit ∂A den (topologischen) **Rand** einer Menge $A \subseteq \mathbb{R}^n$, also die Mengendifferenz aus dem Abschluss und dem offenen Kern von A.

Satz 4.16 (Trennungssatz)
Seien $A \subseteq \mathbb{R}^n$ konvex und abgeschlossen und $y \in \partial A$. Dann gibt es $z \in \mathbb{R}^n$ mit $\|z\| = 1$ und $\langle a, z \rangle \leq \langle y, z \rangle$ für alle $a \in A$.

Beweis. Seien $y_m \in A^c$ mit $y_m \to y$ und $a_m \in A$ die Bestapproximation aus Satz 4.12 sowie $z_m \equiv \|y_m - a_m\|^{-1}(y_m - a_m)$. Für $a \in A$ und $\lambda \in (0, 1]$ ist die Konvexkombination $\lambda a + (1 - \lambda)a_m = a_m + \lambda(a - a_m) \in A$ und daher

$$\begin{aligned}
\|y_m - a_m\|^2 &\leq \|y_m - (a_m + \lambda(a - a_m))\|^2 \\
&= \|y_m - a_m\|^2 - 2\lambda \langle y_m - a_m, a - a_m \rangle + \lambda^2 \|a - a_m\|^2.
\end{aligned}$$

Also gilt $\langle a - a_m, y_m - a_m \rangle \leq \lambda/2 \|a - a_m\|^2$, und mit $\lambda \to 0$ folgt $\langle a - a_m, z_m \rangle \leq 0$. Aus $y_m \to y$ folgt $a_m \to y$, weil $\|y - y_m\| \geq \|a_m - y_m\| \geq \|a_m - y\| - \|y_m - y\|$.

Weil $S = \{z \in \mathbb{R}^n : \|z\| = 1\}$ abgeschlossen und beschränkt und daher kompakt ist, gibt es $z \in S$ und eine unendliche Menge $M \subseteq \mathbb{N}$ mit $z_m \to z$ für $m \in M$. Für $a \in A$ und $m \in M$ folgt dann

$$\begin{aligned}
\langle a - y, z \rangle &= \langle a - y, z - z_m \rangle + \langle a - a_m, z_m \rangle + \langle a_m - y, z_m \rangle \\
&\leq \langle a - y, z - z_m \rangle + \langle a_m - y, z_m \rangle \to 0
\end{aligned}$$

wegen der Cauchy–Schwarz-Ungleichung.   □

Satz 4.17 (Jensen-Ungleichung)
Seien $X \in \mathcal{L}_1(\Omega, \mathcal{A}, P; \mathbb{R}^n)$ mit Werten in einer konvexen Menge $M \subseteq \mathbb{R}^n$ und $f : M \to \mathbb{R}$ konvex und $(\mathbb{B}^n \cap M, \mathbb{B})$-messbar. Dann sind $f(X)$ integrierbar, $E(X) \in M$ und $E(f(X)) \geq f(E(X))$.

Beweis. Wir zeigen den Satz durch Induktion nach der Dimension. Im eindimensionalen Fall ist M ein Intervall mit Randpunkten $a \leq b$, und die Monotonie des Erwartungswerts liefert $a \leq E(X) \leq b$. Falls $E(X) = a$ ist $X - E(X)$ eine fast sicher positive Zufallsvariable mit Erwartungswert 0 also wegen Satz 3.5.4 fast sicher gleich 0. Insbesondere folgt $E(X) \in M$, und die Jensen-Ungleichung ist eine Identität. Genauso erhalten wir die Aussage, falls $E(X) = b$, und wir müssen noch den Fall $y \equiv E(X) \in (a, b)$ beweisen. Der „Supergraph" $S \equiv \{(x, t) \in M \times \mathbb{R} : f(x) \leq t\}$ und damit auch der Abschluss $A \equiv \overline{S}$ sind konvex, und wir zeigen zunächst, dass $(y, f(y))$ ein Randpunkt von A ist. Andernfalls ist eine Kugel um $(y, f(y))$ mit Radius $\varepsilon > 0$ in A enthalten, so dass $(y \pm \varepsilon/2, f(y) - \varepsilon/2)$ innere Punkte von A sind. Die Kugeln um diese Punkte mit Radius $\varepsilon/4$ enthalten dann Elemente $(x_\pm, t_\pm)$ von S. Wir haben damit $x_- < y < x_+$ gefunden mit $f(x_-), f(x_+) < f(y)$, was der Konvexität von f widerspricht.

Wegen des Trennungssatzes gibt es $z = (\xi, \eta) \in \mathbb{R}^2$ mit $\xi^2 + \eta^2 = 1$ und

$$\langle (x, t), (\xi, \eta) \rangle \leq \langle (y, f(y)), (\xi, \eta) \rangle$$

für alle $(x, t) \in A$, also $(x - y)\xi \leq (f(y) - t)\eta$. Mit $(x, t) \equiv (y, f(y) + 1)$ folgt $\eta \leq 0$. Falls $\eta = 0$, ist $\xi^2 = 1$, und mit $x \equiv (1 \pm \delta)y$ für geeignetes $\delta > 0$ folgt der Widerspruch $\pm \delta \xi \leq 0$. Die zeigt also $\eta < 0$. Wir definieren nun eine affine Abbildung $\varphi : \mathbb{R}^n \to \mathbb{R}$ durch $\varphi(x) \equiv -(x - y)\xi/\eta + f(y)$. Für $x \in M$ und $t \equiv f(x)$ liefert obige Ungleichung $\varphi(x) \leq f(x)$, und außerdem gilt $\varphi(y) = f(y)$. Mit $\varphi(X)$ ist auch $f(X)$ integrierbar, und wegen $y = E(X)$ folgt mit der Linearität und Monotonie des Erwartungswerts

$$f(E(X)) = \varphi(E(X)) = E(\varphi(X)) \leq E(f(X)).$$

Für $n \geq 2$ setzen wir nun voraus, dass der Satz für die Dimension $n - 1$ richtig ist. Durch Verschieben können wir $E(X) = 0$ annehmen. Sei $y \in \overline{M}$ die Bestapproximation in $\overline{M}$ an $E(X) = 0$. Wie im Beweis des Trennungssatzes erhalten wir

$\|y\|^2 \leq \|y + \lambda(x-y)\|^2 = \|y\|^2 + 2\lambda\langle y, x-y\rangle + \lambda^2\|x-y\|^2$ für alle $x \in \overline{M}$, was
für $\lambda \to 0$ die Ungleichung $\langle y, x-y\rangle \geq 0$ impliziert. Die Zufallsvariable $\langle y, X-y\rangle$
ist also fast sicher positiv mit Erwartungswert $\langle y, -y\rangle = -\|y\|^2$. Dies zeigt $y = 0$,
also $y = E(X) \in \overline{M}$.

Ist y ein innerer Punkt von M, so folgt die Jensen-Ungleichung wie im Fall $n = 1$:
Statt der Punkte $y \pm \varepsilon/2$ betrachtet man $y_0 \equiv \frac{\varepsilon}{2}(\frac{-1}{n+1}, \ldots, \frac{-1}{n+1})$ und $y_k \equiv y_0 + \frac{\varepsilon}{2}e_k$
mit den k-ten Einheitsvektoren e_k (dies sind die Ecken eines *Simplex*, der $y = 0$ als
inneren Punkt enthält). Die Vektoren $(y_k, f(y) - \frac{\varepsilon}{n})$ sind dann Elemente der Kugel
mit Radius ε um $(y, f(y))$.

Andernfalls ist $y \in \partial M$, und der Trennungssatz liefert $z \in \mathbb{R}^n$ mit $\|z\| = 1$
und $\langle x, z\rangle \leq \langle y, z\rangle = 0$ für alle $x \in \overline{M}$. Wieder weil $\langle X, z\rangle$ fast sicher negativ
mit Erwartungswert 0 ist, folgt $X \in L \equiv \{x \in \mathbb{R}^n : \langle x, z\rangle = 0\}$ fast sicher. Die
Einschränkung von f auf $M \cap L$ ist wiederum konvex und messbar, und weil L ein
$(n-1)$-dimensionaler Teilraum von $\mathbb{R}^n$ ist, impliziert die Induktionsvoraussetzung
$E(X) \in M \cap L$ und $f(E(X)) \leq E(f(X))$. $\square$

Im eindimensionalen Fall sind konvexe Funktionen automatisch messbar, weil für
jedes $c \in \mathbb{R}$ das Urbild von $(-\infty, c]$ konvex und daher ein Intervall ist. In höheren Di-
mensionen stimmt diese Aussage nicht: Der Kreis $M \equiv \{x \in \mathbb{R}^n : \|x\| \leq 1\}$ ist kon-
vex, und jede Funktion der Form $f = g I_{\partial M}$ mit einer *beliebigen positiven* Funktion g
ist konvex. Ist $E \notin \mathcal{B}$ eine Teilmenge von $[0, 2\pi]$, so ist $F \equiv \{(\cos(t), \sin(t)) : t \in E\}$
ein nicht messbare Teilmenge von ∂M, und $f = I_F$ ist eine nicht messbare konvexe
Funktion $M \to \mathbb{R}$.

Die Jensen-Ungleichung für $f : [0, \infty)^2 \to \mathbb{R}$, $(x, y) \mapsto -x^{1/p}y^{1/q}$ impliziert die
Hölder-Ungleichung. Sind $\|\cdot\|$ *irgendeine* Norm auf $\mathbb{R}^n$ und $X \in \mathcal{L}_1(\Omega, \mathcal{A}, P; \mathbb{R}^n)$,
so erhalten wir mit der Jensen-Ungleichung $\|E(X)\| \leq E(\|X\|)$. Insbesondere liefert
dies einen weiteren Beweis der Ungleichung $|\int X\,dP| \leq \int |X|\,dP$ für komplexe
Zufallsgrößen.

Aufgaben

4.1. Sei P eine Verteilung auf der Potenzmenge einer *endlichen* Menge. Zeigen Sie
die Äquivalenz der stochastischen, $\mathcal{L}_p$- und fast sicheren Konvergenz.

4.2. Sei $\ell_p \equiv \mathcal{L}_p(\mathbb{N}, \mathcal{P}(\mathbb{N}), \mu)$ mit dem Zählmaß μ. Zeigen Sie, dass $\ell_p \subseteq \ell_q$ genau
dann gilt, wenn $p \leq q$.

4.3. Zeigen Sie, dass $\mathcal{L}_p(\mathbb{R}, \mathcal{B}, \lambda) \subseteq \mathcal{L}_q(\mathbb{R}, \mathcal{B}, \lambda)$ nur für $p = q$ gilt.

4.4. Zeigen Sie für eine Zufallsvariable X, $p \in [1, \infty)$ und $C \geq 0$ die Ungleichung
$\|X\|_p \geq CP(|X| \geq C)^{1/p}$ und damit $\lim_{p\to\infty}\|X\|_p = \|X\|_\infty$.

4.5. Charakterisieren Sie, wann in der Hölder-Ungleichung Gleichheit gilt.

4.6. Zeigen Sie für eine Zufallsvariable $X > 0$ die Ungleichung $E(X)^{-1} \leq E(X^{-1})$ und charakterisieren Sie, wann Gleichheit gilt.

4.7. Zeigen Sie, dass eine Menge $M \subseteq \mathcal{L}_1(\Omega, \mathcal{A}, P)$ genau dann gleichgradig integrierbar ist, wenn $\sup\{\|X\|_1 : X \in M\} < \infty$ und für jedes $\varepsilon > 0$ ein $\delta > 0$ existiert, so dass $\sup\{\int_A |X| \, dP : X \in M\} \leq \varepsilon$ für alle $A \in \mathcal{A}$ mit $P(A) \leq \delta$.

4.8. Seien $X, Y \in \mathcal{L}_2$ mit $|\text{Kor}(X, Y)| = 1$. Zeigen Sie, dass es $a, b \in \mathbb{R}$ gibt mit $Y = aX + b$ fast sicher.

4.9. Seien $Y_1, \ldots, Y_n \in \mathcal{L}_2(\Omega, \mathcal{A}, P)$ paarweise unkorreliert mit $\text{Var}(Y_j) = 1$ und $E(Y_j) = 0$ für alle $j \in \{1, \ldots, n\}$. Zeigen Sie für $X \in \mathcal{L}_2(\Omega, \mathcal{A}, P)$

$$\inf\left\{\left\|X - \sum_{j=1}^n c_j Y_j\right\|_2 : c_j \in \mathbb{R}\right\} = \left\|X - \sum_{j=1}^n \text{Kov}(X, Y_j) Y_j\right\|_2.$$

Zeigen Sie dazu zunächst, dass $X - \sum_{j=1}^n \text{Kov}(X, Y_j) Y_j$ und Y_k unkorreliert sind.

4.10. Für eine unabhängige Folge $(X_n)_{n \in \mathbb{N}}$ identisch verteilter Zufallsvariablen ist durch

$$F_n(x)(\omega) \equiv \frac{1}{n} \sum_{j=1}^n I_{(-\infty, x]} \circ X_j(\omega)$$

die Folge der **empirischen Verteilungsfunktionen** definiert. Zeigen Sie für die Verteilungsfunktion F von P^{X_1} und alle $x \in \mathbb{R}$, dass $E(F_n(x)) = F(x)$ für alle $n \in \mathbb{N}$ gilt und die fast sichere Konvergenz $F_n(x) \to F(x)$.

4.11. Sei $(X_n)_{n \in \mathbb{N}}$ eine $\mathcal{L}_2$-beschränkte Folge von Zufallsvariablen mit unkorrelierten Zuwächsen $Z_n \equiv X_n - X_{n-1}$ (wobei $X_0 \equiv 0$). Zeigen Sie mit Hilfe der Vollständigkeit aus Satz 4.2, dass die Folge X_n genau dann in $\mathcal{L}_2$ konvergiert, wenn die Folge $E(X_n)$ der Erwartungswerte in $\mathbb{R}$ konvergiert.

4.12. Seien $X_1, \ldots, X_n \in \mathcal{L}_3(\Omega, \mathcal{A}, P)$ stochastisch unabhängig mit $E(X_j) = 0$ für alle $j \in \{1, \ldots, n\}$. Zeigen Sie $E\big((X_1 + \cdots + X_n)^3\big) = E(X_1^3) + \cdots + E(X_n^3)$.

4.13. Seien $X, Y \in \mathcal{L}_1(\Omega, \mathcal{A}, P; \mathbb{C})$ unabhängige *komplexe* Zufallsgrößen. Zeigen Sie $E(XY) = E(X)E(Y)$.

4.14. Seien $\nu_j \ll \mu_j$ σ-endliche Maße für $j = 1, 2$. Zeigen Sie $\nu_1 \otimes \nu_2 \ll \mu_1 \otimes \mu_2$.

4.15. Zeigen Sie (etwa mit Hilfe des Zählmaßes auf $(\mathbb{R}, \mathbb{B})$), dass der Satz von Radon–Nikodym für nicht σ-endliche Maße falsch ist.

4.16. Seien $(\Omega, \mathcal{A}, \mu)$ ein σ-endlicher Maßraum, $f_1, f_2 \in \mathcal{M}_+(\Omega, \mathcal{A})$ und $\nu_j \equiv f_j \cdot \mu$. Zeigen Sie, dass $\nu \equiv (f_1 \wedge f_2) \cdot \mu$ das größte Maß auf $(\Omega, \mathcal{A})$ ist mit $\nu(A) \leq \nu_j(A)$ für alle $A \in \mathcal{A}$. Folgern Sie aus dem Satz von Radon–Nikodym, dass es zu beliebigen σ-endlichen Maßen immer ein solches Minimum gibt.

4.17. Sei $Y \in \mathcal{L}_1(\Omega, \mathcal{A}, P; H)$ mit einem separablen Hilbert-Raum H. Zeigen Sie mit Hilfe des Rieszschen Darstellungssatzes, dass es genau ein Element $y \in H$ gibt mit $E(\langle x, Y \rangle) = \langle x, y \rangle$ für alle $x \in H$. Dann heißt $E(Y) \equiv y$ Erwartungsvektor von Y. Zeigen Sie, dass $Y \mapsto E(Y)$ linear ist mit $E(I_A h) = P(A)h$ für alle $A \in \mathcal{A}$ und $h \in H$. Zeigen Sie außerdem, dass diese Definition für $H = \mathbb{R}^n$ mit der vor Satz 4.16 übereinstimmt.

4.18. Zeigen Sie in der Situation der vorherigen Aufgabe, dass für unabhängige X, $Y \in \mathcal{L}_2(\Omega, \mathcal{A}, P; H)$ die Beziehung $E(\langle X, Y \rangle) = \langle E(X), E(Y) \rangle$ gilt.

4.19. Zeigen Sie die Jensen-Ungleichung für stetiges konvexes $f : M \to \mathbb{R}$ auf einer kompakten konvexen Menge M mit Hilfe des starken Gesetzes der großen Zahlen. Wählen Sie dazu gemäß Satz 2.8 eine Folge unabhängiger Zufallsvektoren $X_m \sim P^X$.

4.20. Zeigen Sie, dass konvexe Funktionen $f : M \to \mathbb{R}$ auf *offenen* konvexen Mengen $M \subseteq \mathbb{R}^n$ stetig (und damit auch messbar) sind. Betrachten Sie dazu für $x \in M$ einen Simplex $S \subseteq M$, der x als inneren Punkt enthält, und zeigen Sie $f(y) \leq c \equiv \max\{f(e) : e$ Ecke von $S\}$ für $y \in S$. Wählen Sie dann für $\varepsilon > 0$ ein $t \in (0,1)$ mit $\frac{t}{1-t}(c - f(x)) < \varepsilon$, und benutzen Sie für $y \in S$ hinreichend nah bei x die Darstellung $y = (1-t)x + t\big(x + \frac{1}{t}(y - x)\big)$ sowie eine analoge Darstellung für x.

Kapitel 5

Verteilungskonvergenz und Fourier-Transformation

Für die Modellierung unsicherer Situationen braucht man plausible Annahmen über ein Wahrscheinlichkeitsmaß oder die Verteilungen von Zufallsgrößen. Wie wir schon gesehen haben, kann man Verteilungen oft aus elementareren und daher plausibleren herleiten, und in diesem Kapitel beschäftigen wir uns damit, wie man Verteilungen durch einfachere approximieren kann.

Satz 5.1 (Konvergenz von Dichten)
Seien $(\Omega, \mathcal{A}, \mu)$ ein Maßraum und Q, Q_m Verteilungen mit μ-Dichten f und f_m, so dass $f_m \to f$ μ-fast sicher. Dann gelten $\int g\,dQ_m \to \int g\,dQ$ für alle beschränkten $g \in \mathcal{M}(\Omega, \mathcal{A})$ und insbesondere $Q_m(A) \to Q(A)$ für alle $A \in \mathcal{A}$.

Beweis. Für $|g| \leq c$ sind $c \pm g \geq 0$, und durch zweifache Anwendung des Fatouschen Lemmas erhalten wir

$$
\begin{aligned}
\int g\,dQ &= -c + \int (c + g) f\,dQ \leq -c + \liminf_{m \to \infty} \int (c + g) f_m\,d\mu \\
&= \liminf_{m \to \infty} \int g\,dQ_m \leq \limsup_{m \to \infty} \int g\,dQ_m \\
&= c - \liminf_{m \to \infty} \int (c - g) f_m\,d\mu \leq c - \int (c - g) f\,d\mu = \int g\,dQ.
\end{aligned}
$$

Also existiert $\lim_{m \to \infty} \int g\,dQ_m = \int g\,dQ$. □

Fassen wir die $B(m, p_m)$-Verteilung als Wahrscheinlichkeitsmaß auf $\mathbb{N}_0$ auf mit Zähldichte $f_m(k) \equiv \binom{m}{k} p_m^k (1 - p_m)^{m-k}$ für $k \in \mathbb{N}_0$ (wobei $\binom{m}{k} = 0$ für $k > m$) und wählen $p_m \in (0, 1)$, so dass $m p_m \to \lambda \in [0, \infty)$, so erhalten wir wegen $(1 - p_m)^m \to e^{-\lambda}$ den **Poissonschen Grenzwertsatz** $f_m(k) \to e^{-\lambda} \lambda^k / k!$. Die Poisson-Verteilung ist also im Sinn von Satz 5.1 Grenzwert von Binomialverteilungen.

Abgesehen von der Situation in Satz 5.1 ist die Forderung nach „argumentweiser" Konvergenz $Q_m(A) \to Q(A)$ für viele Anwendungen zu restriktiv. Sind zum Beispiel $X_m = 1/m$ konstante Zufallsvariablen auf einem Wahrscheinlichkeitsraum, so gilt $X_m \to X = 0$ für jeden der in Kapitel 4 betrachteten Konvergenzbegriffe, aber andererseits gilt $P^X(\{0\}) = 1$ und $P^{X_m}(\{0\}) = 0$ für alle $m \in \mathbb{N}$. Im Kapitel 3 haben wir gelernt, dass man eine Verteilung Q immer als „Integraloperator" $Q(f) = \int f\,dQ$ für $f \in \mathcal{M}^+(\Omega, \mathcal{A})$ auffassen kann, und es ist nahe liegend, nach Konvergenz der

Integrale $\int f \, dQ_m$ für geeignete Klassen von Funktionen $f \in \mathcal{M}^+(\Omega, \mathcal{A})$ zu fragen (für die Klasse der Indikatorfunktionen erhält man also wieder die argumentweise Konvergenz).

Für einen metrischen Raum $(\mathcal{X}, d)$ mit Borel-σ-Algebra $\mathcal{B}$ bezeichnen wir mit $C_b(\mathcal{X})$ die Menge aller stetigen beschränkten Funktionen $f : \mathcal{X} \to \mathbb{R}$ und mit $\|f\|_\infty \equiv \sup\{|f(x)| : x \in \mathcal{X}\}$ die Supremumsnorm (die übrigens für $\mathcal{X} = \mathbb{R}^n$ und die euklidische Metrik mit der Halbnorm des Raums $\mathcal{L}_\infty(\mathbb{R}^n, \mathbb{B}^n, \lambda_n)$ übereinstimmt, was die Benutzung desselben Symbols rechtfertigt: aus $|f| \leq C \, \lambda_n$-fast sicher folgt, dass $\{|f| > C\}$ eine offene Menge mit Lebesguemaß 0 und daher leer ist).

Eine Folge $(Q_m)_{m \in \mathbb{N}}$ von Verteilungen auf $(\mathcal{X}, \mathcal{B})$ heißt **schwach konvergent** gegen eine Verteilung Q auf $(\mathcal{X}, \mathcal{B})$ und wir schreiben

$$Q_m \overset{w}{\to} Q, \text{ falls } \int f \, dQ_m \to \int f \, dQ \text{ für jedes } f \in C_b(\mathcal{X}).$$

Der folgende Satz beschreibt insbesondere den Zusammenhang zur argumentweisen Konvergenz. Seinen Namen trägt er wegen der vielen Äquivalenzen (die in einem *Handkoffer* gesammelt oder – in französischer Schreibweise – wie auf einem *Kleiderständer* aufgereiht sind).

Satz 5.2 (Portmanteau-Theorem)
Für Verteilungen Q und Q_m auf $(\mathcal{X}, \mathcal{B})$ sind folgende Aussagen äquivalent:

1. $Q_m \overset{w}{\to} Q$.

2. $\lim\limits_{m \to \infty} \int f \, dQ_m = \int f \, dQ$ *für alle gleichmäßig stetigen* $f \in C_b(\mathcal{X})$.

3. $\liminf\limits_{m \to \infty} Q_m(G) \geq Q(G)$ *für alle offenen Mengen* $G \subseteq \mathcal{X}$.

4. $\limsup\limits_{m \to \infty} Q_m(F) \leq Q(F)$ *für alle abgeschlossenen Mengen* $F \subseteq \mathcal{X}$.

5. $\lim\limits_{m \to \infty} Q_m(A) = Q(A)$ *für alle* $A \in \mathcal{B}$ *mit* $Q(\partial A) = 0$.

6. $\liminf\limits_{m \to \infty} \int f \, dQ_m \geq \int f \, dQ$ *für alle positiven* $f \in C_b(\mathcal{X})$.

Beweis. Die zweite Bedingung folgt aus der ersten nach Definition. Sei nun $G \subseteq \mathcal{X}$ offen. Im Beweis zu Satz 1.8.2 haben wir gezeigt, dass die Abstandsfunktion $f(x) \equiv \text{dist}(x, G^c)$ eine Kontraktion ist, und deshalb sind $f_k \equiv 1 \wedge kf$ gleichmäßig stetig mit $f_k(x) = 0$ für $x \in G^c$ und $f_k(x) = 1$ für $x \in G$ mit $\text{dist}(x, G^c) \geq 1/k$. Also gilt $f_k \uparrow I_G$, und mit Levis Satz folgt

$$Q(G) = \lim_{k \to \infty} \int f_k \, dQ = \lim_{k \to \infty} \lim_{m \to \infty} \int f_k \, dQ_m \leq \liminf_{m \to \infty} Q_m(G).$$

Also impliziert die zweite Bedingung die dritte, die durch Komplementbildung äquivalent zur vierten ist. Falls $Q(\partial A) = Q(\overline{A} \setminus \mathring{A}) = 0$, gilt $Q(\mathring{A}) = Q(A) = Q(\overline{A})$

und mit 3. und 4. folgt

$$Q(A) = Q(\mathring{A}) \leq \liminf_{m\to\infty} Q_m(\mathring{A}) \leq \liminf_{m\to\infty} Q_m(A) \leq \limsup_{m\to\infty} Q_m(A)$$

$$\leq \limsup_{m\to\infty} Q_m(\overline{A}) \leq Q(\overline{A}) = Q(A),$$

also existiert $\lim_{m\to\infty} Q_m(A) = Q(A)$.

Um zu zeigen, dass 6. aus 5. folgt, sei $f \in C_b(\mathcal{X})$ positiv. Wegen des Beispiels nach dem Satz von Fubini 3.15 gilt dann $\int f\, dQ = \int_{[0,\infty)} Q(f \geq t)d\lambda(t)$. Für jedes $t \geq 0$ gilt $\partial\{f \geq t\} \subseteq \{f = t\}$, also sind die Ränder $\partial\{f \geq t\}$ paarweise disjunkt, und deshalb ist $M \equiv \{t \geq 0 : Q(\partial\{f \geq t\}) > 0\}$ abzählbar (andernfalls gäbe es ein $\varepsilon > 0$ und unendlich viele paarweise disjunkte solcher Mengen R_k mit $Q(R_k) \geq \varepsilon$, was zum Widerspruch $1 \geq Q(\bigcup_{k\in\mathbb{N}} R_k) = \sum_{k=1}^{\infty} Q(R_k) = \infty$ führt). Insbesondere ist also $\lambda(M) = 0$, und mit Fatous Lemma folgt

$$\int f\, dQ = \int_{[0,\infty)\setminus M} Q(f \geq t)d\lambda(t) = \int_{[0,\infty)\setminus M} \lim_{m\to\infty} Q_m(f \geq t)d\lambda(t)$$

$$\leq \liminf_{m\to\infty} \int_{[0,\infty)} Q_m(f \geq t)d\lambda(t) = \liminf_{m\to\infty} \int f\, dQ_m.$$

Ist schließlich 6. erfüllt und $f \in C_b(\mathcal{X})$, so sind $f + \|f\|_\infty$ und $\|f\|_\infty - f$ positiv, und es folgt

$$\int f\, dQ = \int f + \|f\|_\infty dQ - \|f\|_\infty \leq \liminf_{m\to\infty} \int f + \|f\|_\infty dQ_m - \|f\|_\infty$$

$$= \liminf_{m\to\infty} \int f\, dQ_m \leq \limsup_{m\to\infty} \int f\, dQ_m$$

$$= \|f\|_\infty - \liminf_{m\to\infty} \int \|f\|_\infty - f\, dQ_m$$

$$\leq \|f\|_\infty - \int \|f\|_\infty - f\, dQ = \int f\, dQ. \qquad \square$$

Aus der Äquivalenz von 1. und 3. erhalten wir insbesondere die **Eindeutigkeit der Grenzverteilung**: Falls $\int f\, dQ = \int f\, d\tilde{Q}$ für alle $f \in C_b(\mathcal{X})$, gilt $\tilde{Q}_m \overset{w}{\to} \tilde{Q}$ für die Folge $\tilde{Q}_m \equiv Q$ und daher $\tilde{Q}(G) \leq \liminf \tilde{Q}_m(G) = Q(G)$ für alle $G \subseteq \mathcal{X}$ offen. Durch Rollentausch erhalten wir $Q(G) \leq \tilde{Q}(G)$, und weil die offenen Mengen die Borel-σ-Algebra erzeugen, folgt $Q = \tilde{Q}$ aus dem Maßeindeutigkeitssatz.

Wir nennen eine Folge $(X_m)_{m\in\mathbb{N}}$ von $(\mathcal{X}, \mathcal{B})$-wertigen Zufallsgrößen **schwach konvergent** oder **verteilungskonvergent** gegen eine Zufallsgröße X, falls die Folge der Verteilungen von X_m schwach gegen die Verteilung von X konvergiert. Wir schreiben dann $X_m \overset{d}{\to} X$. Dabei müssen X_m und X *nicht* auf demselben Wahrscheinlichkeitsraum definiert sein. Gemäß dieser Definition folgt aus $X_m \overset{d}{\to} X$ und

$X \overset{d}{=} Y$ auch $X_m \overset{d}{\to} Y$, „der Grenzwert" ist also *nicht* (etwa fast sicher) eindeutig. Den Zusammenhang zu den Begriffen des Kapitels 4 beschreibt:

Satz 5.3 (Schwache und stochastische Konvergenz)

1. Jede stochastisch konvergente Folge $(X_m)_{m \in \mathbb{N}}$ von Zufallsgrößen mit Werten in einem separablen metrischen Raum (X, d) konvergiert auch schwach. Falls $X_m \overset{d}{\to} X$ und $X = c$ fast sicher für eine Konstante $c \in X$, so gilt $X_m \overset{P}{\to} c$.

2. Für einen separablen normierten Raum $(X, \| \cdot \|)$ und $(X, \mathcal{B})$-wertige Zufallsgrößen X_m, Y_m auf demselben Wahrscheinlichkeitsraum mit $X_m \overset{d}{\to} X$ und $Y_m \overset{d}{\to} 0$ gilt $X_m + Y_m \overset{d}{\to} X$.

Beweis. 1. Für $f \in C_b(X)$ ist $\{f \circ X_n : n \in \mathbb{N}\}$ wegen der Beschränktheit von f gleichgradig integrierbar, und mit Satz 4.7 folgt

$$\int f \, dP^{X_m} = E(f \circ X_m) \to E(f \circ X) = \int f \, dP^X.$$

Falls $X_m \overset{d}{\to} X$ mit $X = c$ fast sicher, folgt mit $f(x) \equiv 1 \wedge d(x, c)$ für $\varepsilon \in (0, 1)$

$$P(d(X_m, c) \geq \varepsilon) \leq 1/\varepsilon \int f \circ X_m \, dP \to 1/\varepsilon \int f \circ X \, dP = 0.$$

2. Wegen Satz 5.2 reicht es zu zeigen, dass die Folge $E(f \circ (X_m + Y_m)) - E(f \circ X_m)$ für *gleichmäßig* stetiges $f \subset C_b(X)$ gegen null konvergiert. Für $\varepsilon > 0$ seien $\delta > 0$, so dass $|f(x + y) - f(x)| < \varepsilon/3$ für $\|y\| < \delta$ und $M \in \mathbb{N}$, so dass $P(\|Y_m\| \geq \delta) < \varepsilon/3\|f\|_\infty$ für $m \geq M$. Dann ist für alle $m \geq M$

$$
\begin{aligned}
&|E(f \circ (X_m + Y_m) - f \circ X_m)| \\
&\leq \int_{\{\|Y_m\| \geq \delta\}} 2\|f\|_\infty \, dP + \int_{\{\|Y_m\| < \delta\}} |f(X_m + Y_m) - f(X_m)| \, dP < \varepsilon. \qquad \square
\end{aligned}
$$

Beide Aussagen dieses Satzes sind übrigens falsch, wenn in 1. der schwache Grenzwert nicht konstant ist oder in 2. die Folge Y_n nicht gegen 0 konvergiert. Der Grund ist in beiden Fällen die Uneindeutigkeit des Grenzwerts.

Für die Untersuchung schwacher Konvergenz und vieler weiterer Themen der Stochastik und Analysis ist folgende Definition zentral. Für ein Wahrscheinlichkeitsmaß Q auf $(\mathbb{R}^n, \mathcal{B}^n)$ heißt die durch

$$\hat{Q}(u) \equiv \int e^{i \langle u, x \rangle} \, dQ(x)$$

definierte Funktion $\hat{Q} : \mathbb{R}^n \to \mathbb{C}$ **Fourier-Transformierte** von Q. Dabei ist $\langle u, x \rangle = \sum_{j=1}^{n} u_j x_j$ das Skalarprodukt in $\mathbb{R}^n$, und das Integral der komplexen Funktion ist wie vor Satz 4.16 als

$$\int \cos\langle u, x \rangle + i \sin\langle u, x \rangle \, dQ(x) = \int \cos\langle u, x \rangle \, dQ(x) + i \int \sin\langle u, x \rangle \, dQ(x)$$

definiert. Diese Darstellung benutzt man allerdings nur, um reelle Integrationstechniken auf komplexwertige Funktionen zu übertragen. Die Rechnungen selbst sind im Komplexen meistens leichter und kürzer als im Reellen.

Ist zum Beispiel $Q = \text{Exp}(\tau)$ die Exponentialverteilung, so erhalten wir für $u \in \mathbb{R}$ mit dominierter Konvergenz und dem Hauptsatz der Integralrechnung für komplexwertige Funktionen

$$\hat{Q}(u) = \int_{[0,\infty)} e^{iux} \tau e^{-\tau x} \, d\lambda(x) = \lim_{r \to \infty} \frac{\tau}{iu - \tau} (e^{(iu-\tau)r} - 1) = \frac{\tau}{\tau - iu}.$$

Häufig kann man Fourier-Transformierte mit funktionentheoretischen Methoden wie der Cauchyschen Integralformel oder allgemeiner dem Residuensatz berechnen. Wir verzichten hier auf diese Techniken mit dem Preis, dass wir manche Transformierte nicht berechnen können, sondern unter Verlust von Plausibilität mit anderen Mitteln finden müssen.

Für einen n-dimensionalen Zufallsvektor X heißt die Fourier-Transformierte der Verteilung von X **charakteristische Funktion** von X, und wir schreiben $\varphi_X \equiv \widehat{P^X}$. Weil jedes Wahrscheinlichkeitsmaß Q auf $(\mathbb{R}^n, \mathbb{B}^n)$ die Verteilung eines Zufallsvektors (etwa $X = id : \mathbb{R}^n \to \mathbb{R}^n$) ist, entsprechen Aussagen über Fourier-Transformierte und charakteristische Funktionen einander, allerdings können die Formulierungen unterschiedlich bequem sein.

Satz 5.4 (Eigenschaften von Fourier-Transformierten)
Seien Q und Q_j Verteilungen auf $\mathbb{R}^n$ beziehungsweise $\mathbb{R}^{n_j}$ und X ein n-dimensionaler Zufallsvektor.

1. $\hat{Q}$ *ist gleichmäßig stetig mit* $|\hat{Q}(u)| \leq \hat{Q}(0) = 1$ *für alle* $u \in \mathbb{R}^n$.

2. *Für* $Q = \bigotimes_{j=1}^{m} Q_j$ *und* $u_j \in \mathbb{R}^{n_j}$ *gilt* $\hat{Q}((u_1, \ldots, u_m)) = \prod_{j=1}^{m} \hat{Q}_j(u_j)$.

3. *Für* $n_j = n$, $Q = Q_1 * \cdots * Q_m$ *und* $u \in \mathbb{R}^n$ *gilt* $\hat{Q}(u) = \prod_{j=1}^{m} \hat{Q}_j(u)$.

4. *Für* $A \in \mathbb{R}^{m \times n}, b \in \mathbb{R}^m$ *und* $v \in \mathbb{R}^m$ *gilt* $\varphi_{AX+b}(v) = e^{i\langle v, b \rangle} \varphi_X(A^t v)$.

5. *Falls* $\int \|X\|^N \, dP < \infty$ *für ein* $N \in \mathbb{N}$, *existieren alle partiellen Ableitungen*

$$D^\alpha \varphi_X(u) = i^{|\alpha|} \int X^\alpha e^{i\langle u, X \rangle} \, dP$$

der Ordnung $|\alpha| \equiv \sum_{j=i}^{n} \alpha_j \leq N$, *wobei* $X^\alpha \equiv X_1^{\alpha_1} \cdots X_n^{\alpha_n}$.

Beweis. 1. Für $u \in \mathbb{R}^n$ gilt $|\hat{Q}(u)| = |\int e^{i\langle u,x \rangle}\,dQ(x)| \leq \int |e^{i\langle u,x \rangle}|\,dQ(x) = 1$. Für Folgen $(u_m)_{m \in \mathbb{N}}, (v_m)_{m \in \mathbb{N}}$ in $\mathbb{R}^n$ mit $u_m - v_m \to 0$ folgt wegen $|1 - e^{i\langle w,x \rangle}| \leq 2$ mit dem Satz von Lebesgue

$$|\hat{Q}(u_m) - \hat{Q}(v_m)| \leq \int |1 - e^{i\langle u_m - v_m, x \rangle}|\,dQ(x) \to 0,$$

also die gleichmäßige Stetigkeit.

2. Bezeichnen wir mit $\langle \cdot, \cdot \rangle_k$ das Skalarprodukt in $\mathbb{R}^k$, so gilt für $x_j, u_j \in \mathbb{R}^{n_j}$ und $n \equiv n_1 + \cdots + n_m$

$$\exp(i\,\langle (u_1, \ldots, u_m), (x_1, \ldots, x_m) \rangle_n) = \prod_{j=1}^{m} \exp(i\,\langle u_j, x_j \rangle_{n_j}).$$

Damit folgt die behauptete Formel aus dem Satz über iterierte Integrale.

3. folgt wegen $\hat{Q}(u) = \int e^{i\langle u, x_1 + \cdots + x_m \rangle}\,dQ_1 \otimes \cdots \otimes Q_m((x_1, \ldots, x_m))$ ebenfalls durch iterierte Integration.

4. Mit der Substitutionsregel 3.8 und $\langle v, Ax + b \rangle = \langle A^t v, x \rangle + \langle v, b \rangle$ folgt

$$\varphi_{AX+b}(v) = \int e^{i\langle v, AX+b \rangle}\,dP = e^{i\langle v,b \rangle} \int e^{i\langle A^t v, X \rangle}\,dP = e^{i\langle v,b \rangle}\varphi_X(A^t v).$$

5. Diese Aussage folgt durch Induktion nach der Differenziationsordnung. Für den j-ten partiellen Differenzialoperator D_j (bezüglich der Variablen u) gilt nämlich $D_j X^\alpha e^{i\langle u, X \rangle} = iX^\alpha X_j e^{i\langle u, X \rangle}$ und die Vertauschbarkeit von Integration und Differenziation folgt wegen $|X^\alpha X_j e^{i\langle u, X \rangle}| \leq \|X\|^{|\alpha|+1}$ aus Satz 3.7. □

Weil die Verteilung der Summe unabhängiger Zufallsvektoren die Faltung der Verteilungen der Summanden ist, liefert die dritte Aussage

$$\varphi_{X_1 + \cdots + X_m}(u) = \varphi_{X_1}(u) \cdots \varphi_{X_m}(u)$$

für alle unabhängigen n-dimensionalen $X_1, \ldots, X_m$ und alle $u \in \mathbb{R}^n$.

Mit Satz 5.4.5 und der Reihenentwicklung der charakteristischen Funktion kann man oft die **Momente** $E(X^n)$ einer Zufallsvariablen berechnen. Für $X \sim \text{Exp}(\tau)$ impliziert $\int_{(0,\infty)} x^n e^{-\tau x}\,d\lambda(x) < \infty$, dass die Voraussetzung in Satz 5.4.5 für jedes $n \in \mathbb{N}$ erfüllt ist, und es folgt $E(X^n) = i^{-n}\varphi_X^{(n)}(0)$. Andererseits ist für $|u| < \tau$

$$\varphi_X(u) = \frac{\tau}{\tau - iu} = \sum_{n=0}^{\infty} \left(\frac{iu}{\tau} \right)^n = \sum_{n=0}^{\infty} i^n \tau^{-n} u^n,$$

also $\varphi_X^{(n)}(0) = i^n \tau^{-n} n!$, und damit folgt $E(X^n) = \tau^{-n} n!$.

Ebenfalls mit Satz 5.4.5 können wir jetzt die charakteristische Funktion $\varphi \equiv \varphi_X$ einer $N(0,1)$-verteilten Zufallsvariablen X bestimmen. Wegen $E(|X|) \leq E(X^2) =$

$1 < \infty$ ist φ differenzierbar, und mit Satz 5.3.4 und partieller Integration folgt für $u \in \mathbb{R}$

$$\varphi'(u) = i \int X e^{iuX} dP = \frac{i}{\sqrt{2\pi}} \int_{(-\infty,\infty)} x e^{iux} e^{-x^2/2} d\lambda(x)$$

$$= -\frac{u}{\sqrt{2\pi}} \int_{(-\infty,\infty)} e^{iux} e^{-x^2/2} d\lambda(x) = -u\varphi(u).$$

Wir haben also eine Differenzialgleichung für φ gefunden, und wegen $\varphi(0) = 1$ ist φ dadurch eindeutig bestimmt: Die Ableitung von $f(u) \equiv e^{u^2/2}\varphi(u)$ ist $f'(u) = ue^{u^2/2}\varphi(u) + e^{u^2/2}\varphi'(u) = 0$, so dass f konstant gleich $f(0) = \varphi(0) = 1$ ist, was $\varphi(u) = e^{-u^2/2}$ liefert.

Bis auf den Faktor $1/\sqrt{2\pi}$ stimmt also die Fourier-Transformierte der $N(0,1)$-Verteilung mit der Dichte überein. (Diese „Fixpunkteigenschaft" der Normalverteilung ist der technische Grund für ihre Bedeutung bei der Fourier-Transformation.)

Wegen Satz 5.4.4 erhalten wir für $Y \sim N(\mu, \sigma^2)$ die charakteristische Funktion $\varphi_Y(u) = \exp(i\mu u - \sigma^2 u^2/2)$, und für unabhängige $N(0,1)$-verteilte Zufallsvariablen $X_1, \ldots, X_n$ folgt aus Satz 5.4.2, dass $X \equiv (X_1, \ldots, X_n)$ die charakteristische Funktion $\varphi_X(u) = \prod_{j=1}^n e^{-u_j^2/2} = e^{-\|u\|^2/2}$ besitzt.

Satz 5.5 (Fourier-Umkehrformel)

Sei Q eine Verteilung auf $(\mathbb{R}^n, \mathbb{B}^n)$ mit $\hat{Q} \in \mathcal{L}_1(\mathbb{R}^n, \mathbb{B}^n, \lambda_n; \mathbb{C})$. Dann besitzt Q die stetige λ_n-Dichte $f(x) \equiv (2\pi)^{-n} \int_{\mathbb{R}^n} e^{-i\langle u,x \rangle} \hat{Q}(u) d\lambda_n(u)$.

Beweis. Wir zeigen die Formel zunächst unter der zusätzlichen Voraussetzung, dass $Q = g \cdot \lambda_n$ mit $g \in C_b(\mathbb{R}^n)$ gilt. Wegen $e^{-i\langle u,x \rangle} e^{i\langle u,y \rangle} \notin \mathcal{L}_1(\lambda_n \otimes Q)$ ist der Satz über iterierte Integration nicht ohne Weiteres anwendbar. Wir multiplizieren daher mit $\psi(\varepsilon u) = \exp(-\|\varepsilon u\|^2/2)$, wobei $\psi \equiv \varphi_X$ wie eben die charakteristische Funktion eines Zufallsvektors $X = (X_1, \ldots, X_n)$ mit unabhängigen $N(0,1)$-verteilten Komponenten ist. Für eine positive Nullfolge $(\varepsilon_m)_{m \in \mathbb{N}}$ erhalten wir wegen $\hat{Q} \in \mathcal{L}_1(\mathbb{R}^n, \mathbb{B}^n, \lambda_n; \mathbb{C})$ mit Lebesgues Satz die Konvergenz

$$(2\pi)^n f(x) = \lim_{m \to \infty} g_{\varepsilon_m}(x) \text{ mit } g_\varepsilon(x) \equiv \int e^{-i\langle u,x \rangle} \hat{Q}(u)\psi(\varepsilon u) d\lambda_n(u).$$

Für $\varepsilon > 0$ ist nun der Satz über iterierte Integration anwendbar, und mit den affinen Transformationen $v = \varepsilon u$ und $z = \varepsilon^{-1}(y - x)$ und der Tatsache, dass $(2\pi)^{-n/2}\psi$ eine λ_n-Dichte von P^X ist erhalten wir

$$
\begin{aligned}
g_\varepsilon(x) &= \int \int e^{-i\langle u, x-y\rangle} \psi(\varepsilon u)\, d\lambda_n(u)\, dQ(y) \\
&= \int \varepsilon^{-n}(2\pi)^{n/2} \int e^{i\langle v, \varepsilon^{-1}(y-x)\rangle}(2\pi)^{-n/2}\psi(v)\, d\lambda_n(v)\, dQ(y) \\
&= \int \varepsilon^{-n}(2\pi)^{n/2}\check{\psi}(\varepsilon^{-1}(y-x))\, dQ(y) \\
&= (2\pi)^n \int g(x+\varepsilon z)(2\pi)^{-n/2}\check{\psi}(z)\, d\lambda_n(z).
\end{aligned}
$$

Weil g beschränkt ist, folgt wieder mit dominierter Konvergenz

$$
\lim_{m\to\infty} g_{\varepsilon_m}(x) = (2\pi)^n g(x), \text{ also } f(x) = g(x).
$$

Für den allgemeinen Fall betrachten wir nun einen von X unabhängigen Zufallsvektor Y mit $P^Y = Q$. Für $\varepsilon > 0$ hat $P^{Y+\varepsilon X} = P^Y * P^{\varepsilon X}$ nach der Faltungsformel 3.18 die λ_n-Dichte

$$
f_\varepsilon(x) \equiv (2\pi)^{-n/2}\varepsilon^{-n}\int \exp(-\|x-y\|^2/2\varepsilon^2)\, dQ(y),
$$

die beschränkt und wegen dominierter Konvergenz stetig ist. Wegen der Unabhängigkeit gilt $\varphi_{Y+\varepsilon X} = \varphi_Y\varphi_{\varepsilon X} \in \mathcal{L}_1(\mathbb{R}^n, \mathbb{B}^n, \lambda_n; \mathbb{C})$, und der schon bewiesene Fall liefert

$$
f_\varepsilon(x) = (2\pi)^{-n}\int e^{-i\langle u,x\rangle}\hat{Q}(u)\psi(\varepsilon u)\, d\lambda_n(u).
$$

Wieder folgt mit dominierter Konvergenz $f_{\varepsilon_m}(x) \to f(x)$ für alle $x \in \mathbb{R}^n$. Insbesondere gilt $f \geq 0$ und wegen des Fatouschen Lemmas $\int f\, d\lambda_n \leq 1$. Um zu zeigen, dass f die λ_n-Dichte einer *Verteilung* ist, wählen wir zu beliebigen $\eta > 0$ ein $N \in \mathbb{N}$ mit $P(\|Y\| + \|X\| > N) \leq \eta$. Wegen $|\psi| \leq 1$ sind f_{ε_m} durch $(2\pi)^{-n}\|\hat{Q}\|_1$ beschränkt, und mit dominierter Konvergenz auf der Menge $K \equiv \{x \in \mathbb{R}^n : \|x\| \leq N\}$ folgt

$$
\begin{aligned}
\int f\, d\lambda_n &\geq \int_K f\, d\lambda_n = \lim_{m\to\infty}\int_K f_{\varepsilon_m}\, d\lambda_n = \lim_{m\to\infty} 1 - P(\|Y + \varepsilon_m X\| > N) \\
&\geq \limsup_{m\to\infty} 1 - P(\|Y\| + \varepsilon_m\|X\| > N) \geq 1 - \eta.
\end{aligned}
$$

Ist nun $Q_0 \equiv f \cdot \lambda_n$, so folgt $P^{Y+\varepsilon_m X} \xrightarrow{w} Q_0$ aus Satz 5.1, und wegen Satz 5.3.2 gilt andererseits $P^{Y+\varepsilon_m X} \xrightarrow{w} P^Y = Q$. Die Eindeutigkeit der Grenzverteilung liefert also $Q = Q_0 = f \cdot \lambda_n$. $\qquad\square$

Mit Hilfe der Umkehrformel können wir zum Beispiel die Fourier-Transformierte der Cauchy-Verteilung $f \cdot \lambda$ mit $f(x) = \frac{1}{\pi}\frac{1}{1+x^2}$ bestimmen (die man üblicherweise mit dem Residuensatz berechnet). Dazu betrachten wir die **Doppel-Exponentialverteilung** $Q \equiv g \cdot \lambda$ mit $g(x) \equiv \frac{1}{2}e^{-|x|}$ und berechnen mit dem Hauptsatz der Integralrechnung

$$\hat{Q}(u) \;=\; \frac{1}{2}\int_{(-\infty,0]} e^{(iu+1)x} d\lambda(x) + \frac{1}{2}\int_{[0,\infty)} e^{(iu-1)x} d\lambda(x)$$

$$=\; \frac{1}{2}\left(\frac{1}{iu+1} + \frac{-1}{iu-1}\right) = \frac{1}{1+u^2}.$$

Insbesondere ist $\hat{Q} \in \mathcal{L}_1(\mathbb{R}, \mathbb{B}, \lambda; \mathbb{C})$, und die Umkehrformel liefert

$$g(x) = \frac{1}{2\pi}\int e^{-iux}\hat{Q}(u)d\lambda(u) = \frac{1}{2}\int e^{iux} f(u)d\lambda(u).$$

Also ist $e^{-|x|}$ die Fourier-Transformierte von $f \cdot \lambda$.

Dieses Beispiel zeigt, dass die Differenzierbarkeitsaussage aus Satz 5.4.5 ohne die Integrierbarkeitsvoraussetzung im Allgemeinen falsch ist.

Satz 5.6 (Lévys Stetigkeitssatz und Eindeutigkeit)
Für Verteilungen Q_m und Q auf $(\mathbb{R}^n, \mathbb{B}^n)$ gilt $Q_m \overset{w}{\to} Q$ genau dann, wenn $\hat{Q}_m(u) \to \hat{Q}(u)$ für alle $u \in \mathbb{R}^n$. Insbesondere ist Q durch $\hat{Q}$ eindeutig bestimmt.

Beweis. Die Notwendigkeit von $\hat{Q}_m(u) \to \hat{Q}(u)$ folgt aus der Definition der schwachen Konvergenz und der Euler-Formel $e^{i\langle u,x\rangle} = \cos\langle u, x\rangle + i\sin\langle u, x\rangle$. Für $m \in \mathbb{N}_0$ seien andererseits X und Y_m unabhängige Zufallsvektoren auf einem Wahrscheinlichkeitsraum $(\Omega, \mathcal{A}, P)$ mit $Y_m \sim Q_m$, $Y_0 \sim Q$ und $X = (X_1, \ldots, X_n)$ mit unabhängigen $N(0,1)$-verteilten Komponenten. Für $\alpha > 0$ haben die Verteilungen $P^{Y_m+\alpha X} = P^{Y_m} * P^{\alpha X}$ wegen der Umkehrformel λ_n-Dichten

$$g_{m,\alpha}(x) \equiv (2\pi)^{-n}\int e^{-i\langle u,x\rangle}\hat{Q}_m(u)\psi(\alpha u)d\lambda_n(u),$$

wobei wie vorhin $\psi(u) = \exp(-\|u\|^2/2)$ die charakteristische Funktion von X ist.

Mit dominierter Konvergenz folgt $g_{m,\alpha}(x) \to g_{0,\alpha}(x)$ für alle $x \in \mathbb{R}^n$ und damit $Y_m + \alpha X \overset{d}{\to} Y_0 + \alpha X$ wegen Satz 5.1 und 5.2. Um $Y_m \overset{d}{\to} Y_0$ zu zeigen, müssen wir wegen des Portmanteau-Theorems $\int f \circ Y_m dP \to \int f \circ Y_0 dP$ für jedes gleichmäßig stetige $f \in C_b(\mathbb{R}^n)$ zeigen. Zu $\varepsilon > 0$ wählen wir $\delta > 0$ mit $|f(y+x) - f(y)| < \varepsilon/6$ für alle $\|x\| \le \delta$ und $y \in \mathbb{R}^n$, $\alpha > 0$ mit $P(\|\alpha X\| > \delta) \le \varepsilon/12\|f\|_\infty$ und schließlich $m_0 \in \mathbb{N}$, so dass $|\int f \circ (Y_m + \alpha X) - f \circ (Y_0 + \alpha X)dP| \le \varepsilon/3$ für alle $m \ge m_0$. Für $m \ge m_0$ folgt wie im Beweis zu Satz 5.3

$$\left|\int f \circ Y_m - f \circ Y_0 dP\right|$$

$$\le\; \varepsilon/3 + \int |f \circ (Y_m + \alpha X) - f \circ Y_m| + |f \circ (Y_0 + \alpha X) - f \circ Y_0|dP$$

$$\le\; \varepsilon/3 + 4\|f\|_\infty P(\|\alpha X\| > \delta) + 2\varepsilon/6 \;\le\; \varepsilon.$$

Die Eindeutigkeitsaussage folgt nun aus der Eindeutigkeit der Grenzverteilung. □

Mit Hilfe der Eindeutigkeitsaussage in Satz 5.6 kann man oft die Verteilungen von Summen unabhängiger Zufallsvariablen, also die Faltung der Verteilungen der Summanden, leicht berechnen. Für $X \sim B(n, p)$ gilt wegen des Binomialsatzes

$$\varphi_X(u) = \sum_{j=0}^{n} e^{iuj} \binom{n}{j} p^j (1-p)^{n-j} = (pe^{iu} + 1 - p)^n.$$

Sind nun X, Y unabhängig mit $X \sim B(n, p)$ und $Y \sim B(m, p)$, so folgt mit Satz 5.4.3 $\varphi_{X+Y}(u) = \varphi_X(u)\varphi_Y(u) = (pe^{iu} + 1 - p)^{n+m}$, und der Eindeutigkeitssatz impliziert $X + Y \sim B(n + m, p)$.

Genauso können wir nun die Faltung von Normalverteilungen berechnen. Sind X, Y unabhängig mit $X \sim N(\mu, \sigma^2)$ und $Y \sim N(m, s^2)$, so folgt

$$\varphi_{X+Y}(u) = \varphi_X(u)\varphi_Y(u) = e^{i\mu u} e^{-\sigma^2 u^2/2} e^{imu} e^{-s^2 u^2/2} = e^{i(\mu+m)u} e^{-(\sigma^2+s^2)u^2/2}.$$

Wegen des Eindeutigkeitssatzes gilt daher $X + Y \sim N(\mu + m, \sigma^2 + s^2)$, wobei die Besonderheit darin liegt, dass $X + Y$ überhaupt normalverteilt ist, die Parameter ergeben sich auch aus der Linearität des Erwartungswerts und der Gleichheit von Bienaimé.

Außer für solche Rechnungen (deren Ergebnisse man auch mit etwas größerer Mühe mit der Faltungsformel 3.18 hätte zeigen können) hat der Satz 5.6 weitreichende Konsequenzen für die Wahrscheinlichkeitstheorie.

Satz 5.7 (Fourier-Charakterisierung der Unabhängigkeit)
Seien $(\Omega, \mathcal{A}, P)$ ein Wahrscheinlichkeitsraum und $X_j : (\Omega, \mathcal{A}) \to (\mathbb{R}^{n_j}, \mathcal{B}^{n_j})$ Zufallsvektoren. $X_1, \ldots, X_m$ sind genau dann unabhängig, wenn für alle $u_j \in \mathbb{R}^{n_j}$

$$\varphi_{(X_1,\ldots,X_m)}((u_1, \ldots, u_m)) = \prod_{j=1}^{m} \varphi_{X_j}(u_j).$$

Beweis. Nach Satz 5.4.2 ist $(u_1, \ldots, u_m) \mapsto \prod_{j=1}^{m} \varphi_{X_j}(u_j)$ die Fourier-Transformierte von $P^{X_1} \otimes \cdots \otimes P^{X_m}$. Wegen der Eindeutigkeit der Fourier-Transformation ist die Bedingung im Satz also äquivalent zu $P^{(X_1,\ldots,X_m)} = P^{X_1} \otimes \cdots \otimes P^{X_m}$, was nach Satz 3.16 die Unabhängigkeit charakterisiert. $\square$

Der folgende Satz ermöglicht oft, mehrdimensionale Probleme auf eindimensionale zurückzuführen. Seinen Charme gewinnt er auch aus der Tatsache, dass die Aussage – die mit charakteristischen Funktionen nichts zu tun hat – ohne Fouriertransformation „so gut wie nicht" beweisbar ist.

Satz 5.8 (Cramér–Wold-Technik)
Für n-dimensionale Zufallsvektoren X_m und X gilt $X_m \xrightarrow{d} X$ genau dann, wenn $\langle v, X_m \rangle \xrightarrow{d} \langle v, X \rangle$ für alle $v \in \mathbb{R}^n$ mit $\|v\| = 1$.

Beweis. Für $u \neq 0$ und $v \equiv \|u\|^{-1}u$ gilt

$$\varphi_{X_m}(u) = \int e^{i\|u\|\langle v, X_m \rangle} dP = \varphi_{\langle v, X_m \rangle}(\|u\|). \qquad \square$$

Die Normalverteilung spielte in den Beweisen der Umkehrformel und des Stetigkeitssatzes eine ausgezeichnete Rolle. Wir werden jetzt sehen, dass sie nicht nur für die Beweise zentral ist, sondern in vielen Situationen als Grenzverteilung auftritt.

Satz 5.9 (Klassischer zentraler Grenzwertsatz)
Sei $(X_n)_{n \in \mathbb{N}}$ *eine unabhängige Folge identisch verteilter Zufallsvariablen* $X_n \in$ $\mathcal{L}_2(\Omega, \mathcal{A}, P)$. *Dann gilt*

$$\frac{1}{\sqrt{n}} \sum_{j=1}^{n} (X_j - E(X_j)) \overset{d}{\to} X$$

mit einer $N(0, \mathrm{Var}(X_1))$*-verteilten Zufallsvariablen* X.

Beweis. Wir können $E(X_j) = 0$ annehmen und setzen $\sigma^2 \equiv \mathrm{Var}(X_1)$. Mit Satz 5.4.4 und 5.4.3 erhalten wir $\varphi_{\frac{1}{\sqrt{n}} \sum_{j=1}^{n} X_j}(u) = \varphi_{X_1}(u/\sqrt{n})^n$ für alle $u \in \mathbb{R}$. Mit Hilfe der Taylorentwicklung von $\varphi \equiv \varphi_{X_1}$ zeigen wir nun $\varphi(u/\sqrt{n})^n \to e^{-u^2/2}$. Nach Satz 5.4.5 ist φ zweimal differenzierbar mit $\varphi'(0) = i \int X_1 dP = i E(X_1) = 0$ und $\varphi''(u) = i^2 \int X_1^2 e^{i \langle u, X_1 \rangle} dP$. Wegen des Satzes von Lebesgue ist φ'' stetig, und es gilt $\varphi''(0) = -E(X_1^2) = -\sigma^2$. Wir erhalten damit $\varphi(u) = 1 - \sigma^2 u^2/2 + o(u)$ mit einer Funktion $o : \mathbb{R} \to \mathbb{R}$, so dass $o(u)/u^2 \to 0$ für $u \to 0$. Für jedes $u \in \mathbb{R}$ folgt nun

$$\varphi(u/\sqrt{n})^n = \left(1 - \frac{\sigma^2 u^2/2 + o(u/\sqrt{n})n}{n} \right)^n \to \exp(-\sigma^2 u^2/2).$$

Weil dies die Fourier-Transformierte von $N(0, \sigma^2)$ ist, folgt die Behauptung aus Lévys Stetigkeitssatz. $\qquad \square$

Der zentrale Grenzwertsatz ist sowohl theoretische Rechtfertigung für Normalverteilungsannahmen als auch ein Hilfsmittel für viele Rechnungen.

Ist etwa $(X_n)_{n \in \mathbb{N}}$ eine unabhängige Folge von $B(1, p)$-verteilten Zufallsvariablen, so kann man wegen $S \equiv \sum_{j=1}^{n} X_j \sim B(n, p)$ für $a < b$ die Wahrscheinlichkeiten $P(S \in (a, b]) = \sum_{a < j \leq b} \binom{n}{j} p^j (1-p)^{n-j}$ im Prinzip bestimmen, aber für große natürliche Zahlen $n \in \mathbb{N}$ lässt sich die Summe selbst numerisch schlecht berechnen. Andererseits gilt

$$\left\{ \sum_{j=1}^{n} X_j \in (a, b] \right\} = \left\{ \frac{1}{\sqrt{n}} \sum_{j=1}^{n} \frac{X_j - p}{\sqrt{p(1-p)}} \in (a^*, b^*] \right\}$$

mit $a^* \equiv \frac{a - np}{\sqrt{np(1-p)}}$ und entsprechenden b^*, und wegen des zentralen Grenzwertsatzes ist $\Phi(b^*) - \Phi(a^*)$ eine Näherung für die gesuchte Wahrscheinlichkeit, wobei Φ die Verteilungsfunktion von $N(0,1)$ ist (weil a^* und b^* von n abhängen, ist dies allerdings bloß eine Plausibilität und kein Beweis – hängen aber a und b von n ab, so dass a^* und b^* konstant sind, liefert der zentrale Grenzwertsatz tatsächlich eine Konvergenzaussage). In Zeiten, als es noch keine Computer gab, enthielt so gut wie jedes Buch über Statistik eine Wertetabelle für Φ.

Als weitere Anwendung betrachten wir die Partialsummen $S_n \equiv \sum_{k=1}^{n} X_k$ einer unabhängigen Folge identisch verteilter Zufallsvariablen X_n. Die Folge $(S_n)_{n\in\mathbb{N}}$ dient etwa als Modell für den Kontostand eines Spielers, der in jeder Spielrunde den Einsatz X_n gewinnt (wobei negative Gewinne Verluste sind). Mit etwas mehr theoretischer Courage kann man S_n auch als einfaches Modell für den Kurs einer Aktie ansehen. Das Kolmogorovsche 0-1-Gesetz impliziert, dass die Wahrscheinlichkeit, im Laufe der Zeit beliebig hohe Kontostände zu haben, entweder 0 oder 1 ist.

Falls $X_1 \in \mathcal{L}_2(\Omega, \mathcal{A}, P)$ mit $E(X_1) = 0$ (dann könnte man das Spiel als fair bezeichnen) und $\sigma^2 \equiv \mathrm{Var}\,(X_1) > 0$ erhalten wir $S_n/\sqrt{n} \xrightarrow{d} X \sim N(0,\sigma^2)$, und Satz 5.2 liefert $P(S_n/\sqrt{n} > \varepsilon) \to 1 - \Phi(\varepsilon/\sigma)$, was für $\varepsilon \to 0$ gegen $1/2$ konvergiert. Mit der Stetigkeit von oben folgt

$$P\big(\sup_{n\in\mathbb{N}} S_n = \infty\big) = \lim_{c\to\infty} P\big(\sup_{n\in\mathbb{N}} S_n \geq c\big) \geq \limsup_{c\to\infty}\limsup_{n\to\infty} P\Big(\frac{S_n}{\sqrt{n}} \geq \frac{c}{\sqrt{n}}\Big) = \frac{1}{2}.$$

Das 0-1-Gesetz impliziert also $P(\sup_{n\in\mathbb{N}} S_n = \infty) = 1$. Leider kann man dieses erfreuliche Ergebnis auch auf $(-X_n)_{n\in\mathbb{N}}$ anwenden und erhält $P(\inf_{n\in\mathbb{N}} S_n = -\infty) = 1$.

Wir nennen einen n-dimensionalen Zufallsvektor $X = (X_1, \ldots, X_n)$ **multivariat normalverteilt** (oder auch n-dimensional normalverteilt), falls für jedes $u \subset \mathbb{R}^n$ die Zufallsvariable $\langle u, X \rangle = u^t X = \sum_{j=1}^{u} u_j X_j$ eindimensional normalverteilt ist, wobei wir das Dirac-Maß δ_a in einem Punkt $a \in \mathbb{R}$ als Normalverteilung mit Varianz 0 auffassen, das heißt, wir definieren $N(a,0) \equiv \delta_a$.

Sind $Y = (Y_1, \ldots, Y_n)$ ein Zufallsvektor mit unabhängigen $N(0,1)$-verteilten Komponenten, $A \in \mathbb{R}^{m\times n}$ und $b \in \mathbb{R}^m$, so ist $X \equiv AY + b$ m-dimensional normalverteilt. Für $u \in \mathbb{R}^m$ besitzt nämlich $\langle u, X \rangle = u^t AY + u^t b$ wegen Satz 5.4.4 die charakteristische Funktion

$$\varphi_{\langle u,X\rangle}(s) = e^{is\langle u,b\rangle}\varphi_Y(A^t us) = e^{is\langle u,b\rangle}\exp\big(-\tfrac{1}{2}\|A^t u\|^2 s^2\big),$$

wegen des Eindeutigkeitssatzes ist $\langle u, X \rangle$ also $N(u^t b, \|A^t u\|^2)$-verteilt. Wir werden im Beweis des nächsten Satzes sehen, dass jede multivariate Normalverteilung wie in diesem Beispiel dargestellt werden kann. Dabei benutzen wir eine Folgerung der Hauptachsentransformation, dass nämlich jede symmetrische positiv semidefinite Matrix $Q \in \mathbb{R}^{n\times n}$ eine Darstellung $Q = AA^t$ besitzt.

Satz 5.10 (Fourier-Charakterisierung der Normalverteilung)
Ein Zufallsvektor $X = (X_1, \ldots, X_n)$ ist genau dann n-dimensional normalverteilt, wenn es $\mu \in \mathbb{R}^n$ und eine symmetrische positiv semidefinite Matrix $Q \in \mathbb{R}^{n \times n}$ mit $\varphi_X(u) = e^{i\langle u, \mu \rangle} \exp(-\frac{1}{2}\langle u, Qu \rangle)$ für alle $u \in \mathbb{R}^n$ gibt. In diesem Fall ist $X_j \in \mathcal{L}_2(\Omega, \mathcal{A}, P)$, $\mu = E(X)$ der Erwartungsvektor und $Q = \mathrm{Kov}(X)$ die Kovarianzmatrix von X.

Beweis. Für normalverteiltes X ist jede Komponente $X_j = \langle e_j, X \rangle$ eindimensional normalverteilt, und insbesondere gilt $X_j \in \mathcal{L}_2(\Omega, \mathcal{A}, P)$. Mit $\mu \equiv E(X)$ und $Q \equiv \mathrm{Kov}(X)$ erhalten wir für $u \in \mathbb{R}^n$

$$\varphi_X(u) = \int e^{i\langle u, X \rangle}\, dP = \varphi_{\langle u, X \rangle}(1) = e^{iE(\langle u, X \rangle)} \exp\left(-\tfrac{1}{2}\mathrm{Var}(\langle u, X \rangle)\right),$$

was wegen $E(\langle u, X \rangle) = \langle u, \mu \rangle$ und $\mathrm{Var}(\langle u, X \rangle) = u^t \mathrm{Kov}(X)u$ die behauptete Darstellung liefert.

Sei andererseits $Y = (Y_1, \ldots, Y_n)$ ein Zufallsvektor mit unabhängigen $N(0, 1)$-verteilten Komponenten. Ist $A \in \mathbb{R}^{n \times n}$ mit $Q = AA^t$, so ist nach obigem Beispiel $AY + \mu$ ein n-dimensional normalverteilter Zufallsvektor mit

$$\varphi_{AY+\mu}(u) = e^{i\langle u, \mu \rangle}\varphi_Y(A^t u) = e^{i\langle u, \mu \rangle}e^{-\frac{1}{2}\|A^t u\|^2} = e^{i\langle u, \mu \rangle}e^{-\frac{1}{2}\langle u, Qu \rangle}.$$

Wegen des Eindeutigkeitssatzes gilt also $X \overset{d}{=} AY + \mu$, und daher ist X multivariat normalverteilt mit $E(X) = AE(Y) + \mu = \mu$ und $\mathrm{Kov}(X) = \mathrm{Kov}(AY) = A\mathrm{Kov}(Y)A^t = AA^t = Q$. □

Für einen n-dimensional normalverteilten Zufallsvektor X mit $E(X) = \mu$ und $\mathrm{Kov}(X) = Q$ hängt wegen des eben bewiesenen Satzes die Verteilung P^X nur von μ und Q ab, und wir definieren $N(\mu, Q) \equiv P^X$. Die Klasse der multivariaten Normalverteilungen zeichnet sich durch eine Reihe von Besonderheiten aus. Aus der Definition erhalten wir zum Beispiel sofort, dass für jede affine Abbildung $T : \mathbb{R}^n \to \mathbb{R}^m$ das Bildmaß $N(\mu, Q)^T$ wieder eine multivariate Normalverteilung ist.

Satz 5.11 (Unkorreliertheit im Normalverteilungsmodell)
Für Zufallsvektoren $X_j = (X_{j,1}, \ldots, X_{j,n_j})$, so dass $X = (X_1, \ldots, X_m)$ ein $n = \sum_{j=1}^m n_j$-dimensional normalverteilter Zufallsvektor ist, sind $X_1, \ldots, X_m$ genau dann unabhängig, wenn für alle $i \neq j$ und $k \in \{1, \ldots, n_i\}$, $\ell \in \{1, \ldots, n_j\}$ die Zufallsvariablen $X_{i,k}$ und $X_{j,\ell}$ unkorreliert sind.

Beweis. Mit X_i und X_j sind auch die Komponenten $X_{i,k}$ und $X_{j,\ell}$ unabhängig und als normalverteilte Zufallsvariablen im $\mathcal{L}_2$. Daher folgt die Unkorreliertheit aus dem Multiplikationssatz 4.8.

Ist andererseits die Bedingung im Satz erfüllt, so ist die Kovarianzmatrix $Q \equiv$ Kov$(X) = (K(X_i, X_j))_{i,j \in \{1,\ldots,m\}}$ von der Form

$$Q = \begin{pmatrix} Q_1 & & 0 \\ & \ddots & \\ 0 & & Q_m \end{pmatrix}$$

mit $Q_j \equiv$ Kov(X_j). Für $u_j \in \mathbb{R}^{n_j}$ und $u \equiv (u_1, \ldots, u_m)$ folgt mit Satz 5.10

$$\varphi_X(u) = e^{i \langle u, E(X) \rangle} \exp\left(-\tfrac{1}{2} \sum_{j=1}^{m} \langle u_j, Q_j u_j \rangle \right)$$

$$= \prod_{j=1}^{m} e^{i \langle u_j, E(X_j) \rangle} \exp\left(-\tfrac{1}{2} \langle u_j, Q_j u_j \rangle \right) = \prod_{j=1}^{m} \varphi_{X_j}(u_j),$$

und Satz 5.7 liefert die Unabhängigkeit von $X_1, \ldots, X_m$. □

Als Anwendung dieses Satzes zeigen wir, dass für unabhängige identisch normalverteilte Zufallsvariablen $X_1, \ldots, X_n$ das **Stichprobenmittel** $\overline{X} \equiv \frac{1}{n} \sum_{j=1}^{n} X_j$ und die **Stichprobenvarianz** $S^2 \equiv \frac{1}{n-1} \sum_{j=1}^{n} (X_j - \overline{X})^2$ unabhängig sind. Der Zufallsvektor $Y \equiv (X_1 - \overline{X}, \ldots, X_n - \overline{X}, \overline{X}) = AX$ mit einer geeigneten Matrix $A \in \mathbb{R}^{(n+1) \times n}$ und $X \equiv (X_1, \ldots, X_n)$ ist nämlich $(n+1)$-dimensional normalverteilt, und für jedes $j \in \{1, \ldots, n\}$ sind $X_j - \overline{X}$ und $\overline{X}$ unkorreliert, weil

$$E(X_\ell X_k) = E(X_1^2) \text{ für } \ell = k \text{ und } E(X_\ell X_k) = (E(X_1))^2 \text{ für } \ell \neq k,$$

was

$$E((X_j - \overline{X})\overline{X}) = \frac{1}{n} \sum_{k=1}^{n} E(X_j X_k) - \frac{1}{n^2} \sum_{k,\ell=1}^{n} E(X_\ell X_k) = 0$$

impliziert. Also sind $(X_1 - \overline{X}, \ldots, X_n - \overline{X})$ und $\overline{X}$ unabhängig und damit auch S^2 und $\overline{X}$, weil die von S^2 erzeugte σ-Algebra in $\sigma(X_1 - \overline{X}, \ldots, X_n - \overline{X})$ enthalten ist.

Die Unabhängigkeit von Stichprobenmittel und -varianz im Normalverteilungsmodell ist von fundamentaler Bedeutung für die Statistik. Wegen des starken Gesetzes der großen Zahlen benutzt man $\overline{X}$ und S^2 als „Schätzung" für den (unbekannten) Erwartungswert $E(X_1)$ und die Varianz Var(X_1) (dabei hat S^2 gegenüber der ebenfalls plausiblen Schätzung $\frac{1}{n} \sum_{j=1}^{n} (X_j - \overline{X})^2$ den Vorteil der „Erwartungstreue" $E(S^2) = $ Var(X_1)). Für die Belange der Statistik benötigt man die Verteilung von $f(\overline{X}, S^2)$ für messbare Funktionen $f : \mathbb{R}^2 \to \mathbb{R}$, die man ohne die Unabhängigkeit von $\overline{X}$ und S^2 nicht berechnen könnte.

Bevor wir weitere Eigenschaften der Normalverteilung untersuchen, ein warnendes Beispiel: Satz 5.11 besagt *nicht*, dass unkorrelierte normalverteilte Zufallsvariablen unabhängig sind. Seien dazu X, Z unabhängige Zufallsvariablen mit $X \sim N(0,1)$

und $P(Z = \pm 1) = 1/2$. Wegen $X \overset{d}{=} -X$ gilt für $Y \equiv XZ$ und $B \in \mathbb{B}$

$$
\begin{aligned}
P(Y \in B) &= P(X \in B, Z = 1) + P(-X \in B, Z = -1) \\
&= \tfrac{1}{2} P(X \in B) + \tfrac{1}{2} P(-X \in B) = P(X \in B),
\end{aligned}
$$

also ist Y ebenfalls $N(0, 1)$-verteilt. Wegen $E(XY) = E(X^2 Z) = E(X^2) E(Z) = 0$ sind X und Y unkorreliert. Schließlich sind X, Y nicht unabhängig, weil sonst auch X^2 und $Y^2 = X^2$ unabhängig wären.

Satz 5.12 (Multivariate Gaußdichte)

Die n-dimensionale Normalverteilung $N(\mu, Q)$ besitzt genau dann eine λ_n-Dichte, wenn Q invertierbar ist. In diesem Fall ist

$$
\phi_{\mu, Q}(x) \equiv ((2\pi)^n \det Q)^{-1/2} \exp\left(-\tfrac{1}{2}\langle x - \mu, Q^{-1}(x - \mu)\rangle\right)
$$

eine λ_n-Dichte von $N(\mu, Q)$.

Beweis. Seien $X = (X_1, \ldots, X_n)$ ein Zufallsvektor mit unabhängigen $N(0, 1)$-verteilten Komponenten und $A \in \mathbb{R}^{n \times n}$ mit $Q = AA^t$. Wie wir vor Satz 5.10 gesehen haben, gilt dann $AX + \mu \sim N(\mu, Q)$. Wegen der Unabhängigkeit der Komponenten hat $P^X = X^{X_1} \otimes \cdots \otimes P^{X_n}$ die λ_n-Dichte $\varphi_{0,1} \otimes \cdots \otimes \varphi_{0,1} = \phi_{0,E}$ mit der Einheitsmatrix E. Mit Q ist nun auch A invertierbar und wegen der Bemerkung nach Satz 3.10 hat $N(\mu, Q)$ die λ_n-Dichte $\frac{1}{|\det A|} \phi_{0,E}(A^{-1}(x - \mu)) = \phi_{\mu,Q}(x)$.

Ist andererseits Q und damit A^t singulär, so gibt es $u \in \mathbb{R}^n \setminus \{0\}$ mit $A^t u = 0$. Für die Hyperebene $H \equiv \{x \in \mathbb{R}^n : \langle u, x - \mu\rangle = 0\}$ gilt dann $P(AX + \mu \in H) = P(\langle u, AX\rangle = 0) = 1$ und $\lambda_n(H) = 0$, so dass $N(\mu, Q)$ nicht absolutstetig bezüglich λ_n ist. $\qquad\square$

Der zentrale Grenzwertsatz wird von Anwendern oft als Argument bemüht, um Größen, die sich aus „vielen unabhängigen Einflüssen zusammensetzen" durch Normalverteilungen zu modellieren. Außer seiner Vagheit ist bei diesem Argument auch die in Satz 5.9 gemachte Voraussetzung der identischen Verteilung der Einflüsse häufig wenig plausibel. Deshalb zeigen wir nun, dass Summen unabhängiger „kleiner" Zufallsvariablen auch ohne weitere Verteilungsannahmen asymptotisch normalverteilt sind.

Satz 5.13 (Lindebergs zentraler Grenzwertsatz)

Für jedes $n \in \mathbb{N}$ seien $X_{n,1}, \ldots, X_{n,m(n)}$ unabhängige $\mathcal{L}_2$-Zufallsvariablen mit $E(X_{n,j}) = 0$ und $\sum_{j=1}^{m(n)} \mathrm{Var}(X_{n,j}) = 1$, so dass die **Lindeberg-Bedingung**

$$
E\left(\sum_{j=1}^{m(n)} X_{n,j}^2 \, I_{\{|X_{n,j}| > \varepsilon\}}\right) \to 0 \quad \text{für alle } \varepsilon > 0
$$

erfüllt ist. Dann gilt $S_n \equiv \sum_{j=1}^{m(n)} X_{n,j} \overset{d}{\to} X \sim N(0, 1)$.

Beweis. Wir zeigen zuerst, dass das Maximum der Varianzen $c_{n,j} \equiv \text{Var}(X_{n,j})$ gegen null konvergiert, das heißt, die Summanden sind im Sinn der $\mathcal{L}_2$-Norm klein. Für jedes $\varepsilon > 0$ gilt

$$
\max_{1 \le j \le m(n)} c_{n,j} = \max_{1 \le j \le m(n)} \int X_{n,j}^2 I_{\{|X_{n,j}| \le \varepsilon\}} + X_{n,j}^2 I_{\{|X_{n,j}| > \varepsilon\}} \, dP
$$

$$
\le \varepsilon^2 + \int \sum_{j=1}^{m(n)} X_{n,j}^2 I_{\{|X_{n,j}| > \varepsilon\}} \, dP,
$$

und wegen der Lindeberg-Bedingung konvergiert dies gegen ε^2.

Seien nun $\varphi_{n,j} \equiv \varphi_{X_{n,j}}$ die charakteristischen Funktionen und $t \in \mathbb{R}$ fest. Dann gilt wegen Satz 5.4.3 und $\sum_{j=1}^{m(n)} c_{n,j} = 1$

$$
|\varphi_{S_n}(t) - e^{-t^2/2}| = \left| \prod_{j=1}^{m(n)} \varphi_{n,j}(t) - \prod_{j=1}^{m(n)} e^{-c_{n,j}t^2/2} \right| \le \sum_{j=1}^{m(n)} |\varphi_{n,j}(t) - e^{-c_{n,j}t^2/2}|,
$$

weil für alle komplexen Zahlen $z_1, \ldots, z_m, \eta_1, \ldots, \eta_m$ mit Betrag kleiner oder gleich 1 die Ungleichung $\left| \prod_{j=1}^m z_j - \prod_{j=1}^m \eta_j \right| \le \sum_{j=1}^m |z_j - \eta_j|$ gilt: Der Fall $m = 2$ folgt wegen der Dreiecksungleichung aus $z_1 z_2 - \eta_1 \eta_2 = z_1(z_2 - \eta_2) + \eta_2(z_1 - \eta_1)$, und damit ergibt sich der Fall $m > 2$ induktiv.

Um die Summanden $|\varphi_{n,j}(t) - e^{-c_{n,j}t^2/2}|$ weiter abzuschätzen, benutzen wir die (mit partieller Integration zu beweisende) Taylorentwicklung

$$
e^{ix} - \sum_{k=0}^m (ix)^k / k! = 1/m! \int_0^x i^m e^{is} (x-s)^m \, ds.
$$

Für $m = 1$ und $m = 2$ erhalten wir daraus

$$
|e^{ix} - (1 + ix)| \le |x|^2/2 \quad \text{sowie} \quad |e^{ix} - (1 + ix - x^2/2)| \le |x|^3/6 \le |x|^3
$$

und wegen der Dreiecksungleichung damit auch $|e^{ix} - (1 + ix - x^2/2)| \le |x|^2 \wedge |x|^3$.

Wegen $E(X_{n,j}) = 0$ und $E(X_{n,j}^2) = c_{n,j}$ folgt daraus mit $\alpha \equiv 1 \vee |t|^3$

$$
|\varphi_{n,j}(t) - (1 - c_{n,j}t^2/2)| = \left| \int e^{itX_{n,j}} - (1 + itX_{n,j} - t^2 X_{n,j}^2/2) \, dP \right|
$$

$$
\le \int |tX_{n,j}|^3 \wedge |tX_{n,j}|^2 \, dP \le \alpha \int X_{n,j}^2 (1 \wedge |X_{n,j}|) \, dP
$$

$$
\le \alpha \int_{\{|X_{n,j}| > \varepsilon\}} X_{n,j}^2 \, dP + \alpha \int_{\{|X_{n,j}| \le \varepsilon\}} X_{n,j}^2 |X_{n,j}| \, dP
$$

$$
\le \alpha E(X_{n,j}^2 I_{\{|X_{n,j}| > \varepsilon\}}) + \alpha \varepsilon c_{n,j}
$$

für jedes $\varepsilon > 0$. Indem wir für jedes $\varepsilon > 0$ die Lindeberg-Bedingung anwenden und dann $\varepsilon \to 0$ betrachten, folgt damit

$$\sum_{j=1}^{m(n)} |\varphi_{n,j}(t) - (1 - c_{n,j}t^2/2)| \to 0 \quad \text{für } n \to \infty.$$

Aus $e^{-x} - (1 - x) = \int_0^x e^{-s}(x - s)ds$ erhalten wir $e^{-x} - (1 - x) \le x^2/2$ für $x \ge 0$, und damit folgt

$$\sum_{j=1}^{m(n)} |e^{-c_{n,j}t^2/2} - (1 - c_{n,j}t^2/2)|$$

$$\le \frac{t^4}{4} \sum_{j=1}^{m(n)} c_{n,j}^2 \le \frac{t^4}{4} \max_{1 \le j \le m(n)} c_{n,j} \sum_{j=1}^{m(n)} c_{n,j} \to 0$$

wegen $\max_{1 \le j \le m(n)} c_{n,j} \to 0$. Wir haben damit $\varphi_{S_n}(t) \to e^{-t^2/2}$ gezeigt, und mit Lévys Stetigkeitssatz folgt die Behauptung. $\qquad\qquad\qquad\qquad\qquad\qquad\qquad\qquad\quad\square$

Satz 5.13 beinhaltet übrigens den klassischen zentralen Grenzwertsatz 5.9: Für eine unabhängige Folge $(X_n)_{n \in \mathbb{N}}$ identisch verteilter $\mathcal{L}_2$-Zufallsvariablen mit $\text{Var}(X_1) \equiv \sigma^2 > 0$ ist die Lindeberg-Bedingung für $m(n) \equiv n$ und die Zufallsvariablen $X_{n,j} \equiv (n\sigma^2)^{-1/2}(X_j - E(X_j))$ erfüllt, weil

$$E\left(\sum_{j=1}^n X_{n,j}^2 I_{\{|X_{n,j}|>\varepsilon\}}\right) = \sigma^{-2} E\left((X_1 - E(X_1))^2 I_{\{|X_1 - E(X_1)| > \sqrt{n}\sigma\varepsilon\}}\right)$$

wegen Lebesgues Satz gegen 0 konvergiert.

Mit Hilfe der Cramér–Wold-Technik erhalten wir leicht eine mehrdimensionale Versionen des zentralen Grenzwertsatzes:

Satz 5.14 (Multivariater zentraler Grenzwertsatz)
Für jedes $n \in \mathbb{N}$ seien $X_{n,1}, \ldots, X_{n,m(n)}$ unabhängige d-dimensionale $\mathcal{L}_2$-Zufalls-vektoren mit $E(X_{n,j}) = 0$ und $\sum_{j=1}^{m(n)} \text{Kov}(X_{n,j}) = Q \in \mathbb{R}^{d \times d}$, so dass

$$E\left(\sum_{j=1}^{m(n)} \|X_{n,j}\|^2 I_{\{\|X_{n,j}\|>\varepsilon\}}\right) \to 0 \quad \text{für alle } \varepsilon > 0.$$

Dann gilt $S_n \equiv \sum_{j=1}^{m(n)} X_{n,j} \xrightarrow{d} X \sim N(0, Q)$.

Ist $(X_n)_{n \in \mathbb{N}}$ eine unabhängige Folge identisch verteilter $\mathcal{L}_2$-Zufallsvektoren, so gilt $\frac{1}{\sqrt{n}} \sum_{j=1}^n (X_j - E(X_j)) \xrightarrow{d} N(0, \text{Kov}(X_1))$.

Beweis. Wegen Satz 5.8 müssen wir $\langle u, S_n \rangle = \sum_{j=1}^{m(n)} \langle u, X_{n,j} \rangle \xrightarrow{d} N(0, \langle u, Qu \rangle)$ für jedes $u \in \mathbb{R}^n$ zeigen. Falls $\langle u, Qu \rangle = 0$, ist $\mathrm{Var}(\langle u, S_n \rangle) = 0$, und dann ist $\langle u, S_n \rangle$ fast sicher 0. Andernfalls können wir Satz 5.13 auf $\tilde{X}_{n,j} \equiv \langle u, Qu \rangle^{-1} \langle u, X_{n,j} \rangle$ anwenden. Wegen $|\langle u, X_{n,j} \rangle| \le \|u\| \|X_{n,j}\|$ folgt nämlich die Lindeberg-Bedingung für $\tilde{X}_{n,j}$ aus der Bedingung für $\|X_{n,j}\|$.

Die zweite Aussage folgt aus der ersten oder wiederum mit der Cramér–Wold-Technik aus dem klassischen zentralen Grenzwertsatz. $\qquad\qquad\qquad\qquad\square$

Aufgaben

5.1. Berechnen Sie die Fourier-Transformierte einer Poisson-verteilten Zufallsvariablen.

5.2. Zeigen Sie mit Hilfe des Eindeutigkeitssatzes, dass die Faltung von Poisson-Verteilungen wieder eine Poisson-Verteilung ist.

5.3. Zeigen Sie den Poissonschen Grenzwertsatz $B(n, p_n) \xrightarrow{w} Po(\lambda)$ für $np_n \to \lambda$ mit Hilfe von Lévys Stetigkeitssatz.

5.4. Seien P, Q zwei Verteilungen auf $(\mathbb{R}^n, \mathbb{B}^n)$ mit $P(H) = Q(H)$ für alle Halbräume $H \equiv \{x \in \mathbb{R}^n : \langle u, x \rangle \le c\}$ mit $u \in \mathbb{R}^n$ und $c \in \mathbb{R}$. Zeigen Sie $P = Q$.

5.5. Zeigen Sie in der Situation von Satz 5.13, dass die **Lyapunov-Bedingung**

$$\sum_{j=1}^{m(n)} E(|X_{n,j}|^{2+r}) \to 0 \quad \text{für ein } r > 0$$

die Lindeberg-Bedingung impliziert.

5.6. Sei $(X_n)_{n \in \mathbb{N}}$ eine unabhängige Folge von nicht fast sicher konstanten Zufallsvariablen mit $|X_n| \le c$ mit einer Konstanten c und $s_n \equiv \sum_{j=1}^{n} \mathrm{Var}(X_j) \to \infty$. Zeigen Sie (mit Hilfe der vorangehenden Aufgabe)

$$\frac{1}{\sqrt{s_n}} \sum_{j=1}^{n} (X_j - E(X_j)) \xrightarrow{d} X \sim N(0, 1).$$

5.7. Sei $I = I_1 \cup \cdots \cup I_m$ eine disjunkte Zerlegung eines n-dimensionalen Intervalls I in disjunkte Intervalle I_j, so dass jedes I_j mindestens eine Seite mit ganzzahliger Länge besitzt. Zeigen Sie, dass auch I eine Seite mit ganzzahliger Länge hat. Falls Sie dazu eine Idee brauchen, lösen Sie zunächst die folgende Aufgabe.

5.8. Für $f \in \mathcal{L}_1(\mathbb{R}^n, \mathbb{B}^n, \lambda_n)$ ist die Fourier-Transformierte durch

$$\hat{f}(u) \equiv \int e^{i \langle u, x \rangle} f(x) d\lambda_n(x)$$

definiert. Zeigen Sie, dass die Fourier-Transformation linear ist, beweisen Sie einen Eindeutigkeitssatz, und berechnen Sie die Fourier-Transformierte von Indikatorfunktionen von n-dimensionalen Intervallen. Charakterisieren Sie damit, wann ein Intervall mindestens eine Seite mit ganzzahliger Länge hat.

5.9. Zeigen Sie für einen n-dimensionalen Zufallsvektor X, dass $X \stackrel{d}{=} -X$ genau dann gilt, wenn die charakteristische Funktion φ_X reellwertig ist.

5.10. Sei φ die charakteristische Funktion eines Zufallsvektors X. Zeigen Sie (etwa mit Hilfe einer von X unabhängigen Zufallsgröße $Y \stackrel{d}{=} X$ und $Z \equiv X - Y$), dass auch $|\varphi|^2$ eine charakteristische Funktion ist.

5.11. Seien $X, Y \in \mathcal{L}_2(\Omega, \mathcal{A}, P)$ unabhängig mit $(X + Y)/\sqrt{2} \stackrel{d}{=} X$. Zeigen Sie, dass X normalverteilt ist. Benutzen Sie dazu eine unabhängige Folge $(X_n)_{n\in\mathbb{N}}$ mit $X_n \stackrel{d}{=} X$, und untersuchen Sie $Y_n \equiv \frac{1}{\sqrt{2^n}} \sum_{j=0}^{2^n} X_j$.

5.12. Bestimmen Sie mit Hilfe von Satz 5.4.5 und der Reihenentwicklung der Exponentialfunktion alle Momente $E(X^n)$ einer Zufallsvariablen $X \sim N(0, 1)$.

5.13. Zeigen Sie für eine stetige Funktion $g : \mathbb{R}^n \to \mathbb{R}^k$ und eine Folge von Zufallsvektoren $X_m \stackrel{d}{\to} X$, dass $g \circ X_m \stackrel{d}{\to} g \circ X$ gilt.

5.14. Zeigen Sie für eine gleichgradig integrierbare Folge $(X_m)_{m\in\mathbb{N}}$ von Zufallsvektoren mit $X_m \stackrel{d}{\to} X$, dass $E(X_m) \to E(X)$ gilt. Betrachten Sie dazu die Funktionen $f_r(x) \equiv -r \vee (x \wedge r)$.

5.15. Seien $(X_n)_{n\in\mathbb{N}}$ eine unabhängige Folge von $Po(1)$-verteilten Zufallsvariablen, $Y \sim N(0, 1)$ und $S_m \equiv \frac{1}{\sqrt{m}} \sum_{j=1}^{m}(X_j - 1)$. Zeigen Sie $E(S_m^-) \to E(Y^-)$ und folgern Sie daraus die **Stirlingsche Formel** $n! \sim \sqrt{2\pi n}(\frac{n}{e})^n$ (wobei $a_n \sim b_n$ bedeutet, dass der Quotient gegen 1 konvergiert).

5.16. Seien Q_m und μ_m Verteilungen auf $(\mathbb{R}^n, \mathbb{B}^n)$ mit $Q_m \stackrel{w}{\to} Q$ und $\mu_m \stackrel{w}{\to} \mu$. Zeigen Sie $Q_m \otimes \mu_m \stackrel{w}{\to} Q \otimes \mu$ und $Q_m * \mu_m \stackrel{w}{\to} Q * \mu$.

5.17. Zeigen Sie, dass aus $X_m \stackrel{d}{\to} X$ und $Y_m \stackrel{d}{\to} Y$ im Allgemeinen nicht $X_m + Y_m \stackrel{d}{\to} X + Y$ folgt. Beweisen Sie diese Verteilungskonvergenz, falls entweder Y fast sicher konstant ist, oder X und Y und für jedes $m \in \mathbb{N}$ auch X_m und Y_m stochastisch unabhängig sind.

5.18. Zeigen Sie für $\mu_n \in \mathbb{R}$ und $\sigma_n \geq 0$, dass $N(\mu_n, \sigma_n^2)$ genau dann schwach gegen eine Verteilung Q konvergiert, wenn $\mu_n \to \mu$ und $\sigma_n^2 \to \sigma^2$. In diesem Fall ist $Q = N(\mu, \sigma^2)$.
Die Hinlänglichkeit sowie die Notwendigkeit von $\sigma_n^2 \to \sigma^2$ folgen aus Lévys Stetigkeitssatz. Zeigen Sie für die Notwendigkeit von $\mu_n \to \mu$ zunächst mit Hilfe der

Chebychev–Markov-Ungleichung $P(|X| < r) \leq \mathrm{Var}(X)/(|E(X)| - r)^2$ für jedes $X \in \mathcal{L}_2$ und $0 < r < |E(X)|$ und dann mit Satz 5.2.3, dass μ_n beschränkt ist. Dann folgt $\mu_n \to \mu$ durch Betrachten aller konvergenten Teilfolgen aus der Hinlänglichkeit der Bedingung und der Eindeutigkeit der Grenzverteilung.

5.19. Zeigen Sie mittels Fourier-Transformation, dass die Laplace-Verteilungen auf den Mengen $\{0, \frac{1}{n}, \frac{2}{n}, \ldots, 1\}$ schwach gegen $U(0, 1)$ konvergieren und folgern Sie daraus

$$\frac{1}{n+1} \sum_{j=0}^{n} f\left(\tfrac{j}{n}\right) \to \int_{[0,1]} f(x) d\lambda(x) \quad \text{für alle } f \in C_b(\mathbb{R}).$$

5.20. Sei X eine Zufallsvariable mit $|\varphi_X(t)| = 1$ für ein $t \neq 0$. Zeigen Sie, dass es $a, b \in \mathbb{R}$ gibt mit $P(aX + b \in \mathbb{Z}) = 1$.

Kapitel 6

Bedingte Verteilungen

Wir haben im 3. Kapitel für eine messbar parametrisierte Familie von Verteilungen und ein Wahrscheinlichkeitsmaß auf dem Parameterraum durch Integration das Produktmaß als ein gemeinsames Modell sowohl für den Parameter als auch die Verteilungsfamilie eingeführt. In diesem Kapitel ist das Vorgehen umgekehrt: Wir fassen die Werte y einer Zufallsgröße Y als Information – oder Parameter – der Verteilung P^X auf und wollen eine Parametrisierung von P^X bezüglich y so konstruieren, dass wir als „integriertes Modell" die Verteilung von (Y, X) erhalten.

Solange nichts anderes gesagt wird, betrachten wir stets einen Wahrscheinlichkeitsraum $(\Omega, \mathcal{A}, P)$ und Zufallsgrößen X und Y mit Werten in Messräumen $(\mathcal{X}, \mathcal{B})$ beziehungsweise $(\mathcal{Y}, \mathcal{C})$. Sei K ein Markov-Kern von $(\mathcal{Y}, \mathcal{C})$ nach $(\mathcal{X}, \mathcal{B})$, also eine Abbildung $K : \mathcal{Y} \times \mathcal{B} \to [0, 1]$, so dass $K(y, \cdot)$ für jedes $y \in \mathcal{Y}$ eine Verteilung auf $(\mathcal{X}, \mathcal{B})$ und $K(\cdot, B)$ für jedes $B \in \mathcal{B}$ bezüglich $(\mathcal{C}, \mathbb{B})$-messbar ist.

Wir nennen $P^{X|Y} \equiv K$ eine **bedingte Verteilung von X unter Y** und schreiben dann $P(X \in B \mid Y = y) \equiv P^{X|Y=y}(B) \equiv K(y, B)$, falls

$$P(X \in B, Y \in C) = \int_C P(X \in B \mid Y = y) dP^Y(y) \text{ für alle } B \in \mathcal{B} \text{ und } C \in \mathcal{C}$$

(wegen des Maßeindeutigkeitssatzes reicht diese Bedingung auch für schnittstabile Erzeuger von $\mathcal{B}$ und $\mathcal{C}$, die $\mathcal{X}$ beziehungsweise $\mathcal{Y}$ enthalten). Wegen Satz 3.14 bedeutet dies gerade $P^Y \otimes P^{X|Y} = P^{(Y,X)}$, und insbesondere ist

$$P^X(B) = \int P(X \in B \mid Y = y) dP^Y(y), \text{ also } P^Y \cdot P^{X|Y} = P^X.$$

Wir nennen $P(X \in B \mid Y = y)$ **bedingte Wahrscheinlichkeit** von $\{X \in B\}$ unter der Hypothese $Y = y$. Diese Bezeichnung ist allerdings nicht ganz ungefährlich, weil $P^{X|Y}$ durch P, X und Y nicht eindeutig festgelegt ist: Falls $P(Y \in C) = 0$, ist die charakterisierende Gleichung immer erfüllt, egal wie die Verteilung $K(y, \cdot)$ für $y \in C$ definiert ist.

Diese Ambiguität tritt nicht auf, wenn die Hypothese $Y = y$ positive Wahrscheinlichkeit hat: Falls $C = \{y\} \in \mathcal{C}$ und $P(Y = y) > 0$, liefert die charakterisierende Gleichung $P(X \in B, Y = y) = P(Y = y) P(X \in B \mid Y = y)$, also

$$P(X \in B \mid Y = y) = \frac{P(X \in B, Y = y)}{P(Y = y)}.$$

Insbesondere für diskrete Verteilungen kann man also die *bedingte* Verteilung einfach durch eine Formel definieren – wenn man denn die *gemeinsame* Verteilung kennt.

Oft sind aber Annahmen über $P^{X\,|\,Y=y}$ viel plausibler als über $P^{(X,Y)}$, so dass die Schlichtheit der Formel etwas trügerisch ist.

Zum Beispiel könnte $P^{X\,|\,Y=y}$ die Verteilung der Ergebnisse eines medizinischen Tests in Abhängigkeit vom Gesundheitszustand des Patienten beschreiben. Falls man außerdem die die „A-priori-Verteilung" (oder Hintergrundverteilung) P^{Y} kennt, kann man dann $P^{(X,Y)}$ mit obiger Formel berechnen, die man dann wiederum benutzen kann, um die „A-posteriori-Verteilung" $P^{Y\,|\,X=x}$ zu bestimmen.

Nehmen X und Y im einfachsten Fall nur die Werte 0 und 1 an (die als negatives oder positives Testergebnis beziehungsweise gesund oder krank interpretiert werden), so erhalten wir aus

$$P(X=1) = P(Y=1)P(X=1\,|\,Y=1) + P(Y=0)P(X=1\,|\,Y=0)$$

die **Bayes Formel**

$$P(Y=1\,|\,X=1) = \frac{P(Y=1)P(X=1\,|\,Y=1)}{P(Y=1)P(X=1\,|\,Y=1) + P(Y=0)P(X=1\,|\,Y=0)}.$$

Typischerweise sind dabei die „A-priori-Wahrscheinlichkeit" $\alpha \equiv P(Y=1)$ für Krankheit sehr klein, die „Erkennungswahrscheinlichkeit" $P(X=1\,|\,Y=1)$ groß (also nahe 1) und die „Falsche-Alarm-Rate" $\beta \equiv P(X=1\,|\,Y=0)$ ebenfalls klein. Die Wahrscheinlichkeit für Krankheit bei positivem Testergebnis ist dann also

$$P(Y=1\,|\,X=1) \approx \frac{1}{1+\beta/\alpha},$$

und die hängt *nicht* bloß von der Falschen-Alarm-Rate ab (wie selbst Mediziner leider immer wieder irren), sondern von ihrem *Verhältnis* zur A-priori-Wahrscheinlichkeit.

An diesem einfachen Beispiel sieht man schon die zwei Seiten bedingter Verteilungen: Einerseits kann man bedingte Wahrscheinlichkeiten zu gemeinsamen Modellen „integrieren" und andererseits gemeinsame Verteilungen zu bedingten Verteilungen „disintegrieren".

Solange wir nichts über die Existenz bedingter Verteilungen wissen (die zeigen wir in Satz 6.6), interpretieren wir Aussagen wie zum Beispiel $P^{X\,|\,Y} = P^{\tilde{X}\,|\,\tilde{Y}}$ so, dass jede bedingte Verteilung von X unter Y auch eine bedingte Verteilung von $\tilde{X}$ unter $\tilde{Y}$ ist (wobei dann also keine Existenz behauptet wird).

Bevor wir gleich ein Reihe von Methoden und Beispielen zur Disintegration behandeln, zeigen wir zunächst, inwieweit bedingte Verteilungen eindeutig sind. Bei festem $B \in \mathcal{B}$ ist $K(\cdot, B)$ eine P^{Y}-Dichte des Maßes $P(X \in B, Y \in \cdot)$ und als solche P^{Y}-fast sicher eindeutig wegen Satz 3.9. In den meisten Fällen ist diese Eindeutigkeit sogar „gleichmäßig in B":

Satz 6.1 (Eindeutigkeit)

Falls $\mathcal{B}$ einen abzählbaren Erzeuger $\mathcal{E}$ besitzt, gilt für je zwei bedingte Verteilungen K und $\tilde{K}$ von X unter Y

$$P^Y\left(\{y \in \mathcal{Y} : K(y, B) = \tilde{K}(y, B) \text{ für alle } B \in \mathcal{B}\}\right) = 1.$$

Beweis. Indem wir zu dem System aller endlichen Schnitte übergehen, können wir $\mathcal{E}$ als schnittstabil annehmen. Wegen des Maßeindeutigkeitssatzes ist dann $\{y \in \mathcal{Y} : K(y, \cdot) = \tilde{K}(y, \cdot)\} = \bigcap_{B \in \mathcal{E}} \{y \in \mathcal{Y} : K(y, B) = \tilde{K}(y, B)\} \in \mathcal{C}$, und wegen der Eindeutigkeit von Dichten aus Satz 3.9 gilt $P^Y(\{K(\cdot, B) = \tilde{K}(\cdot, B)\}) = 1$ für jedes $B \in \mathcal{E}$.   □

In der Praxis versucht man „Versionen" der nur P^Y-fast sicher eindeutigen bedingten Verteilungen so zu bestimmen, dass die Abhängigkeit vom Parameter möglichst einfach ist – also zum Beispiel nicht bloß messbar, wie in der Definition von Markov-Kernen gefordert, sondern etwa stetig (falls $\mathcal{Y}$ ein metrischer Raum ist). Oft ist dann $P^{X\,|\,Y=y}$ durch diese zusätzliche Forderung für alle $y \in \mathcal{Y}$ eindeutig festgelegt.

Wir betrachten jetzt einige konkrete Situationen, in denen man bedingte Verteilungen leicht angeben kann:

Im Extremfall $X = f(Y)$ der Abhängigkeit mit einer messbaren Abbildung $f : \mathcal{Y} \to \mathcal{X}$ ist wegen

$$P(X \in B, Y \in C) = \int_C I_B \circ f \, dP^Y = \int_C \delta_{f(y)}(B) \, dP^Y(y)$$

durch $P^{X\,|\,Y=y} = \delta_{f(y)}$ eine bedingte Verteilung von X unter Y gegeben.

Ist andererseits $Y = g(X)$ mit einem messbaren $g : \mathcal{X} \to \mathcal{Y}$, so ist es plausibel anzunehmen, dass $P^{X\,|\,Y=y}(\{g = y\}) = 1$ für alle $y \in \mathcal{Y}$ mit $\{g = y\} \in \mathcal{B}$ gilt. Für $g : \mathbb{R} \to \mathbb{R}$, $x \mapsto x^2$ legt dies die Vermutung nahe, dass $P^{X\,|\,X^2=y}$ für positives y eine diskrete Verteilung auf $\{\sqrt{y}, -\sqrt{y}\}$ ist, die dem Ereignis $\{\sqrt{y}\}$ die Wahrscheinlichkeit $P(X \geq 0)$ zuordnet. Definiert man noch $P^{X\,|\,X^2=y} = \delta_0$ für $y < 0$, so kann man tatsächlich die definierenden Gleichungen leicht verifizieren.

Im entgegengesetzten Fall, dass X und Y unabhängig sind, liefert die Charakterisierung in Satz 3.16 durch $P^{(Y,X)} = P^Y \otimes P^X$, dass der konstante Kern $K(y, \cdot) \equiv P^X$ genau dann eine bedingte Verteilung von X unter Y ist, wenn X und Y stochastisch unabhängig sind. Dies ist die im 2. Kapitel versprochene Charakterisierung der stochastischen Unabhängigkeit als Unabhängigkeit der Familie $P^{X\,|\,Y=y}$ vom Parameter y.

Allgemeiner erhalten wir aus dem Zusammenhang von Unabhängigkeit und Produktmaßen:

Satz 6.2 (Unabhängige Komponenten)
Seien $P^{X|Y}$ *und* $P^{\tilde{X}|\tilde{Y}}$ *bedingte Verteilungen von* X *unter* Y *beziehungsweise* $\tilde{X}$
unter $\tilde{Y}$. *Falls* (X, Y) *und* $(\tilde{X}, \tilde{Y})$ *unabhängig sind, gilt*

$$P^{(X,\tilde{X})|(Y,\tilde{Y})=(y,\tilde{y})} = P^{X|Y=y} \otimes P^{\tilde{X}|\tilde{Y}=\tilde{y}}.$$

Beweis. Für $B \in \mathcal{B}, C \in \mathcal{C}, \tilde{B} \in \tilde{\mathcal{B}}$ und $\tilde{C} \in \tilde{\mathcal{C}}$ ist wegen $P^{(Y,\tilde{Y})} = P^Y \otimes P^{\tilde{Y}}$

$$\int_{C \times \tilde{C}} P^{X|Y=y} \otimes P^{\tilde{X}|\tilde{Y}=\tilde{y}}(B \times \tilde{B})dP^{(Y,\tilde{Y})}(y, \tilde{y})$$

$$= P(Y \in C, X \in B)P(\tilde{Y} \in \tilde{C}, \tilde{X} \in \tilde{B})$$

$$= P((Y, \tilde{Y}) \in C \times \tilde{C}, (X, \tilde{X}) \in B \times \tilde{B}).$$

Weil $\{B \times \tilde{B} : B \in \mathcal{B}, \tilde{B} \in \tilde{\mathcal{B}}\}$ und $\{C \times \tilde{C} : C \in \mathcal{C}, \tilde{C} \in \tilde{\mathcal{C}}\}$ schnittstabile Erzeuger
von $\mathcal{B} \otimes \tilde{\mathcal{B}}$ beziehungsweise $\mathcal{C} \otimes \tilde{\mathcal{C}}$ sind, folgt mit dem Dynkinargument, dass der
„Produktkern" bei festem $M \in \mathcal{B} \otimes \tilde{\mathcal{B}}$ wie in der Definition gefordert bezüglich
$\mathcal{C} \otimes \tilde{\mathcal{C}}$ messbar ist, und dass er eine bedingte Verteilung von $(X, \tilde{X})$ unter $(Y, \tilde{Y})$
definiert.   □

Die folgende sehr einfache Transformationsregel liefert damit weitere Möglichkei-
ten, bedingte Verteilungen zu berechnen.

Satz 6.3 (Transformation)
Ist $P^{X|Y}$ *eine bedingte Verteilung und* $f : (\mathcal{X}, \mathcal{B}) \to (\tilde{\mathcal{X}}, \tilde{\mathcal{B}})$ *messbar, so gilt*
$P^{f \circ X|Y=y} = P^{X|Y=y} \circ f^{-1}$.

Beweis. Für $B \in \tilde{\mathcal{B}}$ gilt $P(f \circ X \in B, Y \in C) = P(X \in f^{-1}(B), Y \in C) =$
$\int_C P^{X|Y=y}(f^{-1}(B))dP^Y(y)$.   □

Wir erhalten jetzt eine sehr plausible Methode zur Berechnung bedingter Verteilungen: Hängt Z vermöge $Z = f(X, Y)$ von den unabhängigen Variablen X und Y ab
und ist der Wert y von Y bekannt, so setze man ihn einfach in die Formel ein:

Satz 6.4 (Bedingen durch Einsetzen)
Für unabhängige Zufallsgrößen X, Y *und messbares* $f : (\mathcal{X}, \mathcal{B}) \otimes (\mathcal{Y}, \mathcal{C}) \to (\mathcal{Z}, \mathcal{D})$
ist durch $P^{f(X,Y)|Y=y} \equiv P^{f(X,y)}$ *eine bedingte Verteilung von* $f(X, Y)$ *unter* Y
definiert.

Beweis. Wegen der Unabhängigkeit und Satz 6.2 ist

$$P^{(X,Y)|Y=y} = P^X \otimes P^{Y|Y=y} = P^X \otimes \delta_y,$$

und mit der Transformationsregel folgt

$$P^{f(X,Y)|Y=y} = P^{(X,Y)|Y=y} \circ f^{-1} = (P^X \otimes \delta_y) \circ f^{-1} = P^{(X,y)} \circ f^{-1} = P^{f(X,y)}.$$

                                                                                      □

Mit Hilfe dieser Methode zeigen wir eine weitere bemerkenswerte Eigenschaft der multivariaten Normalverteilungen, nämlich Stabilität unter Bedingen:

Für einen $(n + m)$-dimensional normalverteilten Zufallsvektor (X, Y) ist $P^{X\,|\,Y=y}$ für P^Y-fast alle $y \in \mathbb{R}^m$ wieder eine n-dimensionale Normalverteilung.

Wir suchen dafür zunächst $A \in \mathbb{R}^{n \times m}$, so dass Y und $Z \equiv X - AY$ unabhängig sind, was wegen Satz 5.11 äquivalent ist zu

$$K(Z, Y) = K(X, Y) - AK(Y, Y) = 0.$$

Falls $\mathrm{Kov}(Y) = K(Y, Y)$ regulär ist, löst $A \equiv K(X, Y)\mathrm{Kov}(Y)^{-1}$ diese Gleichung. Im allgemeinen Fall finden wir durch Hauptachsentransformation eine orthogonale Matrix $S \in \mathbb{R}^{m \times m}$, so dass $S\mathrm{Kov}(Y)S^t = \mathrm{Kov}(SY)$ eine Diagonalmatrix mit Diagonalelementen $d_1, \dots, d_m$ ist. Dann ist $\tilde{Y} \equiv SY$ wieder normalverteilt und die Komponenten $\tilde{Y}_j$ mit $\mathrm{Var}(\tilde{Y}_j) = d_j = 0$ sind fast sicher konstant, so dass die entsprechenden Spalten $(\mathrm{Kov}(X_i, \tilde{Y}_j))_{1 \le i \le n}$ von $K(X, SY) = K(X, Y)S^t$ gleich 0 sind. Für die Diagonalmatrix C mit Diagonalelementen

$$c_j \equiv \begin{cases} d_j^{-1}, & \text{falls } d_j \ne 0 \\ 0, & \text{sonst} \end{cases}$$

ist dann $A \equiv K(X, Y)S^t CS$ eine Lösung obiger Gleichung.

Wegen der Unabhängigkeit von Y und Z finden wir jetzt die bedingte Verteilung von $X = Z + AY$ durch Einsetzen: $P^{X\,|\,Y=y} = P^{Z+Ay}$ ist also n-dimensional normalverteilt mit Kovarianzmatrix

$$\mathrm{Kov}(Z + Ay) = K(Z, X) - K(Z, Y)A^t = K(Z, X) = K(X, X) - A^t K(Y, X).$$

Im Fall $m = n = 1$ mit $s^2 \equiv \mathrm{Var}(Y) > 0$ und $\sigma^2 \equiv \mathrm{Var}(X)$ ist also $P^{X\,|\,Y=y}$ normal mit Erwartungswert $E(X) = \frac{\sigma}{s}\varrho E(Y - y)$ und Varianz $\mathrm{Var}(X)(1 - \varrho^2)$, wobei ϱ der Korrelationskoeffizient von X und Y ist. Sind X und Y nicht unabhängig, so ist die Varianz der bedingten Verteilung echt kleiner als die Varianz von X. In diesem Sinn liefert die bedingte Verteilung also eine „genauere Information" als die unbedingte Verteilung.

Eine weitere einfache Möglichkeit zur konkreten Bestimmung bedingter Verteilungen liefert:

Satz 6.5 (Bedingte Dichten)
Sind v und μ Maße auf $(\mathcal{X}, \mathcal{B})$ beziehungsweise $(\mathcal{Y}, \mathcal{C})$, so dass $P^{(X,Y)}$ die $v \otimes \mu$-Dichte $f \in \mathcal{M}_+(\mathcal{X} \times \mathcal{Y}, \mathcal{B} \otimes \mathcal{C})$ besitzt. Dann ist $f_Y(y) \equiv \int_{\mathcal{X}} f(x, y)dv(x)$ eine μ-Dichte von P^Y, und

$$f_{X\,|\,Y=y}(x) \equiv \frac{f(x, y)}{f_Y(y)}$$

ist eine v-Dichte von $P^{X\,|\,Y=y}$.

Beweis. Wegen Satz 3.13 ist $f_Y \in \mathcal{M}_+(\mathcal{Y}, \mathcal{C})$, und für $C \in \mathcal{C}$ liefert iteriertes Integrieren

$$\int_C f_Y \, d\mu = \int_C \int_X f(x, y) d\nu(x) d\mu(y)$$

$$= \int_{X \times C} f \, d\nu \otimes \mu = P^{(X,Y)}(X \times C) = P^Y(C).$$

Also gilt $P^Y = f_Y \cdot \mu$ und insbesondere $f_Y > 0$ P^Y-fast sicher. Für $B \in \mathcal{B}$ und $C \in \mathcal{C}$ erhalten wir daher

$$\int_C \int_B f_{X \mid Y=y}(x) d\nu(x) dP^Y(y) = \int_{C \cap \{f_Y > 0\}} \int_B f_{X \mid Y=y}(x) d\nu(x) f_Y(y) d\mu(y)$$

$$= \int_{C \cap \{f_Y > 0\}} \int_B f(x, y) d\nu(x) d\mu(y)$$

$$= P^{(X,Y)}(B \times C \cap \{f_Y > 0\}) = P^{(X,Y)}(B \times C). \qquad \square$$

Als Anwendung von Satz 6.5 betrachten wir unabhängig identisch verteilte Zufallsvariablen $X_1, \ldots, X_{n+1} \sim f \cdot \lambda$ und $S_k \equiv \sum_{j=1}^k X_j$. Wegen des Satzes von Fubini besitzt $(X_1, \ldots, X_{n+1})$ die λ_{n+1}-Dichte $f \otimes \cdots \otimes f(x_1, \ldots, x_{n+1}) = \prod_{k=1}^{n+1} f(x_k)$. Mit $T(y_1, \ldots, y_{n+1}) \equiv (y_1 - y_0, \ldots, y_{n+1} - y_n)$ und $y_0 \equiv 0$ gilt $(S_1, \ldots, S_{n+1}) = T^{-1}(X_1, \ldots, X_{n+1})$, und wir erhalten mit der Bemerkung nach Satz 3.10 eine λ_{n+1}-Dichte der Verteilung von $(S_1, \ldots, S_{n+1})$ als $g(y) \equiv \prod_{j=1}^{n+1} f(y_j - y_{j-1})$. Die Faltungsformel 3.18 liefert eine λ-Dichte der Verteilung von S_{n+1}, und nach Satz 6.5 ist dann

$$h(y_1, \ldots, y_n) \equiv \frac{g(y_1, \ldots, y_n, s)}{f * \cdots * f(s)}$$

eine λ_n-Dichte von $P^{(S_1, \ldots, S_n) \mid S_{n+1} = s}$.

Speziell für $X_j \sim \mathrm{Exp}(\tau)$ erhalten wir $f(x) = \tau e^{-\tau x} I_{(0,\infty)}(x)$ und wie am Schluss des dritten Kapitels $f * \cdots * f(s) = \gamma_{n+1,\tau}(s) = \frac{\tau^{n+1}}{n!} s^n e^{-\tau s} I_{(0,\infty)}(s)$. Dann ist also

$$h(y_1, \ldots, y_n) = \frac{n!}{s^n} I_{M_s}(y_1, \ldots, y_n)$$

mit $M_s \equiv \{(y_1, \ldots, y_n) \in (0, s)^n : y_{j-1} < y_j \text{ für alle } j\}$.

Es ist bemerkenswert, dass diese bedingte Verteilung nur von s aber *nicht* von τ abhängt. Außerdem erhalten wir für die bedingte Verteilung mit Hilfe von unabhängigen $U_1, \ldots, U_n \sim U(0, s)$ und $U \equiv (U_1, \ldots, U_n)$ die Darstellung

$$P^{(S_1, \ldots, S_n) \mid S_{n+1} = s} = P^{R \circ U}$$

mit der „Ordnungsabbildung" $R : \mathbb{R}^n \to \mathbb{R}^n$, die jedem Vektor seine „monotone Permutation" zuordnet: Für jedes $y \in \mathbb{R}^n$ gibt es nämlich höchstens eine Permutation

π mit $(y_{\pi(1)}, \ldots, y_{\pi(n)}) \in M_s$, und daher gilt

$$P(R(U) \in B) = \sum_\pi P((U_{\pi(1)}, \ldots, U_{\pi(n)}) \in B \cap M_s) = n! P^U(B \cap M_s)$$

wegen der Permutationsinvarianz von P^U.

Wir zeigen nun die Existenz bedingter Verteilungen für Zufallsgrößen X mit Werten in polnischen Räumen. Wie wir schon bemerkt haben, besagt die definierende Gleichung $P(X \in B, Y \in C) = \int_C P(X \in B \mid Y = y) dP^Y(y)$, dass für jedes $B \in \mathcal{B}$ durch $K(\cdot, B) = P(X \in B \mid Y = \cdot)$ eine P^Y-Dichte des Maßes $P(X \in B, Y \in \cdot)$ gegeben ist. Auch wenn wir diese im Allgemeinen nicht so leicht wie zum Beispiel in der Situation von Satz 6.5 berechnen können, folgt die Existenz aus dem Satz von Radon–Nikodym. Das Problem ist dann, ob man „Versionen" der nur P^Y-fast sicher eindeutigen Dichten so finden kann, dass K ein Markov-Kern ist.

Satz 6.6 (Existenz bedingter Verteilungen)
Für Zufallsgrößen X mit Werten in einem polnischen Raum $(\mathcal{X}, \mathcal{B})$ und beliebige Zufallsgrößen Y existiert eine bedingte Verteilung von X unter Y.

Beweis. Wir betrachten zunächst den Fall $(\mathcal{X}, \mathcal{B}) = (\mathbb{R}, \mathbb{B})$. Für $r \in \mathbb{Q}$ ist durch $\mu_r(C) \equiv P(X \le r, Y \in C)$ ein Maß auf $(\mathcal{Y}, \mathcal{C})$ mit $\mu_r \ll P^Y$ definiert, und wegen des Satzes von Radon–Nikodym gibt es $h_r \in \mathcal{M}_+(\mathcal{Y}, \mathcal{C})$ mit $\mu_r = h_r \cdot P^Y$. Wegen $\mu_r \le \mu_s$ für $r \le s$ und Satz 3.9 gilt dann P^Y-fast sicher $h_r \le h_s$, und weil $P(X \le r, Y \in C)$ für $r \to \pm\infty$ gegen $P(Y \in C)$ beziehungsweise 0 konvergiert, strebt h_r für $r \to \pm\infty$ P^Y-fast sicher gegen 1 beziehungsweise 0. Daher gelten

$$C_0 \equiv \big\{ y \in \mathcal{Y} : r \mapsto h_r(y) \text{ monoton mit Limes 1 und 0 für } r \to \pm\infty \big\} \in \mathcal{C}$$

und $P(Y \in C_0) = 1$. Für $y \in C_0$ ist dann durch $F(y, x) \equiv \inf_{x < r} h_r(y)$ eine rechtsstetige monotone Funktion definiert mit $\lim_{x \to \pm\infty} F(y, x) = 1$ beziehungsweise 0.

Wegen des Korrespondenzsatzes 2.7 gibt es für jedes $y \in C_0$ genau eine Verteilung $K(y, \cdot)$ auf $(\mathbb{R}, \mathbb{B})$ mit $K(y, (-\infty, x]) = F(y, x)$. Für $y \notin C_0$ definieren wir noch $K(y, \cdot) \equiv \delta_0$. Dann ist $K(y, \cdot)$ eine Familie von Verteilungen, und für jedes $x \in \mathbb{R}$ ist $y \mapsto K(y, (-\infty, x])$ als Grenzwert messbarer Funktionen bezüglich $(\mathcal{C}, \mathbb{B})$-messbar. Mit dem Dynkin-Argument folgt dann, dass K ein Markov-Kern ist.

Für $x \in \mathbb{R}$ und eine streng monoton fallende Folge rationaler Zahlen $r_n \to x$ liefern die Stetigkeit von oben und dominierte Konvergenz

$$P(X \le x, Y \in C) = \lim_{n \to \infty} P(X \le r_n, Y \in C) = \lim_{n \to \infty} \int_C h_{r_n}(y) dP^Y(y)$$

$$= \int_C F(y, x) dP^Y(y) = \int_C K(y, (-\infty, x]) dP^Y(y)$$

für alle $C \in \mathcal{C}$. Weil $\{(-\infty, x] : x \in \mathbb{R}\}$ ein schnittstabiler Erzeuger von $\mathbb{B}$ ist, folgt also $K = P^{X \mid Y}$.

Ist schließlich $(\mathcal{X}, \mathcal{B})$ polnisch, so gibt es nach Satz A.3 einen Borel-Isomorphismus $T : \mathcal{X} \to E$ mit $E \in \mathbb{B}$. Ist K_0 eine bedingte Verteilung $P^{T \circ X \mid Y}$, so ist durch $K(y, B) \equiv K_0(y, T(B))$ eine bedingte Verteilung von X unter Y definiert. $\square$

Im Korrespondenzsatz haben wir gezeigt, dass man jede Verteilung auf $(\mathbb{R}, \mathbb{B})$ als Bild einer $U(0, 1)$-Verteilung (unter der inversen Verteilungsfunktion) darstellen kann. Diese Darstellung nennt man manchmal **Randomisierung**. Indem wir dies auf die eben mit $K(y, \cdot)$ bezeichneten Verteilungen anwenden, erhalten wir jetzt eine analoge Aussage für Verteilungen auf Produkträumen:

Satz 6.7 (Randomisierung)
Seien X, Y Zufallsgrößen mit Werten in einem polnischen Raum $(\mathcal{X}, \mathcal{B})$ und einem Messraum $(\mathcal{Y}, \mathcal{C})$. Dann gibt es ein messbares $f : (\mathcal{Y}, \mathcal{C}) \otimes (\mathbb{R}, \mathbb{B}) \to (\mathcal{X}, \mathcal{B})$, so dass $(f(\tilde{Y}, U), \tilde{Y}) \overset{d}{=} (X, Y)$ für alle unabhängigen $\tilde{Y} \overset{d}{=} Y$ und $U \sim U(0, 1)$.

Beweis. Wie im Beweis zu Satz 6.6 reicht es den Fall $(\mathcal{X}, \mathcal{B}) = (\mathbb{R}, \mathbb{B})$ zu zeigen. Seien $K = P^{X \mid Y}$ eine bedingte Verteilung von X unter Y, $F(y, x) \equiv P(X \leq x \mid Y = y)$ und $f(y, u) \equiv \inf\{x \in \mathbb{R} : F(y, x) \geq u\}$ für $u \in (0, 1)$ die inverse Verteilungsfunktion von $F(y, \cdot)$ sowie $f(y, u) \equiv 0$ für $u \notin (0, 1)$. Nach Satz 2.7 gilt dann $f(y, U) \sim K(y, \cdot)$. Andererseits finden wir die bedingte Verteilung $P^{f(\tilde{Y}, U) \mid \tilde{Y} = y} = P^{f(y, U)} = K(y, \cdot)$ durch Einsetzen, und wir erhalten

$$P^{(Y, X)} = P^Y \otimes P^{X \mid Y} = P^{\tilde{Y}} \otimes K = P^{\tilde{Y}} \otimes P^{f(\tilde{Y}, U) \mid \tilde{Y}} = P^{(\tilde{Y}, f(\tilde{Y}, U))}. \quad \square$$

Es lohnt sich anzumerken, dass der Beweis im Fall $(\mathcal{X}, \mathcal{B}) = (\mathbb{R}, \mathbb{B})$ keine Aussagen über polnische Räume benötigt. Für eine Verteilung Q auf $(\mathbb{R}^n, \mathbb{B}^n)$ finden wir mit Satz 6.7 (für $(\mathcal{X}, \mathcal{B}) = (\mathbb{R}, \mathbb{B})$) induktiv eine messbare Abbildung $f : \mathbb{R}^n \to \mathbb{R}^n$ mit $f(U_1, \ldots, U_n) \sim Q$ für alle unabhängigen $U_1, \ldots, U_n \sim U(0, 1)$. Für eine Folge von Verteilungen Q_m auf $(\mathbb{R}^n, \mathbb{B}^n)$, zugehörigen Abbildungen f_m und eine unabhängige Familie $(U_{j,m})_{j \leq n, m \in \mathbb{N}}$ von $U(0, 1)$-verteilten Zufallsvariablen erhalten wir dann durch $X_m \equiv f_m(U_{1,m}, \ldots, U_{n,m})$ eine wegen Satz 2.2 unabhängige Folge von Zufallsvektoren mit $X_m \sim Q_m$. Dies ist der nach Satz 2.8 versprochene Existenzbeweis, der keine Ergebnisse über polnische Räume benutzt.

Diese Methode liefert auch eine Verallgemeinerung des Existenzsatzes 2.8, die ohne die dort gemachte Unabhängigkeitsvoraussetzung auskommt:

Satz 6.8 (Projektive Limiten)
Seien P_n Verteilungen auf $(\mathcal{X}_1, \mathcal{B}_1) \otimes \cdots \otimes (\mathcal{X}_n, \mathcal{B}_n)$ mit polnischen Räumen $(\mathcal{X}_n, \mathcal{B}_n)$, so dass $P_n(A \times \mathcal{X}_n) = P_{n-1}(A)$ für alle $A \in \mathcal{B}_1 \otimes \cdots \otimes \mathcal{B}_{n-1}$. Dann gibt es einen Wahrscheinlichkeitsraum $(\Omega, \mathcal{A}, P)$ und $(\mathcal{X}_n, \mathcal{B}_n)$-wertige Zufallsgrößen X_n mit $(X_1, \ldots, X_n) \sim P_n$ für alle $n \in \mathbb{N}$.

Beweis. Weil wegen Satz 1.10 die Produkte $\bigotimes_{j=1}^{n}(\mathcal{X}_j, \mathcal{B}_j)$ wieder polnisch sind, können wir Satz 6.7 auf $(\pi_1, \ldots, \pi_{n-1})$ und π_n mit den Projektionen

$\pi_j : \prod_{k=1}^n \mathcal{X}_k \to \mathcal{X}_j$ anwenden und erhalten messbare $f_n : \bigotimes_{k=1}^{n-1}(\mathcal{X}_k, \mathcal{B}_k) \times (\mathbb{R}, \mathbb{B}) \to \bigotimes_{k=1}^n (\mathcal{X}_k, \mathcal{B}_k)$, so dass $f_n(Y, U) \sim P_n^{(\pi_1, \dots, \pi_n)} = P_n$ für alle unabhängigen $Y \sim P_n^{(\pi_1, \dots, \pi_{n-1})} = P_{n-1}$ und $U \sim U(0, 1)$ (für $n = 1$ ist dabei $f_1 : (\mathbb{R}, \mathbb{B}) \to (\mathcal{X}_1, \mathcal{B}_1)$ mit $f_1(U) \sim P_1$). Nach Satz 2.6 gibt es eine unabhängige Folge $(U_n)_{n \in \mathbb{N}}$ von $U(0, 1)$-verteilten Zufallsvariablen. Wir definieren nun $X_1 \equiv f_1(U_1)$ und $X_n \equiv f_n(X_1, \dots, X_{n-1}, U_n)$. Wegen $\sigma(X_n) \subseteq \sigma(U_1, \dots, U_n)$ sind $(X_1, \dots, X_{n-1})$ und U_n unabhängig, und es folgt $(X_1, \dots, X_n) \sim P_n$ für alle $n \in \mathbb{N}$.   □

In der Situation von Satz 6.8 heißt $(P_n)_{n \in \mathbb{N}}$ ein **projektives Spektrum** von Verteilungen und $P^{(X_n)_{n \in \mathbb{N}}}$ ist der **projektive Limes**. Als Wahrscheinlichkeitsraum in Satz 6.8 können wir $(\Omega, \mathcal{A}) = (\{0, 1\}^{\mathbb{N}}, \bigotimes_{n \in \mathbb{N}} \mathcal{P}(\{0, 1\}))$ mit der in Satz 2.5 konstruierten Verteilung P wählen. Damit haben wir nämlich in Satz 2.6 die benötigte unabhängige Folge $U(0, 1)$-verteilter Zufallsvariablen definiert. Zurück zu bedingten Verteilungen.

Satz 6.6 ist nicht nur ein Hilfsmittel in Beweisen allgemeiner Existenzsätze. Oft kann man zum Beispiel mit Symmetrie- oder Invarianzargumenten aus der bloßen Existenz spezifische Eigenschaften herleiten. Seien etwa $X = (X_1, \dots, X_n)$ ein Zufallsvektor, $T : (\mathbb{R}^n, \mathbb{B}^n) \to (\mathbb{R}^n, \mathbb{B}^n)$ messbar mit $T \circ X \overset{d}{=} X$ und $F : (\mathbb{R}^n, \mathbb{B}^n) \to (\mathcal{Y}, \mathcal{C})$ messbar mit $F \circ T = F$. Für $S \equiv F \circ X$ gilt dann

$$(S, X) = (F, id) \circ X \overset{d}{=} (F, id) \circ (T \circ X) = (S, T \circ X),$$

und weil $P^{X | S}$ im Sinn von Satz 6.1 durch $P^{(S,X)}$ eindeutig bestimmt ist, folgt $P^{X | S} = P^{T \circ X | S}$.

Sind speziell $T(x_1, \dots, x_n) \equiv (x_{\sigma(1)}, \dots, x_{\sigma(n)})$ eine Permutation der Komponenten und $S \equiv \sum_{j=1}^n X_j$, so folgt

$$P^{(X_1, \dots, X_n) | S} = P^{(X_{\sigma(1)}, \dots, X_{\sigma(n)}) | S},$$

das heißt, die bedingte Verteilung ist wiederum permutationsinvariant. Mit der Transformationsregel erhalten wir außerdem $P^{X_1 | S} = P^{X_j | S}$ für alle $j \in \{1, \dots, n\}$.

Der folgende Satz beschreibt eine Situation, in der die bedingte Verteilung durch die Invarianz schon eindeutig festgelegt ist. Als Anwendung erhalten wir eine „Integrationstechnik", die auch außerhalb der Stochastik oft nützlich ist.

Satz 6.9 (Oberflächenmaß und Polarkoordinaten)

1. *Für jedes $n \in \mathbb{N}$ gibt es genau ein Wahrscheinlichkeitsmaß σ auf $S \equiv \{x \in \mathbb{R}^n : \|x\| = 1\}$ mit $\sigma^T = \sigma$ für alle orthogonalen $T \in \mathbb{R}^{n \times n}$.*

2. *Für jeden Zufallsvektor X mit $T \circ X \overset{d}{=} X$ für alle orthogonalen $T \in \mathbb{R}^{n \times n}$ sind $\|X\|$ und $\|X\|^{-1} X$ stochastisch unabhängig, und falls $P(X = 0) = 0$, gilt $P^{X | \|X\| = t}(B) = \sigma(t^{-1} B)$ für alle $B \in \mathbb{B}^n$ und $P^{\|X\|}$-fast alle $t > 0$.*

3. *Für jedes λ_n-integrierbare $f \in \mathcal{M}(\mathbb{R}^n, \mathbb{B}^n)$ ist*

$$\int f d\lambda_n = nV_n \int_{(0,\infty)} \int_S f(ry)r^{n-1} d\sigma(y) d\lambda(r) \quad mit\ V_n \equiv \lambda_n(\{\|\cdot\| \leq 1\}).$$

Beweis. 1. Es gibt viele Möglichkeiten für die Konstruktion von σ: Ist zum Beispiel $X \sim N(0, E)$ mit der Einheitsmatrix E, so hat $\sigma \equiv P^{\|X\|^{-1}X}$ wegen der Invarianz von $N(0, E)$ die geforderte Eigenschaft.

Die Eindeutigkeit zeigen wir mit Hilfe der Fourier-Transformation. Wegen Satz 5.4.3 ist $\hat{\sigma}$ wiederum invariant unter Orthogonaltransformationen, und insbesondere ist $\hat{\sigma}$ reellwertig, weil $\overline{\hat{\sigma}(u)} = \hat{\sigma}(-u) = \hat{\sigma}(u)$.

Für den Laplace-Operator $\Delta \equiv \sum_{j=1}^n D_j D_j$ gilt $\Delta e^{i\langle x, \cdot \rangle} = -\|x\|^2 e^{i\langle x, \cdot \rangle}$, und mit Satz 5.4.5 folgt

$$\Delta\hat{\sigma}(u) = \int_S -\|x\|^2 e^{i\langle x, u\rangle} d\sigma(x) = -\hat{\sigma}(u).$$

Wir zeigen jetzt, dass $\hat{\sigma}$ durch diese Differenzialgleichung und die Invarianz eindeutig bestimmt ist. Sei dazu $f(t) \equiv \hat{\sigma}(te_1)$ mit dem ersten Einheitsvektor $e_1 \in \mathbb{R}^n$. Weil es für jedes $v \in \mathbb{R}^n$ mit $\|v\| = 1$ ein orthogonales T mit $Te_1 = v$ gibt, erhalten wir $f(\|u\|) = \hat{\sigma}(\|u\|e_1) = \hat{\sigma}(u)$ für alle $u \in \mathbb{R}^n$. Damit folgt

$$
\begin{aligned}
-f(\|u\|) &= -\hat{\sigma}(u) = \Delta\hat{\sigma}(u) = \sum_{j=1}^n D_j(f'(\|u\|)u_j/\|u\|) \\
&= \sum_{j=1}^n f''(\|u\|)u_j^2/\|u\|^2 + f'(\|u\|)(\|u\| - u_j^2/\|u\|)/\|u\|^2 \\
&= f''(\|u\|) + f'(\|u\|)(n-1)/\|u\|.
\end{aligned}
$$

Also gilt $f''(t) + f'(t)(n-1)/t = -f(t)$ für alle $t > 0$ und wegen $f(t) = f(-t)$ auch für alle $t < 0$. Um zu zeigen, dass f durch diese Differentialgleichung und die „Anfangsbedingung" $f(0) = 1$ und $f'(0) = 0$ eindeutig bestimmt ist, entwickeln wir $e^{itx_1} = \sum_{m=0}^\infty (ix_1)^m t^m/m!$, und weil die Reihe für t in einem kompakten Intervall gleichmäßig konvergiert, folgt mit dominierter Konvergenz

$$f(t) = \sum_{m=0}^\infty a_m t^m \quad mit\ a_m \equiv \int_S (ix_1)^m d\sigma(x)/m!.$$

Wegen $|a_m| \leq 1/m!$ hat die Potenzreihe unendlichen Konvergenzradius, und die Differenzialgleichung liefert

$$\sum_{m=0}^\infty ((m+2)(m+n)a_{m+2} + a_m)t^m = 0 \quad \text{für alle } t \neq 0.$$

Also sind alle Koeffizienten dieser Reihe gleich 0, und wegen $a_0 = 1$ und $a_1 = 0$ sind dadurch alle a_m und damit auch f und $\hat{\sigma}$ eindeutig bestimmt.

2. Durch Übergang zu $Q(A) \equiv P(A \cap \{X \neq 0\})/P(\{X \neq 0\})$ können wir $X \neq 0$ fast sicher annehmen, so dass $\|X\|^{-1}X$ fast sicher Werte in S annimmt. Wegen

$$(\|X\|, \|X\|^{-1}X) \stackrel{d}{=} (\|TX\|, \|TX\|^{-1}TX) = (\|X\|, \|X\|^{-1}TX)$$

ist $P^{\|X\|^{-1}X\,|\,\|X\|}$ invariant unter orthogonalen Transformationen, und wegen der ersten Aussage ist daher $P^{\|X\|^{-1}X\,|\,\|X\|} = P^{\|X\|^{-1}X}$. Also sind $\|X\|$ und $\|X\|^{-1}X$ stochastisch unabhängig. Wegen dieser Unabhängigkeit finden wir nun die bedingte Verteilung von $X = \|X\|\|X\|^{-1}X$ unter $\|X\| = t$ durch Einsetzen, also

$$P^{X\,|\,\|X\|=t}(B) = P^{t\|X\|^{-1}X}(B) = P^{\|X\|^{-1}X}\left(\tfrac{1}{t}B\right) = \sigma\left(\tfrac{1}{t}B\right),$$

wobei die letzte Gleichung wegen der Invarianz der Verteilung von $\|X\|^{-1}X$ aus der ersten Aussage folgt.

3. Für $X \sim N(0, E)$ und $g : (0, \infty) \times S \to \mathbb{R}^n$, $g(r, y) \equiv ry$ folgt aus der Unabhängigkeit von $\|X\|^{-1}X$ und $\|X\|$

$$\int h\,dP^X = \int h\,dP^{g(\|X\|,\|X\|^{-1}X)} = \int h \circ g\,dP^{(\|X\|,\|X\|^{-1}X)}$$

$$= \int_{(0,\infty)} \int_S h(ry)\,d\sigma(y)\,dP^{\|X\|}(r)$$

für alle P^X-integrierbaren Funktionen h.

Mit der λ^n-Dichte $\varphi(x) \equiv (2\pi)^{-n/2}\exp(-\|x\|^2/2)$ von P^X liefert das Beispiel vor Satz 3.10 die λ^1-Dichte $\psi(r) \equiv (2\pi)^{-n/2}\exp(-\|r\|^2/2)nV_n r^{n-1}I_{(0,\infty)}(r)$ von $P^{\|X\|}$, und mit $h \equiv f/\varphi$ folgt die Behauptung. $\square$

Auch wenn es nicht immer ohne Weiteres möglich ist, bedingte Verteilungen wie im Normalverteilungsmodell oder mit Satz 6.5 konkret zu berechnen, kann man manchmal zum Beispiel mit Hilfe von Invarianzeigenschaften wenigstens Erwartungswerte bezüglich bedingter Verteilungen bestimmen. Ist $P^{X\,|\,Y}$ eine bedingte Verteilung und $f \in \mathcal{M}(\mathcal{X}, \mathcal{B})$ bezüglich P^X integrierbar, so liefert Satz 3.14

$$E(f \circ X) = \int f(x)\,dP^{(Y,X)}(y, x) = \int \int f(x)\,dP^{X\,|\,Y=y}(x)\,dP^Y(y),$$

wobei insbesondere die **faktorisierte bedingte Erwartung**

$$E(f \circ X \mid Y = y) \equiv \int f\,dP^{X\,|\,Y=y}$$

von $f \circ X$ unter der Hypothese $Y = y$ für P^Y-fast alle $y \in \mathcal{Y}$ existiert und eine P^Y-integrierbare Abbildung in $\mathcal{M}(\mathcal{Y}, \mathcal{B})$ definiert.

Wegen der Transformationsregel $P^{f \circ X \,|\, Y=y} = P^{X \,|\, Y=y} \circ f^{-1}$ und der Substitutionsregel reicht es, im Folgenden den Fall $f \circ X = X$ mit einem integrierbaren $X \in \mathcal{M}(\Omega, \mathcal{A})$ zu untersuchen. Für $h(y) \equiv E(X \,|\, Y = y)$, falls dieses Integral existiert, und $h(y) \equiv 0$ sonst heißt die Komposition $E(X \,|\, Y) = h \circ Y$ **bedingte Erwartung** von X unter Y.

$E(X \,|\, Y)$ ist als Komposition bezüglich $\sigma(Y)$ messbar, und wegen der Substitutionsregel ist $E(X \,|\, Y)$ bezüglich P integrierbar. Wegen der bloß P^Y-fast sicheren Eindeutigkeit der bedingten Verteilung ist auch der bedingte Erwartungswert nur P-fast sicher eindeutig.

Wir vereinbaren daher, Identitäten oder Ungleichungen für bedingte Erwartungen stets als P-fast sicher aufzufassen.

Der folgende Satz enthält sowohl wichtige Interpretationen bedingter Erwartungen als auch offensichtliche Verallgemeinerungen der Integrationsregeln des 3. und 4. Kapitels. Man beachte, dass $\mathcal{M}(\Omega, \sigma(Y))$ aus $\sigma(Y)$-messbaren Abbildungen besteht:

Satz 6.10 (Eigenschaften bedingter Erwartungen)
Seien $X, \tilde{X}, X_n \in \mathcal{M}(\Omega, \mathcal{A})$ *integrierbar und* $Y, \tilde{Y} : (\Omega, \mathcal{A}) \to (\mathcal{Y}, \mathcal{C})$ *messbar.*

1. *Für ein integrierbares* $Z \in \mathcal{M}(\Omega, \sigma(Y))$ *gilt* $Z = E(X \,|\, Y)$ *beziehungsweise* $Z \leq E(X \,|\, Y)$ *genau dann, wenn* $\int_A Z \, dP = \int_A X \, dP$ *(beziehungsweise* $\leq$*) für alle* $A \in \sigma(Y)$.

2. *Für* $Z \in \mathcal{M}(\Omega, \sigma(Y))$, *so dass* ZX *integrierbar ist, gilt* $E(ZX \,|\, Y) = Z E(X \,|\, Y)$.

3. *Für* $X \in \mathcal{L}_2$ *gilt* $\|X - E(X \,|\, Y)\|_2 = \min\{\|X - Z\|_2 : Z \in \mathcal{L}_2(\Omega, \sigma(Y), P)\}$.

4. *Falls* $X|_B = \tilde{X}|_B$ *und* $Y|_B = \tilde{Y}|_B$ *fast sicher für ein* $B \in \sigma(Y) \cap \sigma(\tilde{Y})$, *so gilt* $E(X \,|\, Y) = E(\tilde{X} \,|\, \tilde{Y})$ *auf* B.

5. *Für* $X \geq 0$ *gilt* $E(X \,|\, Y) \geq 0$.

6. *Sind* $\alpha, \beta \in \mathbb{R}$ *und* $\alpha X_1 + \beta X_2$ *und* $\alpha E(X_1 \,|\, Y) + \beta E(X_2 \,|\, Y)$ *fast sicher definiert, so gilt* $E(\alpha X_1 + \beta X_2 \,|\, Y) = \alpha E(X_1 \,|\, Y) + \beta E(X_2 \,|\, Y)$.

7. *Sind* $M \subseteq \mathbb{R}^n$ *konvex,* $\varphi : M \to \mathbb{R}$ *konvex und messbar und* $X = (X_1, \ldots, X_n) \in \mathcal{L}_1(\Omega, \mathcal{A}, P; \mathbb{R}^n)$ *mit Werten in* M, *so gilt*

$$E(\varphi(X_1, \ldots, X_n) \,|\, Y) \geq \varphi(E(X_1 \,|\, Y), \ldots, E(X_n \,|\, Y)).$$

8. *Für* $0 \leq X_n \uparrow X$ *gilt* $E(X_n \,|\, Y) \to E(X \,|\, Y)$ *P-fast sicher.*

9. *Für* $X_n \geq 0$ *gilt* $E(\liminf_{n \to \infty} X_n \,|\, Y) \leq \liminf_{n \to \infty} E(X_n \,|\, Y)$.

10. *Falls* $X_n \to X$ *und* $|X_n| \leq Z$ *P-fast sicher für ein* $Z \in \mathcal{L}_1(\Omega, \mathcal{A}, P)$, *gilt* $E(X_n \,|\, Y) \to E(X \,|\, Y)$ *P-fast sicher.*

Die Aussagen des Satzes nennen wir **Radon–Nikodym-(Un-)Gleichungen, Pullout, Approximationseigenschaft, Lokalisierungs-Eigenschaft, Positivität, Linearität** und bedingte Versionen der Jensen-Ungleichung, des Satzes von Levi, des Fatou-Lemmas beziehungsweise des Satzes von Lebesgue.

Die Radon–Nikodym-Gleichungen charakterisieren bedingte Erwartungen durch $\sigma(Y)$-Messbarkeit und $E(I_A E(X \mid Y)) = E(I_A X)$ für alle $A \in \sigma(Y)$, das heißt, die „über A gemittelten Werte" von X und $E(X \mid Y)$ sind gleich. Insbesondere hängt $E(X \mid Y)$ bloß von $\sigma(Y)$ ab, also der durch Y „gelieferten Information". Eine Zufallsgröße $\tilde{Y}$ mit $\sigma(\tilde{Y}) = \sigma(Y)$ könnte man eine „alternative Codierung" nennen, dann hängt also $E(X \mid Y)$ nicht von der Codierung der Information ab.

Liest man im Pull-out $E(ZX \mid Y) = ZE(X \mid Y)$ die $\sigma(Y)$-Messbarkeit von Z, so dass Z als bekannt bei gegebener Information Y angesehen wird, können also „bekannte Faktoren" aus der bedingten Erwartung herausgezogen werden. Dies wird manchmal auch mit „taking out what is known" beschrieben.

Der dritte Teil besagt, dass $E(X \mid Y)$ die beste $\mathcal{L}_2$-Approximation an X ist, die nur auf der Information Y beruht. Wegen des Projektionssatzes 4.13 ist $X \mapsto E(X \mid Y)$ also die Orthogonalprojektion auf den Raum der (Äquivalenzklassen fast sicher gleicher) $\sigma(Y)$-messbaren $\mathcal{L}_2$-Funktionen.

Beweis. 1. Für $A = \{Y \in C\} \in \sigma(Y)$ mit $C \in \mathcal{C}$ gilt mit $h(y) \equiv E(X \mid Y = y)$

$$\int_A E(X \mid Y)\,dP = \int_{\{Y \in C\}} h \circ Y\,dP = \int_C h\,dP^Y$$

$$= \int_C \int x\,dP^{X \mid Y = y}(x)\,dP^Y(y) = \int x I_C(y)\,dP^{(Y,X)}(y,x) = \int_{\{Y \in C\}} X\,dP$$

wegen Satz 3.14. Also löst $E(X \mid Y)$ die Radon–Nikodym-Gleichungen.

Löst $Z \in \mathcal{M}(\Omega, \sigma(Y))$ die entsprechenden Ungleichungen, so folgt aus Satz 3.9 (für das Wahrscheinlichkeitsmaß $Q \equiv P|_{\sigma(Y)}$), dass $Z \le E(X \mid Y)$ Q-fast sicher und damit auch P-fast sicher gilt.

2. Wegen des Beispiels nach dem Approximationssatz 3.3 lässt sich $Z = f \circ Y$ mit einem $f \in \mathcal{M}(\mathcal{Y}, \mathcal{C})$ faktorisieren (nach Satz 3.3 haben wir nur den Fall $Z \ge 0$ gezeigt, sind aber $Z^\pm = f_\pm \circ Y$ mit $f_\pm \in \mathcal{M}_+(\mathcal{Y}, \mathcal{C})$ und $\{Z = \pm\infty\} = \{Y \in C_\pm\}$ mit disjunkten $C_\pm \in \mathcal{C}$, so liefert $f \equiv I_{\{f_+ < \infty\}} f_+ - I_{\{f_- < \infty\}} f_- + \infty I_{C_+} - \infty I_{C_-} \in \mathcal{M}(\mathcal{Y}, \mathcal{C})$ die gewünschte Faktorisierung). Mit Hilfe der die bedingte Verteilung charakterisierenden Gleichungen folgt $P^{(X, f(Y)) \mid Y = y} = P^{X \mid Y = y} \otimes \delta_{f(y)}$, und daher erhalten wir durch iteriertes Integrieren mit der Homogenität des Integrals

$$E(XZ \mid Y = y) = \int xz\,dP^{(X,Z) \mid Y = y}(x,z) = \int xz\,dP^{X \mid Y = y} \otimes \delta_{f(y)}(x,z)$$

$$= \int xz\,d\delta_{f(y)}(z)\,dP^{X \mid Y = y}(x) = \int xf(y)\,dP^{X \mid Y = y}(x)$$

$$= f(y)E(X \mid Y = y).$$

Durch Komposition mit Y folgt also $E(XZ \mid Y) = f(Y)E(X \mid Y) = ZE(X \mid Y)$.

4. Sei $Z = E(X \mid Y) = f \circ Y$ mit einem $f \in \mathcal{M}(\mathcal{Y}, \mathcal{C})$. Wegen $Y|_B = \tilde{Y}|_B$ ist dann $I_B Z = I_B(f \circ \tilde{Y})$ bezüglich $\sigma(\tilde{Y})$-messbar. Für jedes $A \in \sigma(\tilde{Y})$ liefert das gleiche Argument $B \cap A \in \sigma(Y)$, und wir erhalten

$$\int_A I_B Z \, dP = \int_{A \cap B} E(X \mid Y) \, dP = \int_{A \cap B} X \, dP = \int_A I_B X \, dP.$$

Damit folgt $I_B Z = E(I_B X \mid \tilde{Y}) = E(I_B \tilde{X} \mid \tilde{Y}) = I_B E(\tilde{X} \mid \tilde{Y})$ wegen des Pull-outs.

6. Aus der Linearität des Integrals bezüglich $P^{(X_1, X_2) \mid Y = y}$ folgt mit der Substitutions- und Transformationsregel für die Projektionen $\pi_k : \overline{\mathbb{R}} \times \overline{\mathbb{R}} \to \overline{\mathbb{R}}$

$$
\begin{aligned}
E(\alpha X_1 + \beta X_2 \mid Y = y) &= \int \alpha \pi_1 + \beta \pi_2 \, dP^{(X_1, X_2) \mid Y = y} \\
&= \alpha E(X_1 \mid Y = y) + \beta E(X_2 \mid Y = y),
\end{aligned}
$$

weil diese Summe nach Voraussetzung existiert.

5. Wegen $X = X^+$ gilt $E(X \mid Y = y) = \int x \vee 0 \, dP^{X \mid Y = y}(x) \geq 0$.

7. Wegen $\int \int |\pi_j| \, dP^{(X_1, \ldots, X_n) \mid Y = y} \, dP^Y(y) = E(|X_j|) < \infty$ sind die Projektionen $\pi_j \in \mathcal{L}_1(\mathbb{R}^n, \mathbb{B}^n, P^{(X_1, \ldots, X_n) \mid Y = y})$ für P^Y-fast alle $y \in \mathcal{Y}$. Mit der Jensen-Ungleichung 4.17 folgt

$$
\begin{aligned}
E(\varphi(X_1, \ldots, X_n) \mid Y = y) &= \int \varphi(\pi_1, \ldots, \pi_n) \, dP^{(X_1, \ldots, X_n) \mid Y = y} \\
&\geq \varphi\left(\int \pi_1 \, dP^{(X_1, \ldots, X_n) \mid Y = y}, \ldots, \int \pi_n \, dP^{(X_1, \ldots, X_n) \mid Y = y} \right) \\
&= \varphi\big(E(X_1 \mid Y = y), \ldots, E(X_n \mid Y = y) \big).
\end{aligned}
$$

Die Konvergenzsätze in 8., 9. und 10. kann man ebenfalls auf diese Art beweisen, indem man die bedingte Verteilung der Zufallsgröße $(X_n)_{n \in \mathbb{N}}$ mit Werten in $(\overline{\mathbb{R}}^{\mathbb{N}}, \overline{\mathbb{B}}^{\mathbb{N}})$ betrachtet. Stattdessen geben wir einen Beweis mit Hilfe der Radon–Nikodym-Gleichungen.

8. Aus 5. und 6. folgt, dass die bedingte Erwartung monoton ist, und daher existiert $Z \equiv \lim_{n \to \infty} E(X_n \mid Y)$ fast sicher mit $0 \leq Z \leq E(X \mid Y)$. Für $A \in \sigma(Y)$ folgt mit monotoner Konvergenz

$$\int_A Z \, dP = \lim_{n \to \infty} \int_A E(X_n \mid Y) \, dP = \lim_{n \to \infty} \int_A X_n \, dP = \int_A X \, dP,$$

also $Z = E(X \mid Y)$ wegen 1.

9. Teil 8. und die Monotonie liefern (wie im Beweis der klassischen Aussage)

$$E\left(\lim_{n \to \infty} \inf_{m \geq n} X_n \mid Y \right) = \lim_{n \to \infty} E\left(\inf_{m \geq n} X_m \mid Y \right) \leq \lim_{n \to \infty} \inf_{m \geq n} E(X_m \mid Y).$$

10. folgt genauso wie im unbedingten Fall durch Anwenden des nun bedingten Fatou-Lemma auf die Folgen $Z \pm X_n$.

3. Aus der bedingten Jensen-Ungleichung für $\varphi(x) \equiv x^2$ und der Radon–Nikodym-Gleichung für $A = \Omega$ erhalten wir

$$\int |E(X \mid Y)|^2 \, dP \leq \int E(X^2 \mid Y) \, dP = E(X^2).$$

Also gilt $E(X \mid Y) \in \mathcal{L}_2(\Omega, \sigma(Y), P)$, und für das zugehörige Skalarprodukt folgt für $Z \in \mathcal{L}_2(\Omega, \sigma(Y), P)$ mit Pull-out

$$\langle X - E(X \mid Y), Z \rangle = E(XZ) - E(E(X \mid Y)Z) = E(XZ) - E(E(XZ \mid Y)) = 0.$$

Der Projektionssatz 4.13 liefert $\|X - E(X \mid Y)\|_2 \leq \|X - Z\|_2$.   □

Abgesehen von der Jensen-Ungleichung lassen sich übrigens alle Aussagen des Satzes mit Hilfe der Radon–Nikodym-Gleichungen und Standardschluss beweisen. Dabei wird aber zum Beispiel nicht deutlich, dass der Pull-out genau die Homogenität des Integrals bezüglich der bedingten Verteilung ist.

Üblicherweise werden in der Literatur bedingte Erwartungen durch die Radon–Nikodym-Gleichungen *definiert*, und die Existenz wird dann mit Hilfe des Satzes von Radon–Nikodym oder für $X \in \mathcal{L}_2$ mit dem Satz über Orthogonalprojektionen bewiesen (die Radon–Nikodym-Gleichungen folgen dabei aus der Orthogonalität von $X - E(X \mid Y)$ und $Z \equiv I_A$ für $A \in \sigma(Y)$).

Als $\sigma(Y)$-messbare Abbildung kann man $E(X \mid Y)$ wegen des Beispiels nach Satz 3.3 als $E(X \mid Y) = h \circ Y$ faktorisieren und damit $E(X \mid Y = y) \equiv h(y)$ definieren. Bedingte Wahrscheinlichkeiten werden dann durch $P(X \in B \mid Y = y) \equiv E(I_B \circ X \mid Y = y)$ eingeführt. Aus diesem Zusammenhang stammt die (in unserem Zugang etwas seltsame) Bezeichnung *faktorisierte* bedingte Erwartung.

Außer den Konvergenzsätzen in Satz 6.8 gelten wegen der Jensen-Ungleichung weitere „Stetigkeitseigenschaften" der bedingten Erwartung: Für $1 \leq p \leq \infty$ und $X \in \mathcal{L}_p$ ist auch $E(X \mid Y) \in \mathcal{L}_p$ mit $\|E(X \mid Y)\|_p \leq \|X\|_p$. Die Konvexität von $|\cdot|^p$ für $p < \infty$ liefert nämlich

$$\|E(X \mid Y)\|_p^p = E(|E(X \mid Y)|^p) \leq E(E(|X|^p \mid Y)) = E(|X|^p) = \|X\|_p^p$$

wegen der Radon–Nikodym-Gleichung für Ω, und der Fall $p = \infty$ folgt aus der Monotonie.

Im übernächsten Kapitel werden wir auch eine Art von Stetigkeit bezüglich Y untersuchen. Weil $E(X \mid Y)$ nur von $\sigma(Y)$ abhängt, ist allerdings nicht zu erwarten, dass diese Stetigkeit direkt mit den Konvergenzbegriffen des 4. Kapitels zusammenhängt: $\frac{1}{n}Y \to 0$ gilt für jeden der untersuchten Begriffe, aber wegen $\sigma(Y) = \sigma(\frac{1}{n}Y)$ konvergiert $E(X \mid \frac{1}{n}Y)$ im Allgemeinen nicht gegen $E(X \mid 0) = E(X)$.

Als ein wichtiges Beispiel, dass man bisweilen bedingte Erwartungen berechnen kann ohne die bedingte Verteilung zu kennen, betrachten wir einen n-dimensionalen Zufallsvektor $X = (X_1, \ldots, X_n)$ mit permutationsinvarianter Verteilung und integrierbaren Komponenten und $S \equiv \sum_{j=1}^n X_j$. Wie vorhin gezeigt, gilt dann $P^{X_1 \mid S} = P^{X_j \mid S}$ und daher sind die bedingten Erwartungen gleich. Aus der Linearität erhalten wir also

$$E(X_1 \mid S) = \frac{1}{n} \sum_{j=1}^n E(X_j \mid S) = \tfrac{1}{n} E(S \mid S) = \tfrac{1}{n} S.$$

Auch die anderen Beispiele für bedingte Verteilungen liefern Aussagen über bedingte Erwartungen: Für unabhängige (X, Y) und $(\tilde{X}, \tilde{Y})$ folgt mit Satz 6.2 und iteriertem Integrieren

$$E(X\tilde{X} \mid (Y, \tilde{Y}) = (y, \tilde{y})) = \int x\tilde{x}\, dP^{X \mid Y = y} \otimes P^{\tilde{X} \mid \tilde{Y} = \tilde{y}}(x, \tilde{x})$$

$$= E(X \mid Y = y) E(\tilde{X} \mid \tilde{Y} = \tilde{y}),$$

also $E(X\tilde{X} \mid (Y, \tilde{Y})) = E(X \mid Y) E(\tilde{X} \mid \tilde{Y})$.

Satz 6.4 liefert für unabhängige X, Y und integrierbares $f \in \mathcal{M}(X \times Y, \mathcal{B} \otimes \mathcal{C})$ die bedingte Erwartung $E(f(X, Y) \mid Y = y) = E(f(X, y))$ durch Einsetzen, und insbesondere folgt $E(X \mid Y) = E(X)$.

Für $X \sim N(\mu, \sigma^2)$, $Y \sim N(m, s^2)$, so dass (X, Y) zweidimensional normalverteilt ist mit $\mathrm{Kor}(X, Y) = \varrho$, ist $P^{X \mid Y = y}$ die Normalverteilung mit Erwartungswert $\mu - \frac{\sigma}{s}\varrho(m - y)$, was $E(X \mid Y) = \mu - \frac{\sigma}{s}\varrho(m - Y)$ impliziert. Hier hängt die bedingte Erwartung also nicht bloß *messbar* von Y ab sondern sogar *affin linear*, die Projektion aus Satz 6.10.3 stimmt also mit der in Satz 4.9.2 überein.

Die Tatsache, dass $E(X \mid Y)$ bloß von $\sigma(Y)$ abhängt, nehmen wir zum Anlass für eine σ-Algebra $\mathcal{G} \subseteq \mathcal{A}$ die **bedingte Erwartung** $E(X \mid \mathcal{G}) \equiv E(X \mid Y)$ für die identische Abbildung $Y = Y_{\mathcal{G}} : (\Omega, \mathcal{A}) \to (\Omega, \mathcal{G})$ zu definieren. Entsprechend definieren wir die bedingte Wahrscheinlichkeit $P(A \mid \mathcal{G}) \equiv E(I_A \mid \mathcal{G})$ für $A \in \mathcal{A}$.

Bis auf die Lokalisierungseigenschaft (für $\mathcal{G} \neq \mathcal{H}$ nehmen $Y_{\mathcal{G}}$ und $Y_{\mathcal{H}}$ Werte in unterschiedlichen Messräumen an!) haben alle Aussagen aus Satz 6.10 unmittelbare Entsprechungen für $E(X \mid \mathcal{G})$. Um die nun gültige Lokalisierungseigenschaft zu formulieren, erinnern wir an die Spur-σ-Algebra $\mathcal{G} \cap A = \{G \cap A : G \in \mathcal{G}\}$. Für $A \in \mathcal{G}$ gilt dann $\mathcal{G} \cap A = \{G \in \mathcal{G} : G \subseteq A\}$. Außerdem bezeichnen wir mit $\mathcal{N} \equiv \{N \in \mathcal{A} : P(N) \in \{0, 1\}\}$ die von den fast sicheren Ereignissen erzeugte σ-Algebra.

Satz 6.11 (Bedingen unter σ-Algebren)
Seien $X, \tilde{X} \in \mathcal{M}(\Omega, \mathcal{A})$ integrierbar und $\mathcal{G}, \mathcal{H} \subseteq \mathcal{A}$ σ-Algebren.

1. Für $\mathcal{H} \subseteq \mathcal{G}$ gilt $E(E(X \mid \mathcal{G}) \mid \mathcal{H}) = E(X \mid \mathcal{H})$.

2. *Für $A \in \mathcal{G} \cap \mathcal{H}$ mit $X|_A = \tilde{X}|_A$ und $\mathcal{G} \cap A = \mathcal{H} \cap A$ gilt*

$$E(X \mid \mathcal{G}) = E(\tilde{X} \mid \mathcal{H}) \; auf \; A.$$

3. $E(X \mid \mathcal{G}) = E(X \mid \mathcal{G} \vee \mathcal{N})$.

Beweis. 1. $Z \equiv E(E(X \mid \mathcal{G}) \mid \mathcal{H})$ ist bezüglich $\mathcal{H}$ messbar und löst für $H \in \mathcal{H} \subseteq \mathcal{G}$ die Radon–Nikodym-Gleichung $\int_H Z \, dP = \int_H E(X \mid \mathcal{G}) dP = \int_H X \, dP$. Also gilt $Z = E(X \mid \mathcal{H})$ nach Satz 6.10.1.

2. Wir zeigen zunächst, dass $Z \equiv I_A E(X \mid \mathcal{G})$ bezüglich $\mathcal{H}$-messbar ist. Dafür reicht es $\{Z \in B\} \in \mathcal{H}$ zu zeigen, falls 1 in $B \in \mathbb{B}$ enthalten ist (der andere Fall folgt mit Komplementbildung). Dann ist aber $\{Z \in B\} = A \cap \{E(X \mid \mathcal{G}) \in B\} \in \mathcal{G} \cap A = \mathcal{H} \cap A \subseteq \mathcal{H}$ wegen $A \in \mathcal{H}$. Für $H \in \mathcal{H}$ ist wegen $H \cap A \in \mathcal{G}$

$$\int_H Z \, dP = \int_{H \cap A} E(X \mid \mathcal{G}) dP = \int_{H \cap A} X \, dP = \int_H I_A X \, dP.$$

Mit Satz 6.10.1 folgt also $E(I_A X \mid \mathcal{H}) = I_A E(X \mid \mathcal{G})$, und andererseits ist wegen des Pull-outs $E(I_A X \mid \mathcal{H}) = E(I_A \tilde{X} \mid \mathcal{H}) = I_A E(\tilde{X} \mid \mathcal{H})$.

3. $Z \equiv E(X \mid \mathcal{G})$ ist bezüglich $\mathcal{G}$ und damit auch bezüglich $\mathcal{G} \vee \mathcal{N}$ messbar, und wegen des Dynkin-Arguments müssen wir die Radon–Nikodym-Gleichungen nur für Elemente des schnittstabilen Erzeugers $\{G \cap N : G \in \mathcal{G}, N \in \mathcal{N}\}$ von $\mathcal{G} \vee \mathcal{N}$ zeigen. Für $G \in \mathcal{G}$ und $P(N) = 1$ gilt

$$\int_{G \cap N} Z \, dP = \int_G Z \, dP = \int_G X \, dP = \int_{G \cap N} X \, dP,$$

und für $P(N) = 0$ ist $\int_{G \cap N} Z \, dP = 0 = \int_{G \cap N} X \, dP$.   □

Die erste Aussage des Satzes heißt **Glättungseigenschaft**. Weil für $\mathcal{H} \subseteq \mathcal{G}$ jede $\mathcal{H}$-messbare Abbildung mit ihrer bedingten Erwartung unter $\mathcal{G}$ übereinstimmt, gilt dann auch $E(E(X \mid \mathcal{G}) \mid \mathcal{H}) = E(E(X \mid \mathcal{H}) \mid \mathcal{G})$, das heißt, $E(\cdot \mid \mathcal{G})$ und $E(\cdot \mid \mathcal{H})$ **kommutieren**. Diese Eigenschaft gilt auch im „entgegengesetzten Fall", dass $\mathcal{G}$ und $\mathcal{H}$ unabhängig sind: Dann sind nämlich $\sigma(E(X \mid \mathcal{G}))$ und $\mathcal{H}$ unabhängig, und dies impliziert $E(E(X \mid \mathcal{G}) \mid \mathcal{H}) = E(X)$.

Im Allgemeinen gilt die Kommutativität jedoch *nicht*. Zum Beispiel immer dann nicht, wenn es ein $\mathcal{G}$-messbares X gibt, so dass $E(X \mid \mathcal{H})$ nicht fast sicher mit einer $\mathcal{G}$-messbaren Abbildung übereinstimmt. Ein konkretes Beispiel liefern etwa die Laplace-Verteilung auf $\Omega = \{1, 2, 3\}$, $\mathcal{G} = \sigma(\{1\})$, $\mathcal{H} = \sigma(\{2\})$ und $X = I_{\{1\}}$. Als $\mathcal{H}$-messbare Abbildung ist $E(X \mid \mathcal{H})$ von der Form $a I_{\{2\}} + b I_{\{1,3\}}$ und die Radon–Nikodym-Gleichungen liefern $a = 0$ und $b = 1/2$.

Ohne die Voraussetzung $A \in \mathcal{G} \cap \mathcal{H}$ ist auch Satz 6.11.2 im Allgemeinen falsch, wie das Beispiel $\mathcal{G} = \{\varnothing, \Omega\}$, $\mathcal{H} = \{\varnothing, A, A^c, \Omega\}$ und $X = \tilde{X} = I_A$ zeigt.

Satz 6.2 bedeutet im jetzigen Kontext $E(X\tilde{X} \mid \mathcal{G} \vee \mathcal{H}) = E(X \mid \mathcal{G})E(\tilde{X} \mid \mathcal{H})$, falls $\sigma(X) \vee \mathcal{G}$ und $\sigma(\tilde{X}) \vee \mathcal{H}$ stochastisch unabhängig sind. Insbesondere gilt also $E(X \mid \mathcal{G} \vee \mathcal{H}) = E(X \mid \mathcal{G})$ für unabhängige $\sigma(X) \vee \mathcal{G}$ und $\mathcal{H}$.

Für eine typische Anwendung betrachten wir eine unabhängige Folge $(X_n)_{n \in \mathbb{N}}$ identisch verteilter integrierbarer Zufallsvariablen und die zugehörigen Partialsummen $S_n \equiv \sum_{j=1}^{n} X_j$. Dann gilt $\sigma(S_m : m \geq n) = \sigma(S_n) \vee \sigma(X_m : m \geq n+1)$, weil $S_m = S_n + \sum_{j=n+1}^{m} X_j$ und $X_m = S_m - S_{m-1}$. Wegen Satz 2.2 über das Zusammenlegen unabhängiger σ-Algebren sind $\sigma(X_1, S_n) \subseteq \sigma(X_1, \ldots, X_n)$ und $\sigma(X_m : m \geq n+1)$ unabhängig, und wir erhalten

$$\begin{aligned} E(X_1 \mid \sigma(S_m : m \geq n)) &= E(X_1 \mid \sigma(S_n) \vee \sigma(X_m : m \geq n+1)) \\ &= E(X_1 \mid \sigma(S_n)) = E(X_1 \mid S_n) = \tfrac{1}{n} S_n. \end{aligned}$$

Um den schon mehrfach angesprochenen Zusammenhang zwischen Bedingen und Invarianz noch zu vertiefen, betrachten wir für eine messbare Transformation $T : (\Omega, \mathcal{A}) \to (\Omega, \mathcal{A})$ die zugehörige **σ-Algebra der T-invarianten Ereignisse**

$$\mathcal{I} \equiv \mathcal{I}(T) \equiv \{A \in \mathcal{A} : T^{-1}(A) = A\}.$$

Ist $f : (\Omega, \mathcal{A}) \to (\mathcal{X}, \mathcal{B})$ messbar und T-invariant, das heißt natürlich $f \circ T = f$, so ist f wegen $T^{-1}(f^{-1}(B)) = (f \circ T)^{-1}(B) = f^{-1}(B)$ auch $(\mathcal{I}(T), \mathcal{B})$-messbar. Falls andererseits f bezüglich $\mathcal{I}(T)$ messbar ist mit $\{f(\omega)\} \in \mathcal{B}$ für alle $\omega \in \Omega$, so gilt $\omega \in f^{-1}(\{f(\omega)\}) = T^{-1}(f^{-1}(\{f(\omega)\})) = (f \circ T)^{-1}(\{f(\omega)\})$, also $f(T(\omega)) = f(\omega)$.

Mit T^n bezeichnen wir die n-fachen Kompositionen $T^n \equiv T^{n-1} \circ T$.

Satz 6.12 (Ergodensatz, Birkhoff)
Seien $T : (\Omega, \mathcal{A}) \to (\Omega, \mathcal{A})$ messbar mit $P^T = P$ und $f \in \mathcal{L}_1(\Omega, \mathcal{A}, P)$. Dann gilt $\frac{1}{n+1} \sum_{j=0}^{n} f \circ T^j \to E(f \mid \mathcal{I}(T))$ P-fast sicher.

Dieser Satz hat wichtige physikalische Interpretationen, wenn man die Iterierten T^n als „Dynamik" eines Systems und f als einen Zustand zur Zeit 0 auffasst. Die Mittel der Zustände $f \circ T^n$ zu den Zeitpunkten $n \in \mathbb{N}_0$ konvergieren also fast sicher.

Wir können den Satz auch als Approximation für $E(f \mid \mathcal{I}(T))$ lesen. Die Mittelwerte $Z_n = \frac{1}{n+1} \sum_{j=0}^{n} f \circ T^j$ lösen wegen der Invarianz $P^T = P$ die Radon–Nikodym-Gleichungen für f. Allerdings sind Z_n selbst nicht $\mathcal{I}(T)$-messbar, sondern erfüllen bloß $Z_n \circ T - Z_n = \frac{1}{n+1}(f \circ T^{n+1} - f)$. Dass dieser Fehlerterm in $\mathcal{L}_1$ klein wird, macht den Ergodensatz sehr plausibel. Der genial kurze Beweis stammt im Wesentlichen von A. M. Garsia.

Beweis. Wir betrachten für $\varepsilon > 0$ und $\varphi \equiv f - E(F \mid \mathcal{I}(T)) - \varepsilon$ die „Maximalsummen"

$$M_N \;\equiv\; \max_{0 \le n \le N} \sum_{j=0}^{n} \varphi \circ T^j = \max\Big\{ \varphi, \; \max_{1 \le n \le N} \varphi + \sum_{j=1}^{n} \varphi \circ T^{j-1} \circ T \Big\}$$

$$= \; \varphi + \max\Big\{ 0, \; \max_{1 \le n \le N} \Big(\sum_{j=0}^{n-1} \varphi \circ T^j \Big) \circ T \Big\} = \varphi + M_{N-1}^{+} \circ T,$$

wobei $M_{N-1}^{\pm}$ wie üblich Positiv- beziehungsweise Negativteil bezeichnet. Insbesondere ist $M_{N-1}^{+} \circ T = M_{N-1} \circ T = M_N - \varphi$, falls $M_N > \varphi$. Dies liefert die T-Invarianz von $A \equiv \{ M_N \to +\infty \}$. Weiter gilt $M_N - M_{N-1} \circ T = \varphi + M_{N-1}^{-} \circ T$ und diese Folge ist monoton fallend, weil M_N monoton wächst. Auf A ist der Grenzwert φ, weil $M_{N-1}^{-} \circ T = 0$ für $M_N > \varphi$. Wegen $|M_N - M_{N-1} \circ T| \le |\varphi| \vee |M_1 - M_0 \circ T|$ ist die Konvergenz auf A auch dominiert. Mit der Invarianz $P = P^T$ und Substitution folgt daher

$$0 \; \le \; \int_A M_N - M_{N-1}\, dP = \int_A M_N - M_{N-1} \circ T\, dP$$

$$\to \; \int_A \varphi\, dP = \int_A f - E(f \mid \mathcal{I}(T)) - \varepsilon\, dP = -\varepsilon P(A)$$

wegen der Radon–Nikodym-Gleichung für $A \in \mathcal{I}(T)$. Also folgt $P(A) = 0$, so dass M_N fast sicher nach oben beschränkt ist. Daher gilt P-fast sicher

$$\limsup_{n \to \infty} \frac{1}{n+1} \sum_{j=0}^{n} \varphi \circ T^j \le 0.$$

Wegen der T-Invarianz von $E(f \mid \mathcal{I}(T))$ folgt $\limsup_{n \to \infty} \frac{1}{n+1} \sum_{j=0}^{n} f \circ T^j \le E(f \mid \mathcal{I}(T)) + \varepsilon$ fast sicher für jedes $\varepsilon > 0$. Vereinigen wir für eine Folge $\varepsilon_k \to 0$ die entsprechenden Ausnahmemengen, folgt die Ungleichung auch mit $\varepsilon = 0$, und angewendet auf $-f$ liefert sie auch $\liminf_{n \to \infty} \frac{1}{n+1} \sum_{j=0}^{n} f \circ T^j \ge E(f \mid \mathcal{I}(T))$ fast sicher. □

Satz 6.13 (Starkes Gesetz der großen Zahlen in $\mathscr{L}_1$)

Für jede unabhängige Folge $(X_n)_{n \in \mathbb{N}}$ von identisch verteilten Zufallsvariablen $X_n \overset{d}{=} X_1 \in \mathscr{L}_1(\Omega, \mathcal{A}, P)$ gilt $\frac{1}{n} \sum_{j=1}^{n} X_j \to E(X_1)$ P-fast sicher und in $\mathscr{L}_1$.

Beweis. Wir betrachten den Wahrscheinlichkeitsraum $(\mathbb{R}^{\mathbb{N}}, \mathbb{B}^{\mathbb{N}}, Q)$ mit $Q \equiv P^X$ und $X \equiv (X_n)_{n \in \mathbb{N}}$ und die durch $T((x_n)_{n \in \mathbb{N}}) \equiv (x_{n+1})_{n \in \mathbb{N}}$ definierte Transformation T. Die Mengen $A \equiv \bigcap_{j=1}^{n} \pi_j^{-1}(A_j) = \prod_{j \le n} A_j \times \prod_{j > n} \mathbb{R}$ mit $A_j \in \mathbb{B}$ bilden einen schnittstabilen Erzeuger von $\mathbb{B}^{\mathbb{N}}$ und erfüllen wegen $P^{X_j} = P^{X_1}$

$$Q(T^{-1}(A)) = P\Big(\bigcap_{j=1}^{n} \{ X_{j+1} \in A_j \} \Big) = \prod_{j=1}^{n} P^{X_1}(A_j) = Q(A).$$

Also ist $Q^T = Q$ und wegen $\int \pi_1 \, dQ = \int X_1 \, dP$ liefert der Ergodensatz die Q-fast sichere Konvergenz von $\frac{1}{n+1} \sum_{j=0}^{n} \pi_1 \circ T^j = \frac{1}{n+1} \sum_{j=0}^{n} \pi_{j+1}$ gegen $g \equiv E(\pi_1 \mid \mathcal{I}(T))$. Durch Komposition mit X folgt, dass $\frac{1}{n+1} \sum_{j=0}^{n} X_{j+1}$ P-fast sicher gegen $Z \equiv g \circ X$ konvergiert, und Substitution liefert $E(Z) = \int g \, dQ = \int \pi_1 \, dQ = E(X_1)$.

Andererseits ist Z bezüglich der terminalen σ-Algebra $\bigwedge_{n \in \mathbb{N}} \bigvee_{m \geq n} \sigma(X_m)$ messbar, und Kolmogorovs 0-1-Gesetz 2.4 impliziert, dass Z fast sicher konstant ist.

Die $\mathcal{L}_1$-Konvergenz beweisen wir mit Hilfe von Satz 4.7 und müssen dafür zeigen, dass $(\frac{1}{n} \sum_{j=1}^{n} X_j)_{n \in \mathbb{N}}$ gleichgradig integrierbar ist. Wegen $\frac{1}{n} \sum_{j=1}^{n} X_j = E(X_1 \mid S_n)$ folgt dies aus dem nächsten Satz.   □

Satz 6.14 (Gleichgradige Integrierbarkeit bedingter Erwartungen)
Seien $X \in \mathcal{L}_1(\Omega, \mathcal{A}, P)$ und $\mathcal{G}_\alpha \subseteq \mathcal{A}$ σ-Algebren für $\alpha \in I$. Dann ist die Menge $\{E(X \mid \mathcal{G}_\alpha) : \alpha \in I\}$ gleichgradig integrierbar.

Beweis. Seien $\varepsilon > 0$, $N \in \mathbb{N}$ mit $\int_{\{|X| > N\}} |X| \, dP \leq \varepsilon/2$ und $C \geq 2N\varepsilon^{-1} E(|X|)$. Wegen der Jensen-Ungleichung ist $|E(X \mid \mathcal{G}_\alpha)| \leq E(|X| \mid \mathcal{G}_\alpha)$, und für die Ereignisse $A_\alpha \equiv \{E(|X| \mid \mathcal{G}_\alpha) \geq C\} \in \mathcal{G}_\alpha$ folgt mit den Radon–Nikodym-Gleichungen und der Chebychev-Ungleichung

$$\int_{A_\alpha} E(|X| \mid \mathcal{G}_\alpha) \, dP = \int_{A_\alpha} |X| \, dP \leq \int_{\{|X| > N\}} |X| \, dP + NP(A_\alpha)$$

$$\leq \varepsilon/2 + NC^{-1} \int E(|X| \mid \mathcal{G}_\alpha) \, dP = \varepsilon/2 + NC^{-1} E(|X|) \leq \varepsilon. \qquad \square$$

Zum Abschluss dieses Kapitels übersetzen wir noch die Charakterisierung der Unabhängigkeit durch $P^{X \mid Y} = P^X$ in eine Bedingung für bedingte Erwartungen. Dazu nennen wir eine Menge $\mathcal{M}$ messbarer Funktionen von $(\mathcal{X}, \mathcal{B})$ nach $\mathbb{C}$ **verteilungsbestimmend** für $(\mathcal{X}, \mathcal{B})$, falls für Wahrscheinlichkeitsmaße P und Q auf $(\mathcal{X}, \mathcal{B})$ mit $\int f \, dP = \int f \, dQ$ für alle $f \in \mathcal{M}$ stets $P = Q$ gilt. Dabei setzen wir die Existenz der Integrale $\int f \, dP$ bezüglich aller Wahrscheinlichkeitsmaße voraus, das heißt, $\mathcal{M}$ besteht aus „universell integrierbaren" Funktionen.

Für jeden schnittstabilen Erzeuger $\mathcal{E}$ von $\mathcal{B}$ ist wegen des Maßeindeutigkeitssatzes $\{I_E : E \in \mathcal{E}\}$ verteilungsbestimmend, und für metrisches $(\mathcal{X}, d)$ mit Borel-σ-Algebra $\mathcal{B}$ ist $C_b(\mathcal{X})$ verteilungsbestimmend wegen der Eindeutigkeit schwacher Grenzwerte. Weil Verteilungen auf $(\mathcal{X}^I, \mathcal{B}^I)$ durch die endlichdimensionalen Projektionen eindeutig bestimmt sind, folgt damit auch, dass $\mathcal{M} = \{f \circ \pi_J : J \subseteq T$ endlich, $f \in C_b(\mathcal{X}^J)\}$ verteilungsbestimmend für $(\mathcal{X}^I, \mathcal{B}^I)$ ist.

Den Eindeutigkeitssatz der Fourier-Transformation können wir nun so formulieren, dass $\{e^{i\langle u, \cdot \rangle} : u \in \mathbb{R}^n\}$ verteilungsbestimmend für $(\mathbb{R}^n, \mathbb{B}^n)$ ist.

Satz 6.15 (Unabhängigkeit und bedingte Erwartungen)
Zwei Zufallsgrößen X und Y mit Werten in $(\mathcal{X}, \mathcal{B})$ beziehungsweise $(\mathcal{Y}, \mathcal{C})$ sind genau dann unabhängig, wenn $E(f(X) \mid Y) = E(f(X))$ für alle Funktionen f einer für $(\mathcal{X}, \mathcal{B})$ verteilungsbestimmenden Klasse gilt.

Beweis. Die Notwendigkeit der Bedingung folgt aus der Unabhängigkeit von $f(X)$ und Y.

Durch $Q(A) \equiv P(A \cap \{Y \in C\})/P(Y \in C)$ ist andererseits für $C \in \mathcal{C}$ mit $P(Y \in C) > 0$ ein Wahrscheinlichkeitsmaß auf $(\Omega, \mathcal{A})$ definiert, und die Radon–Nikodym-Gleichungen liefern

$$\int f \, dQ^X = \frac{1}{P(Y \in C)} \int_{\{Y \in C\}} f(X) \, dP = E(f(X)) = \int f \, dP^X$$

für alle f der verteilungsbestimmenden Klasse. Also gilt $P^X = Q^X$ und damit $P(X \in B) = P(X \in B, Y \in C)/P(Y \in C)$ für alle $B \in \mathcal{B}$. $\square$

Falls es in der Situation von Satz 6.15 eine bedingte Verteilung von X unter Y gibt, folgt wegen $E(f(X) \mid Y = y) = \int f \, dP^{X \mid Y = y}$ aus der Bedingung sofort $P^{X \mid Y} = P^X$ und damit die Unabhängigkeit.

Aufgaben

6.1. Seien $(\mathcal{X}, \mathcal{B})$, $(\mathcal{Y}, \mathcal{C})$ und $(\mathcal{Z}, \mathcal{D})$ Messräume, K ein Markov-Kern vom Produkt $(\mathcal{Y}, \mathcal{C}) \otimes (\mathcal{Z}, \mathcal{D})$ nach $(\mathcal{X}, \mathcal{B})$ und M ein Markov-Kern von $(\mathcal{Z}, \mathcal{D})$ nach $(\mathcal{Y}, \mathcal{C})$. Zeigen Sie dass für $A \in \mathcal{C} \otimes \mathcal{B}$ durch

$$M \otimes K(z, A) \equiv \int \int I_A(y, x) \, dK((y, z), x) \, dM(z, y)$$

ein Markov-Kern von $(\mathcal{Z}, \mathcal{D})$ nach $(\mathcal{Y}, \mathcal{C}) \otimes (\mathcal{X}, \mathcal{B})$ definiert ist.

6.2. Zeigen Sie für Zufallsgrößen X, Y, Z mit Werten in $(\mathcal{X}, \mathcal{B})$, $(\mathcal{Y}, \mathcal{C})$ und $(\mathcal{Z}, \mathcal{D})$ das Assoziativgesetz

$$P^{Y \mid Z} \otimes P^{X \mid (Y, Z)} = P^{(Y, X) \mid Z}.$$

6.3. Seien $X \sim \mathrm{Exp}(\alpha)$, $t \geq 0$ und $Y \equiv X \wedge t$. Zeigen Sie $P^{X - t \mid Y = t} = P^X$.

6.4. Sei (X, Y) ein auf $K \equiv \{x \in \mathbb{R}^2 : \|x\|_2 \leq 1\}$ gleichverteilter Zufallsvektor. Bestimmen Sie $P^{X \mid Y}$, und zeigen Sie ohne Rechnung $E(X \mid Y) = 0$.

6.5. Zeigen Sie mit Hilfe von Satz 6.9, dass das n-dimensionale Lebesgue-Maß λ_n durch die Invarianz unter *linearen* Orthogonaltransformationen, die „Skalierungseigenschaft" $\lambda_n(rA) = r^n \lambda_n(A)$ für alle $A \in \mathbb{B}^n$ und $r > 0$ sowie die Normiertheit $\lambda_n(\{\|\cdot\| \leq 1\}) = V_n$ eindeutig bestimmt ist.

6.6. Zeigen Sie für Zufallsgrößen X, Y, $p, q \geq 1$ mit $\frac{1}{p} + \frac{1}{q} = 1$ und eine σ-Algebra $\mathcal{G} \subseteq \mathcal{A}$ die bedingte Hölder-Ungleichung

$$E(|XY| \,|\, \mathcal{G}) \leq \left(E(|X|^p \,|\, \mathcal{G})\right)^{1/p} \left(E(|X|^q \,|\, \mathcal{G})\right)^{1/q}.$$

6.7. Seien G eine endliche Gruppe von messbaren Abbildungen auf $(\Omega, \mathcal{A}, P)$ mit $P \circ g^{-1} = P$ für alle $g \in G$ und $\mathcal{G} \equiv \sigma(g : g \in G)$. Zeigen Sie für jede integrierbare Zufallsvariable X

$$E(X \,|\, \mathcal{G}) = \frac{1}{|G|} \sum_{g \in G} X \circ g.$$

6.8. Seien $(\Omega, \mathcal{A}, P)$ ein Wahrscheinlichkeitsraum und $\Omega = \bigcup_{n \in \mathbb{N}} A_n$ eine disjunkte Zerlegung mit Ereignissen $A_n \in \mathcal{A}$ und $P(A_n) > 0$. Zeigen Sie für $\mathcal{G} \equiv \sigma(\{A_n : n \in \mathbb{N}\})$ und eine integrierbare Zufallsvariable X

$$E(X \,|\, \mathcal{G}) = \sum_{n \in \mathbb{N}} \alpha_n I_{A_n} \quad \text{mit } \alpha_n \equiv \frac{1}{P(A_n)} \int_{A_n} X \, dP.$$

6.9. Seien $X \in \mathcal{L}_2(\Omega, \mathcal{A}, P)$ und Y eine Zufallsgröße. Zeigen Sie

$$\|X - E(X \,|\, Y)\|_2^2 = E(X^2) - E(E(X \,|\, Y)^2) = \text{Var}(X) - \text{Var}(E(X \,|\, Y)).$$

6.10. Für $X \in \mathcal{L}_2(\Omega, \mathcal{A}, P)$ und eine Zufallsgröße Y heißt

$$\text{Var}(X \,|\, Y) \equiv E((X - E(X \,|\, Y))^2 \,|\, Y)$$

bedingte Varianz von X unter Y. Zeigen Sie die Verschiebungsformel

$$\text{Var}(X \,|\, Y) = E(X^2 \,|\, Y) - E(X \,|\, Y)^2$$

und $E(\text{Var}(X \,|\, Y)) = \|X - E(X \,|\, Y)\|_2^2$.

6.11. Berechnen Sie $\text{Var}(X \,|\, Y)$ und $\text{Var}(E(X \,|\, Y))$ für eine $N(0, 1)$-verteilte Zufallsvariable X und $Y \equiv |X|^{-1} X$.

6.12. Zeigen Sie, dass die Lokalisierungseigenschaft aus Satz 6.10.4 ohne die Voraussetzung $B \in \sigma(Y) \cap \sigma(\tilde{Y})$ im Allgemeinen falsch ist.

6.13. Zeigen Sie in der Situation von Satz 6.5 die Bayes-Formel

$$f_{X \,|\, Y=y}(x) = \frac{f_X(x)}{f_Y(y)} f_{Y \,|\, X=x}(y).$$

6.14. Seien $X_n \in \mathcal{L}_1(\Omega, \mathcal{A}, P)$ mit $X_n \to X$ in $\mathcal{L}_1$ und $\mathcal{G} \subseteq \mathcal{A}$ eine σ-Algebra, so dass $E(X_n \,|\, \mathcal{G}) \to \tilde{X}$ in $\mathcal{L}_1$. Zeigen Sie, dass dann $E(X \,|\, \mathcal{G}) = \tilde{X}$ gilt.

6.15. Konstruieren Sie positive Zufallsvariablen Y_n, Z_n (auf einem geeigneten Produkt von Wahrscheinlichkeitsräumen) mit folgenden Eigenschaften:

(i) $(Y_n)_{n \in \mathbb{N}}$ und $(Z_n)_{n \in \mathbb{N}}$ sind unabhängig,

(ii) $E(Y_n) \to 0$ und Y_n konvergiert nicht fast sicher gegen 0,

(iii) $E(Z_n) = 1$ und $\limsup_{n \to \infty}\{Z_n \neq 0\} = \varnothing$.

Zeigen Sie, dass dann durch $X_n \equiv Y_n Z_n$ eine Folge von Zufallsvariablen definiert ist mit $X_n \to 0$ fast sicher und in $\mathcal{L}_1$, so dass $E(X_n \mid \mathcal{G})$ für $\mathcal{G} \equiv \sigma(Y_n : n \in \mathbb{N})$ nicht fast sicher gegen 0 konvergiert.

6.16. Zeigen Sie, dass das starke Gesetz der großen Zahlen für alle integrierbaren Zufallsvariablen gilt. Wenden Sie dazu für alle $c \geq 0$ Satz 6.13 auf $X_n^{\pm} \wedge c$ an.

Kapitel 7

Stochastische Prozesse

Wir untersuchen in den folgenden Kapiteln Familien $X = (X_t)_{t \in T}$ von $(\mathcal{X}, \mathcal{B})$-wertigen Zufallsgrößen X_t auf einem Wahrscheinlichkeitsraum $(\Omega, \mathcal{A}, P)$ mit einer Indexmenge $T \subseteq \overline{\mathbb{R}}$, also Zufallsgrößen $X : (\Omega, \mathcal{A}) \to (\mathcal{X}, \mathcal{B})^T = (\mathcal{X}^T, \mathcal{B}^T) = \bigotimes_{t \in T}(\mathcal{X}, \mathcal{B})$. So eine Zufallsgröße heißt **stochastischer T-Prozess** auf $(\Omega, \mathcal{A}, P)$ in $(\mathcal{X}, \mathcal{B})$ (wobei wir Attribute, die durch den Kontext klar sind oft auslassen). Abgesehen von diesen Bezeichnungen haben wir also schon ab dem zweiten Kapitel Prozesse (meistens im „zeitdiskreten" Fall $T = \mathbb{N}$) studiert. Ab jetzt beziehen wir aber sowohl die Metrik als auch die Ordnung der als Zeit interpretierten Indexmenge T in die Untersuchung ein. Falls der **Zustandsraum** $(\mathcal{X}, \mathcal{B})$ ebenfalls metrisch ist (in den meisten Fällen betrachten wir $(\mathcal{X}, \mathcal{B}) = (\mathbb{R}^n, \mathbb{B}^n)$), können wir dann für $\omega \in \Omega$ nach Stetigkeitseigenschaften der Abbildungen $X(\omega) : T \to \mathcal{X}$ fragen. Um die Tatsache zu betonen, dass die Werte von X Abbildungen von T nach $\mathcal{X}$ sind, nennen wir $(\mathcal{X}, \mathcal{B})^T$ auch **Pfadraum** und die Werte $X(\omega)$ heißen **Pfade** des Prozesses.

Die von $\overline{\mathbb{R}}$ induzierte Ordnung auf T ermöglicht, zwischen Vergangenheit, Gegenwart und Zukunft zu unterscheiden, und erlaubt etwa die Frage, ob die Verteilung von $(X_t)_{t \geq s}$ nur von der „Gegenwart" X_s oder auch der „Vergangenheit" $(X_t)_{t < s}$ des Prozesses abhängt.

Neben dem Prozess X, der den zeitlichen Verlauf eines „stochastischen Systems" beschreibt, betrachten wir oft einen „Informationsprozess" $Y = (Y_t)_{t \in T}$ in einem Messraum $(\mathcal{Y}, \mathcal{C})$, und untersuchen dann Verteilungseigenschaften von X relativ zu der von Y gelieferten Information. Wie wir im vorherigen Kapitel gesehen haben, sind bedingte Erwartungen unabhängig von der Codierung der Information und hängen bloß von den erzeugten σ-Algebren ab. Entscheidend wird für uns sein, keine (relevanten) Informationen zu vergessen: Bezeichnet $\mathcal{F}_t$ die σ-Algebra der bis zur Zeit t gesammelten Information, so fordern wir also $\mathcal{F}_s \subseteq \mathcal{F}_t$ für alle $s \leq t$ (mit $s, t \in T$ – diesen selbstverständlichen Zusatz lassen wir im Folgenden stets aus).

Eine Familie $\mathcal{F} = (\mathcal{F}_t)_{t \in T}$ von σ-Algebren $\mathcal{F}_t \subseteq \mathcal{A}$ mit dieser Eigenschaft heißt T-**Filtration** in $\mathcal{A}$. Falls $\infty \notin T$ ist es (meistens aus Notationsgründen) praktisch, $\mathcal{F}_\infty \equiv \bigvee_{t \in T} \mathcal{F}_t$ zu definieren.

Für einen Prozess $Y = (Y_t)_{t \in T}$ definieren wir die **von Y erzeugte Filtration** durch $\mathcal{F}(Y) \equiv (\sigma(Y_s : s \leq t))_{t \in T}$.

Ein Prozess X heißt an die Filtration $\mathcal{F}$ **adaptiert**, falls $\sigma(X_t) \subseteq \mathcal{F}_t$ für alle $t \in T$ gilt, das heißt, die Werte von X_s für $s \leq t$ sind Teil der Information zur Zeit t. Mit der Bezeichnung $\mathcal{F} \subseteq \mathcal{G}$ für zwei Filtrationen $\mathcal{F}$ und $\mathcal{G}$, falls $\mathcal{F}_t \subseteq \mathcal{G}_t$ für alle $t \in T$, bedeutet $\mathcal{F}$-Adaptiertheit also $\mathcal{F}(X) \subseteq \mathcal{F}$, und $\mathcal{F}(X)$ ist die kleinste Filtration bezüglich der X adaptiert ist.

Wir betrachten jetzt ein erstes Beispiel für eine Unabhängigkeit der Zukunft des Prozesses von der Vergangenheit: Für einen $\mathcal{F}$-adaptierten Prozess X in einem separablen normierten Raum heißen $X_t - X_s$ für $s \leq t$ **Zuwächse** des Prozesses, und X hat $\mathcal{F}$-**unabhängige Zuwächse**, falls $\sigma(X_t - X_s)$ und $\mathcal{F}_s$ für alle $s \leq t$ unabhängig sind. Für alle $B \in \mathcal{B}$ gilt dann $P(X_t \in B \mid \mathcal{F}_s) = P(X_t \in B \mid X_s)$:

Mit $f : (\mathcal{X}, \mathcal{B}) \otimes (\Omega, \mathcal{F}_s) \to (\mathcal{X}, \mathcal{B})$, $(x, \omega) \mapsto x + X_s(\omega)$, und der identischen Abbildung $Y : (\Omega, \mathcal{A}) \to (\Omega, \mathcal{F}_s)$ ist wegen der Unabhängigkeit von $X_t - X_s$ und Y und Satz 6.4 über das Bedingen durch Einsetzen $P(X_t \in B \mid Y = y) = P(f(X_t - X_s, Y) \in B \mid Y = y) = P(f(X_t - X_s, y) \in B)$, für P-fast alle $y \in \Omega$, so dass $P(X_t \in B \mid \mathcal{F}_s) = p \circ X_s$ mit der Abbildung $p(x) \equiv P(X_t - X_s + x \in B)$. Ganz genauso erhalten wir $P(X_t \in B \mid X_s = x) = p(x)$.

Die Eigenschaft $P(X_t \in B \mid \mathcal{F}_s) = P(X_t \in B \mid X_s)$ bedeutet, dass die (Verteilung der) Zukunft nur von der Gegenwart aber nicht von der Vergangenheit abhängt, und Prozesse mit dieser Eigenschaft heißen **Markov-Prozesse**.

Der erste Teil des folgenden Satzes zeigt, dass dies nicht bloß für jeden einzelnen Zeitpunkt sondern für die gesamte Zukunft gilt.

Satz 7.1 (Unabhängige Zuwächse)

Seien X ein T-Prozess in einem separablen normierten Raum und $\mathcal{F}$ eine Filtration.

1. Falls X $\mathcal{F}$-unabhängige Zuwächse hat, sind $\mathcal{F}_s$ und $\sigma(X_t - X_s : t \geq s)$ für jedes $s \in T$ unabhängig.

2. X hat genau dann $\mathcal{F}(X)$-unabhängige Zuwächse, wenn für alle $t_0 \leq \cdots \leq t_m$ die Zufallsgrößen $X_{t_0}, X_{t_1} - X_{t_0}, \ldots, X_{t_m} - X_{t_{m-1}}$ unabhängig sind.

Beweis. 1. Weil $\mathcal{E} \equiv \bigcup_{s = s_0 \leq \cdots \leq s_m} \sigma((X_{s_1} - X_{s_0}, \ldots, X_{s_m} - X_{s_{m-1}}))$ ein schnittstabiler Erzeuger von $\sigma(X_t - X_s : t \geq s)$ ist, reicht es wegen Satz 2.1, die Unabhängigkeit von $\mathcal{F}_s$ und $(X_{s_1} - X_{s_0}, \ldots, X_{s_m} - X_{s_{m-1}})$ für alle $s = s_0 \leq \cdots \leq s_m$ zu beweisen. Wegen des Beispiels nach Satz 3.17 über den Zusammenhang von Unabhängigkeit und Produktmaßen folgt dies aus der Tatsache, dass $\mathcal{F}_s \vee \sigma(X_{s_1} - X_{s_0}, \ldots, X_{s_k} - X_{s_{k-1}}) \subseteq \mathcal{F}_{s_k}$ und $\sigma(X_{s_{k+1}} - X_{s_k})$ für jedes $k \in \{1, \ldots, m-1\}$ unabhängig sind.

2. Die Notwendigkeit der Bedingung folgt mit der Umkehrung des eben benutzten Arguments. Sind andererseits die Bedingung der zweiten Aussage erfüllt und $s \leq t$, so sind $\sigma(X_{s_0}), \sigma(X_{s_1} - X_{s_0}), \ldots, \sigma(X_{s_m} - X_{s_{m-1}}), \sigma(X_t - X_s)$ für alle $s_0 \leq \cdots \leq s_m = s$ unabhängig. Durch Zusammenlegen folgt die Unabhängigkeit von $\sigma(X_t - X_s)$ und

$$\sigma(X_{s_0}) \vee \sigma(X_{s_1} - X_{s_0}) \vee \cdots \vee \sigma(X_{s_n} - X_{s_{n-1}}) = \sigma(X_{s_0}, \ldots, X_{s_m}).$$

Die Vereinigung all dieser Mengensysteme ist schnittstabil und erzeugt $\mathcal{F}(X)_s$, und wegen Satz 2.1 folgt daraus die $\mathcal{F}(X)$-Unabhängigkeit der Zuwächse.   □

Im Fall $T = \mathbb{N}$ besagt Satz 7.1, dass ein Prozess $(X_n)_{n \in \mathbb{N}}$ genau dann $\mathcal{F}(X)$-unabhängige Zuwächse hat, wenn $X_n = \sum_{j=1}^{n}(X_j - X_{j-1})$ mit $X_0 \equiv 0$ ein Partial-summenprozess mit unabhängigen Summanden $Z_n \equiv X_n - X_{n-1}$ ist.

Ist umgekehrt $S_n = \sum_{j=1}^{n} Z_j$ mit fast sicher positiven Zufallsvariablen Z_j, so heißt der durch

$$X_t \equiv \sup\{n \in \mathbb{N}_0 : S_n \leq t\}$$

für $t \geq 0$ definierte Prozess $X \equiv (X_t)_{t \geq 0}$ zugehöriger **Zählprozess**. Interpretiert man Z_j etwa als Lebensdauer eines Bauteils (das sofort nach Ausfall durch ein neues mit Lebensdauer Z_{j+1} ersetzt wird) oder als Bearbeitungszeit eines Auftrags (etwa an einen Computerprozessor), so zählt X_t, wie viele Bauteile bis zur Zeit t ausgefallen beziehungsweise Aufträge bis zur Zeit t erledigt sind. Für $s < t$ ist der Zuwachs $X_t - X_s$ die Anzahl der im Zeitintervall $(s, t]$ ausgefallenen Bauteile.

Falls die Folge $(Z_n)_{n \in \mathbb{N}}$ unabhängig ist mit $Z_n \overset{d}{=} Z_1$ und $P(Z_1 > 0) > 0$, gibt es $\varepsilon > 0$ mit $P(Z_1 > \varepsilon) > 0$ und das Borel–Cantelli-Lemma impliziert dann $P(\limsup_{n \to \infty}\{Z_n > \varepsilon\}) = 1$. Also gilt in diesem Fall $S_n \to \infty$ fast sicher, so dass alle X_t fast sicher reellwertig sind.

Der zu einer unabhängigen Folge $(Z_n)_{n \in \mathbb{N}}$ mit $Z_n \sim \mathrm{Exp}(\tau)$ gehörige Zählprozess heißt **Poisson-Prozesse** mit Rate $\tau > 0$. Der folgende Satz erklärt insbesondere diese Bezeichnung.

Satz 7.2 (Poisson-Prozess)
Jeder Poisson-Prozess $X = (X_t)_{t \geq 0}$ mit Rate τ hat $\mathcal{F}(X)$-unabhängige Zuwächse, und für alle $s < t$ ist $X_t - X_s$ Poisson-verteilt mit Parameter $\tau(s - t)$.

Beweis. Nach Satz 7.1 müssen wir für alle $t_0 \leq t_1 \leq \cdots \leq t_m$ die Unabhängigkeit von $X_{t_0}, X_{t_1} - X_{t_0}, \ldots, X_{t_m} - X_{t_{m-1}}$ zeigen, und wegen $X_0 = 0$ fast sicher können wir dabei $t_0 = 0$ annehmen. Seien $k_1, \ldots, k_m \in \mathbb{N}_0$ und $n \equiv \sum_{j=1}^{m} k_j$. Wir berechnen die Wahrscheinlichkeit von $A \equiv \bigcap_{j=1}^{m}\{X_{t_j} - X_{t_{j-1}} = k_j\}$ durch Bedingen und ein kombinatorisches Argument. Nach Definition des Zählprozesses gilt $A = \{(S_1, \ldots, S_n) \in B, S_{n+1} > t_m\}$ mit

$$B \equiv \{(y_1, \ldots, y_n) \in \mathbb{R}^n : |\{y_1, \ldots, y_n\} \cap (t_{j-1}, t_j]| = k_j \text{ für } 1 \leq j \leq m\},$$

und mit der Definition bedingter Verteilungen folgt

$$P(A) = \int_{(t_m, \infty)} P((S_1, \ldots, S_n) \in B \mid S_{n+1} = s) \, dP^{S_{n+1}}(s).$$

Nach Satz 6.5 haben wir mit Hilfe bedingter Dichten und unabhängiger $U(0, s)$-verteilter Zufallsvariablen $U_1, \ldots, U_n$ die bedingte Verteilung von $(S_1, \ldots, S_n)$ unter der Hypothese $S_{n+1} = s$ als $P^{R \circ U}$ mit $U \equiv (U_1, \ldots, U_n)$ und der Ordnungsab-bildung $R : \mathbb{R}^n \to \mathbb{R}^n$ bestimmt. Das Ereignis $B \in \mathbb{B}^n$ ist permutationsinvari-ant und daher auch R-invariant, so dass $P^{R \circ U}(B) = P^U(R^{-1}(B)) = P^U(B)$

gilt. Um diese Wahrscheinlichkeit zu berechnen, definieren wir die Menge $\mathcal{P} \equiv \mathcal{P}_{(k_1,\ldots,k_m)}(\{1,\ldots,n\})$ der $(k_1,\ldots,k_m)$- Partitionen von $\{1,\ldots,n\}$ durch

$$\mathcal{P} \equiv \{(N_1,\ldots,N_m) : N_j \subseteq \{1,\ldots,n\} \text{ paarweise disjunkt mit } |N_j| = k_j\}.$$

Damit erhalten wir eine disjunkte Zerlegung

$$B = \bigcup_{(N_1,\ldots,N_m)\in\mathcal{P}} \bigcap_{j=1}^{m} \bigcap_{i \in N_j} \{y \in \mathbb{R}^n : y_i \in (t_{j-1}, t_j]\}.$$

Mit der Darstellung

$$\mathcal{P} = \bigcup_{|A|=k_1} \{(A, N_2,\ldots,N_m) : (N_2,\ldots,N_m) \in \mathcal{P}_{(k_2,\ldots,k_m)}(\{1,\ldots,n\} \setminus A)\}$$

und Induktion nach m folgt $|\mathcal{P}| = \frac{n!}{k_1!\cdots k_m!}$, und die Unabhängigkeit von $U_1,\ldots,U_n$ liefert nun

$$P(U \in B) = |\mathcal{P}| \prod_{j=1}^{m} \left(\frac{t_j - t_{j-1}}{s}\right)^{k_j} = \frac{n!}{s^n} \prod_{j=1}^{m} \frac{(t_j - t_{j-1})^{k_j}}{k_j!}.$$

Mit der nach Satz 3.18 berechneten λ-Dichte $\gamma_{n+1,\tau}(s) = \frac{\tau^{n+1}}{n!} s^n e^{-\tau s} I_{(0,\infty)}(s)$ von $P^{S_{n+1}}$ erhalten wir

$$
\begin{aligned}
P(A) &= \left(\prod_{j=1}^{m} \frac{(t_j - t_{j-1})^{k_j}}{k_j!}\right) \tau^{n+1} \int_{(t_m,\infty)} e^{-\tau s} \, d\lambda(s) \\
&= \prod_{j=1}^{m} \frac{(\tau(t_j - t_{j-1}))^{k_j}}{k_j!} e^{-\tau(t_j - t_{j-1})},
\end{aligned}
$$

weil $\tau^n = \prod_{j=1}^{m} \tau^{k_j}$ und $t_m = \sum_{j=1}^{m}(t_j - t_{j-1})$. Damit folgen sowohl die Verteilungsaussage (für $m = 1$) als auch die Unabhängigkeit der Zuwächse. $\qquad\square$

Zählprozesse sind ein wichtiges Beispiel dafür, wie ein Prozess aus expliziten Annahmen über seine „Entstehung" konstruiert wird und wie dann Verteilungsaussagen und Aussagen über die Pfade (nach Konstruktion sind die Pfade monoton wachsend und rechtsseitig stetig) nachgewiesen werden können.

Oft geht man bei der Modellbildung aber umgekehrt vor und fordert aufgrund allgemeiner Überlegungen oder Beobachtungen Verteilungseigenschaften (wie zum Beispiel unabhängige Zuwächse und deren Verteilung) sowie Eigenschaften der Pfade (etwa Monotonie oder Stetigkeit) eines Prozesses. Dann stellt sich natürlich direkt die Frage, ob ein Prozess mit den gewünschten Eigenschaften auf einem geeigneten

Wahrscheinlichkeitsraum existiert. Wir beantworten zunächst die Frage, welche Verteilungseigenschaften eines Prozesses gefordert werden können. Für einen Prozess $X = (X_t)_{t \in T}$ in $(\mathcal{X}, \mathcal{B})$ haben die Verteilungen $Q_I \equiv P^{(X_t)_{t \in I}}$ auf $(\mathcal{X}, \mathcal{B})^I$ für $J \subseteq I$ die Eigenschaft $Q_I^{\pi_{I,J}} = Q_J$ mit den Restriktionsabbildungen $\pi_{I,J} : \mathcal{X}^I \to \mathcal{X}^J$, $f \mapsto f|_J$.

Diese **Verträglichkeitsbedingung** für alle $I, J \in \mathcal{P}_0(T) \equiv \{I \subseteq T : I$ endlich und nicht leer$\}$ ist bei einen polnischen Zustandsraum auch schon hinreichend für die Existenz:

Satz 7.3 (Existenz von Prozessen, Kolmogorov)
Seien $(\mathcal{X}, \mathcal{B})$ ein polnischer Messraum und $(Q_I)_{I \in \mathcal{P}_0(T)}$ eine Familie von Verteilungen Q_I auf $(\mathcal{X}^I, \mathcal{B}^I)$ mit $Q_I^{\pi_{I,J}} = Q_J$ für alle $J \subseteq I$. Dann gibt es einen Wahrscheinlichkeitsraum $(\Omega, \mathcal{A}, P)$ und einen Prozess $X = (X_t)_{t \in T}$ in $(\mathcal{X}, \mathcal{B})$ mit $P^{(X_t)_{t \in I}} = Q_I$ für alle $I \in \mathcal{P}_0(T)$.

Beweis. Seien $S = \{t_n : n \in \mathbb{N}\}$ eine abzählbare Teilmenge von T mit paarweise verschiedenen $t_n \in T$ und $P_n \equiv Q_{\{t_1, \dots, t_n\}}$. Nach Satz 6.8 gibt es dann $(\mathcal{X}, \mathcal{B})$-wertige Zufallsgrößen Y_n auf einem geeigneten Wahrscheinlichkeitsraum mit $(Y_1, \dots, Y_n) \sim P_n$ für alle $n \in \mathbb{N}$. Bezeichnen wir die Verteilung der Folge $(Y_n)_{n \in \mathbb{N}}$ mit Q_S und $\mathcal{P}_1(T) \equiv \{\varnothing \neq S \subseteq T : S$ abzählbar$\}$, so erfüllt die Familie $(Q_S)_{S \in \mathcal{P}_1(T)}$ wiederum die Verträglichkeitsbedingung des Satzes:

Sind nämlich $R, S \in \mathcal{P}_1(T)$ mit $R \subseteq S$, so stimmen Q_R und $Q_S^{\pi_{S,R}}$ auf dem schnittstabilen Erzeuger $\{\pi_{R,J}^{-1}(A) : J \in \mathcal{P}_0(R), A \in \mathcal{B}^J\}$ überein und sind deshalb gleich.

Für $B \in \mathcal{B}^T$ gibt es nach Satz 1.9.2 ein $R \in \mathcal{P}_1(T)$ und $A \in \mathcal{B}^R$ mit $B = \pi_{T,R}^{-1}(A)$, und wir definieren $P(B) \equiv Q_R(A)$. Wegen obiger Verträglichkeitsbedingung ist $P : \mathcal{B}^T \to [0, 1]$ wohldefiniert, weil für $B = \pi_{T,R}^{-1}(A) = \pi_{T,\tilde{R}}^{-1}(\tilde{A})$ und $S \equiv R \cup \tilde{R}$

$$Q_R(A) = Q_S(\pi_{S,R}^{-1}(A)) = Q_S(\pi_{S,\tilde{R}}^{-1}(\tilde{A})) = Q_{\tilde{R}}(\tilde{A}).$$

Sind $B_n = \pi_{T,R_n}^{-1}(A_n) \in \mathcal{B}^T$ paarweise disjunkt mit $R_n \in \mathcal{P}_1(T)$ und $A_n \in \mathcal{B}^{R_n}$, so ist $S \equiv \bigcup_{n \in \mathbb{N}} R_n \in \mathcal{P}_1(T)$ und $C_n \equiv \pi_{S,R_n}^{-1}(A_n)$ sind wiederum paarweise disjunkt mit $B_n = \pi_{T,S}^{-1}(C_n)$. Damit folgt

$$P\Big(\bigcup_{n \in \mathbb{N}} B_n\Big) = Q_S\Big(\bigcup_{n \in \mathbb{N}} C_n\Big) = \sum_{n \in \mathbb{N}} Q_S(C_n) = \sum_{n \in \mathbb{N}} P(B_n).$$

Also ist P ein Wahrscheinlichkeitsmaß auf $(\Omega, \mathcal{A}) \equiv (\mathcal{X}, \mathcal{B})^T$, und die Projektionen $X_t \equiv \pi_{T,\{t\}}$ definieren einen Prozess mit $P^{(X_t)_{t \in I}} = Q_I$ für alle $I \in \mathcal{P}_0(T)$. $\quad\square$

Ein Prozess $X = (X_t)_{t \in T}$ in $(\mathbb{R}, \mathbb{B})$ heißt $\mathcal{L}_p$-**Prozess**, falls $X_t \in \mathcal{L}_p$ für alle $t \in T$, und ein $\mathcal{L}_1$-Prozess X mit $E(X_t) = 0$ für alle $t \in T$ heißt **zentriert**. Schließlich nennen wir X einen **Gauß-Prozess**, falls für alle endlichen Teilmengen I von T der Zufallsvektor $(X_t)_{t \in I}$ multivariat normalverteilt ist.

Um den Kolmogorovschen Existenzsatz 7.3 auf Gauß-Prozesse anzuwenden, definieren wir für einen $\mathfrak{L}_2$-Prozess $X = (X_t)_{t \in T}$ die **Kovarianzfunktion** $k_X : T \times T \to \mathbb{R}$ durch $k_X(s, t) \equiv \mathrm{Kov}(X_s, X_t)$.

Wir nennen eine Abbildung $k : T \times T \to \mathbb{R}$ **symmetrisch**, falls $k(s, t) = k(t, s)$ für alle $s, t \in T$, und **positiv semidefinit**, falls $\sum_{s,t \in T} z_s k(s, t) z_t \geq 0$ für alle $z = (z_t)_{t \in T} \in \mathbb{R}^T$ mit $\{t \in T : z_t \neq 0\}$ endlich.

Satz 7.4 (Existenz von Gauß-Prozessen)
Für eine Abbildung $k : T \times T \to \mathbb{R}$ sind äquivalent:

1. k ist symmetrisch und positiv semidefinit.

2. Es gibt einen $\mathfrak{L}_2$-Prozess mit Kovarianzfunktion k.

3. Es gibt einen zentrierten Gauß-Prozess mit Kovarianzfunktion k.

Beweis. Für endliches $I \subseteq T$ ist mit k auch die Matrix $A_I \equiv (k(s, t))_{s,t \in I}$ symmetrisch und positiv semidefinit, und die Familie $(N(0, A_I))_{I \in \mathscr{P}_0(T)}$ erfüllt die Voraussetzungen von Satz 7.3. Ist dann $(X_t)_{t \in T}$ ein Prozess mit $(X_t)_{t \in I} \sim N(0, A_I)$ für alle $I \in \mathscr{P}_0(T)$, so gilt $\mathrm{Kov}(X_s, X_t) = k(s, t)$ für alle $s, t \in T$.

Weil normalverteilte Zufallsvariablen in $\mathfrak{L}_2$ sind, folgt die zweite Bedingung aus der dritten, und wegen $\mathrm{Kov}(X_s, X_t) = \mathrm{Kov}(X_t, X_s)$ und $\sum_{s,t \in T} z_s \mathrm{Kov}(X_s, X_t) z_t = \mathrm{Var}(\sum_{t \in T} z_t X_t) \geq 0$ impliziert die zweite Bedingung die erste. □

Bevor wir gleich konkrete Kovarianzfunktionen betrachten, beweisen wir einen Satz, der die herausragende Rolle von Gauß-Prozessen in der Stochastik begründet. Wir benutzen hier Lindebergs Satz 5.13, einen weiteren, sehr kurzen Beweis erhalten wir nach Satz 10.3 als Anwendung der stochastischen Integration.

Satz 7.5 (Gauß-Prozesse, Lévy)
Jeder $\mathfrak{L}_2$-Prozess $(X_t)_{t \geq 0}$ mit unabhängigen Zuwächsen, $X_0 = 0$ und stetigen Pfaden ist ein Gauß-Prozess.

Beweis. Wir beweisen zuerst die Stetigkeit der Erwartungswertfunktion $t \mapsto E(X_t)$. Für $t_n \to t$ mit $E(X_{t_n}) \to c \in \overline{\mathbb{R}}$ müssen wir dazu $c = E(X_t)$ zeigen (falls nämlich $E(X_{t_n})$ nicht gegen $E(X_t)$ konvergiert, gibt es eine Teilfolge mit Grenzwert $c \neq E(X_t)$).

Für $r \leq s$ gilt wegen der Unabhängigkeit der Zuwächse $\mathrm{Var}(X_r) + \mathrm{Var}(X_s - X_r) = \mathrm{Var}(X_s)$, so dass die Varianzfunktion monoton wächst und $\mathrm{Var}(X_{t_n})$ beschränkt ist. Also ist $X_{t_n} - E(X_{t_n})$ in $\mathfrak{L}_2$ beschränkt und wegen der Bemerkung nach Satz 4.7 damit gleichgradig integrierbar. Außerdem liefert die Stetigkeit der Pfade $X_{t_n} - E(X_{t_n}) \to X_t - c$. Das Lemma von Fatou impliziert $E(|X_t - c|) \leq \liminf_{n \to \infty} E(|X_{t_n} - E(X_{t_n})|) < \infty$, und aus Satz 4.7 folgt die $\mathfrak{L}_1$-Konvergenz von

Dazu betrachten wir auf $C(T, \mathcal{X})$ für ein *Intervall* $T \subseteq \mathbb{R}$ und eine Folge $(I_k)_{k \in \mathbb{N}}$ von kompakten Intervallen mit $\bigcup_{k \in \mathbb{N}} I_k = T$ die Metrik

$$\delta(f, g) \equiv \sum_{k=1}^{\infty} 2^{-k} \wedge \sup_{t \in I_k} d(f(t), g(t)).$$

Eine Folge f_n in $C(T, \mathcal{X})$ ist genau dann konvergent beziehungsweise Cauchy bezüglich δ, wenn für jedes $k \in \mathbb{N}$ die Folge der Restriktionen $f_n|_{I_k}$ gleichmäßig konvergiert beziehungsweise Cauchy ist. Für vollständiges $(\mathcal{X}, d)$ impliziert dies die Vollständigkeit von $C(T, \mathcal{X})$.

Für einen separablen normierten Raum $(\mathcal{X}, \|\cdot\|)$ ist $C(T, \mathcal{X})$ wiederum separabel: Für endliche Mengen $E = \{t_0 < \cdots < t_n\} \subseteq T$ und $F = \{x_0, \ldots, x_n\} \subseteq \mathcal{X}$ wählen wir dazu stetige und stückweise affine Funktionen $g = g_{E,F} : T \to \mathcal{X}$ mit $g(t_j) = x_j$. Die Menge all dieser Funktionen mit $E \subseteq T \cap \mathbb{Q}$ und $F \subseteq S$ für eine dichte abzählbare Menge S von $\mathcal{X}$ ist dann abzählbar und dicht. Sind nämlich $f \in C(T, \mathcal{X})$, $k \in \mathbb{N}$ und $\varepsilon > 0$, so gibt es wegen der gleichmäßigen Stetigkeit von $f|_{I_k}$ ein $\delta > 0$, so dass $\|f(t) - f(s)\| < \varepsilon/4$ für alle $s, t \in I_k$ mit $|t - s| < \delta$. Wir wählen nun rationale $t_0 < \cdots < t_n$ in I_k mit $|t_j - t_{j-1}| < \delta$ und $x_j \in S$ mit $\|f(t_j) - x_j\| < \varepsilon/8$ und betrachten die zugehörige stückweise affine Funktion g. Ist dann $t \in [t_{j-1}, t_j]$ mit $t = \lambda t_{j-1} + (1 - \lambda)t_j$, so folgt

$$\|g(t) - g(t_j)\| = \|\lambda g(t_{j-1}) + (1 - \lambda)g(t_j) - g(t_j)\| = \lambda \|g(t_j) - g(t_{j-1})\|$$
$$\leq \|x_j - f(t_j)\| + \|f(t_j) - f(t_{j-1})\| + \|f(t_{j-1}) - x_{j-1}\| \leq \varepsilon/2$$

und damit

$$\|f(t) - g(t)\| \leq \|f(t) - f(t_j)\| + \|f(t_j) - x_j\| + \|g(t_j) - g(t)\| < \varepsilon.$$

Wir bezeichnen die zu $C(T, \mathcal{X})$ gehörige Borel-σ-Algebra mit $\mathcal{B}(T, \mathcal{X})$. Für einen separablen Banach-Raum $(\mathcal{X}, \|\cdot\|)$ ist $(C(T, \mathcal{X}), \mathcal{B}(T, \mathcal{X}))$ also ein polnischer Messraum.

Satz 7.6 (Stetige Spur-σ-Algebra)
Für einen separablen normierten Raum $(\mathcal{X}, \|\cdot\|)$ und ein Intervall $T \subseteq \mathbb{R}$ gilt $\mathcal{B}(T, \mathcal{X}) = \mathcal{B}^T \cap C(T, \mathcal{X})$.

Beweis. Die Projektionen $\pi_t : C(T, \mathcal{X}) \to \mathcal{X}$ sind stetig und wegen Satz 1.8.1 daher messbar. Dies impliziert $\mathcal{B}(T, \mathcal{X}) \supseteq \mathcal{B}^T \cap C(T, \mathcal{X})$. Für die andere Inklusion reicht es, $A \in \mathcal{B}^T \cap C(T, \mathcal{X})$ für alle offenen Mengen zu zeigen, und weil jede offene Menge die *abzählbare* Vereinigung aller enthaltenen Kugeln $K(f, \varepsilon) \equiv \{\delta(f, \cdot) < \varepsilon\}$ mit f in einer abzählbaren dichten Teilmenge von $C(T, \mathcal{X})$ und $\varepsilon \in \mathbb{Q}_+$ ist, müssen wir $K(f, \varepsilon) \in \mathcal{B}^T \cap C(T, \mathcal{X})$ zeigen. Dazu definieren wir für $f \in C(T, \mathcal{X})$ die

Abbildung $\Delta : \mathcal{X}^T \to \mathbb{R}$ durch

$$\Delta(g) = \sum_{k=1}^{\infty} 2^{-k} \wedge \sup\{d(f(t), g(t)) : t \in I_k \cap \mathbb{Q}\}.$$

Als abzählbare Suprema sind die Summanden und damit auch Δ bezüglich $\mathcal{B}^T$ messbar, und weil für jede stetige Funktion das Supremum auf einer Menge gleich dem Supremum auf einer dichten Teilmenge ist, gilt $\Delta(g) = \delta(f, g)$ für alle $g \in C(T, \mathcal{X})$. Dies zeigt $K(f, \varepsilon) = \{g \in C(T, \mathcal{X}) : \Delta(g) < \varepsilon\} \in \mathcal{B}^T \cap C(T, \mathcal{X})$. $\square$

Wegen dieses Satzes können wir einen stetigen Prozess $X = (X_t)_{t \in T}$ in einem separablen Banach-Raum als Zufallsgröße $(\Omega, \mathcal{A}) \to (C(T, \mathcal{X}), \mathcal{B}(T, \mathcal{X}))$ auffassen und dann zum Beispiel die Vollständigkeit von $\mathcal{L}_0(\Omega, \mathcal{A}, P; C(T, \mathcal{X}))$ bezüglich der fast sicheren oder der stochastischen Konvergenz benutzen (wir hatten schon früher angemerkt, dass der Beweis von Satz 4.5 keine anderen Eigenschaften als die Dreiecksungleichung und die Vollständigkeit benutzt).

Für zwei stetige Prozesse ist $\{X = Y\}$ ein $\mathcal{A}$-zulässiges Ereignis, so dass $X = Y$ fast sicher wie üblich äquivalent zu $P(X = Y) = 1$ ist. Im Allgemeinen bedeutet die fast sichere Gleichheit von zwei T-Prozessen X und Y, dass es $A \in \mathcal{A}$ gibt mit $P(A) = 1$ und $X_t(\omega) = Y_t(\omega)$ für alle $\omega \in A$ und alle $t \in T$. Diese fast sichere Gleichheit wird in der Literatur oft **Ununterscheidbarkeit** genannt.

Wir nennen zwei stochastische T-Prozesse X und Y auf $(\Omega, \mathcal{A}, P)$ **Modifikationen** voneinander, falls $X_t = Y_t$ fast sicher für jedes $t \in T$ gilt. Für abzählbare $I \subseteq T$ gilt dann $(X_t)_{t \in I} = (Y_t)_{t \in I}$ fast sicher, und weil P^X durch die Verteilungen von $(X_t)_{t \in I}$ eindeutig bestimmt ist, gilt dann auch $X \stackrel{d}{=} Y$.

Die Eigenschaft, stetige Pfade zu besitzen, ist hingegen *nicht* invariant unter Modifikationen (also auch keine Eigenschaft von P^X): Durch $X_t \equiv 0$ und $Y_t \equiv I_{\{t\}}$ sind auf $(\Omega, \mathcal{A}, P) \equiv (\mathbb{R}, \mathbb{B}, N(0, 1))$ zwei $\mathbb{R}$-Prozesse definiert, die wegen $P(\{t\}) = 0$ Modifikationen voneinander sind. Dabei sind alle Pfade von X stetig, und alle Pfade von Y sind unstetig. Verteilungseigenschaften können also höchstens dann Pfadstetigkeit implizieren, wenn Modifikationen zugelassen werden.

Satz 7.7 (Stetige Modifikationen, Kolmogorov)
Für einen Prozess $X = (X_t)_{t \in T}$ in einem separablen Banach-Raum $(\mathcal{X}, \|\cdot\|)$ mit $T = \mathbb{R}$ oder $T = [0, \infty)$ und Konstanten $a, b, c > 0$ gelte $E(\|X_t - X_s\|^a) \leq c|t - s|^{1+b}$ für alle $s, t \in T$. Dann besitzt X eine Modifikation mit stetigen Pfaden.

Beweis. Wir konstruieren eine Modifikation von $(X_t)_{t \in [0,1]}$, genauso kann man dann $(X_t)_{t \in [k, k+1]}$ für $k \in \mathbb{Z}$ beziehungsweise $k \in \mathbb{N}$ stetig modifizieren.

Wir setzen $D_n \equiv \{k/2^n : k \in \{0, \ldots, 2^n\}\}$ und definieren Prozesse X^n durch $X_t^n \equiv X_t$ für $t \in D_n$ und die Forderung nach stückweise affinen und stetigen Pfaden, also $X_t^n = \lambda X_{k/2^n} + (1-\lambda)X_{(k-1)/2^n}$, falls $t = \lambda k/2^n + (1-\lambda)(k-1)/2^n$ mit $\lambda \in [0,1]$. Für $t \in [0,1]$ und $s \in D_n$ mit $|t-s| \le 1/2^n$ gilt dann

$$\|X_t^n - X_s\| \le \max_{1 \le k \le 2^n} \|X_{k/2^n} - X_{(k-1)/2^n}\| \equiv Z_n.$$

Für $n < m$ und $t \in [0,1]$ wählen wir rekursiv $s_m \in D_m, \ldots, s_n \in D_n$ mit $|t - s_m| < 1/2^m$ und $|s_{j+1} - s_j| < 1/2^j$ für $n \le j < m$. Dann gelten $|t - s_n| < 1/2^n$ und wegen der Dreiecksungleichung

$$\|X_t^n - X_t^m\| \le \|X_t^n - X_{s_n}\| + \sum_{j=n}^{m-1} \|X_{s_{j+1}} - X_{s_j}\| + \|X_{s_m} - X_t^m\| \le 2\sum_{j=n}^{m} Z_j.$$

Weil diese obere Schranke unabhängig von $t \in [0,1]$ ist, folgt $\sup_{t \in [0,1]} \|X_t^n - X_t^m\| \le 2\sum_{j=n}^{\infty} Z_j$, und wir zeigen jetzt, dass diese Reihenreste fast sicher gegen 0 konvergieren. Sei dazu $\gamma \in (0, \frac{b}{a})$. Wegen monotoner Konvergenz ist

$$E\Big(\sum_{n=0}^{\infty}(2^{\gamma n}Z_n)^a\Big) = \sum_{n=0}^{\infty} 2^{\gamma n a} E\Big(\max_{0 \ne s \in D_n} \|X_s - X_{s-2^{-n}}\|^a\Big)$$

$$\le \sum_{n=0}^{\infty} 2^{\gamma n a} \sum_{0 \ne s \in D_n} E(\|X_s - X_{s-2^{-n}}\|^a) \le c\sum_{n=0}^{\infty} 2^{(\gamma a - b)n} < \infty.$$

Daher ist $\sum_{n=0}^{\infty}(2^{\gamma n}Z_n)^a$ fast sicher endlich, und insbesondere konvergiert $2^{\gamma n}Z_n$ fast sicher gegen 0. Die Konvergenz der Reihe $\sum 2^{-\gamma n}$ impliziert also die fast sichere Konvergenz der Reihe der Z_n, so dass die Reihenreste fast sicher gegen 0 konvergieren. Wir haben gezeigt, dass $(X^n)_{n\in\mathbb{N}}$ fast sicher eine Cauchy-Folge von Zufallsgrößen mit Werten in dem separablen Banach-Raum $C([0,1], \mathcal{X})$ ist, und daher besitzt X^n einen fast sicheren Grenzwert $Y : (\Omega, \mathcal{F}) \to (C([0,1], \mathcal{X}), \mathcal{B}([0,1], \mathcal{X}))$.

Für $t \in D_m$ und $n \ge m$ gilt $X_t^n = X_t$ und daher $Y_t = X_t$ fast sicher für alle $t \in D = \bigcup_{m\in\mathbb{N}} D_m$. Ist schließlich $t \in [0,1]$ beliebig, so gibt es $s_n \in D$ mit $s_n \to t$, und aus

$$P(\|X_t - X_{s_n}\| \ge \varepsilon) \le \varepsilon^{-a} E(\|X_t - X_{s_n}\|^a) \to 0$$

folgt $Y_{s_m} = X_{s_m} \xrightarrow{P} X_t$. Wegen der Stetigkeit von Y gilt andererseits $Y_{s_m}(\omega) \to Y_t(\omega)$ für jedes $\omega \in \Omega$, und aus der fast sicheren Eindeutigkeit stochastischer Limiten folgt $Y_t = X_t$ fast sicher, das heißt, Y ist eine stetige Modifikation von X. $\qquad\square$

Für eine schwache Brownsche Bewegung $X = (X_t)_{t\ge 0}$ und $s < t$ gilt

$$X_t - X_s \stackrel{d}{=} X_{t-s} \stackrel{d}{=} \sqrt{t-s}\,X_1, \text{ also } E(|X_t - X_s|^4) = |t-s|^2 E(X_1^4),$$

und Satz 7.7 impliziert, dass X eine stetige Modifikation besitzt, die also eine schwache Brownsche Bewegung mit stetigen Pfaden ist. Einen solchen Prozess nennen wir (Standard-) **Brownsche Bewegung**.

Allgemeiner heißt für eine Filtration $\mathcal{F} = (\mathcal{F}_t)_{t \geq 0}$ in $\mathcal{A}$ ein $\mathcal{F}$-adaptierter stetiger Prozess $B = (B_t)_{t \geq 0}$ in $(\mathbb{R}^n, \mathbb{B}^n)$ mit $\mathcal{F}$-unabhängigen Zuwächsen, $B_0 = 0$ fast sicher und $B_t - B_s \sim N(0, (t-s)E_n)$ für $s < t$ eine **n-dimensionale $\mathcal{F}$-Brownsche Bewegung** (wobei E_n die Einheitsmatrix in $\mathbb{R}^{n \times n}$ bezeichnet). Im Fall $\mathcal{F} = \mathcal{F}(B)$ sprechen wir einfach von einer n-dimensionalen Brownschen Bewegung.

Brownsche Bewegungen spielen in der Stochastik eine herausragende Rolle – sowohl als Modell für viele Situationen (der Botaniker R. Brown hat im 19. Jahrhundert eine Beschreibung der Bewegungen von Pollen gegeben, die man später als Pfade Brownscher Bewegungen interpretiert hat, L. Bachelier hat schon 1900 Börsenkurse und A. Einstein 1906 die Bewegungen mikroskopischer Teilchen in Flüssigkeiten mit Brownschen Bewegungen modelliert) als auch als zentrales Hilfsmittel zur Untersuchung stochastischer und analytischer Fragen.

Satz 7.8 (Mehrdimensionale Brownsche Bewegungen)

Für unabhängige Brownsche Bewegungen $B^1, \ldots, B^n$ ist $B \equiv (B^1, \ldots, B^n)$ eine n-dimensionale Brownsche Bewegung. Ist umgekehrt B eine n-dimensionale $\mathcal{F}$-Brownsche Bewegung, so sind die Komponenten $B^1, \ldots, B^n$ unabhängige eindimensionale $\mathcal{F}$-Brownsche Bewegungen.

Beweis. B ist stetig, und wegen der Unabhängigkeit von $B_t^1 - B_s^1, \ldots, B_t^n - B_s^n$ für $s < t$ ist $B_t - B_s$ n-dimensional normalverteilt mit Erwartungsvektor 0 und Kovarianzmatrix $(t-s)E_n$. Für $0 \leq t_0 \leq t_1 \leq \cdots \leq t_m$ sind

$$B_{t_0}^1, B_{t_1}^1 - B_{t_0}^1, \ldots, B_{t_m}^1 - B_{t_{m-1}}^1, B_{t_0}^2, \ldots, B_{t_m}^2 - B_{t_{m-1}}^2, \ldots, B_{t_0}^n, \ldots, B_{t_m}^n - B_{t_{m-1}}^n$$

unabhängig und durch Zusammenlegen folgt für $j \in \{1, \ldots, m\}$ die Unabhängigkeit der σ-Algebren $\sigma(B_{t_j}^1 - B_{t_{j-1}}^1, \ldots, B_{t_j}^n - B_{t_{j-1}}^n) = \sigma(B_{t_j} - B_{t_{j-1}})$. Satz 7.1 impliziert die $\mathcal{F}(B)$-Unabhängigkeit der Zuwächse.

Seien nun B eine n-dimensionale $\mathcal{F}$-Brownsche Bewegung und $0 \leq t_0 \leq \cdots \leq t_m$. Dann sind $B_{t_0}, \ldots, B_{t_m} - B_{t_{m-1}}$ unabhängig, weil $\sigma(B_{t_0}, \ldots, B_{t_k} - B_{t_{k-1}}) \subseteq \mathcal{F}_{t_k}$ und $B_{t_{k+1}} - B_{t_k}$ für jedes $k < m$ unabhängig sind. Als lineares Bild eines $(m+1)n$-dimensional normalverteilten Zufallsvektors ist damit auch $(B_{t_0}, \ldots, B_{t_m})$ multivariat normalverteilt. Aus der Unkorreliertheit von B_t^i und B_s^j für alle $i \neq j$ und $s, t \geq 0$ folgt wegen Satz 5.11 die Unabhängigkeit der Komponenten. □

Die erste Aussage des Satzes stimmt übrigens auch für $\mathcal{F}$-Brownsche Bewegungen, obwohl das auf den ersten Blick nicht plausibel erscheint: Für $n = 2$ und $s \leq t$ ist die *paarweise* Unabhängigkeit von $\mathcal{F}_s$, $\sigma(B_t^1 - B_s^1)$ und $\sigma(B_t^2 - B_s^2)$ vorausgesetzt, und allein daraus kann man nicht auf die Unabhängigkeit von $\mathcal{F}_s$ und $\sigma(B_t - B_s) = \sigma(B_s^1 - B_s^1) \vee \sigma(B_t^1 - B_s^1)$ schließen. Einen Beweis der Aussage erhalten wir später nach Satz 10.2 mit Hilfe „stochastischer Analysis".

Satz 7.9 (Invarianzen Brownscher Bewegungen)
Seien B eine n-dimensionale Brownsche Bewegung, $A \in \mathbb{R}^{n \times n}$ orthogonal und $c > 0$.
Dann sind $(AB_t)_{t \geq 0}, (c^{-1/2}B_{ct})_{t \geq 0}$ und $(B_{t+c} - B_c)_{t \geq 0}$ wieder Brownsche Bewegungen. Außerdem stimmt $(tB_{1/t})_{t \geq 0}$ fast sicher mit einer Brownschen Bewegung überein.

Beweis. In den ersten drei Fällen folgt die Unabhängigkeit der Zuwächse mit Satz 7.1 und die Verteilung der Zuwächse ergibt sich aus der Bilinearität für Kovarianzmatrizen. Die Stetigkeit folgt direkt aus der Stetigkeit von B.

Sei nun X eine der Komponenten von $(tB_{1/t})_{t \geq 0}$. Dann gilt

$$\mathrm{Kov}(X_s, X_t) = st(t^{-1} \wedge s^{-1}) = s \wedge t$$

für alle $s, t \geq 0$, so dass X eine schwache Brownsche Bewegung ist. Nach Satz 7.7 gibt es eine stetige Modifikation Y von X, so dass es $A \in \mathcal{A}$ gibt mit $P(A) = 1$ und $X_t(\omega) = Y_t(\omega)$ für alle $t \in \mathbb{Q} \cap [0, \infty)$ und $\omega \in A$. Weil aber X auf $(0, \infty)$ stetig ist, folgt $X_t(\omega) = Y_t(\omega)$ für alle $t \geq 0$.   □

Der Prozess $(tB_{1/t})$ braucht selbst nicht stetig zu sein. Ist nämlich $\tilde{B}$ eine Standard-Brownsche Bewegung und $A \in \mathcal{A}$ mit $P(A) = 0$, so ist durch $B_t = \tilde{B}_t I_A^c + t^2 I_A$ wieder eine Standard-Brownsche Bewegung definiert, und die Pfade $t \mapsto tB_{1/t}(\omega)$ sind für $\omega \in A$ unstetig. Aus diesem Grund werden für Brownsche Bewegungen manchmal nur fast sicher stetige Pfade verlangt.

Mit Hilfe der Invarianzen aus Satz 7.8 lassen sich oft Aussagen über Brownsche Bewegungen beweisen: Weil $(tB_{1/t})_{t \geq 0}$ fast sicher stetig in 0 ist, gilt $\lim_{t \to \infty} t^{-1}B_t = 0$ fast sicher. (In Satz 7.18 werden wir übrigens das Wachstumsverhalten sehr viel genauer beschreiben.)

Für eine eindimensionale Brownsche Bewegung B ist $B_n = \sum_{k=1}^{n}(B_k - B_{k-1})$ die Summe unabhängiger $N(0, 1)$-verteilter Zufallsvariablen. Als Folgerung aus dem zentralen Grenzwertsatz und dem Kolmogorovschen 0-1-Gesetz hatten wir nach Satz 5.9 gezeigt, dass deshalb fast sicher $\sup_{n \in \mathbb{N}} B_n = \infty$ und $\inf_{n \in \mathbb{N}} B_n = -\infty$ gelten. Wegen des Zwischenwertsatzes wechselt daher fast jeder Pfad auf jedem Intervall $[s, \infty)$ unendlich oft das Vorzeichen. Weil dies auch für $(tB_{1/t})_{t \geq 0}$ gilt, wechselt fast jeder Pfad von B auf jedem Intervall $[0, 1/s)$ unendlich oft das Vorzeichen, und weil dies wiederum auch für die Brownsche Bewegung $(B_{t+c} - B_c)_{t \geq 0}$ gilt, sind auf jedem Intervall $[c, c + \varepsilon)$ fast alle Pfade unendlich oft größer und unendlich oft kleiner als B_c. Durch Vereinigen der zugehörigen Ausnahmemengen für $c \in \mathbb{Q}_+$ folgt, dass fast alle Pfade von B nirgends monoton sind.

Wir werden später weitere Eigenschaften Brownscher Bewegungen kennen lernen. Zunächst entwickeln wir aber die allgemeine Theorie stochastischer Prozesse ein Stück weiter.

Sowohl für die Theorie als auch für die Interpretation stochastischer Modelle ist es wesentlich, Prozesse nicht nur für feste oder „deterministische" Zeitpunkte $t \in T$ zu betrachten, sondern für Zeiten, die zum Beispiel vom Verlauf des Prozesses abhängen, etwa wann der Prozess erstmals in eine spezielle Menge des Zustandsraum eintritt.

Eine Abbildung $\tau : \Omega \to T \cup \{+\infty\}$ heißt **T-Zufallszeit**. Mit dem Wert $+\infty$ berücksichtigen wir den Fall, dass der durch τ beschriebene Zeitpunkt nie eintritt (falls $\infty \notin T$). Für einen $[0, \infty)$-Prozess X in $(\mathcal{X}, \mathcal{B})$ und $B \in \mathcal{B}$ ist ein wichtiges Beispiel die **Eintrittszeit** $\tau_B(\omega) \equiv \inf\{t \geq 0 : X_t(\omega) \in B\}$ mit $\inf \varnothing \equiv +\infty$. Für einen $[0, \infty)$-Prozess X in $(\mathbb{R}, \mathbb{B})$, mit dem man etwa den Kurs einer Aktie modellieren könnte, ist eine andere interessante Zufallszeit $\sigma \equiv \inf\{t \geq 0 : X_t + 10 \leq X_{t+1}\}$ (das wäre ein guter Zeitpunkt, die Aktie zu kaufen, um sie eine Zeiteinheit später mit einem Gewinn von mindestens 10 Geldeinheiten wieder zu verkaufen).

Für eine T-Zufallszeit τ und einen T-Prozess X ist auf $\{\tau \in T\}$ durch $X_\tau(\omega) \equiv X_{\tau(\omega)}(\omega)$ der **Wert des Prozesses zur Zeit τ** (oder kurz τ-Wert) von X definiert.

Bei der Untersuchung von Zufallszeiten und τ-Werten gibt es bei überabzählbarem T stets ein „technisches" Problem, nämlich die Frage nach der Messbarkeit von τ und X_τ. Diese Fragen werden wir meistens dadurch lösen oder umgehen, dass wir stetige oder rechtsstetige Prozesse betrachten. Es gibt aber auch ein grundsätzliches Problem, das sich ebenfalls als Messbarkeitsfrage formulieren lässt: Während man für die Eintrittszeit τ_B die Frage, ob $\tau_B(\omega) < t$ gilt, aufgrund der Werte $(X_s(\omega))_{s<t}$ entscheiden kann, muss man für die Frage nach $\sigma(\omega) < t$ auch die späteren Werte des Prozesses kennen.

Für eine T-Filtration $\mathcal{F}$ in $\mathcal{A}$ heißt eine T-Zufallszeit τ eine **$\mathcal{F}$-Stoppzeit**, falls

$$\{\tau \leq t\} \in \mathcal{F}_t \quad \text{für alle } t \in T.$$

Die Frage, ob der Zufallszeitpunkt τ vor t liegt, soll also aufgrund der Information $\mathcal{F}_t$ entscheidbar sein. Falls lediglich $\{\tau < t\} \in \mathcal{F}_t$ für alle $t \in T$, heißt τ eine **schwache $\mathcal{F}$-Stoppzeit**.

Wegen $\{\tau < t\} = \bigcup_{n \in \mathbb{N}}\{\tau \leq t - 1/n\}$ ist jede Stoppzeit auch eine schwache Stoppzeit. Um zu zeigen, dass die Umkehrung im Allgemeinen nicht gilt, betrachten wir eine Zufallsvariable $Z \sim B(1, 1/2)$, den $[0, \infty)$-Prozess $X_t \equiv tZ$ und die von $X \equiv (X_t)_{t \geq 0}$ erzeugte Filtration $\mathcal{F} \equiv \mathcal{F}(X)$. Dann gelten also $\mathcal{F}_0 = \sigma(X_0) = \{\varnothing, \Omega\}$ und $\mathcal{F}_t = \sigma(Z)$ für alle $t > 0$. Für die Eintrittszeit

$$\tau \equiv \inf\{t \geq 0 : X_t > 0\} = \infty I_{\{Z=0\}}$$

ist dann $\{\tau < 0\} = \varnothing$ und $\{\tau < t\} = \{Z = 1\} \in \mathcal{F}_t$ für $t > 0$, das heißt, τ ist eine schwache Stoppzeit. Aber wegen $\{\tau \leq 0\} = \{Z = 1\} \notin \mathcal{F}_0$ ist τ keine echte Stoppzeit.

Trotz seiner Schlichtheit zeigt dieses Beispiel einen etwas heiklen Punkt der Modellierung von Information durch Filtrationen: Obwohl $\mathcal{F}$ von einem stetigen Prozess erzeugt wird, gewinnt man sozusagen sprunghaft Information. Wir werden dieses Problem bald wieder aufgreifen.

Vorher klären wir die Frage, welche Eintrittszeiten $\tau_B = \inf\{t \in T : X_t \in B\}$ Stoppzeiten sind. Anstatt allgemeine Voraussetzungen zu formulieren, unter denen τ_B Werte in $T \cup \{+\infty\}$ annimmt, beschränken wir uns auf die wesentlichen Fälle $T = \mathbb{N}_0$ und $T = [0, \infty)$. Für einen $\mathbb{N}_0$-Prozess X in $(\mathcal{X}, \mathcal{B})$ gilt $\{\tau_B \leq t\} = \bigcup_{n \leq t} \{X_n \in B\} \in \sigma(X_0, \ldots, X_t) = \mathcal{F}(X)_t$ für alle $t \in \mathbb{N}_0$ und $B \in \mathcal{B}$, das heißt, im zeitdiskreten Fall $T = \mathbb{N}_0$ sind alle Eintrittszeiten $\mathcal{F}$-Stoppzeiten, wenn X an $\mathcal{F}$ adaptiert ist.

Satz 7.10 (Eintrittszeiten)
Seien X ein $[0, \infty)$-Prozess in einem metrischen Raum $(\mathcal{X}, d)$ mit Borel-σ-Algebra $\mathcal{B}$ und $\tau_B \equiv \inf\{t \geq 0 : X_t \in B\}$ für $B \in \mathcal{B}$.

1. Für rechtsstetiges X und offenes B ist τ_B eine schwache $\mathcal{F}(X)$-Stoppzeit.

2. Für stetiges X und abgeschlossenes B ist τ_B eine $\mathcal{F}(X)$-Stoppzeit.

Beweis. 1. Für $t \geq 0$ gilt $\tau_B(\omega) < t$ genau dann, wenn $X_s(\omega) \in B$ für ein $s < t$ gilt, und wegen der Rechtsstetigkeit gibt es dann auch ein rationales $r \in (s, t)$ mit $X_r(\omega) \in B$. Also ist

$$\{\tau_B < t\} = \bigcup_{\mathbb{Q} \ni r < t} \{X_r \in B\} \in \sigma(X_r : r \leq t).$$

2. Mit der Stetigkeit von $\mathrm{dist}(\cdot, B) : \mathcal{X} \to [0, \infty)$ und der Kompaktheit von $[0, t]$ erhalten wir

$$\{\tau_B > t\} = \bigcap_{s \leq t} \{\mathrm{dist}(X_s, B) > 0\}$$

$$= \bigcup_{n \in \mathbb{N}} \bigcap_{\mathbb{Q} \ni s \leq t} \{\mathrm{dist}(X_s, B) \geq 1/n\} \subset \sigma(X_s : s \leq t). \qquad \square$$

Für eine T-Filtration $\mathcal{F}$ nennen wir $\mathcal{F}_s$ auch σ-Algebra der Ereignisse vor s. Wegen $\{s \leq t\} \in \{\varnothing, \Omega\}$ für alle $t \in T$ gilt dann

$$\mathcal{F}_s = \{A \in \mathcal{F}_\infty : A \cap \{s \leq t\} \in \mathcal{F}_t \text{ für alle } t \in T\},$$

und der Witz an dieser seltsam anmutenden Beschreibung von $\mathcal{F}_s$ ist, dass sie auch für T-Zufallszeiten τ statt $s \in T$ sinnvoll ist. Für eine $\mathcal{F}$-Stoppzeit τ heißt

$$\mathcal{F}_\tau \equiv \{A \in \mathcal{F}_\infty : A \cap \{\tau \leq t\} \in \mathcal{F}_t \text{ für alle } t \in T\}$$

σ-Algebra der Ereignisse vor τ. Die Bezeichnung σ-Algebra ist gerechtfertigt, weil aus $A^c \cap \{\tau \leq t\} = \{\tau \leq t\} \setminus (A \cap \{\tau \leq t\})$ die Komplementstabilität folgt, und $\varnothing \in \mathcal{F}_\tau$ sowie die abzählbare Vereinigungsstabilität offensichtlich sind. Der folgende Satz rechtfertigt insbesondere die Bezeichnung „Ereignisse vor τ":

Satz 7.11 (Stoppzeiten)
Seien $\mathcal{F}$ eine T-Filtration und σ, τ zwei $\mathcal{F}$-Stoppzeiten.

1. *$\tau : (\Omega, \mathcal{F}_\tau) \to (\overline{\mathbb{R}}, \overline{\mathbb{B}})$ ist messbar.*

2. *$\sigma \wedge \tau$ und $\sigma \vee \tau$ sind $\mathcal{F}$-Stoppzeiten mit $\{\sigma \leq \tau\} \in \mathcal{F}_{\sigma \wedge \tau} = \mathcal{F}_\sigma \wedge \mathcal{F}_\tau$.*

3. *$\mathcal{F}_\sigma \cap \{\sigma \leq \tau\} = \mathcal{F}_{\sigma \wedge \tau} \cap \{\sigma \leq \tau\}$ und $\mathcal{F}_\sigma \cap \{\sigma = \tau\} = \mathcal{F}_\tau \cap \{\sigma = \tau\}$.*

4. *Für integrierbares $Z \in \mathcal{M}(\Omega, \mathcal{A})$ gilt $E(E(Z \mid \mathcal{F}_\sigma) \mid \mathcal{F}_\tau) = E(Z \mid \mathcal{F}_{\sigma \wedge \tau})$.*

Beweis. 1. Wir müssen $\{\tau \leq \alpha\} \in \mathcal{F}_\tau$ für jedes $\alpha \in \mathbb{R}$ zeigen. Für $T \cap [-\infty, \alpha] = \varnothing$ ist $\{\tau \leq \alpha\} = \varnothing$, und sonst betrachten wir $s \equiv \sup T \cap [-\infty, \alpha]$ und $s_n \in T$ mit $s_n \uparrow s$ sowie $s_n = s$, falls $s \in T$. Für jedes $t \in T$ ist dann

$$\{\tau \leq \alpha\} \cap \{\tau \leq t\} = \{\tau \leq s \wedge t\} = \bigcup_{n \in \mathbb{N}} \{\tau \leq s_n \wedge t\} \in \mathcal{F}_t.$$

2. Wegen $\{\sigma \wedge \tau \leq t\} = \{\sigma \leq t\} \cup \{\tau \leq t\}$ und $\{\sigma \vee \tau \leq t\} = \{\sigma \leq t\} \cap \{\tau \leq t\}$ sind $\sigma \wedge \tau$ und $\sigma \vee \tau$ Stoppzeiten. Für $A \in \mathcal{F}_{\sigma \wedge \tau}$ und $t \in T$ gilt

$$A \cap \{\sigma \leq t\} = A \cap \{\sigma \wedge \tau \leq t\} \cap \{\sigma \leq t\} \in \mathcal{F}_t,$$

was $A \in \mathcal{F}_\sigma$ impliziert. Durch Rollentausch folgt auch $A \in \mathcal{F}_\tau$, also $A \in \mathcal{F}_\sigma \wedge \mathcal{F}_\tau$. Andererseits gilt für $A \in \mathcal{F}_\sigma \wedge \mathcal{F}_\tau$ und $t \in T$

$$A \cap \{\sigma \wedge \tau \leq t\} = (A \cap \{\sigma \leq t\}) \cup (A \cap \{\tau \leq t\}) \in \mathcal{F}_t.$$

Dass $\{\sigma \leq \tau\} \in \mathcal{F}_{\sigma \wedge \tau}$ gilt, zeigen wir im Beweis der dritten Aussage.

3. Für $A \in \mathcal{F}_\sigma$ und $t \in T$ gilt

$$A \cap \{\sigma \leq \tau\} \cap \{\sigma \wedge \tau \leq t\} = (A \cap \{\sigma \leq t\}) \cap \{\sigma \wedge t \leq \tau \wedge t\} \in \mathcal{F}_t,$$

weil $\sigma \wedge t$ und $\tau \wedge t$ bezüglich $\mathcal{F}_t$ messbar sind. Also gilt $A \cap \{\sigma \leq \tau\} \in \mathcal{F}_{\sigma \wedge \tau}$, und für $A = \Omega$ folgt $\{\sigma \leq \tau\} \in \mathcal{F}_{\sigma \wedge \tau}$. Damit haben wir $\mathcal{F}_\sigma \cap \{\sigma \leq \tau\} \subseteq \mathcal{F}_{\sigma \wedge \tau} \cap \{\sigma \leq \tau\}$ gezeigt, und die umgekehrte Inklusion folgt aus $\mathcal{F}_{\sigma \wedge \tau} \subseteq \mathcal{F}_\sigma$. Der zweite Teil folgt aus dem ersten.

4. Auf $\{\sigma \leq \tau\}$ gilt $\mathcal{F}_\sigma = \mathcal{F}_{\sigma \wedge \tau}$, und mit Pull-out und der Lokalisierungseigenschaft aus Satz 6.11.2 folgt

$$I_{\{\sigma \leq \tau\}} E(E(Z \mid \mathcal{F}_\sigma) \mid \mathcal{F}_\tau) = E(I_{\{\sigma \leq \tau\}} E(Z \mid \mathcal{F}_{\sigma \wedge \tau}) \mid \mathcal{F}_\tau) = I_{\{\sigma \leq \tau\}} E(Z \mid \mathcal{F}_{\sigma \wedge \tau})$$

wegen der $\mathcal{F}_\tau$-Messbarkeit dieser Zufallsgröße.

Andererseits gilt $\mathcal{F}_\tau = \mathcal{F}_{\sigma \wedge \tau}$ auf $\{\tau \leq \sigma\}$, und wie eben folgt

$$I_{\{\tau \leq \sigma\}} E(E(Z \mid \mathcal{F}_\sigma) \mid \mathcal{F}_\tau) = I_{\{\tau \leq \sigma\}} E(E(Z \mid \mathcal{F}_\sigma) \mid \mathcal{F}_{\sigma \wedge \tau}) = I_{\{\tau \leq \sigma\}} E(Z \mid \mathcal{F}_{\sigma \wedge \tau})$$

wegen der Glättungseigenschaft. $\qquad\qquad\qquad\qquad\qquad\qquad\qquad\qquad\qquad\quad\square$

Als Nächstes untersuchen wir die Messbarkeit von X_τ für T-Prozesse X und Stopp-zeiten τ. Für abzählbares T ist diese Frage leicht zu beantworten: Ist X an eine T-Filtration $\mathcal{F}$ adaptiert und τ eine $\mathcal{F}$-Stoppzeit, so gilt

$$\{X_\tau \in B\} \cap \{\tau \le t\} = \bigcup_{s \le t}\{X_s \in B\} \cap \{\tau = s\} \in \mathcal{F}_t.$$

Also ist X_τ bezüglich $\mathcal{F}_\tau \cap \{\tau \in T\}$ messbar.

Für den allgemeinen Fall fassen wir einen T-Prozess X in $(\mathcal{X}, \mathcal{B})$ als Abbildung $\Omega \times T \to \mathcal{X}$, $(\omega, t) \mapsto X_t(\omega)$ auf. X heißt $\mathcal{A}$-**produktmessbar**, falls dies eine messbare Abbildung

$$(\Omega, \mathcal{A}) \otimes (T, \overline{\mathbb{B}} \cap T) \to (\mathcal{X}, \mathcal{B})$$

ist. Aus der Messbarkeit von $j_t : \Omega \to \Omega \times T$, $\omega \mapsto (\omega, t)$ folgt dann, dass jedes $X_t = X \circ j_t$ bezüglich $\mathcal{A}$ messbar ist.

Wir werden gleich sehen, dass stetige Prozesse produktmessbar sind, und daher kann man zum Beispiel mit Fubinis Satz die „erwartete Verweildauer" in einer Teil-menge $B \in \mathcal{B}$ des Zustandsraums berechnen:

$$E(\lambda(\{t \in [0, \infty) : X_t \in B\})) = \int_{[0,\infty)} P(X_t \in B)d\lambda.$$

Für eine Standard-Brownsche Bewegung B erhalten wir mit Satz 3.5.4 insbesonde-re $\lambda(\{t \in [0, \infty) : B_t = 0\}) = 0$ fast sicher: Fast jeder Pfad von B hat also unendlich viele Nullstellen, aber die Nullstellenmenge ist im Sinne des Lebesgue-Maßes klein.

Ein T-Prozess X in $(\mathcal{X}, \mathcal{B})$ heißt bezüglich einer T-Filtration $\mathcal{F}$ **progressiv mess-bar** oder $\mathcal{F}$-**progressiv**, falls für jedes $t \in T$ die Einschränkung $X|_{T \cap [-\infty, t]} = (X_s)_{s \in T \cap [-\infty, t]}$ ein $\mathcal{F}_t$-produktmessbarer Prozess ist.

Wie oben gesehen ist dann jedes X_s mit $s \le t$ bezüglich $\mathcal{F}_t$-messbar, das heißt X ist adaptiert, und X ist dann auch $\mathcal{F}_\infty$-produktmessbar, weil für $B \in \mathcal{B}$ und $t_n \in T$ mit $t_n \uparrow \sup T$ (so dass $t_n = \sup T$, falls $\sup T \in T$)

$$\{X \in B\} = \bigcup_{n \in \mathbb{N}} \{(\omega, t) \in \Omega \times T \cap [-\infty, t_n] : X_t(\omega) \in B\}$$

$$\in \bigvee_{n \in \mathbb{N}} \mathcal{F}_{t_n} \otimes \overline{\mathbb{B}} \cap T \subseteq \mathcal{F}_\infty \otimes \overline{\mathbb{B}} \cap T.$$

Satz 7.12 (Progressive Prozesse)
Seien $\mathcal{F}$ eine T-Filtration und τ eine $\mathcal{F}$-Stoppzeit.

1. Für $T = [0, \infty)$ ist jeder rechtsstetige $\mathcal{F}$-adaptierte Prozess progressiv.

2. Für progressive Prozesse X in $(\mathcal{X}, \mathcal{B})$ ist $X_\tau : (\{\tau \in T\}, \mathcal{F}_\tau \cap \{\tau \in T\}) \to (\mathcal{X}, \mathcal{B})$ messbar.

Beweis. 1. Für $t \geq 0$ und $n \in \mathbb{N}$ definieren wir $[0,t]$-Prozesse X^n durch $X_s^n \equiv X_{k/2^n}$ für $s \in ((k-1)/2^n, k/2^n] \cap [0,t]$. Dann ist $\tilde{X}^n : \Omega \times [0,t] \to \mathcal{X}$ bezüglich $\mathcal{F}_t \otimes \mathbb{B} \cap [0,t]$ messbar mit $\tilde{X}^n(\omega, s) \to \tilde{X}(\omega, s)$ für alle (ω, s) wegen der Rechtsstetigkeit. Satz 1.8.2 impliziert damit die $\mathcal{F}_t \otimes \mathbb{B} \cap [0,t]$-Messbarkeit von $\tilde{X}$.

2. Für $t \in T$ und $B \in \mathcal{B}$ müssen wir $\{X_\tau \in B\} \cap \{\tau \leq t\} \in \mathcal{F}_t$ zeigen. Dazu betrachten wir die durch $\psi(\omega) = (\omega, \tau(\omega) \wedge t)$ definierte Abbildung $\psi : \Omega \to \Omega \times T \cap [-\infty, t]$. Die $(\mathcal{F}_t, \mathcal{F}_t \otimes \mathbb{B} \cap T \cap [-\infty, t])$-Messbarkeit von ψ folgt wegen der universellen Eigenschaft der Produkt-σ-Algebra in Satz 1.9.2 aus der $(\mathcal{F}_t, \mathbb{B} \cap T \cap [0,t])$-Messbarkeit von $\tau \wedge t$. Als Verknüpfung ist daher $X_{\tau \wedge t} = \tilde{X} \circ \psi$ eine $(\mathcal{F}_t, \mathcal{B})$-messbare Abbildung, und wegen $\{X_\tau \in B\} \cap \{\tau \leq t\} = \{X_{\tau \wedge t} \in B\} \cap \{\tau \leq t\}$ folgt die Behauptung. $\square$

Wir kommen nun auf das schon angesprochene Problem zurück, dass stetige Prozesse „unstetige" Filtrationen erzeugen können, und den damit zusammenhängenden Unterschied zwischen schwachen und „echten" Stoppzeiten. Dabei beschränken wir uns auf den Zeitbereich $T = [0, \infty)$. Für eine Filtration $\mathcal{F} = (\mathcal{F}_t)_{t \geq 0}$ definieren wir eine Filtration $\mathcal{F}^+$ durch $\mathcal{F}_t^+ \equiv \bigwedge_{s > t} \mathcal{F}_s$ und nennen $\mathcal{F}$ **rechtsstetig**, falls $\mathcal{F} = \mathcal{F}^+$. Wegen $(\mathcal{F}^+)^+ = \mathcal{F}^+$ ist also $\mathcal{F}^+$ rechtsstetig. Außerdem nennen wir $\mathcal{F}$ **vollständig**, falls die von den fast sicheren Ereignissen in $\mathcal{F}_\infty$ erzeugte σ-Algebra $\mathcal{N} \equiv \{A \in \mathcal{F}_\infty : P(A) \in \{0, 1\}\}$ in allen $\mathcal{F}_t$ enthalten ist. Durch $\overline{\mathcal{F}}_t \equiv \mathcal{F}_t \vee \mathcal{N}$ ist dann die **Vervollständigung** $\overline{\mathcal{F}}$ von $\mathcal{F}$ definiert. Wir zeigen jetzt, dass die Übergänge zu $\overline{\mathcal{F}}$ beziehungsweise $\mathcal{F}^+$ kommutieren, was insbesondere die (nicht ganz eindeutige) Schreibweise $\overline{\mathcal{F}}^+$ rechtfertigt.

Satz 7.13 (Vollständige und rechtsstetige Filtration)

1. Für jede $[0, \infty)$-Filtration $\mathcal{F}$ gilt $(\overline{\mathcal{F}})^+ = \overline{\mathcal{F}^+}$. Eine Zufallszeit ist genau dann eine schwache $\mathcal{F}$-Stoppzeit, wenn sie $\mathcal{F}^+$-Stoppzeit ist, und für $\mathcal{F}$-Stoppzeiten $\sigma < \tau$ gilt $(\mathcal{F}^+)_\sigma \subseteq \mathcal{F}_\tau$.

2. Für rechtsstetige $[0, \infty)$-Prozesse X mit unabhängigen Zuwächsen gilt $\overline{\mathcal{F}(X)} = \overline{\mathcal{F}(X)}^+$.

Beweis. 1. Wegen $\mathcal{F}_t^+ \subseteq (\overline{\mathcal{F}})_t^+$ und $\mathcal{N} \subseteq (\overline{\mathcal{F}})_t^+$ gilt $\overline{\mathcal{F}^+} \subseteq (\overline{\mathcal{F}})^+$. Seien nun $A \in (\overline{\mathcal{F}})_t^+, s > t$ und $f \equiv I_A$. Wegen Satz 6.11.3 für den Wahrscheinlichkeitsraum $(\Omega, \mathcal{F}_\infty, P|_{\mathcal{F}_\infty})$ gilt dann $f = E(f \mid \overline{\mathcal{F}}_s) = E(f \mid \mathcal{F}_s)$. Daher gibt es $\mathcal{F}_{t+1/n}$-messbare Funktionen g_n mit $f = g_n$ fast sicher. Dann ist auch $f = \limsup_{n \to \infty} g_n \equiv g$ fast sicher, und g ist $\mathcal{F}_t^+$-messbar. Mit $B \equiv \{g = 1\} \in \mathcal{F}_t^+$ gilt dann $I_A = I_B$ fast sicher, und damit folgt $A = (A \cap B) \cup (A \setminus B) = B \setminus (B \setminus A) \cup A \setminus B \in \mathcal{F}_t^+ \vee \mathcal{N} = \overline{\mathcal{F}_t^+}$.

Wegen $\{\tau \leq t\} = \bigcap_{n \in \mathbb{N}} \{\tau < t + 1/n\}$ sind schwache $\mathcal{F}$-Stoppzeiten $\mathcal{F}^+$-Stoppzeiten, und $\mathcal{F}^+$-Stoppzeiten sind wegen $\{\tau < t\} = \bigcup_{n \in \mathbb{N}} \{\tau \leq t - 1/n\}$ schwache $\mathcal{F}$-Stoppzeiten.

Für Stoppzeiten $\sigma < \tau$, $A \in (\mathcal{F}^+)_\sigma$ gilt $A \in \mathcal{F}_\tau$, weil für $t \geq 0$

$$A \cap \{\tau \leq t\} = \bigcup_{n \in \mathbb{N}} A \cap \{\sigma < t - 1/n\} \cap \{\tau \leq t\} \in \mathcal{F}_t.$$

2. Wir zeigen zuerst mit Satz 6.15 für die verteilungsbestimmende Klasse der stetigen beschränkten Funktionen auf dem Zustandsraum $\mathcal{X}$, dass X auch $\mathcal{F}(X)^+$-unabhängige Zuwächse hat. Seien also $f \in C_b(\mathcal{X})$ und $s < t$. Für $n \geq (t - s)^{-1}$ sind $\mathcal{F}(X)_s^+ \subseteq \mathcal{F}(X)_{s+1/n}$ und $X_t - X_{s+1/n}$ unabhängig, und mit der bedingten Version des Satzes von Lebesgue folgt

$$
\begin{aligned}
E(f(X_t - X_s) \mid \mathcal{F}(X)_s^+) &= \lim_{n \to \infty} E(f(X_t - X_{s+1/n}) \mid \mathcal{F}(X)_s^+) \\
&= \lim_{n \to \infty} E(f(X_t - X_{s+1/n})) = E(f(X_t - X_s)).
\end{aligned}
$$

Wir beweisen jetzt $P(A \mid \mathcal{F}(X)_t^+) = P(A \mid \mathcal{F}(X)_t)$ für alle $A \in \mathcal{F}(X)_\infty$. Für $A \in \mathcal{F}(X)_t^+$ stimmt dann $I_A = P(A \mid \mathcal{F}(X)_t^+)$ fast sicher mit der bezüglich $\mathcal{F}(X)_t$ messbaren Abbildung $P(A \mid \mathcal{F}(X)_t)$ überein, was $A \in \overline{\mathcal{F}(X)_t}$ impliziert.

Mit $\mathcal{R}_t \equiv \sigma(X_s - X_t : s \geq t)$ gilt $\mathcal{F}(X)_\infty = \mathcal{F}(X)_t \vee \mathcal{R}_t$, und wegen des Dynkin-Arguments reicht es, die obige Gleichheit für Elemente des schnittstabilen Erzeugers $\{A = B \cap C : B \in \mathcal{F}(X)_t, C \in \mathcal{R}_t\}$ zu zeigen. Nach Satz 7.1.1 sind $\mathcal{R}_t$ und $\mathcal{F}(X)_t^+$ unabhängig, und wir erhalten mit Pull-out

$$P(B \cap C \mid \mathcal{F}(X)_t^+) = I_B P(C \mid \mathcal{F}(X)_t^+) = I_B P(C) = P(B \cap C \mid \mathcal{F}(X)_t). \qquad \square$$

Die Filtration $\overline{\mathcal{F}}$ benutzt man zum Beispiel, um Aussagen über reellwertige Stoppzeiten auf bloß fast sicher reellwertige $\mathcal{F}$-Stoppzeiten τ zu übertragen:

Wegen $\{\tau < \infty\} \in \mathcal{F}_\infty$ ist dann durch $\tilde{\tau} = \iota I_{\{\tau < \infty\}}$ eine reellwertige $\overline{\mathcal{F}}$-Stoppzeit definiert, die fast sicher gleich τ ist. Wegen $\mathcal{F} \subseteq \overline{\mathcal{F}}$ ist jeder $\mathcal{F}$-adaptierte Prozess natürlich auch $\overline{\mathcal{F}}$-adaptiert, und weil nach Satz 6.11.3 bedingte Erwartungen bezüglich $\mathcal{F}_t$ und $\overline{\mathcal{F}}_t$ fast sicher gleich sind, liefert zum Beispiel Satz 6.15, dass $\mathcal{F}$-Unabhängigkeit und $\overline{\mathcal{F}}$-Unabhängigkeit der Zuwächse äquivalente Bedingungen sind.

Der zweite Teil des letzten Satzes hat sehr konkrete Konsequenzen: Falls zusätzlich X_0 konstant ist, gilt $\mathcal{F}(X)_0 = \{\emptyset, \Omega\}$, und aus $\mathcal{F}(X)_0^+ \subseteq \overline{\mathcal{F}(X)}_0$ folgt, dass Ereignisse $A \in \mathcal{F}(X)_0^+$ immer Wahrscheinlichkeit 0 oder 1 haben. Dies ist **Blumenthals 0-1-Gesetz**. Man erhält damit zum Beispiel einen weiteren Beweis dafür, dass fast jeder Pfad einer eindimensionalen Brownschen Bewegung auf jedem Intervall $[0, \varepsilon)$ unendlich oft das Vorzeichen wechselt.

Wir haben in Satz 7.8 gesehen, dass für eine Brownsche Bewegung B und jedes $t \geq 0$ durch $(B_{t+s} - B_t)_{s \geq 0}$ wieder eine Brownsche Bewegung definiert ist, die wegen Satz 7.1 von $\mathcal{F}(B)_t$ unabhängig ist. Das bedeutet, dass zur Zeit t eine von der Vergangenheit unabhängige Brownsche Bewegung „in B_t neu startet". Für viele konkrete Rechnungen benötigt man das nicht bloß für feste Zeitpunkte t sondern für Zufallszeiten τ.

Ein an eine $[0, \infty)$-Filtration $\mathcal{F}$ adaptierter rechtsstetiger Prozess X in einem separablen normierten Raum heißt **$\mathcal{F}$-Lévy-Prozess** (und bloß Lévy-Prozess, falls $\mathcal{F} = \mathcal{F}(X)$), falls er $\mathcal{F}$-unabhängige Zuwächse besitzt mit $X_t - X_s \overset{d}{=} X_{t-s}$ für alle $s \leq t$ (dies impliziert insbesondere $X_0 = 0$ fast sicher). Die Verteilung der Zuwächse hängt also bloß von den „relativen" Zeiten $t - s$ und nicht von den „absoluten" Zeitpunkten s und t ab. Sowohl Poisson-Prozesse als auch Brownsche Bewegungen sind Lévy-Prozesse, und Satz 7.5 impliziert, dass reellwertige stetige Lévy-Prozesse X (mit $X_t \in \mathcal{L}_2$, diese Voraussetzung ist allerdings überflüssig, auch wenn wir das nicht bewiesen haben) schon Gauß-Prozesse sind. Für $s < t$ gilt dann $\mathrm{Var}(X_s) + \mathrm{Var}(X_{t-s}) = \mathrm{Var}(X_t)$ wegen der Unkorreliertheit der Zuwächse. Also sind die Varianzfunktion und aus gleichem Grund die Erwartungswertfunktion linear in $t \in [0, \infty)$, und damit folgt $X_t = \alpha B_t + \beta t$ mit einer Brownschen Bewegung B und $\alpha, \beta \in \mathbb{R}$.

Satz 7.14 (Starke Lévy-Eigenschaft)
Seien $X = (X_t)_{t \geq 0}$ ein $\mathcal{F}$-Lévy-Prozess und τ eine reellwertige $\mathcal{F}$-Stoppzeit. Dann ist durch $Y_t \equiv X_{\tau + t} - X_\tau$ ein von $\mathcal{F}_\tau^+$ unabhängiger Prozess $Y \overset{d}{=} X$ definiert.

Beweis. Seien zuerst $\tau_0 = r$ eine konstante Stoppzeit und $Z_t \equiv X_{r+t} - X_r$. Wegen Satz 7.1.1 sind $\mathcal{F}_r$ und Z unabhängig, und wir zeigen $Z \overset{d}{=} X$. Seien dazu $0 \leq t_1 \leq \cdots \leq t_n$ und $S(y_1, \ldots, y_n) \equiv (y_1, y_1 + y_2, \ldots, y_1 + \cdots + y_n)$. Wegen der Unabhängigkeit der Zuwächse und Satz 7.1.2 folgt dann

$$(X_{t_1}, \ldots, X_{t_n}) = S \circ (X_{t_1}, X_{t_2} - X_{t_1}, \ldots, X_{t_n} - X_{t_{n-1}})$$

$$\overset{d}{=} S \circ (Z_{t_1}, Z_{t_2} - Z_{t_1}, \ldots, Z_{t_n} - Z_{t_{n-1}}) = (Z_{t_1}, \ldots, Z_{t_n}).$$

Wir definieren nun Stoppzeiten τ_n durch $\tau_n \equiv k/2^n$, falls $\tau \in [(k-1)/2^n, k/2^n)$. Wegen $\{\tau_n \leq t\} = \{\tau \leq (k-1)/2^n\}$ für $t \in ((k-1)/2^n, k/2^n]$ sind die τ_n tatsächlich $\mathcal{F}$-Stoppzeiten. Wir zeigen jetzt, dass die durch $Y_t^n \equiv X_{\tau_n + t} - X_{\tau_n}$ definierten Prozesse Y^n jeweils von $\mathcal{F}_{\tau_n}$ unabhängig sind mit $Y^n \overset{d}{=} X$. Seien dazu $A \in \mathcal{B}^{[0,\infty)}$, $f \equiv I_A$ und $Z_t^n \equiv X_{k/2^n + t} - X_{k/2^n}$. Wegen $\mathcal{F}_{\tau_n} \cap \{\tau_n = k/2^n\} = \mathcal{F}_{k/2^n} \cap \{\tau_n = k/2^n\}$ erhalten wir durch Lokalisieren gemäß Satz 6.10.4

$$E(f \circ Y^n \mid \mathcal{F}_{\tau_n}) = \sum_{k=1}^{\infty} I_{\{\tau_n = k/2^n\}} E(f \circ Y^n \mid \mathcal{F}_{\tau_n})$$

$$= \sum_{k=1}^{\infty} I_{\{\tau_n = k/2^n\}} E(f \circ Z^n \mid \mathcal{F}_{k/2^n})$$

$$= \sum_{k=1}^{\infty} I_{\{\tau_n = k/2^n\}} E(f \circ Z^n) = E(f \circ X).$$

Mit der Glättungseigenschaft folgt daraus $E(f \circ Y^n) = E(f \circ X)$, also $Y^n \overset{d}{=} X$, und wegen Satz 6.15 auch die Unabhängigkeit.

Wegen $\tau < \tau_n \to \tau$ impliziert die Rechtsstetigkeit $Y_t^n \to Y_t$ (punktweise auf Ω), woraus $Y \overset{d}{=} Y^n \overset{d}{=} X$ und wegen $\mathcal{F}_\tau^+ \subseteq \mathcal{F}_{\tau_n}$ auch die Unabhängigkeit von Y und $\mathcal{F}_\tau^+$ folgt. $\square$

Zusammen mit der Symmetrie $B \overset{d}{=} -B$ Brownscher Bewegungen liefert Satz 7.14 eine sehr anschauliche und überaus nützliche Eigenschaft:

Satz 7.15 (Spiegelungsprinzip, André)
Seien B eine $\mathcal{F}$-Brownsche Bewegung und τ eine $\mathcal{F}$-Stoppzeit. Dann ist durch $\tilde{B}_t = B_{\tau \wedge t} - (B_t - B_{\tau \wedge t})$ wieder eine Brownsche Bewegung definiert.

Der Satz trägt seinen Namen deshalb, weil man $\tilde{B}$ aus B durch Spiegelung der Pfade ab τ an der zur Abszisse parallelen Geraden durch B_τ erhält. Mit der Lévy-Charakterisierung Brownscher Bewegungen in Satz 10.2 werden wir später einen einfachen Beweis erhalten, der außerdem zeigt, dass $\tilde{B}$ auch eine $\mathcal{F}$-Brownsche Bewegung ist.

Beweis. Für reellwertiges τ ist wegen Satz 7.14 durch $Y_t = B_{\tau+t} - B_\tau$ eine von $\mathcal{F}_\tau$ unabhängige Brownsche Bewegung definiert. Weil τ und $B_{t \wedge \tau}$ für jedes $t \geq 0$ bezüglich $\mathcal{F}_\tau$ messbar sind, ist Y auch von (τ, Z) mit dem durch $Z_t \equiv B_{\tau \wedge t}$ definierten Prozess Z unabhängig. Für jedes messbare $F : [0, \infty) \times \mathbb{R}^{[0,\infty)} \times \mathbb{R}^{[0,\infty)} \to \mathbb{R}^{[0,\infty)}$ gilt dann $F(\tau, Z, Y) \overset{d}{=} F(\tau, Z, -Y)$ wegen $Y \overset{d}{=} -Y$. Für die durch $F(r, f, g)(t) \equiv f(t) I_{[0,r]}(t) + (f(r) - g(t - r)) I_{(r,\infty)}(t)$ definierte Abbildung folgt dann

$$B = F(\tau, Z, Y) \overset{d}{=} F(\tau, Z, -Y) = \tilde{B}.$$

Für eine beliebige Stoppzeit τ definieren wir Prozesse $\tilde{B}^n$ in Abhängigkeit von $\tau \wedge n$. Aus $\tilde{B}_t = \lim_{n \to \infty} \tilde{B}_t^n$ folgt dann $(\tilde{B}_{t_1}, \dots, \tilde{B}_{t_m}) \overset{d}{=} (B_{t_1}, \dots, B_{t_m})$ für alle $t_1, \dots, t_m \geq 0$. Also ist $\tilde{B}$ wieder eine Brownsche Bewegung. $\square$

Mit Hilfe des Spiegelungsprinzips kann man oft explizit Wahrscheinlichkeiten berechnen. Für eine Brownsche Bewegung B heißt $|B| = (|B_t|)_{t \geq 0}$ eine **reflektierte Brownsche Bewegung**, und der durch $M_t \equiv \sup_{s \leq t} B_s$ definierte Prozess $M = (M_t)_{t \geq 0}$ heißt **laufendes Maximum**. Wegen der Stetigkeit von B ist das Supremum in der Definition von M_t das gleiche für $s \in [0, t] \cap \mathbb{Q}$, so dass M_t bezüglich $\mathcal{F}(B)_t$ messbar ist.

Satz 7.16 (Laufendes Maximum Brownscher Bewegungen)
Für eine eindimensionale Brownsche Bewegung B und $t \geq 0$ gilt

$$|B_t| \overset{d}{=} M_t \overset{d}{=} M_t - B_t.$$

Beweis. Für $a > 0$ ist $\tau_a \equiv \inf\{t \geq 0 : B_t = a\}$ nach Satz 7.9.2 eine Stoppzeit, die wegen $\limsup_{t \to \infty} B_t = \infty$, der Stetigkeit von B und des Zwischenwertsatzes fast sicher reellwertig ist. Das zu der „gespiegelten Brownschen Bewegung" $\tilde{B}_t \equiv 2B_{\tau_a \wedge t} - B_t$ gehörige laufende Maximum bezeichnen wir mit $\tilde{M}_t$. Aus $(B, M) \overset{d}{=} (\tilde{B}, \tilde{M})$ folgt wegen $\{\tilde{M}_t \geq a\} = \{M_t \geq a\} = \{\tau_a \leq t\}$ und $B_{\tau_a} = a$

$$P(M_t \geq a, B_t \leq a) = P(\tilde{M}_t \geq a, \tilde{B}_t \leq a) = P(M_t \geq a, 2a - B_t \leq a)$$
$$= P(M_t \geq a, B_t \geq a) = P(B_t \geq a).$$

Dies liefert

$$P(M_t \geq a) = P(M_t \geq a, B_t \leq a) + P(M_t \geq a, B_t \geq a)$$
$$= 2P(B_t \geq a) = P(|B_t| \geq a)$$

wegen $B_t \overset{d}{=} -B_t$. Mit dem Maßeindeutigkeitssatz folgt $M_t \overset{d}{=} |B_t|$.

Für $t > 0$ ist schließlich durch $B_s^* = B_{t-s} - B_t$ mit $s \in [0, t]$ ein stetiger zentrierter Gauß-Prozess mit Kovarianzfunktion $s \wedge t$ definiert. $(B_s^*)_{s \in [0,t]}$ ist daher „Anfang" einer Brownschen Bewegung (mit einer von B unabhängigen Brownschen Bewegung $\hat{B}$ können wir etwa $B_s^* = \hat{B}_{s-t} - B_t$ für $s > t$ definieren), und mit dem bisher Gezeigten folgt $M_t - B_t = \sup_{s \in [0,t]} B_s - B_t = \sup_{s \in [0,t]} B_s^* \overset{d}{=} M_t$. □

Für eine eindimensionale Brownsche Bewegung B und $a > 0$ erhalten wir aus Satz 7.16 die Verteilung der Stoppzeit $\tau_a \equiv \inf\{t \geq 0 : B_t = a\}$. Für $t > 0$ ist nämlich

$$P(\tau_a \leq t) = P(M_t \geq a) = P(|B_t| \geq a) = 2P(B_1 \geq a/\sqrt{t})$$
$$= \sqrt{2/\pi} \int_{[a/\sqrt{t},\infty)} e^{-x^2/2} d\lambda(x),$$

und weil diese Verteilungsfunktion stetig und auf $(0, \infty)$ stetig differenzierbar ist, erhalten wir durch Ableiten eine λ^1-Dichte

$$f_a(t) \equiv \frac{a}{\sqrt{2\pi t^3}} e^{-a^2/2t} I_{(0,\infty)}(t)$$

der Verteilung von τ_a. Insbesondere können wir jetzt den „erwarteten Zeitpunkt" des ersten Eintritts in $\{a\}$ bestimmen:

$$E(\tau_a) \geq \frac{a}{\sqrt{2\pi}} e^{-a^2/2} \int_{(1,\infty)} t^{-1/2} d\lambda(t) = +\infty.$$

Obwohl also τ_a fast sicher endlich ist, dauert es „im Mittel" unendlich lang, bis a erreicht wird. Wegen $\tau_{-a} = \inf\{t \geq 0 : -B_t = a\}$ folgt aus $B \overset{d}{=} -B$ auch $E(\tau_{-a}) = \infty$. Wir werden übrigens im nächsten Kapitel auch $E(\tau_a \wedge \tau_{-a}) = a^2$ ausrechnen: Obwohl man „im Mittel" unendlich lang auf das Erreichen von a wartet und

„im Mittel" unendlich lang auf das Erreichen von $-a$, ist die mittlere Wartezeit für das Ereignis, einen der Punkte zu erreichen, endlich. Dies zeigt, dass bei der Interpretation von Erwartungswerten als Mittelwerten mit „logischen Schlüssen" vorsichtig umzugehen ist.

Für eine weitere Anwendung von Satz 7.16 nennen wir für zwei unabhängige Zufallsvariablen $X, Y \sim N(0, 1)$ die Verteilung von $\frac{Y^2}{X^2+Y^2}$ **Arcus-Sinus-Verteilung**.

Um diese Bezeichnung zu rechtfertigen, berechnen wir die wegen Satz 6.9 eindeutig bestimmte unter linearen Orthogonaltransformationen invariante Verteilung auf $S \equiv \{(x, y) \in \mathbb{R}^2 : x^2 + y^2 = 1\}$.

Seien dazu $U \sim U([0, 2\pi))$ und $Z \equiv (\sin U, \cos U)$. Dann ist P^Z eine invariante Verteilung auf S: Jeder Vektor in $\mathbb{R}^2$ mit Norm 1 ist von der Form $(\cos \alpha, -\sin \alpha)$ für ein $\alpha \in [0, 2\pi)$, und mit den Additionstheoremen für cos und sin folgt dann, dass jede orthogonale Matrix von der Form

$$A = \begin{pmatrix} \cos \alpha & -\sin \alpha \\ \sin \alpha & \cos \alpha \end{pmatrix} \quad \text{oder} \quad B = \begin{pmatrix} -\cos \alpha & \sin \alpha \\ \sin \alpha & \cos \alpha \end{pmatrix}$$

ist. Dann ist $AZ = (\sin \tilde{U}, \cos \tilde{U})$ mit $\tilde{U} \equiv U + \alpha \bmod 2\pi$, wobei $x \bmod 2\pi \equiv x - 2k\pi$ für $k \in \mathbb{Z}$ und $x \in [2k\pi, (2k + 2)\pi)$ definiert ist. Durch Ausrechnen der Verteilungsfunktionen erhalten wir $\tilde{U} \stackrel{d}{=} U$ und daher $AZ \stackrel{d}{=} Z$, und die gleichen Argumente liefern $BZ \stackrel{d}{=} Z$.

Weil auch $\|(X, Y)\|^{-1}(X, Y)$ eine invariante Verteilung auf S ist, folgt mit der Eindeutigkeitsaussage aus Satz 6.9 $\frac{Y}{X^2+Y^2} \stackrel{d}{=} \sin U$. Damit erhalten wir die Verteilungsfunktion $P(\sin^2 U \le t) = \frac{2}{\pi} \arcsin \sqrt{t}$ der Arcus-Sinus-Verteilung, und durch Differenzieren finden wir eine λ-Dichte $\frac{1}{\pi} \frac{1}{\sqrt{x(1-x)}} I_{(0,1)}(x)$.

Satz 7.17 (Arcus-Sinus-Gesetze, Lévy)
Für eine eindimensionale Brownsche Bewegung B mit laufendem Maximum M sind die Zufallszeiten $T \equiv \inf\{t \in [0, 1] : B_t = M_1\}$ und $S \equiv \sup\{t \in [0, 1] : B_t = 0\}$ beide Arcus-Sinus-verteilt.

Beweis. Für $t \in [0, 1]$ sind $\mathcal{F}(B)_t$ und $B^* = (B_{t+s} - B_t)_{s \ge 0}$ wegen Satz 7.1 unabhängig, und daher sind auch $M_t - B_t$ und $M^*_{1-t} = \sup_{r \in [t,1]} B_r - B_t$ unabhängig. Für unabhängige $N(0, 1)$-verteilte Zufallsvariablen X, Y gilt $M_t - B_t \stackrel{d}{=} \sqrt{t}|X|$ und $M^*_{1-t} \stackrel{d}{=} \sqrt{1-t}|Y|$ wegen Satz 7.16, und damit folgt

$$P(T \le t) = P\left(M_t \ge \sup_{r \in [t,1]} B_r\right) = P(M_t - B_t \ge M^*_{1-t})$$

$$= P(\sqrt{t}|X| \ge \sqrt{1-t}|Y|) = P\left(\frac{Y^2}{X^2 + Y^2} \le t\right).$$

Ganz ähnlich erhalten wir die Verteilung von S:

$$
\begin{aligned}
P(S < t) &= P\big(\{ \sup_{s\in[t,1]} B_s < 0\} \cup \{ \inf_{s\in[t,1]} B_s > 0\}\big) \\[2mm]
&= 2P\big(\sup_{0\le r\le 1-t} B_{t+r} - B_t < B_t\big) = P(M^*_{1-t} < |B_t|) \\[2mm]
&= P(\sqrt{1-t}\,|X| < \sqrt{t}\,|Y|) = P\Big(\frac{X^2}{X^2 + Y^2} < t\Big). \qquad \square
\end{aligned}
$$

Die Zufallszeiten T und S beschreiben die Zeitpunkte, zu denen eine Brownsche Bewegung auf dem Zeitintervall $[0, 1]$ zum ersten Mal ihr Maximum annimmt beziehungsweise ihre letzte Nullstelle hat. Die Arcus-Sinus-Gesetze besagen insbesondere, dass diese Zeitpunkte mit großer Wahrscheinlichkeit sehr früh oder sehr spät erreicht werden.

Zum Abschluss dieses Kapitels untersuchen wir noch das Wachstum Brownscher Bewegungen:

Satz 7.18 (Khinchins Satz vom iterierten Logarithmus)

Für eindimensionale Brownsche Bewegungen B gelten fast sicher

$$
\limsup_{t\to\infty} \frac{B_t}{\sqrt{2t \log\log t}} = 1 \quad und \quad \liminf_{t\to\infty} \frac{B_t}{\sqrt{2t \log\log t}} = -1.
$$

Beweis. Um die Wahrscheinlichkeiten $P(B_t \ge x) = P(B_1 \ge x/\sqrt{t})$ abzuschätzen, benötigen wir für $x > 0$ die Ungleichungen

$$
\frac{x}{1 + x^2} e^{-x^2/2} \le \int_{[x,\infty)} e^{-y^2/2} d\lambda(y) \le \frac{1}{x} e^{-x^2/2}.
$$

Die zweite Ungleichung folgt aus $\int_{[x,\infty)} e^{-y^2/2} d\lambda(y) \le \int_{[x,\infty)} \frac{y}{x} e^{-y^2/2} d\lambda(y) = \frac{1}{x} e^{-x^2/2}$. Außerdem liefern die gleiche Idee und partielle Integration

$$
\begin{aligned}
\int_{[x,\infty)} e^{-y^2/2} d\lambda(y) &\ge \int_{[x,\infty)} \frac{x^2}{y^2} e^{-y^2/2} d\lambda(y) \\[2mm]
&= x^2\Big(\frac{1}{x} e^{-x^2/2} - \int_{[x,\infty)} e^{-y^2/2} d\lambda(y)\Big),
\end{aligned}
$$

und durch Auflösen folgt die erste Ungleichung.

Für $t > e$ sei nun $h(t) \equiv (2t \log(\log t))^{-1/2}$. Für $c > 1$ und $\alpha \in (1, c^2)$ zerlegen wir $[\alpha, \infty) = \bigcup_{n\in\mathbb{N}}[t_n, t_{n+1})$ mit $t_n \equiv \alpha^n$ und erhalten $\{\limsup_{t\to\infty} h(t)B_t > c\} = \limsup_{n\to\infty} A_n$ mit $A_n \equiv \{\sup_{t_n \le t \le t_{n-1}} h(t)B_t > c\}$. Weil h monoton fällt, ist

$$
A_n \subseteq \Big\{ \sup_{t_n \le t \le t_{n+1}} B_t > h(t_n)^{-1}c\Big\} \subseteq \{M_{t_{n+1}} > h(t_n)^{-1}c\}
$$

mit dem zu B gehörigen laufenden Maximum M. Mit Satz 7.16 folgt

$$P(A_n) \leq P(M_{t_{n+1}} \geq h(t_n)^{-1}c) = \frac{2}{\sqrt{2\pi}} \int_{[x_n,\infty)} e^{-y^2/2} d\lambda(y)$$

für $x_n \equiv (2\frac{t_n}{t_{n+1}} \log\log t_n)^{1/2}c = (\frac{2}{\alpha} \log(n \log \alpha))^{1/2}c$.

Mit obiger Ungleichung folgt dann $P(A_n) \leq \frac{1}{x_n}(n \log \alpha)^{-c^2/\alpha} \leq rn^{-p}$ für geeignete Konstanten $p, r > 1$, und wegen $\sum_{n=1}^{\infty} P(A_n) \leq r \sum_{n=1}^{\infty} n^{-p} < \infty$ impliziert das Borel–Cantelli-Lemma $P(\limsup_{n\to\infty} A_n) = 0$. Mit der Stetigkeit von unten folgt damit $P(\limsup_{t\to\infty} h(t)B_t > 1) = 0$ also $\limsup_{t\to\infty} h(t)B_t \leq 1$ fast sicher.

Für die umgekehrte Ungleichung betrachten wir für $\alpha > 1$ wieder $t_n = \alpha^n$ und für $\beta > 0$ die Ereignisse $C_n \equiv \{B_{t_{n+1}} - B_{t_n} \geq \beta h(t_{n+1})^{-1}\}$.

Wegen $t_{n+1} - t_n = (\alpha - 1)t_n$ gilt $B_{t_{n+1}} - B_{t_n} \stackrel{d}{=} \sqrt{(\alpha-1)t_n} B_1$, und mit $x_n \equiv \beta(2\frac{\alpha}{\alpha-1} \log(n+1)\log\alpha)^{1/2}$ folgt

$$\begin{aligned} P(C_n) &= \frac{1}{\sqrt{2\pi}} \int_{[x_n,\infty)} e^{-y^2/2} d\lambda(y) \geq \frac{x_n}{1+x_n^2} e^{-x^2/2} \\ &= \frac{x_n}{1+x_n^2}((n+1)\log\alpha)^{-\frac{\beta^2\alpha}{\alpha-1}}. \end{aligned}$$

Für $\beta = (\frac{\alpha-1}{\alpha})^{1/2}$ und ein geeignetes $r > 0$ gilt $\frac{x_n}{1+x_n^2} \geq r(\log n)^{-1/2}$. Wegen des Cauchyschen Verdichtungskriteriums divergiert $\sum_{n=2}^{\infty}(n\sqrt{\log n})^{-1}$, und damit folgt $\sum_{n=1}^{\infty} P(C_n) = +\infty$. Wegen der Unabhängigkeit der Zuwächse ist auch $(C_n)_{n\in\mathbb{N}}$ unabhängig, und das Borel–Cantelli-Lemma impliziert $P(\limsup_{n\to\infty} C_n) = 1$. Damit folgt fast sicher

$$\limsup_{t\to\infty} h(t)(B_t - B_{t/\alpha}) \geq \limsup_{n\to\infty} h(t_{n+1})(B_{t_{n+1}} - B_{t_n}) \geq \left(\frac{\alpha-1}{\alpha}\right)^{1/2}.$$

Weil $-B$ ebenfalls eine Brownsche Bewegung ist, gilt wegen der schon bewiesenen Abschätzung

$$\limsup_{t\to\infty} -h(t)B_{t/\alpha} = \limsup_{t\to\infty} -h(t/\alpha)B_{t/\alpha} \frac{h(t)}{h(t/\alpha)} \leq \alpha^{-1/2} \text{ fast sicher,}$$

und damit folgt

$$\limsup_{t\to\infty} h(t)B_t \geq \left(\frac{\alpha-1}{\alpha}\right)^{1/2} - \left(\frac{1}{\alpha}\right)^{1/2} \text{ fast sicher .}$$

Durch Vereinigen der zu $\alpha_n \equiv n$ gehörigen Ausnahmemengen erhalten wir damit $\limsup_{t\to\infty} h(t)B_t \geq 1$ fast sicher.

Die Aussage über den Limes inferior folgt aus der über den Limes superior für die Brownsche Bewegung $-B$.   □

Weil $(t B_{1/t})_{t \geq 0}$ fast sicher eine Brownsche Bewegung ist, folgen aus Khinchins
Satz

$$\limsup_{t \to 0} \frac{B_t}{\sqrt{2t \log \log 1/t}} = 1$$

fast sicher und die entsprechende Aussage für den Limes inferior. Dadurch wird also
die „lokale Oszillation" Brownscher Pfade sehr genau beschrieben.

Wegen Satz 7.13 können wir den Zähler auch durch $B_{\tau+t} - B_\tau$ mit reellwertigen
$\mathcal{F}(B)$-Stoppzeiten τ ersetzen.

Aufgaben

7.1. Zeigen Sie, dass jede Filtration von einem Prozess (mit Werten in einem „großen"
Produktraum) erzeugt wird.

7.2. Zeigen Sie für einen Poisson-Prozess $(X_t)_{t \geq 0}$ mit Rate $\tau > 0$ die fast sicheren
Grenzwerte $X_t \to \infty$ und $\frac{1}{t} X_t \to \tau$.

7.3. Zeigen Sie für einen Poissonprozess $(X_t)_{t \geq 0}$, $s < t$ und $n \in \mathbb{N}$

$$P^{X_s \mid N_t = n} = B(n, \tfrac{s}{t}).$$

7.4. Seien wieder $X = (X_t)_{t \geq 0}$ ein Poisson-Prozess mit Rate $\tau > 0$ und $T \sim$
$\text{Exp}(\beta)$ eine von X unabhängige Zufallsvariable. Zeigen Sie

$$P(N_T = n) = \frac{\beta \tau^n}{(\beta + \tau)^{n+1}}.$$

7.5. Zeigen Sie die Existenz von Poisson-Prozessen (also Prozessen mit den in Satz
7.2 beschriebenen Verteilungseigenschaften) mit Hilfe des Existenzsatzes 7.3.

7.6. Für einen $\mathbb{N}_0$-wertigen Prozess $N = (N_t)_{t \geq 0}$ und eine unabhängige Folge identisch verteilter Zufallsvariablen Y_n, so dass $\sigma(N)$ und $\sigma(Y_n : n \in \mathbb{N})$ unabhängig
sind, sei $X_t \equiv \sum_{n=1}^{N_t} Y_n$. Zeigen Sie $E(X_t) = E(N_t) E(Y_1)$, falls $Y_1 \in \mathcal{L}_1$ und

$$\text{Var}(X_t) = E(N_t) \text{Var}(Y_1) + E(Y_1^2) \text{Var}(N_t), \text{ falls } N_t, Y_1 \in \mathcal{L}_2.$$

7.7. Ein stetiger zentrierter Gauß-Prozess $X = (X_t)_{t \in [0,1]}$ mit der Kovarianzfunktion $k_X(s, t) \equiv s(1 - t)$ heißt **Brownsche Brücke**. Zeigen Sie die Existenz Brownscher Brücken einerseits mit dem Existenzsatz 7.4 und andererseits mit Hilfe einer
Brownschen Bewegung B und $X_t \equiv B_t - t B_1$.

7.8. Seien $(X_n)_{n \in \mathbb{N}}$ eine unabhängige Folge von Zufallsvariablen mit $P(X_n = \pm 1)$
$= \frac{1}{2}$, $S_n \equiv \sum_{j=1}^{n} X_j$ und $\tau \equiv \min\{n \in \mathbb{N} : S_n > S_{n+1}\}$. *Beweisen* Sie, dass τ keine
$\mathcal{F}(X)$- Stoppzeit ist, bestimmen Sie die Verteilung von τ und zeigen Sie $E(S_\tau) = 1$.

7.9. Seien $\mathcal{F} = (\mathcal{F}_t)_{t \geq 0}$ eine Filtration und τ_n $\mathcal{F}$-Stoppzeiten. Zeigen Sie, dass $\tau_1 + \tau_2$ und $\sup \tau_n$ Stoppzeiten sind und dass $\inf \tau_n$ eine schwache Stoppzeit ist. Zeigen Sie an einem Beispiel, dass $\inf \tau_n$ keine echte Stoppzeit zu sein braucht.

7.10. Ein Prozess $(X_t)_{t \in T}$ in $\mathbb{R}^n$ heißt Gauß-Prozess, falls für alle endlichen $E \subseteq T$ die Zufallsgröße $(X_t)_{t \in E}$ multivariat normalverteilt ist. Zeigen Sie Satz 7.5 für $\mathbb{R}^n$-wertige Prozesse.

7.11. Beweisen Sie, dass linksstetige adaptierte Prozesse progressiv messbar sind.

7.12. Seien $X = (X_t)_{t \geq 0}$ ein stetiger Lévy-Prozess, $\tau_0 \equiv 0$ und

$$\tau_{n+1} \equiv \inf\{t > 0 : \|X_{\tau_n + t} - X_{\tau_n}\| = 1\}.$$

Zeigen Sie, dass die Folge $(\tau_n)_{n \in \mathbb{N}}$ unabhängig ist mit $\tau_n \overset{d}{=} \tau_1$ und dass

$$P(\|X_t\| \geq n) \leq P(\tau_1 + \cdots + \tau_n \leq t) \leq e^t \left(E(e^{-\tau_1})\right)^n.$$

Folgern Sie daraus $E(\|X_t\|^m) < \infty$ für alle $t \geq 0$ und $m \in \mathbb{N}$.

7.13. Seien $(X_t)_{t \geq 0}$ ein stetiger $\mathcal{F}$-adaptierter Prozess mit Werten in einem separablen metrischen Raum $(\mathcal{X}, d)$ und $A \subseteq [0, \infty) \times \mathcal{X}$ bezüglich der Produktmetrik $D((s, x), (t, y)) \equiv \max\{|s - t|, d(x, y)\}$ abgeschlossen. Zeigen Sie, dass die **Debützeit** $\tau \equiv \inf\{t \geq 0 : (t, X_t) \in A\}$ eine Stoppzeit ist. Zeigen Sie dazu, dass durch $Y_t \equiv f(t, X_t)$ mit der Abstandsfunktion $f(t, x) \equiv \text{dist}((t, x), A)$ ein stetiger adaptierter Prozess mit $\tau = \inf\{t \geq 0 : Y_t = 0\}$ definiert ist.

7.14. Seien $(\Omega, \mathcal{A}) = ([0, \infty), \mathbb{B} \cap [0, \infty))$ und $X = (X_t)_{t \geq 0}$ der durch $X_t \equiv I_{\{t\}}$ definierte Prozess. Zeigen Sie

$$\mathcal{F}(X)_t = \{A \in \mathcal{A} : A \text{ oder } A^c \text{ ist abzählbare Teilmenge von } [0, t]\}$$

und, dass X nicht bezüglich $\mathcal{F}(X)$ progressiv messbar ist.
Zeigen Sie dazu, dass das System aller Ereignisse $M \in \mathcal{F}(X)_t \otimes \mathbb{B} \cap [0, t]$, für die es $B \in \mathbb{B} \cap [0, t]$ gibt mit $\{(s \in [0, t] : (\omega, s) \in M\} = B$ für alle bis auf abzählbar viele $\omega \in \Omega$, eine σ-Algebra ist, die einen Erzeuger von $\mathcal{F}(X)_t \otimes \mathbb{B} \cap [0, t]$ enthält. Damit folgt dann $\{(\omega, s) \in \Omega \times [0, t] : X_s(\omega) = 1\} \notin \mathcal{F}(X)_t \otimes \mathbb{B} \cap [0, t]$.

Kapitel 8

Martingale

Wir untersuchen jetzt eine Bedingung für stochastische Prozesse, die einerseits die Unabhängigkeit der Zuwächse verallgemeinert und andererseits sehr guten Stabilitäts- und Transformationseigenschaften genügt.

Solange nichts anderes erwähnt wird, betrachten wir stets einen Wahrscheinlichkeitsraum $(\Omega, \mathcal{A}, P)$, einen Zeitbereich $T \subseteq \overline{\mathbb{R}}$ und eine T-Filtration $\mathcal{F}$ in $\mathcal{A}$.

Ein $\mathcal{F}$-adaptierter $\mathcal{L}_1$-Prozess $X = (X_t)_{t \in T}$ heißt $\mathcal{F}$-**Martingal**, falls für alle $s \leq t$ die Bedingung $E(X_t \mid \mathcal{F}_s) = X_s$ gilt.

Fasst man X_s als Kontostand eines Teilnehmers an einem Glücksspiel auf, kann man die Martingaleigenschaft so interpretieren, dass das Spiel fair ist: Der aufgrund der aktuellen Information zu erwartende zukünftige Kontostand stimmt mit dem gegenwärtigen überein. Aus diesem Zusammenhang stammt auch der Begriff Martingal, mit dem eine spezielle Spielstrategie bezeichnet wurde.

X heißt $\mathcal{F}$-**Submartingal**, falls $E(X_t \mid \mathcal{F}_s) \geq X_s$ für alle $s \leq t$, und dann heißt $-X$ ein $\mathcal{F}$-**Supermartingal** (als Gedächtnisstütze merke man sich, dass Supermartingale „super" für die Spielbank sind). Sind X ein $\mathcal{F}$-Submartingal und $\mathcal{G}$ eine weitere Filtration mit $\mathcal{G}_t \subseteq \mathcal{F}_t$ für alle $t \in T$, so folgt mit der Glättungseigenschaft

$$E(E(X_t \mid \mathcal{G}_t) \mid \mathcal{G}_s) = E(X_t \mid \mathcal{G}_s) = E(E(X_t \mid \mathcal{F}_s) \mid \mathcal{G}_s) \geq E(X_s \mid \mathcal{G}_s),$$

also ist $(E(X_t \mid \mathcal{G}_t))_{t \in T}$ ein $\mathcal{G}$-Submartingal, und die entsprechende Aussage gilt für Martingale. Insbesondere ist jedes $\mathcal{F}$-Martingal X ein $\mathcal{F}(X)$-Martingal, und wir lassen den Zusatz $\mathcal{F}(X)$ dann auch oft weg.

Für $\mathcal{G}_t \equiv \{\varnothing, \Omega\}$ erhalten wir, dass die Erwartungswertfunktion $t \mapsto E(X_t)$ eines Martingals oder Submartingals konstant beziehungsweise monoton wachsend ist. Außerdem ist ein Submartingal mit konstanter Erwartungswertfunktion schon ein Martingal: Für $s \leq t$ ist dann nämlich $E(X_t \mid \mathcal{F}_s) - X_s$ positiv mit Erwartungswert 0, also fast sicher gleich 0.

Ist X ein $\mathcal{L}_1$-Prozess mit $\mathcal{F}$-unabhängigen Zuwächsen, so kann man die bedingten Erwartungen in der Definition von Martingalen leicht ausrechnen. Für $s \leq t$ ist nämlich wegen der $\mathcal{F}_s$-Messbarkeit von X_s und der Unabhängigkeit

$$E(X_t \mid \mathcal{F}_s) = X_s + E(X_t - X_s \mid \mathcal{F}_s) = X_s + E(X_t - X_s),$$

also ist $(X_t - E(X_t))_{t \in T}$ ein $\mathcal{F}$-Martingal.

Andererseits hat ein $\mathcal{L}_2$-Martingal stets **unkorrelierte Zuwächse**, das heißt, für alle $r \leq s \leq t \leq u$ sind $X_u - X_t$ und $X_s - X_r$ unkorreliert. Dies folgt mit der

Glättungseigenschaft und Pull-out aus

$$E((X_s - X_r)(X_u - X_t)) = E((X_s - X_r)E(X_u - X_t \mid \mathcal{F}_t)) = 0.$$

Als erste Beispiele für Martingale erhalten wir jetzt $\mathcal{F}$-Brownsche Bewegungen und **kompensierte Poisson-Prozesse** $(X_t - \tau t)_{t \geq 0}$, wobei X ein Poisson-Prozess mit Rate τ ist.

Für eine $\mathcal{F}$-Brownsche Bewegung B und $s \leq t$ gilt wegen Pull-outs und der Unabhängigkeit von $B_t - B_s$ und $\mathcal{F}_s$

$$\begin{aligned} E(B_t^2 - B_s^2 \mid \mathcal{F}_s) &= E((B_t - B_s)^2 + 2B_s(B_t - B_s) \mid \mathcal{F}_s) \\ &= E((B_t - B_s)^2) + 2B_s E(B_t - B_s) = t - s, \end{aligned}$$

das heißt, $(B_t^2 - t)_{t \geq 0}$ ist ein $\mathcal{F}$-Martingal. Weil $B_t^2 - t$ nicht normalverteilt ist, zeigt Satz 7.5, dass dieses $\mathcal{F}$-Martingal nicht unabhängige Zuwächse hat.

Als weiteres Beispiel zeigen wir, dass $\exp(B_t - t/2))_{t \geq 0}$ ein $\mathcal{F}$-Martingal ist: Für $s \leq t$ folgt wie eben

$$E(\exp(B_t) \mid \mathcal{F}_s) = \exp(B_s)E(\exp(B_t - B_s) \mid \mathcal{F}_s) = \exp(B_s)E(\exp(B_t - B_s)),$$

und mit $B_t - B_s \sim N(0, t-s)$ und quadratischer Ergänzung erhalten wir

$$\begin{aligned} E(\exp(B_t - B_s)) &= \frac{1}{\sqrt{2\pi(t-s)}} \int e^x \exp\left(-\frac{x^2}{2(t-s)}\right) d\lambda(x) \\ &= \frac{1}{\sqrt{2\pi(t-s)}} \int \exp\left(-\frac{(x-(t-s))^2}{2(t-s)} + \frac{t-s}{2}\right) d\lambda(x) = \exp(t/2 - s/2). \end{aligned}$$

Der Itô-Kalkül, den wir im 9. Kapitel kennen lernen werden, beschreibt in viel größerer Allgemeinheit das Transformationsverhalten stetiger Martingale und wird die letzten beiden Beispiele als Spezialfälle enthalten.

Wir betrachten jetzt noch einige zeitdiskrete Beispiele. Für $T = \mathbb{N}$ oder $T = \mathbb{Z}$ ist $(X_n)_{n \in T}$ genau dann ein $\mathcal{F}$-Martingal, wenn die Martingalbedingung für aufeinanderfolgende Zeitpunkte gilt, also $E(X_{n+1} \mid \mathcal{F}_n) = X_n$ für alle $n \in T$, dies folgt wieder aus der Glättungseigenschaft. Insbesondere ist also ein adaptierter Prozess der Form $X_n = \sum_{j=1}^n Y_j$ genau dann ein $\mathcal{F}$-Martingal, wenn $E(Y_{n+1} \mid \mathcal{F}_n) = 0$ für alle $n \in \mathbb{N}$ gilt. Wegen $Y_{n+1} = X_{n+1} - X_n$ heißt die Folge $(Y_n)_{n \in \mathbb{N}}$ dann auch **Martingaldifferenzenfolge**.

Beschreibt X die Kontostände des Teilnehmers an einem fairen Spiel, so sind die Martingaldifferenzen Y_n also die Auszahlungen in der n-ten Runde. Bei vielen Spielen kann der Spieler *vor* jeder Runde einen (beschränkten) Einsatz H_n festlegen, so dass er in der n-ten Runde um $H_n Y_n$ spielt. Dieses modifizierte Spiel ist dann wiederum fair: Sind nämlich H_n beschränkt und bezüglich $\mathcal{F}_{n-1}$ messbar, so folgt mit

Pull-out $E(H_n Y_n \mid \mathcal{F}_{n-1}) = H_n E(Y_n \mid \mathcal{F}_{n-1}) = 0$, also ist der manchmal als **h-Transformierte** bezeichnete Prozess $\sum_{j=1}^{n} H_j Y_j$ wieder ein $\mathcal{F}$-Martingal.

Für eine unabhängige Folge $(Y_n)_{n\in\mathbb{N}}$ mit $E(Y_n) = 0$ ist wie eben gesehen durch $S_n \equiv \sum_{j=1}^{n} Y_j$ ein Martingal definiert. Falls außerdem $Y_n \stackrel{d}{=} Y_1$ für alle $n \in \mathbb{N}$, haben wir vor Satz 6.12 $E(Y_1 \mid \sigma(S_j : j \geq n)) = \frac{1}{n} \sum_{j=1}^{n} Y_j$ gezeigt. Die Folge der σ-Algebra $\mathcal{G}_n \equiv \sigma(S_j : j \geq n)$ ist monoton *fallend*, also *keine* Filtration. Um den Prozess S_n/n als Martingal darzustellen, betrachten wir $T \equiv -\mathbb{N}$ und setzen $\mathcal{F}_t \equiv \mathcal{G}_{-t}$ und $X_t \equiv S_{-t}/-t$. Dann ist X ein $\mathcal{F}$-Martingal mit Zeitbereich $T = -\mathbb{N}$. In der Literatur werden Martingale mit diesem Zeitbereich manchmal auch **Rückwärtsmartingale** genannt.

Als vorerst letztes Beispiel betrachten wir wieder eine unabhängige Folge $(Y_n)_{n\in\mathbb{N}}$ von Zufallsgrößen mit $E(Y_n) = 1$ und $X_n \equiv \prod_{j=1}^{n} Y_j$. Wieder mit Pull-out und der Unabhängigkeit folgt dann für $\mathcal{F} \equiv \mathcal{F}(Y)$

$$E(X_{n+1} \mid \mathcal{F}_n) = X_n E(Y_{n+1} \mid \mathcal{F}_n) = X_n.$$

Wir interessieren uns hauptsächlich für Martingale, Submartingale treten dabei aber oft als Transformationen auf. Wegen des folgenden Satzes – einer Konsequenz der bedingten Jensen-Ungleichung – sind zum Beispiel für ein Martingal X durch $|X_t|$ oder den Positivteil X_t^+ Submartingale definiert:

Satz 8.1 (Konvexe Funktionen)
Für $\mathcal{F}$-Martingale $X^1, \ldots, X^n$ und eine konvexe Funktion $\varphi : \mathbb{R}^n \to \mathbb{R}$ mit $Y_t \equiv \varphi(X_t^1, \ldots, X_t^n) \in \mathcal{L}_1$ für alle $t \in T$ ist $Y \equiv (Y_t)_{t\in T}$ ein $\mathcal{F}$-Submartingal.

Ist X ein $\mathcal{F}$-Submartingal und $\varphi : \mathbb{R} \to \mathbb{R}$ konvex und monoton wachsend mit $Y_t \equiv \varphi(X_t) \in \mathcal{L}_1$ für alle $t \in T$, so ist $Y \equiv (Y_t)_{t\in T}$ wiederum ein $\mathcal{F}$-Submartingal.

Beweis. Für $s \leq t$ folgt aus der bedingten Jensen-Ungleichung 6.10.7

$$E(\varphi(X_t^1, \ldots, X_t^n) \mid \mathcal{F}_s) \geq \varphi(E(X_t^1 \mid \mathcal{F}_s), \ldots, E(X_t^n \mid \mathcal{F}_s)) = \varphi(X_s^1, \ldots, X_s^n).$$

Genauso folgt auch die zweite Aussage aus der Jensen-Ungleichung.   □

Wir haben schon im vorherigen Kapitel gesehen, dass es oft nützlich ist, Prozesse in Zufallszeitpunkten zu beobachten. Wir zeigen jetzt (insbesondere um Messbarkeitsprobleme zu vermeiden, zunächst im Fall abzählbarer Zeit), wann die Martingaleigenschaft erhalten bleibt:

Satz 8.2 (Optional-Sampling in abzählbarer Zeit)
Seien σ und τ zwei $\mathcal{F}$-Stoppzeiten mit abzählbar vielen Werten und $\tau \leq u$ für ein $u \in T$. Für jedes $\mathcal{F}$-Martingal ist dann $X_\tau \in \mathcal{L}_1$ und es gilt $E(X_\tau \mid \mathcal{F}_\sigma) = X_{\tau\wedge\sigma}$.

Nimmt τ bloß endlich viele Werte in T an, so gilt für jedes $\mathcal{F}$-Submartingal ebenfalls $X_\tau \in \mathcal{L}_1$ und $E(X_\tau \mid \mathcal{F}_\sigma) \geq X_{\tau\wedge\sigma}$.

Beweis. Wegen $\mathcal{F}_\tau \cap \{\tau = t\} = \mathcal{F}_t \cap \{\tau = t\}$ folgt aus der Lokalisierungseigenschaft $E(X_u \mid \mathcal{F}_\tau) = \sum_{t \in \tau(\Omega)} I_{\{\tau=t\}} E(X_u \mid \mathcal{F}_t) = X_\tau$, was insbesondere $X_\tau \in \mathcal{L}_1$ impliziert. Satz 7.11.4 liefert nun

$$E(X_\tau \mid \mathcal{F}_\sigma) = E(E(X_u \mid \mathcal{F}_\tau) \mid \mathcal{F}_\sigma) = E(X_u \mid \mathcal{F}_{\tau \wedge \sigma}) = X_{\tau \wedge \sigma}$$

durch Anwenden des schon Gezeigten auf $\tilde{\tau} = \tau \wedge \sigma$.

Seien nun $\tau(\Omega) = \{t_0 < \cdots < t_n\}$ und X ein $\mathcal{F}$-Submartingal. Wegen $|X_\tau| \le \max_{0 \le j \le n} |X_{t_j}|$ gilt $X_\tau \in \mathcal{L}_1$, und wegen $E(X_\tau \mid \mathcal{F}_\sigma) = \sum_{s \in \sigma(\Omega)} I_{\{\sigma=s\}} E(X_\tau \mid \mathcal{F}_s)$ können wir σ als konstant, also $\sigma = s \le t_0$ annehmen. Entscheidend ist nun, dass nicht bloß $\{\tau = t_n\} \in \mathcal{F}_{t_n}$ gilt, sondern sogar $\{\tau = t_n\} = \{\tau > t_{n-1}\} \in \mathcal{F}_{t_{n-1}}$. Mit Pull-out folgt daher

$$\begin{aligned} E(X_\tau \mid \mathcal{F}_{t_{n-1}}) &= E(X_\tau I_{\{\tau \le t_{n-1}\}} \mid \mathcal{F}_{t_{n-1}}) + I_{\{\tau > t_{n-1}\}} E(X_{t_n} \mid \mathcal{F}_{t_{n-1}}) \\ &\ge X_\tau I_{\{\tau \le t_{n-1}\}} + X_{t_{n-1}} I_{\{\tau > t_{n-1}\}} = X_{\tau \wedge t_{n-1}}. \end{aligned}$$

Damit erhalten wir induktiv $E(X_\tau \mid \mathcal{F}_{t_0}) \ge X_{t_0}$, und mit der Glättungseigenschaft folgt

$$E(X_\tau \mid \mathcal{F}_\sigma) = E(E(X_\tau \mid \mathcal{F}_{t_0}) \mid \mathcal{F}_\sigma) \ge E(X_{t_0} \mid \mathcal{F}_\sigma) \ge X_\sigma. \qquad \square$$

Das Argument im Beweis für Submartingale, dass nämlich das Eintreten des spätesten Wertes einer Stoppzeit mit endlich vielen Werten schon früher vorhersehbar ist, erinnert an ein klassisches logisches Paradoxon, das sogenannte „unexpected hanging": Einem Verurteilten wird gesagt, dass er in der kommenden Woche gerichtet wird und der genaue Tag werde eine Überraschung. Not macht erfinderisch, und so ersinnt der Delinquent folgendes Argument, das er seinem Wärter mitteilt: „Wenn ich Freitag noch lebe, kann ich schließen, dass ich am Samstag (dem letzten Tag der Woche) gehängt werde. Weil das dann keine Überraschung wäre, kommt der Samstag nicht in Frage. Wenn ich nun Donnerstag überlebe, könnte ich Freitag schließen, da Samstag schon ausgeschlossen ist – also wieder keine Überraschung. Noch fünf solche Schlüsse, und ihr könnt mich gar nicht hängen".

Man könnte nun – wie der Wärter – mit den Achseln zucken, wäre der Verurteilte nicht vollkommen überrascht, als er am Dienstag abgeholt wird.

Die Lösung des Paradoxons ist – in unserer Sprache –, dass nicht eine Filtration gegeben ist, die die gegebene Information beschreibt und bezüglich der der fragliche Zeitpunkt τ eine Stoppzeit ist. Im Argument sind Informationen und τ miteinander verquickt, und es sieht bloß so aus, als sei die Ankündigung des unerwarteten Hängens eine logisch korrekt formulierte Aussage.

Ohne die Voraussetzung, dass τ beschränkt ist, wird Satz 8.2 falsch: Für eine unabhängige Folge $(Y_n)_{n \in \mathbb{N}}$ mit $Y_n \stackrel{d}{=} Y_1 \in \mathcal{L}_2$, $E(Y_n) = 0$ und $P(Y_n = 0) < 1$ hatten wir als Anwendung des zentralen Grenzwertsatzes 5.9 gezeigt, dass für das $\mathcal{F}(Y)$-Martingal $X_0 \equiv 0$, $X_n \equiv \sum_{j=1}^n Y_j$ fast sicher $\inf_{n \in \mathbb{N}} X_n = -\infty$ gilt. Für $a < 0$ ist deshalb $\tau \equiv \inf\{n \in \mathbb{N} : X_n \leq a\}$ eine fast sicher endliche Stoppzeit, und wegen $X_\tau \leq a$ ist dann $E(X_\tau \mid \mathcal{F}_0) \leq a$.

Der Optional-Sampling-Satz ist auch dann falsch, wenn τ zwar beschränkt aber keine Stoppzeit ist. Für Y_n und X_n wie eben ist $\tau \equiv I_{\{Y_1 < 0\}}$ eine beschränkte Zufallszeit mit $E(X_\tau \mid \mathcal{F}_0) = E(Y_1 I_{\{Y_1 < 0\}}) < 0$.

Wegen der Glättungseigenschaft folgt aus dem Optional-Sampling-Satz $E(X_\tau) = E(X_\sigma)$ für jedes Martingal X und beschränkte Stoppzeiten σ und τ mit abzählbar vielen Werten. Wir zeigen jetzt, dass diese Bedingung auch hinreichend für die Martingaleigenschaft ist. Diese Tatsache ermöglicht häufig sehr kurze Beweise, dass ein Prozess ein Martingal ist. Sie ist aber auch insofern interessant, als sie eine Charakterisierung von Martingalen ohne den Begriff der bedingten Erwartung erlaubt.

Dabei bezeichnen wir Stoppzeiten mit höchstens zwei Werten in T als **zweiwertig**.

Satz 8.3 (Martingaltest)
Ein $\mathcal{F}$-adaptierter $\mathcal{L}_1$-Prozess $(X_t)_{t \in T}$ ist genau dann ein $\mathcal{F}$-Martingal, wenn für alle zweiwertigen reellen $\mathcal{F}$-Stoppzeiten σ und τ die Beziehung $E(X_\tau) = E(X_\sigma)$ gilt.

Beweis. Die Notwendigkeit folgt wie gesagt aus Satz 8.2. Seien andererseits $s \leq t$ und $A \in \mathcal{F}_s$. Dann ist $\tau \equiv s I_A + t I_{A^c}$ eine Stoppzeit, weil $\{\tau \leq r\}$ entweder leer (für $r < s$) oder A (für $s \leq r < t$) oder Ω (für $r \geq t$) also in jedem Fall Element von $\mathcal{F}_r$ ist. Aus der Bedingung im Satz folgt

$$0 = E(X_t - X_\tau) = E(X_t I_A - X_s I_A) = \int_A X_t \, dP - \int_A X_s \, dP.$$

Also erfüllt X_s die Radon–Nikodym-Gleichungen für X_t, was $X_s = E(X_t \mid \mathcal{F}_s)$ zeigt. $\qquad\square$

Mit Hilfe des Optional-Sampling-Satzes zeigen wir jetzt ein zentrales Ergebnis über den Zusammenhang zwischen dem laufenden Maximum eines Martingals und dem Martingal selbst:

Satz 8.4 (Maximal-Ungleichungen, Doob)
Seien X ein Submartingal mit abzählbarem Zeitbereich T und $X_t^* = \sup_{s \leq t} X_s$.

1. Für $r \geq 0$ und $t \in T$ gilt dann $r P(X_t^* > r) \leq \int_{\{X_t^* > r\}} X_t \, dP$.

2. Ist X entweder positiv oder ein Martingal, so gilt für $1 < p < \infty$

$$\left\| \sup_{s \leq t} |X_s| \right\|_p \leq \frac{p}{p-1} \|X_t\|_p.$$

Die Voraussetzung, dass der Zeitbereich T abzählbar ist, benötigen wir schon für die Messbarkeit von X^*. Ist allerdings $T = [0, \infty)$ und X *rechtsstetig*, so stimmt das Supremum über alle $s \leq t$ mit dem über alle $s \in \mathbb{Q} \cap [0, t] \cup \{t\}$ überein, so dass dann die Maximal-Ungleichungen auch im „zeitstetigen Fall" gelten.

Beweis. 1. Wir beweisen die Aussage zunächst für endliches $T = \{t_0 < \cdots < t_n = t\}$, wobei wir aus Notationsgründen $t < \infty$ annehmen. Dann ist $\tau \equiv \min\{s \in T : X_s > r\}$ mit $\min \emptyset = \infty$ eine Stoppzeit mit $\{X_t^* > r\} = \{\tau \leq t_n\}$. Mit Optional-Sampling und Pull-out folgt

$$rI_{\{X_t^* > r\}} \leq X_\tau I_{\{\tau \leq t_n\}} = X_{\tau \wedge t_n} I_{\{\tau \leq t_n\}} \leq E(X_t \mid \mathcal{F}_{\tau \wedge t_n})I_{\{\tau \leq t_n\}}$$
$$= E(I_{\{X_t^* > r\}} X_t \mid \mathcal{F}_{\tau \wedge t_n}).$$

Durch Bilden des Erwartungswerts folgt mit der Glättungseigenschaft die erste Ungleichung.

Ist nun $T = \{t_k : k \in \mathbb{N}_0\}$ beliebig, so wenden wir das bisher Gezeigte auf $T_n \equiv \{t_0, \ldots, t_n\} \cap [0, t]$ an. Wegen $\{X_t^* > r\} = \bigcup_{n \in \mathbb{N}} \{\sup_{s \in T_n} X_s > r\}$ folgt der allgemeine Fall durch Grenzübergang, wobei auf der linken Seite der Ungleichung die Stetigkeit von P und auf der rechten der Satz von Lebesgue benutzt wird.

2. Weil wegen Satz 8.1 durch $|X_s|$ in jedem Fall ein positives Submartingal definiert ist, können wir X als positiv annehmen. Mit zweifacher Anwendung des Satzes von Fubini und der Hölder-Ungleichung (für $q \equiv \frac{p}{p-1}$) erhalten wir für $Z \equiv X_t^*$ aus der ersten Maximal-Ungleichung

$$\|Z\|_p^p = \int Z^p \, dP = \int_\Omega \int_{[0,Z)} pr^{p-1} \, d\lambda(r) \, dP = \int_{[0,\infty)} pr^{p-1} P(Z > r) \, d\lambda(r)$$
$$\leq \int_{[0,\infty)} pr^{p-2} \int_{\{Z > r\}} X_t \, dP \, d\lambda(r) = \int X_t \int_{[0,Z)} pr^{p-2} \, d\lambda(r) \, dP$$
$$= \int X_t \frac{p}{p-1} Z^{p-1} \, dP \leq \frac{p}{p-1} \|X_t\|_p \|Z^{p-1}\|_q = \frac{p}{p-1} \|X_t\|_p \|Z\|_p^{p-1}.$$

Für endliches T steht $\|Z\|_p < \infty$ außer Frage, und die Ungleichung folgt durch Division. Der allgemeine Fall ergibt sich dann mit monotoner Konvergenz. $\square$

Um die Konvergenz von Martingalen zu untersuchen, definieren wir für eine Funktion $f : T \to \overline{\mathbb{R}}$ und $a < b$ die Anzahl der aufsteigenden Überquerungen oder **Upcrossings** von $[a, b]$ bis zur Zeit t durch

$$U_a^b(f, t) \equiv \sup\{n \in \mathbb{N}_0 : \exists s_1 < t_1 < \cdots < s_n < t_n \leq t, \ f(s_j) \leq a \text{ und } f(t_j) \geq b\}.$$

Mit diesem sehr anschaulichen Begriff kann man die „Regularität" von f auf $T \cap (-\infty, t]$ beschreiben: $U_a^b(f, t) < \infty$ für alle $a < b$ impliziert, dass in jedem Punkt $s \leq t$ die links- und rechtsseitigen Grenzwerte $\lim_{r \uparrow s} f(r)$ und $\lim_{r \downarrow s} f(r)$ existieren: Falls nämlich einer der Grenzwerte in einem Punkt nicht existiert, gibt es eine streng monotone Folge $r_n \leq t$ und $a < b$ mit $\liminf_{n \to \infty} f(r_n) < a < b < \limsup_{n \to \infty} f(r_n)$, was $U_a^b(f, t) = \infty$ impliziert.

Für einen Prozess X definieren wir $U_a^b(X, t)$ pfadweise, das heißt, $U_a^b(X, t)(\omega)$ ist die Anzahl der aufsteigenden Überquerungen der Funktion $s \mapsto X_s(\omega)$.

Satz 8.5 (Upcrossing-Ungleichung)
Für jedes Submartingal X mit abzählbarem Zeitbereich T, $a < b$ und $t \in T$ gilt

$$E(U_a^b(X, t)) \leq \frac{E((X_t - a)^+)}{b - a}.$$

Beweis. Für endliche Mengen T_n mit $t \in T_n \subseteq T_{n+1}$ und $\bigcup_{n\in\mathbb{N}} T_n = T$ konvergiert $U_a^b(X|_{T_n}, t)$ monoton gegen $U_a^b(X, t)$ (dabei bezeichnet $X|_{T_n}$ den T_n-Prozess $(X_s)_{s\in T_n}$). Dies impliziert die Messbarkeit von $U_a^b(X, t)$, und wegen Levis Satz reicht es, die Ungleichung für endliches T zu beweisen. Aus Bezeichnungsgründen nehmen wir außerdem $t < \infty$ an. Wegen Satz 8.1 ist $X \vee a$ ebenfalls ein Submartingal mit $U_a^b(X, t) = U_a^b(X \vee a, t)$ und $E((X_t - a)^+) = E((X_t \vee a - a)^+)$, so dass wir außerdem $X \geq a$ annehmen können.

Wir definieren nun $\tau_0 \equiv -\infty$ und Stoppzeiten

$$\sigma_j \equiv \min\{s \geq \tau_{j-1} : X_s \leq a\} \quad \text{und} \quad \tau_j \equiv \min\{s \geq \sigma_j : X_s \geq b\}$$

mit $\min \varnothing \equiv \infty$. Wegen $\{\sigma_j \leq s\} = \bigcup_{q \leq r \leq s}\{\tau_{j-1} = q, X_r \leq a\}$ sind σ_j und aus gleichem Grund τ_j tatsächlich Stoppzeiten.

Nun gilt $N \equiv U_a^b(X, t) = \max\{n \in \mathbb{N}_0 : \tau_n < \infty\}$. Wegen $X_{\tau_j} - X_{\sigma_j} \geq b - a$ für $j \leq N$, $X_{t \wedge \tau_{N+1}} - X_{t \wedge \sigma_{N+1}} \geq 0$ und $X_{t \wedge \tau_j} - X_{t \wedge \sigma_j} = 0$ für $j > N + 1$ folgt

$$(b - a)U_a^b(X, t) \leq \sum_{j=1}^{N} X_{\tau_j} - X_{\sigma_j} \leq \sum_{j=1}^{\infty} X_{t \wedge \tau_j} - X_{t \wedge \sigma_j}.$$

Mit monotoner Konvergenz folgt dann

$$(b - a)E(U_a^b(X, t)) \leq \sum_{j=1}^{\infty} E(X_{t \wedge \tau_j}) - E(X_{t \wedge \sigma_j}).$$

Wegen des Optional-Sampling-Satzes ist $a \leq x_j \equiv E(X_{t \wedge \sigma_j}) \leq E(X_{t \wedge \tau_j}) \equiv y_j \leq x_{j+1} \leq E(X_t)$, und wir erhalten

$$\sum_{j=1}^{\infty} y_j - x_j = \sum_{j=1}^{\infty} \lambda((x_j, y_j]) = \lambda\left(\bigcup_{j\in\mathbb{N}}(x_j, y_j]\right) \leq E(X_t) - a = E((X_t - a)^+). \quad \square$$

Wegen $X_t \in \mathcal{L}_1$ ist der Erwartungswert $E((X_t - a)^+)$ stets endlich, so dass insbesondere $U_a^b(X, t)$ fast sicher reellwertig ist. Das heißt also, dass „große Variationen" bei Submartingalen höchstens endlich oft vorkommen. Im Kontrast dazu werden wir in Satz 8.13 zeigen, dass stetige Martingale „im Kleinen" sehr stark variieren müssen.

Satz 8.6 (Martingalkonvergenzsatz, Doob)
Sei X ein Submartingal mit abzählbarem Zeitbereich und $\sup_{t\in T} E(X_t^+) < \infty$. Dann gilt fast sicher, dass $(X_{t_m})_{m\in\mathbb{N}}$ für jede monotone Folge t_m in $\overline{\mathbb{R}}$ konvergiert.

Die Voraussetzung abzählbarer Zeit benötigen wir, um *ein* fast sicheres Ereignis A zu finden, so dass $X_{t_m}(\omega)$ für *jedes* $\omega \in A$ und *jede* monotone Folge konvergiert. Für beliebiges T und eine monotone Folge kann man Satz 8.6 auf das Submartingal $(X_{t_m})_{m \in \mathbb{N}}$ anwenden und erhält dann die fast sichere Konvergenz. Dann hängt allerdings das fast sichere Ereignis von der Folge t_m ab.

Der Konvergenzsatz gibt zunächst keine Auskunft über die Grenzwerte. Für zwei *streng* monoton wachsende (oder fallende) Folgen $(s_m)_{m \in \mathbb{N}}$ und $(t_m)_{m \in \mathbb{N}}$ mit gleichem Grenzwert gilt aber $\lim_{m \to \infty} X_{s_m} = \lim_{m \to \infty} X_{t_m}$ fast sicher: Es gibt nämlich eine monotone Folge $(r_m)_{m \in \mathbb{N}}$ die sowohl mit $(s_m)_{m \in \mathbb{N}}$ als auch mit $(t_m)_{m \in \mathbb{N}}$ eine gemeinsame Teilfolge hat, und daher stimmen die Grenzwerte von X_{s_m} und X_{t_m} mit dem von X_{r_m} überein.

Beweis. Mit monotoner Konvergenz liefert Satz 8.5 für alle $a < b$

$$E\left(\sup_{t \in T} U_a^b(X,t)\right) \leq \sup_{t \in T} E((X_t - a)^+)/(b-a) \leq \sup_{t \in T} \frac{E(X_t^+) + |a|}{b-a} < \infty,$$

also gilt $\sup_{t \in T} U_a^b(X,t) < \infty$ fast sicher. Ist A der Durchschnitt über diese fast sicheren Ereignisse mit $a, b \in \mathbb{Q}$, so gilt $P(A) = 1$, und für jede monotone Folge $(t_m)_{m \in \mathbb{N}}$ und jedes $\omega \in A$ ist $\liminf_{m \to \infty} X_{t_m}(\omega) = \limsup_{m \to \infty} X_{t_m}(\omega)$. □

Der Martingalkonvergenzsatz liefert uns nun die nach Satz 6.10 schon versprochene Stetigkeit bedingter Erwartungen bezüglich der bedingenden σ-Algebra:

Satz 8.7 (Stetigkeit bedingter Erwartungen)
Seien $(\mathcal{G}_n)_{n \in \mathbb{N}}$ eine monotone Folge von σ-Algebren und $X \in \mathcal{L}_p(\Omega, \mathcal{A}, P)$ mit $1 \leq p < \infty$. Dann gilt $E(X \mid \mathcal{G}_n) \to E(X \mid \mathcal{G}_\infty)$ fast sicher und in $\mathcal{L}_p$ mit $\mathcal{G}_\infty \equiv \bigvee_{n \in \mathbb{N}} \mathcal{G}_n$, falls die Folge $(\mathcal{G}_n)_{n \in \mathbb{N}}$ monoton wächst, und $\mathcal{G}_\infty = \bigwedge_{n \in \mathbb{N}} \mathcal{G}_n$, falls sie monoton fällt.

Beweis. Falls $\mathcal{G}_n$ monoton wächst, ist durch $X_n \equiv E(X \mid \mathcal{G}_n)$ ein Martingal bezüglich der Filtration $(\mathcal{G}_n)_{n \in \mathbb{N}}$ definiert mit $|X_n|^p \leq E(|X|^p \mid \mathcal{G}_n)$ wegen der bedingten Jensen-Ungleichung. Wegen Satz 6.14 ist daher $\{|X_n|^p : n \in \mathbb{N}\}$ gleichgradig integrierbar. Außerdem folgt $E(X_n^+) \leq \|X_n\|_1 \leq \|X_n\|_p \leq \|X\|_p$, und der Martingalkonvergenzsatz liefert die fast sichere Konvergenz von X_n gegen ein X_∞. Das Lemma von Fatou zeigt $E(|X_\infty|^p) \leq \liminf_{n \to \infty} E(|X_n|^p) \leq E(|X|^p)$, so dass X_∞ fast sicher reellwertig ist. Wegen der gleichgradigen Integrierbarkeit folgt nun mit Satz 4.7 auch die $\mathcal{L}_p$-Konvergenz von X_n gegen X_∞.

Weil $\mathcal{L}_p$-Konvergenz die in $\mathcal{L}_1$ impliziert, erhalten wir für $A \in \mathcal{G}_m$

$$\int_A X_\infty dP = \lim_{n \to \infty} \int_A X_n dP = \lim_{n \to \infty} \int_A E(X \mid \mathcal{G}_n) dP = \int_A X dP$$

wegen $A \in \mathcal{G}_n$ für $n \geq m$. Mit dem Dynkin-Argument folgt nun, dass $\int_A X_\infty dP = \int_A X dP$ für alle $A \in \sigma(\bigcup_{m \in \mathbb{N}} \mathcal{G}_m) = \bigvee_{m \in \mathbb{N}} \mathcal{G}_m$ gilt, also ist $X_\infty = E(X \mid \mathcal{G}_\infty)$.

Ist $\mathcal{G}_n$ monoton fallend, so ist durch $X_t = E(X \mid \mathcal{G}_{-t})$ ein Martingal mit Zeitbereich $-\mathbb{N}$ definiert, und der Beweis ist derselbe wie eben (abgesehen davon, dass man das Dynkin-Argument nicht benötigt).   □

Für eine unabhängige Folge $(Y_n)_{n\in\mathbb{N}}$ identisch verteilter $\mathcal{L}_p$-Zufallsvariablen mit $E(Y_1) = 0$ gilt $\frac{1}{n}\sum_{j=1}^{n} Y_j = E(Y_1 \mid \mathcal{G}_n)$ mit $\mathcal{G}_n \equiv \sigma(S_n, S_{n+1}, \ldots)$ und $S_n \equiv \sum_{j=1}^{n} Y_j$, so dass Satz 8.7 die fast sichere und $\mathcal{L}_p$-Konvergenz von $\frac{1}{n}\sum_{j=1}^{n} Y_j$, also einen weiteren Beweis des starken Gesetzes der großen Zahlen, impliziert. Dass der Grenzwert fast sicher gleich 0 ist, haben wir mit Hilfe des Kolmogorovschen 0-1-Gesetzes im Beweis zu Satz 6.13 gezeigt.

Die bisher entwickelte Martingaltheorie und insbesondere Satz 8.7 haben auch „nicht-stochastische" Anwendungen, von denen wir hier eine vorstellen wollen. Die Grundbausteine unserer Integrationstheorie aus Kapitel 3 waren Indikatorfunktionen I_A mit beliebigen $A \in \mathcal{A}$. Für die Integration bezüglich Maßen auf $(\mathbb{R}^d, \mathbb{B}^d)$ ist ein nahe liegender Gedanke, mit Indikatorfunktionen d-dimensionaler Rechtecke statt beliebiger Borel-Mengen zu beginnen. Wir zeigen nun, dass sich $\mathcal{L}_p$-Funktionen fast sicher und in $\mathcal{L}_p$ durch sehr spezielle Elementarfunktionen approximieren lassen, wodurch sich nachträglich die beiden Ansätze als „gleichwertig" herausstellen.

Wir nennen ein Maß μ auf $(\mathbb{R}^d, \mathbb{B}^d)$ **lokalendlich**, falls $\mu(B) < \infty$ für alle beschränkten $B \in \mathbb{B}^d$. Für $k = (k_1, \ldots, k_d) \in \mathbb{Z}^d$ und $n \in \mathbb{N}$ definieren wir noch $[k/2^n, (k+1)/2^n) \equiv \prod_{j=1}^{d}[k_j/2^n, (k_j+1)/2^n)$.

Satz 8.8 (Approximation durch Treppenfunktionen)
Seien μ ein lokalendliches Maß auf $(\mathbb{R}^d, \mathbb{B}^d)$, $1 \leq p < \infty$ und $f \in \mathcal{L}_p(\mathbb{R}^n, \mathbb{B}^n, \mu)$. Dann gibt es Linearkombinationen f_n der Indikatorfunktionen $I_{[k/2^n,(k+1)/2^n)}$, $k \in \mathbb{Z}^d$, so dass $f_n \to f$ fast sicher und in $\mathcal{L}_p(\mathbb{R}^d, \mathbb{B}^d, \mu)$ gilt.

Beweis. Wir zeigen die Aussage über die $\mathcal{L}_p$-Konvergenz, die fast sichere Konvergenz folgt dann mit Satz 4.6 (angewendet auf die unten konstruierten Wahrscheinlichkeitsmaße P) durch Übergang zu Teilfolgen.

Für $A_m \equiv [-m, m]^d$ gilt $f I_{A_m} \to f$ in $\mathcal{L}_p$ wegen dominierter Konvergenz, also müssen wir noch für festes $m \in \mathbb{N}$ die Funktion $f I_{A_m}$ wie im Satz beschrieben approximieren. Für $\mu(A_m) > 0$ betrachten wir dazu das durch $P(B) \equiv \mu(B \cap A_m)/\mu(A_m)$ definierte Wahrscheinlichkeitsmaß und die σ-Algebren $\mathcal{G}_n \equiv \sigma(\{[k/2^n, (k+1)/2^n) : k \in \mathbb{Z}^d\})$ für $n \in \mathbb{N}$. Weil sich die $\mathcal{G}_n$ erzeugenden Intervalle als Vereinigung von Intervallen aus $\mathcal{G}_{n+1}$ darstellen lassen, ist dann $\mathcal{G}_n \subseteq \mathcal{G}_{n+1}$, und weil jede offene Menge die abzählbare Vereinigung aller enthaltenen Mengen $B \in \bigcup_{n\in\mathbb{N}} \mathcal{G}_n$ ist, gilt $\mathcal{G}_\infty \equiv \bigvee_{n\in\mathbb{N}} \mathcal{G}_n = \mathbb{B}^d$. Satz 8.7 impliziert also $E(f \mid \mathcal{G}_n) \to E(f \mid \mathcal{G}_\infty) = f$ in $\mathcal{L}_p(\mathbb{R}^d, \mathbb{B}^d, P)$, und wegen $P(A_m^c) = 0$ und $A_m \in \mathcal{F}_n$ folgt dann $f_n \equiv I_{A_m} E(f \mid \mathcal{F}_n) = E(f I_{A_m} \mid \mathcal{F}_n) \to f I_{A_m}$ in $\mathcal{L}_p(\mathbb{R}^d, \mathbb{B}^d, P)$.

Als $\mathcal{G}_n$-messbare Funktion ist f_n auf jedem Intervall $[k/2^n, (k+1)/2^n)$ konstant, also wie im Satz gefordert. Wegen $P = \mu(A)^{-1} I_A \cdot \mu$ und Satz 3.10 ist $\int |h|^p \, dP = \mu(A_m)^{-1} \int_{A_m} |h|^p \, d\mu$, so dass $f_n \to f I_{A_m}$ auch in $\mathcal{L}_p(\mathbb{R}^d, \mathbb{B}^d, \mu)$ gilt.   □

Die bedingten Erwartungen im obigen Beweis lassen sich übrigens leicht berechnen: Wegen der Radon–Nikodym-Gleichung für $A \equiv [k/2^n, (k+1)/2^n)$ ist der Wert von f_n auf diesem Intervall gleich $P(A)^{-1} \int_A f \, dP = \mu(A)^{-1} \int_A f \, d\mu$.

Indem man diese Werte durch rationale Zahlen approximiert, findet man in der Situation von Satz 8.8 auch rationale Linearkombinationen mit den beschriebenen Eigenschaften. Insbesondere sind also für lokalendliche Maße auf $(\mathbb{R}^d, \mathbb{B}^d)$ die Räume $\mathcal{L}_p(\mathbb{R}^d, \mathbb{B}^d, \mu)$ separabel, und $L_p(\mathbb{R}^d, \mathbb{B}^d, \mu)$ sind separable Banach-Räume. Bevor wir uns wieder der Martingaltheorie zuwenden, erwähnen wir noch, dass durch $\mu(A) \equiv |A \cap \mathbb{Q}|$ ein σ-endliches aber nicht lokalendliches Maß auf $(\mathbb{R}, \mathbb{B})$ definiert ist. Die Aussage von Satz 8.8 ist für dieses Maß falsch.

Um wie im Beweis zu Satz 8.7 aus der fast sicheren Konvergenz auf $\mathcal{L}_p$-Konvergenz zu schließen, benötigt man gleichgradige Integrierbarkeit. Wir nennen einen Prozess $(X_t)_{t \in T}$ gleichgradig integrierbar, falls die Menge $\{X_t : t \in T\}$ gleichgradig integrierbar ist.

Satz 8.9 (Gleichgradig integrierbare Martingale)

1. Ein $\mathcal{F}$-Martingal oder positives $\mathcal{F}$-Submartingal X ist genau dann gleichgradig integrierbar, wenn es $Y \in \mathcal{L}_1(\Omega, \mathcal{F}_\infty, P)$ gibt mit $X_t = E(Y \mid \mathcal{F}_t)$ beziehungsweise $X_t \leq E(Y \mid \mathcal{F}_t)$ für alle $t \in T$.

2. Für ein $\mathcal{F}$-Submartingal X und eine monoton fallende Folge $(t_n)_{n \in \mathbb{N}}$ in T mit $\inf_{n \in \mathbb{N}} E(X_{t_n}) > -\infty$ ist $\{X_{t_n} : n \in \mathbb{N}\}$ gleichgradig integrierbar.

Beweis. 1. Die Hinlänglichkeit der Bedingung $X_t = E(Y \mid \mathcal{F}_t)$ beziehungsweise $0 \leq X_t \leq E(Y \mid \mathcal{F}_t)$ folgt aus Satz 6.14. Ist andererseits X gleichgradig integrierbar, so gilt $\sup_{t \in T} E X_t^+ \leq \sup_{t \in T} E|X_t| < \infty$, und der Martingalkonvergenzsatz liefert die fast sichere Konvergenz $X_{t_n} \to Y$ für eine Folge $t_n \uparrow \sup T$ (mit $t_n - \sup T$, falls T ein größtes Element besitzt). Wegen Satz 4.7 gilt $X_{t_n} \to Y$ dann auch in $\mathcal{L}_1$. Für jedes $m \in \mathbb{N}$ und $A \in \mathcal{F}_{t_m}$ folgt dann $\int_A Y \, dP = \lim_{n \to \infty} \int_A X_{t_n} \, dP \geq \int_A X_{t_m} \, dP$ mit Gleichheit im Martingalfall. Dies zeigt $E(Y \mid \mathcal{F}_{t_m}) \geq X_{t_m}$ mit Gleichheit, falls X Martingal, und ist schließlich $t \in T$ beliebig und $t_m \geq t$, so folgt die behauptete Aussage mit der Glättungseigenschaft.

2. Durch Umbenennen können wir $T = \{t_n : n \in \mathbb{N}\} = -\mathbb{N}$ annehmen. Nach Voraussetzung ist $Y_t \equiv E(X_t \mid \mathcal{F}_{t-1}) - X_{t-1} \geq 0$, und deshalb konvergiert die Reihe $S \equiv \sum_{t \leq 1} Y_t$. Außerdem liefern Levis Satz und die Glättungseigenschaft

$$
\begin{aligned}
E(S) &= \sum_{t \leq 1} E(X_t) - E(X_{t-1}) \\
&= E(X_1) - \lim_{t \to -\infty} E(X_t) = E(X_1) - \inf_{t \in T} E(X_t) < \infty.
\end{aligned}
$$

Für die Reihenreste $R_t \equiv \sum_{s \leq t} Y_s$ gilt $0 \leq R_t \leq S$, so dass $\{R_t : t \in -\mathbb{N}\}$ gleichgradig integrierbar ist. Außerdem ist durch $M_t \equiv X_t - R_t$ wegen $E(M_t -$

$M_{t-1} \mid \mathcal{F}_{t-1}) = E(Y_t - Y_{t-1} \mid \mathcal{F}_{t-1}) = 0$ ein Martingal definiert, das wegen der ersten Aussage des Satzes (mit $Y \equiv M_{-1}$) gleichgradig integrierbar ist. Weil sich gleichgradige Integrierbarkeit wegen einer Bemerkung vor Satz 4.7 auf Summen überträgt, ist $\{X_t = M_t + R_t : t \in -\mathbb{N}\}$ gleichgradig integrierbar.   □

In der Situation von Satz 8.9.1 nennt man das Martingal oder Submartingal **abschließbar**, weil mit $X_\infty \equiv Y$ durch $(X_t)_{t \in T \cup \{\infty\}}$ ein (Sub-) Martingal mit „abgeschlossenem" Zeitbereich $T \cup \{\infty\}$ definiert ist. Bei dieser Bezeichnung ist zu beachten, dass die Abschließbarkeit nicht eine Eigenschaft von Prozessen ist, die zusätzlich Martingale oder Submartingale sind: Ein abschließbares Submartingal, das außerdem ein Martingal ist, braucht kein abschließbares Martingal zu sein.

Ohne die Positivität ist die Aussage des Satzes für Submartingale nicht richtig: Für eine unabhängige Folge $(Y_n)_{n \in \mathbb{N}}$ von $B(1, p)$ verteilten Zufallsvariablen ist durch $X_n \equiv -p^{-n} \prod_{j=1}^{n} Y_j$ ein Martingal, also insbesondere ein Submartingal definiert mit $X_n \leq Y \equiv 0$. Wegen $P(\bigcap_{n \in \mathbb{N}} \{Y_n = 1\}) = 0$ konvergiert X_n fast sicher gegen Y. Wegen $E(X_n) = -1$ und $E(Y) = 0$ gilt diese Konvergenz aber nicht in $\mathscr{L}_1$, so dass $(X_n)_{n \in \mathbb{N}}$ wegen Satz 4.7 nicht gleichgradig integrierbar ist. Dieses Beispiel zeigt auch, dass die zweite Aussage von Satz 8.9 nicht für monoton *wachsende* Folgen gilt.

Wir interessieren uns ab jetzt nur noch für den Zeitbereich $T = [0, \infty)$. Um zum Beispiel den Optional-Sampling-Satz auf Stoppzeiten zu verallgemeinern, die nicht bloß abzählbar viele Werte annehmen, braucht man schon für dessen Formulierung, dass etwa X progressiv messbar ist (um Satz 7.12 anzuwenden), andernfalls ist gar nicht klar, dass X_τ überhaupt eine Zufallsvariable ist.

Dies ist nur ein Grund für die Bedeutung des folgenden Satzes.

Satz 8.10 (Regularisierungssatz, Doob)
Für jedes $\mathcal{F}$-Martingal $X = (X_t)_{t \geq 0}$ gibt es ein rechtsstetiges $\overline{\mathcal{F}}^+$-Martingal Y mit $X_t = E(Y_t \mid \mathcal{F}_t)$ für alle $t \geq 0$. Ist $\mathcal{F}$ rechtsstetig, so besitzt X eine rechtsstetige Modifikation.

Beweis. Weil X^+ ein Submartingal ist, gilt $\sup_{t \leq n} E(X_t^+) \leq E(X_n^+)$, so dass wir den Martingalkonvergenzsatz auf die Submartingale $X|_{\mathbb{Q} \cap [0,n]}$ anwenden können. Durch Schneiden der von $n \in \mathbb{N}$ abhängenden fast sicheren Ereignisse finden wir $A \in \mathcal{F}_\infty$ mit $P(A) = 1$, so dass $X_{t_m}(\omega)$ für jede monoton fallende Folge rationaler Zahlen und jedes $\omega \in A$ konvergiert. Deshalb ist durch $Y_t \equiv \lim_{\mathbb{Q} \ni s \downarrow t} X_s I_A$ ein Prozess definiert (das heißt, wir definieren $Y_t(\omega) \equiv \lim_{n \to \infty} X_{s_n}(\omega)$ für $\omega \in A$ und *eine* streng monotone Folge $s_n \downarrow t$ mit $s_n \in \mathbb{Q}$, und der Grenzwert hängt dann nicht von der speziellen Folge $(s_n)_{n \in \mathbb{N}}$ ab).

Wegen $P(A) = 1$ sind $X_s I_A$ bezüglich $\overline{\mathcal{F}}_s = \mathcal{F}_s \vee \mathcal{N}$ messbar, und daher ist Y an $\overline{\mathcal{F}}^+$ adaptiert. Für eine streng monotone Folge $t_n \downarrow t$ ist $\{X_{t_n} : n \in N\}$ wegen Satz 8.9 gleichgradig integrierbar, so dass $X_{t_n} \to Y_t$ auch in $\mathscr{L}_1$ gilt. Damit folgt $E(Y_t \mid \mathcal{F}_t) = X_t$. Diese Gleichheit impliziert auch, dass Y ein $\overline{\mathcal{F}}^+$-Martingal ist: Für $s < t$ und eine rationale Folge $s_n \downarrow s$ folgt mit Glättung und Satz 6.11.3

$$E(Y_t \mid \overline{\mathcal{F}}_s^+) \;=\; E(Y_t \mid \mathcal{F}_s^+) = E(E(Y_t \mid \mathcal{F}_t) \mid \mathcal{F}_s^+) = E(X_t \mid \mathcal{F}_s^+)$$
$$=\; \lim_{n\to\infty} E(X_t \mid \mathcal{F}_{s_n}) = Y_s$$

wegen Satz 8.7.

Die Rechtsstetigkeit von Y folgt aus der Definition: Für eine streng monotone Folge $t_n \downarrow t$ gibt es rationale $s_n \in (t_n, t_{n-1})$, so dass $|Y_{t_n} - Y_{s_n}|$ beliebig klein ist, und wegen $X_{s_n} \to Y_t$ wird $|Y_t - Y_{t_n}|$ beliebig klein.

Ist schließlich $\mathcal{F}$ rechtsstetig, so gilt $X_t = E(Y_t \mid \mathcal{F}_t) = E(Y_t \mid \overline{\mathcal{F}}_t^+) = Y_t$, also ist Y eine Modifikation von X.   □

Ist in der Situation des Regularisierungssatzes X selbst rechtsstetig, so gilt $X = Y$ fast sicher, so dass X ein $\overline{\mathcal{F}}^+$-Martingal ist und damit auch ein $\mathcal{F}^+$-Martingal, weil X an $\mathcal{F}^+$ adaptiert ist.

Satz 8.10 wird in der Literatur oft als Grund dafür angegeben, bloß rechtsstetige Martingale zu betrachten. Außerdem werden oft alle Filtrationen als rechtsstetig und vollständig vorausgesetzt. Manchmal stehen diese (oder ähnliche) als **usual conditions** bezeichneten Annahmen auch nur im „Kleingedruckten".

Der in Satz 8.10 konstruierte Prozess hat außer der Rechtsstetigkeit die Eigenschaft, dass linksseitige Grenzwerte $\lim_{s\uparrow t} Y_s$ stets existieren. Für solche Prozesse findet man diverse Akronyme wie **rcll** (für right continuous left limits), **cadlag** (continu à droite, limites à gauche) oder **corlol** (continuous on the right limits on the left).

Wie wir schon im Anschluss an die Maximal-Ungleichungen bemerkt haben, lassen sich für rechtsstetige Prozesse viele Aussagen für Martingale mit abzählbarer Zeit direkt auf den Fall $T = [0, \infty)$ übertragen. Als eines der wichtigsten Resultate zeigen wir:

Satz 8.11 (Optional-Sampling in stetiger Zeit)
Seien $X = (X_t)_{t \geq 0}$ ein rechtsstetiges $\mathcal{F}$-Submartingal und σ, τ zwei Stoppzeiten. Falls $\tau \leq u$ für ein $u \geq 0$ oder X gleichgradig integrierbar ist, gilt $E(X_\tau \mid \mathcal{F}_\sigma) \geq X_{\tau \wedge \sigma}$ mit Gleichheit, falls X ein Martingal ist.

Für gleichgradig integrierbares X betrachten wir dabei den in Satz 8.9 beschriebenen Abschluss $(X_t)_{t\in[0,\infty]}$ mit dem fast sicheren Grenzwert $X_\infty \equiv \lim_{n\to\infty} X_n$. Dann ist also X_τ auch auf $\{\tau = \infty\}$ definiert.

Beweis. Wir setzen zunächst $\tau \leq u$ voraus und definieren für $n \in \mathbb{N}$ Stoppzeiten σ_n und τ_n durch $\sigma_n \equiv (k+1)/2^n$ für $\sigma \in (k/2^n, (k+1)/2^n]$ und $\tau_n \equiv (k+1)/2^n$ für $\tau \in (k/2^n, (k+1)/2^n]$. Wegen $\tau \leq u$ hat τ_m nur endlich viele Werte und Satz 8.2 impliziert $X_{\sigma_n \wedge \tau_m} \leq E(X_{\tau_m} \mid \mathcal{F}_{\sigma_n})$ für alle $n, m \in \mathbb{N}$. Wegen $\sigma_n \downarrow \sigma$ folgt mit der Rechtsstetigkeit und Satz 8.7

$$X_{\sigma \wedge \tau_m} \leq E\Big(X_{\tau_m} \mid \bigwedge_{n \in \mathbb{N}} \mathcal{F}_{\sigma_n}\Big),$$

und damit

$$X_{\sigma \wedge \tau_m} \leq E(X_{\tau_m} \mid \mathscr{F}_\sigma)$$

wegen der Monotonie von $E(\cdot \mid \mathscr{F}_\sigma)$, der $\mathscr{F}_\sigma$-Messbarkeit von $X_{\sigma \wedge \tau_m}$, der Glättungs-eigenschaft und $\mathscr{F}_\sigma \subseteq \bigwedge_{n \in \mathbb{N}} \mathscr{F}_{\sigma_n}$.

Wieder wegen des Optional-Sampling-Satzes in abzählbarer Zeit ist durch $Z_{-m} \equiv X_{\tau_m}$ ein Submartingal mit Zeitbereich $-\mathbb{N}$ definiert, und wegen $E(Z_{-m}) \geq E(X_0)$ und Satz 8.9.2 ist $\{X_{\tau_m} : m \in \mathbb{N}\}$ gleichgradig integrierbar. Daher gilt $X_{\tau_m} \to X_\tau$ nicht bloß punktweise (wegen der Rechtsstetigkeit) sondern auch in $\mathscr{L}_1$, und mit den Radon–Nikodym-Ungleichungen folgt $X_{\sigma \wedge \tau} \leq E(X_\tau \mid \mathscr{F}_\sigma)$.

Ist nun X gleichgradig integrierbar, so gilt $X_n \to X_\infty$ fast sicher und in $\mathscr{L}_1$ und dann ist $(X_t)_{t \in [0,\infty]}$ ein Submartingal. Mit der „Zeittransformation" $\varphi(t) \equiv \frac{t}{1+t}$ und $\varphi(\infty) \equiv 1$ sowie $\tilde{X}_t \equiv X_{\varphi^{-1}(t)}$, $\tilde{\mathscr{F}}_t \equiv \mathscr{F}_{\varphi^{-1}(t)}$, $\tilde{\sigma} \equiv \varphi \circ \sigma$ und $\tilde{\tau} \equiv \varphi \circ \tau \leq 1$ wird dann die Aussage für gleichgradig integrierbares X auf dem Fall $\tau \leq 1$ zurückgeführt.   □

Wie im Fall abzählbarer Zeit ist der Optional-Sampling-Satz für nicht beschränkte Stoppzeiten falsch. Für eine $\mathscr{F}$-Brownsche Bewegung B und $a > 0$ hatten wir nach Satz 7.16 die Verteilung der Stoppzeit $\tau_a \equiv \inf\{t \geq 0 : B_t = a\}$ und insbesondere $E(\tau_a) = \infty$ ausgerechnet. Weil τ_a fast sicher endlich ist, gilt $B_{\tau_a} = a$ fast sicher, also

$$a = E(B_{\tau_a}) \neq E(B_0) = 0.$$

Wir berechnen jetzt den Erwartungswert der Stoppzeit $\tau \equiv \tau_a \wedge \tau_{-a}$. Dazu betrachten wir das $\mathscr{F}$-Martingal $(B_t^2 - t)_{t \geq 0}$. Für beschränkte Stoppzeiten σ liefert der Optional-Sampling-Satz $E(B_\sigma^2 - \sigma) = 0$, und mit monotoner sowie dominierter Konvergenz folgt dann

$$E(\tau) = \lim_{n \to \infty} E(\tau \wedge n) = \lim_{n \to \infty} E(B_{\tau \wedge n}^2) = E(B_\tau^2) = a^2,$$

weil $B_{\tau \wedge n}^2 \to B_\tau^2 = a^2$ und $B_{\tau \wedge n}^2 \leq a^2$, so dass Lebesgues Satz über dominierte Konvergenz tatsächlich anwendbar ist.

Für einen Prozess $X = (X_t)_{t \in T}$ und eine T-Zufallszeit τ definieren wir den in τ **gestoppten Prozess** $X^\tau \equiv (X_{t \wedge \tau})_{t \in T}$. Bei dieser Bezeichnung sind Verwechslungen mit Potenzen, Indizes oder dem Positivteil kaum zu befürchten.

Sind $\mathscr{F}$ eine Filtration, X progressiv messbar und τ eine Stoppzeit, so ist X^τ wieder an $\mathscr{F}$ adaptiert (diese Situation wird bei uns immer der Fall sein). Die Pfade von X^τ sind bis zur Zeit τ gleich denen von X und ab dann konstant, so dass mit X auch X^τ stetig oder rechtsstetig ist.

Satz 8.12 (Optional-Stopping)

Für ein rechtsstetiges $\mathscr{F}$-Martingal $X = (X_t)_{t \geq 0}$ und eine Stoppzeit τ ist X^τ wieder ein $\mathscr{F}$-Martingal. Die entsprechende Aussage gilt für Submartingale.

Beweis. Weil für $s \leq t$ die Stoppzeit $\tau \wedge t$ beschränkt ist, liefert der Optional-Sampling-Satz

$$E(X_t^\tau \mid \mathcal{F}_s) = E(X_{\tau \wedge t} \mid \mathcal{F}_s) = X_{\tau \wedge t \wedge s} = X_s^\tau. \qquad \square$$

Durch Stoppen kann man häufig Aussagen über Martingale mit sehr restriktiven Wachstumsannahmen auf allgemeine Martingale übertragen. Wir illustrieren dies anhand eines Begriffs, der im folgenden Kapitel eine zentrale Rolle spielen wird.

Für eine Funktion $f : [0, \infty) \to \mathbb{R}$, $t \geq 0$ und eine **Partition** $\mathcal{Z} = \{0 \leq t_0 \leq \cdots \leq t_{n+1}\}$ (das heißt $\mathcal{Z}$ ist eine endliche Teilmenge von $[0, t]$, durch die etwas ungewöhnliche Notation erhalten die Elemente der Größe nach geordnete Bezeichnungen) schreiben wir

$$S(\mathcal{Z}, f) \equiv \sum_{j=0}^{n} |f(t_{j+1}) - f(t_j)| \quad \text{und} \quad S^\pm(\mathcal{Z}, f) \equiv \sum_{j=0}^{n} (f(t_{j+1}) - f(t_j))^\pm$$

(wobei wie üblich $x^\pm$ Positiv- und Negativteil bezeichnen) und definieren die **Variation von f bis zur Zeit t** durch

$$V_f(t) \equiv \sup\{S(\mathcal{Z}, f) : \mathcal{Z} \subseteq [0, t] \text{ endlich}\}.$$

Entsprechend sind die **Positiv-** und **Negativvariation** $V_f^\pm(t)$ von f definiert, indem $S(\mathcal{Z}, f)$ durch $S^+(\mathcal{Z}, f)$ beziehungsweise $S^-(\mathcal{Z}, f)$ ersetzt wird. Ausnahmsweise bezeichnet hier also V_f^+ *nicht* den Positivteil (also das Maximum mit der Nullfunktion) der Funktion V_f, wegen $V_f \geq 0$ besteht aber auch kein Bedarf, den Positivteil dieser Funktion zu betrachten.

Wir nennen f von **endlicher Variation**, falls $V_f(t) < \infty$ für alle $t > 0$.

Sowohl $S(\mathcal{Z}, f)$ als auch $S^\pm(\mathcal{Z}, f)$ sind bezüglich $\mathcal{Z}$ monoton wachsend, so dass es stets *eine* Folge von Partitionen gibt, so dass die zugehörigen Folgen gegen die Suprema konvergieren. Wegen $|x| = x^+ + x^-$ und $x = x^+ - x^-$ folgt damit

$$V_f(t) = V_f^+(t) + V_f^-(t) \quad \text{und} \quad f(t) - f(0) = V_f^+(t) - V_f^-(t).$$

Für rechtsstetiges f sind $V_f^\pm(t)$ gleich den Suprema über alle $S^\pm(\mathcal{Z}, f)$ mit $\mathcal{Z} \subseteq [0, t] \cap \{k/2^n : k \in \mathbb{N}_0\}$ (dafür approximiert man zunächst $V_f^\pm(t)$ durch $S^\pm(\mathcal{Z}, f)$ und dann die Werte $f(t_j)$ durch geeignete $f(k/2^n)$). Mit dem gleichen Argument zeigt man, dass mit f auch $V_f^\pm$ auf $\{V_f^\pm < \infty\}$ stetig oder rechtsstetig sind.

Typische Beispiele für endliche Variation liefern einerseits monotone Funktionen – dann ist $V_f(t) = |f(t) - f(0)|$ – und andererseits Funktionen f mit beschränkten Differenzenquotienten $|\frac{f(t) - f(s)}{t - s}| \leq C$ – dann ist $V_f(t) \leq Ct$. Wegen des Mittelwertsatzes gilt das insbesondere für differenzierbare Funktionen mit beschränkter Ableitung.

Ist nun $X = (X_t)_{t \geq 0}$ ein Prozess, so definieren wir $V_X(t)$ pfadweise, das heißt, $V_X(t)(\omega)$ ist die Variation von $s \mapsto X_s(\omega)$. Dann hat also X endliche Variation, falls alle Pfade von endlicher Variation sind.

Satz 8.13 (Variation stetiger Martingale)
Jedes stetige Martingal X mit endlicher Variation ist fast sicher konstant.

Beweis. Wir können (durch Übergang zu $X_t - X_0$) annehmen, dass $X_0 = 0$ gilt, und wir setzen zunächst $V_X(t)(\omega) \le C$ für alle $t \ge 0$ und $\omega \in \Omega$ mit einer Konstanten $C > 0$ voraus. Insbesondere ist dann $|X_t| = |X_t - X_0| \le V_X(t) \le C$, also ist X ein $\mathcal{L}_2$-Martingal. Aus der Unkorreliertheit der Zuwächse folgt für $t \ge 0, n \in \mathbb{N}$ und $\mathcal{Z}_n \equiv \{t_{n,j} \equiv jt/(n+1), 0 \le j \le n+1\}$

$$
E(X_t^2) = \mathrm{Var}(X_t) = \mathrm{Var}\Big(\sum_{j=0}^{n} X_{t_{n,j+1}} - X_{t_{n,j}}\Big) = \sum_{j=0}^{n} \mathrm{Var}(X_{t_{n,j+1}} - X_{t_{n,j}})
$$

$$
= E\Big(\sum_{j=0}^{n}(X_{t_{n,j+1}} - X_{t_{n,j}})^2\Big) \le E\Big(\max_{0 \le j \le n}|X_{t_{n,j+1}} - X_{t_{n,j}}|S(X, \mathcal{Z}_n)\Big).
$$

Der Integrand im letzten Erwartungswert ist durch C^2 beschränkt und konvergiert wegen der gleichmäßigen Stetigkeit der Pfade gegen 0. Mit dominierter Konvergenz folgt dann $E(X_t^2) = 0$, also $X_t = 0$ fast sicher.

Für den allgemeinen Fall definieren wir nun Stoppzeiten

$$
\tau_n \equiv \inf\{t \ge 0 : V_X(t) \ge n\}.
$$

Weil man das Supremum in der Definition von V_X durch ein abzählbares ersetzen kann, ist V_X adaptiert und außerdem stetig, so dass Satz 7.10.2 anwendbar ist und deshalb τ_n tatsächlich Stoppzeiten sind.

Weil V_X nach Voraussetzung reellwertig ist, gilt $\tau_n \to \infty$. Außerdem sind $V_{X^{\tau_n}}$, und damit auch X^{τ_n} auf $[\tau_n, \infty)$ konstant, was $V_{X^{\tau_n}}(t) \le n$ liefert. Wegen des Optional-Stopping-Satzes sind X^{τ_n} Martingale, und mit dem Spezialfall folgt für jedes $t \ge 0$ also $X_t^{\tau_n} = 0$ fast sicher. Wegen $\tau_n \to \infty$ impliziert dies $X_t = \lim_{n \to \infty} X_t^{\tau_n} = 0$ fast sicher.

Durch Schneiden abzählbar vieler fast sicherer Ereignisse folgt $X|_{\mathbb{Q} \cap [0,\infty)} = 0$ fast sicher, und die Stetigkeit impliziert schließlich $X = 0$ fast sicher.   □

Die Reduktion im obigen Beweis durch Stoppen nennt man **Lokalisieren**. Diese Methode liefert sogar etwas mehr als die Aussage für stetige Martingale.

Wir nennen einen rechtsstetigen $\mathcal{F}$-adaptierten Prozess $X = (X_t)_{t \ge 0}$ ein **lokales $\mathcal{F}$-Martingal**, falls es eine monotone Folge von Stoppzeiten τ_n gibt mit $\tau_n \to \infty$ fast sicher, so dass die zentrierten und gestoppten Prozesse $(X - X_0)^{\tau_n}$ (echte) $\mathcal{F}$-Martingale sind. Dabei identifizieren wir X_0 mit dem zeitlich konstanten Prozess $t \mapsto X_0$. Die Folge $(\tau_n)_{n \in \mathbb{N}}$ heißt dann **lokalisierend**.

Die Menge aller stetigen lokalen $\mathcal{F}$-Martingale bezeichnen wir mit $\mathcal{CM}^{\mathrm{loc}}(\mathcal{F})$. Dadurch ist ein Vektorraum definiert: Sind $(\tau_n)_{n \in \mathbb{N}}$ beziehungsweise $(\sigma_n)_{n \in \mathbb{N}}$ lokalisierend für $X, Y \in \mathcal{CM}^{\mathrm{loc}}(\mathcal{F})$ und $a, b \in \mathbb{R}$, so gilt $\varrho_n = \tau_n \wedge \sigma_n \to \infty$ fast sicher, und

$$(aX + bY - (aX_0 + bY_0))^{\varrho_n} = a((X - X_0)^{\tau_n})^{\sigma_n} + b((Y - Y_0)^{\sigma_n})^{\tau_n}$$

ist wegen des Optional-Stopping-Satzes eine Linearkombination von $\mathcal{F}$-Martingalen und damit selbst ein $\mathcal{F}$-Martingal.

Aus Satz 8.13 folgt sofort, dass jedes $X \in \mathcal{CM}^{\mathrm{loc}}(\mathcal{F})$ mit endlicher Variation fast sicher konstant ist: Für $t > 0$ und $n \in \mathbb{N}$ ist $X_{t \wedge \tau_n} - X_0 = (X - X_0)_t^{\tau_n}$ fast sicher 0 und wegen $\tau_n \to \infty$ folgt $X_t = \lim_{n \to \infty} X_{\tau \wedge \tau_n} = X_0$ fast sicher.

Der Unterschied zwischen stetigen *lokalen* Martingalen und echten Martingalen ist etwas subtil, wird sich aber als entscheidend für viele Anwendungen der stochastischen Integration des folgenden Kapitels herausstellen.

Einer der Unterschiede zwischen lokalen und echten Martingalen ist, dass man für lokale Martingale keinerlei Integrierbarkeitsvoraussetzung hat. Ist zum Beispiel $X \in \mathcal{CM}^{\mathrm{loc}}(\mathcal{F})$ und Y_0 eine $\mathcal{F}_0$-messbare Zufallsvariable, so ist durch $Z_t \equiv Y_0 X_t$ stets ein lokales $\mathcal{F}$-Martingal definiert: Ist τ_n lokalisierend für X und $\sigma_n \equiv \infty I_{\{|Y_0| \le n\}}$, so gilt $\varrho_n \equiv \tau_n \wedge \sigma_n \to \infty$, und mit Pull-out folgt für $s \le t$

$$E((Z - Z_0)_t^{\varrho_n} \mid \mathcal{F}_s) = Y_0 I_{\{|Y_0| \le n\}} E((X - X_0)_t^{\tau_n} \mid \mathcal{F}_s) = (Z - Z_0)_s^{\varrho_n}.$$

Satz 8.14 (Doob-Bedingung)
Ein lokales Martingal X ist genau dann ein Martingal, wenn für jedes $t \ge 0$ die Menge $\{X_{\tau \wedge t} : \tau \text{ Stoppzeit}\}$ gleichgradig integrierbar ist.

Beweis. Für ein rechtsstetiges Martingal gilt $X_{\tau \wedge t} = E(X_t \mid \mathcal{F}_{\tau \wedge t})$ wegen des Optional-Sampling-Satzes für jede Stoppzeit τ. Mit Satz 6.14 folgt dann die gleichgradige Integrierbarkeit.

Andererseits liefert die Bedingung $X_0 \in \mathcal{L}_1$, und für eine lokalisierende Folge τ_n folgt aus Satz 4.7, dass $(X - X_0)_t^{\tau_n} \to X_t - X_0$ nicht nur fast sicher sondern auch in $\mathcal{L}_1$ gilt. Daher ist $X - X_0$ ein Martingal, und wegen $X_0 \in \mathcal{L}_1$ ist auch X ein Martingal. □

Die Doob-Bedingung ist insbesondere erfüllt, wenn es $Y \in \mathcal{L}_1$ mit $|X_t| \le Y$ für alle $t \ge 0$ gibt. Wir werden im übernächsten Kapitel nach Satz 10.5 ein Beispiel dafür sehen, dass man diese Dominiertheit nicht durch die gleichgradige Integrierbarkeit von X ersetzen kann: Für eine dreidimensionale Brownsche Bewegung B und $a \in \mathbb{R}^3 \setminus \{0\}$ ist durch $X = \|B - a\|^{-1}$ ein gleichgradig integrierbares lokales Martingal definiert, das kein echtes Martingal ist.

Für stetige lokale Martingale X kann man die lokalisierende Folge τ_n immer als $\tau_n \equiv \inf\{t \ge 0 : |X_t| \ge n\}$ wählen, so dass die Prozesse $(X - X_0)^{\tau_n}$ sogar durch $2n$ beschränkt sind. Ist nämlich σ_n eine lokalisierende Folge für X, so ist sie wegen des Optional-Stopping-Satzes und $((X - X_0)^{\tau_n})^{\sigma_m} = ((X - X_0)^{\sigma_m})^{\tau_n}$ auch für X^{τ_n} lokalisierend. Wegen $|(X - X_0)_t^{\tau_n}| \le 2n$ und Satz 8.14 sind $(X - X_0)^{\tau_n}$ dann schon echte Martingale. Weil diese spezielle Folge τ_n aus $\mathcal{F}(X)$-Stoppzeiten besteht, folgt insbesondere, dass jedes stetige lokale $\mathcal{F}$-Martingal X auch ein lokales $\mathcal{F}(X)$-Martingal ist.

Durch Lokalisieren kann man nicht bloß viele *Eigenschaften* von Prozessen mit restriktiven Wachstumseigenschaften auf allgemeinere Klassen übertragen, sondern auch *Definitionen*, die zunächst nur für eine kleine Klasse sinnvoll sind. Weil diese „lokalen Definitionen" im nächsten Kapitel eine große Rolle spielen, formulieren wir das Prinzip in folgendem Satz:

Satz 8.15 (Lokalisierung)
Seien τ_n $\mathcal{F}$-Stoppzeiten mit $\tau_n \uparrow \infty$ fast sicher.

1. Ein stetiger adaptierter Prozess X mit $X^{\tau_n} \in \mathcal{CM}^{\mathrm{loc}}(\mathcal{F})$ für alle $n \in \mathbb{N}$ ist schon ein lokales Martingal.

2. Zwei stetige adaptierte Prozesse X, Y sind fast sicher gleich, falls $X^{\tau_n} = Y^{\tau_n}$ fast sicher für alle $n \in \mathbb{N}$.

3. Für stetige $\mathcal{F}$-adaptierte Prozesse $X(n)$ mit $X(n+1)^{\tau_n} = X(n)^{\tau_n}$ fast sicher gibt es einen – bis auf fast sichere Gleichheit eindeutig bestimmten – stetigen $\overline{\mathcal{F}}$-adaptierten Prozess X mit $X^{\tau_n} = X(n)^{\tau_n}$ für alle $n \in \mathbb{N}$.

Beweis. 1. Für $\sigma_m \equiv \inf\{t \geq 0 : |X_t| \geq m\}$ sind wegen des Optional-Stopping-Satzes durch $Z_{n,m} \equiv (X - X_0)^{\tau_n \wedge \sigma_m}$ echte Martingale definiert mit $Z_{n,m} \to (X - X_0)^{\sigma_m}$ für $n \to \infty$ und $|Z_{n,m}| \leq 2m$. Mit dominierter Konvergenz folgt, dass $(X - X_0)^{\sigma_m}$ echte Martingale sind.

2. Wegen $\tau_n \to \infty$ sind $\{X = Y\}$ und $\bigcap_{n \in \mathbb{N}}\{X^{\tau_n} = Y^{\tau_n}\}$ fast sicher gleich.

3. Für $A \equiv \bigcap_{n \in \mathbb{N}}\{X(n)^{\tau_n} = X(n+1)^{\tau_n}\} \in \mathcal{F}_\infty$ gilt $P(A) = 1$, so dass durch $X_t(\omega) \equiv I_A(\omega)X(n)_t(\omega)$ für $\tau_n(\omega) \geq t$ ein stetiger $\overline{\mathcal{F}}$-adaptierter Prozess *wohldefiniert* ist, der die Bedingung der dritten Aussage erfüllt. Die Eindeutigkeit folgt aus der zweiten Aussage.   □

Zum Abschluss dieses Kapitels definieren wir für $1 \leq p < \infty$ die Vektorräume

$$\mathcal{CM}^p(\mathcal{F}) \equiv \{(X_t)_{t \geq 0} \text{ stetiges } \mathcal{F}\text{-Martingal} : \sup_{t \geq 0} \|X_t\|_p < \infty\}$$

der stetigen $\mathcal{L}_p$-beschränkten Martingale. Durch $\|\|X\|\|_p \equiv \sup_{t \geq 0} \|X_t\|_p$ sind Halbnormen definiert, so dass $\|\|X\|\|_p = 0$ genau dann gilt, wenn $X = 0$ fast sicher.

Satz 8.16 (Vollständigkeit von $\mathcal{CM}^p$)
Für $1 < p < \infty$ und $X \in \mathcal{CM}^p(\mathcal{F})$ gilt $\|\|X\|\|_p \leq \|\sup_{t \geq 0} |X_t|\|_p \leq \frac{p}{p-1}\|\|X\|\|_p$. Außerdem ist $\mathcal{CM}^p(\overline{\mathcal{F}})$ vollständig.

Beweis. Die Aussage über die Normen folgt aus der Maximal-Ungleichung in Satz 8.4, wegen der Stetigkeit kann man dort die Suprema über $s \leq t$ durch abzählbare ersetzen, und mit monotoner Konvergenz folgt dann

$$\| \sup_{t \geq 0} |X_t| \|_p = \lim_{n \to \infty} \| \sup_{0 \leq s \leq n} |X_s| \|_p \leq \lim_{n \to \infty} \frac{p}{p-1} \|X_n\|_p \leq \frac{p}{p-1} \||X\||_p.$$

Für den Beweis der Vollständigkeit betrachten wir eine Cauchy-Folge $(X^n)_{n \in \mathbb{N}_0}$ in $\mathcal{CM}^p(\overline{\mathcal{F}})$. Weil es reicht, die Konvergenz einer Teilfolge zu beweisen, können wir $\sum_{n=1}^{\infty} \||X^n - X^{n-1}\||_p < \infty$ annehmen. Wegen der Norm-Ungleichung und monotoner Konvergenz ist dann $Z \equiv \sum_{n=1}^{\infty} \sup_{t \geq 0} |X_t^n - X_t^{n-1}| \in \mathcal{L}_p$, und insbesondere ist $A \equiv \{Z < \infty\} \in \mathcal{F}_\infty$ ein fast sicheres Ereignis.

Durch $X_t \equiv \lim_{n \to \infty} X_t^n I_A$ ist nun ein $\overline{\mathcal{F}}$-adaptierter Prozess definiert mit

$$\sup_{t \geq 0} |X_t^n - X_t| \leq \sum_{k=n+1}^{\infty} \sup_{t \geq 0} |X_t^k - X_t^{k-1}| \leq Z.$$

Als gleichmäßige Grenzwerte sind alle Pfade von X stetig, und weil $X_t^n \to X_t$ auch in $\mathcal{L}_p$ gilt, ist X ein Martingal. Schließlich folgt mit dominierter Konvergenz

$$\||X^n - X\||_p \to 0. \qquad \square$$

Wir werden im nächsten Kapitel vor allem $\mathcal{CM}^2(\overline{\mathcal{F}})$ benutzen, weil es dann ein Skalarprodukt gibt, dessen Halb-Norm die gleichen konvergenten und Cauchy-Folgen hat wie $\|| \cdot \||_2$:

Jedes $X \in \mathcal{CM}^2(\overline{\mathcal{F}})$ ist wegen der $\mathcal{L}_2$-Beschränktheit gleichgradig integrierbar und wegen Satz 8.9 daher von der Form $X_t = E(X_\infty \,|\, \mathcal{F}_t)$ für den fast sicheren Grenzwert $X_\infty = \lim_{n \to \infty} X_n$. Wegen der Norm-Ungleichung aus Satz 8.16 ist dann

$$\|X_\infty\|_2 \leq \| \sup_{t \geq 0} |X_t| \|_2 \leq 2\||X\||_2 = 2 \sup_{t \geq 0} \|E(X_\infty \,|\, \mathcal{F}_t)\|_2 \leq 2\|X_\infty\|_2$$

wegen der bedingten Jensen-Ungleichung. Durch $\langle X, Y \rangle \equiv E(X_\infty Y_\infty)$ ist also ein Skalarprodukt definiert, dessen zugehörige Halb-Norm gerade $\|X_\infty\|_2$ ist.

Bei Anwendungen des Rieszschen Darstellungssatzes 4.14 auf dieses Skalarprodukt benutzen wir dann die Vollständigkeit von $\mathcal{CM}^{loc}(\overline{\mathcal{F}})$.

Aufgaben

8.1. Seien $X = (X_n)_{n \in \mathbb{N}}$ eine unabhängige Folge identisch verteilter Zufallsvariablen, $S_n \equiv \sum_{j=1}^{n} X_j$ und τ eine $\mathcal{F}(X)$-Stoppzeit. Zeigen Sie $E(S_\tau) = E(\tau)E(X_1)$, falls entweder $X_1 \geq 0$ oder $X_1 \in \mathcal{L}_1$ und $\tau \in \mathcal{L}_1$.

8.2. Finden Sie eine unabhängige Folge von Zufallsvariablen Y_n mit $E(Y_n) = 0$ und $P(\{Y_n \to 0\}) = 0$, und folgern Sie, dass durch $X_n \equiv \sum_{j=1}^{n} Y_j$ ein fast sicher divergentes Martingal definiert ist.

8.3. Zeigen Sie, dass jedes $\mathcal{L}_2$-beschränkte Martingal $(X_n)_{n\in\mathbb{N}}$ (wegen der Unkorreliertheit der Zuwächse) in $\mathcal{L}_2$ konvergiert. Finden Sie ein $\mathcal{L}_1$-beschränktes Martingal, das nicht in $\mathcal{L}_1$ konvergiert.

8.4. Zeigen Sie für $p > 1$ und $X \in \mathcal{CM}^p(\mathcal{F})$, dass $X_t \to X_\infty$ sowohl fast sicher als auch in $\mathcal{L}_p$ gelten.

8.5. Zeigen Sie, dass für jedes stetige Martingal $(X_t)_{t\geq 0}$ die Abbildung $[0,\infty) \to \mathcal{L}_1, t \mapsto X_t$ stetig ist.

8.6. Seien Y eine nicht fast sicher konstante Zufallsvariable mit $E(Y) = 0$ und $X_t \equiv Y I_{(1,\infty)}(t)$. Zeigen Sie, dass $X = (X_t)_{t\geq 0}$ ein $\mathcal{F}(X)$-Martingal ist, das keine rechtsstetige Modifikation besitzt und das kein $\mathcal{F}(X)^+$-Martingal ist.

8.7. Für ein $\mathcal{F}$-Submartingal $X = (X_n)_{n\in\mathbb{N}}$ seien $\Delta_n \equiv X_n - X_{n-1}$ mit $X_0 \equiv 0$ und $A_n \equiv \sum_{j=1}^{n} E(\Delta_j \mid \mathcal{F}_{j-1})$, wobei $\mathcal{F}_0 \equiv \{\varnothing, \Omega\}$. Zeigen Sie, dass durch $M_n \equiv X_n - A_n$ ein zentriertes $\mathcal{F}$-Martingal definiert ist. Zeigen Sie außerdem, dass diese **Doob-Zerlegung** $X = M + A$ durch folgende Eigenschaften fast sicher eindeutig ist: M ist ein zentriertes Martingal, A_n ist $\mathcal{F}_{n-1}$-messbar, und A ist monoton wachsend.

8.8. Seien $\mathcal{F}$ eine $\mathbb{N}$-Filtration eines Wahrscheinlichkeitsraums $(\Omega, \mathcal{A}, P)$ und Q eine Verteilung auf $\mathcal{F}_\infty$ mit $Q|_{\mathcal{F}_n} = Z_n \cdot P|_{\mathcal{F}_n}$ für alle $n \in \mathbb{N}$. Zeigen Sie, dass $Z = (Z_n)_{n\in\mathbb{N}}$ ein $\mathcal{F}$-Martingal ist, das genau dann gleichgradig integrierbar ist, wenn $Q \ll P|_{\mathcal{F}_\infty}$.

8.9. Bestimmen Sie in der Situation der vorherigen Aufgabe für $(\Omega, \mathcal{A}) \equiv ([0,1), \mathbb{B} \cap [0,1))$, $Q \equiv U(0,1)$ und $\mathcal{F}_n \equiv \sigma(\{[\frac{j-1}{2^n}, \frac{j}{2^n}) : j \in \mathbb{Z}\})$ eine Verteilung P, so dass die Folge der Dichten nicht gleichgradig integrierbar ist.

8.10. Zeigen Sie (mit Hilfe der expliziten Darstellung endlich erzeugter σ-Algebren vom Anfang des ersten Kapitels), dass man bedingte Erwartungen bezüglich *endlicher* σ-Algebren durch eine Formel definieren kann. Benutzen Sie dann Satz 8.7 für einen weiteren Beweis der Existenz bedingter Erwartungswerte $E(X \mid Y)$ für Zufallsgrößen Y mit Werten in polnischen Räumen.

8.11. Seien $(\Omega, \mathcal{A}, P)$ ein Wahrscheinlichkeitsraum, so dass $\mathcal{A}$ einen abzählbaren Erzeuger besitzt. Zeigen Sie (ähnlich wie im Beweis zu Satz 8.8), dass $\mathcal{L}_p(\Omega, \mathcal{A}, P)$ für jedes $p \in [1,\infty)$ separabel ist.

8.12. Zeigen Sie für eine Brownsche Bewegung B, dass durch $X_t \equiv \frac{1}{t} B_{-t}$ ein Martingal mit dem Zeitbereich $(-\infty, 0]$ definiert ist und folgern Sie daraus $\frac{1}{t} B_t \to 0$ fast sicher für $t \to \infty$.

8.13. Zeigen Sie, dass jedes positive lokale Martingal X mit $X_0 \in \mathcal{L}_1$ ein in $\mathcal{L}_1$ beschränktes konvergentes Supermartingal ist.

8.14. Seien B eine Brownsche Bewegung, $\tau \equiv \inf\{t \geq 0 : B_t = 1\}$, $X \equiv 1 - B^\tau$ und $\phi : [0, \infty) \to [0, \infty]$ definiert durch $\phi(t) \equiv \frac{t}{(1-t)^+}$ (wobei X_∞ wegen der vorherigen Aufgabe definiert ist). Zeigen Sie, dass durch $Y_t \equiv X_{\phi(t)}$ ein lokales Martingal definiert ist, das kein echtes Martingal ist.

Kapitel 9

Stochastische Integration

Jeder Integralbegriff beruht auf einem Approximations- und Fortsetzungsprozess: Für einen „Integrator" X und eine Klasse „elementarer Integranden" definiert man zunächst ein „elementares Integral" und versucht dann unter Beibehaltung der Eigenschaften des elementaren Integrals, die Definition durch Approximation der Integranden auf eine größere Klasse fortzusetzen.

In diesem Kapitel sind sowohl Integranden als auch Integratoren stochastische Prozesse. Trotzdem beginnen wir – sozusagen als Nachtrag zu Kapitel 3 – mit einer nicht-stochastischen Situation (wobei wir allerdings schon eine für Prozesse übliche Notation benutzen).

Als Integrator betrachten wir eine Abbildung $X : [0, \infty) \to \mathbb{R}$, wobei wir das Argument $t \in [0, \infty)$ als Index schreiben. Die elementaren Integranden bestehen aus **linksstetigen Treppenfunktionen** $H_t = \sum_{n=0}^{\infty} a_n I_{(t_n, t_{n+1}]}(t)$ mit monotonen Folgen $t_n \to \infty$ und $a_n \in \mathbb{R}$. Für eine weitere Treppenfunktion $G = \sum_{n=0}^{\infty} b_n I_{(s_n, s_{n+1}]}$ und $\alpha, \beta \in \mathbb{R}$ sind $\alpha H + \beta G$ und HG linksstetig und auf den Intervallen $(r_n, r_{n+1}]$ konstant (mit $r_{n+1} \equiv \min\{s_k, t_k : k \in \mathbb{N}_0\} \setminus \{r_0, \ldots, r_n\}$), also wieder Treppenfunktionen. Für H wie oben definieren wir das **elementare Stieltjes-Integral** von H bezüglich X durch

$$(H \cdot X)_t \equiv \int_0^t H \, dX \equiv \int_0^t H_s \, dX_s \equiv \sum_{n=0}^{\infty} a_n (X_{t \wedge t_{n+1}} - X_{t \wedge t_n}).$$

Diese Definition ist unabhängig von der speziellen Darstellung von H, und wegen $t_n \to \infty$ hat die Reihe bloß endlich viele von null verschiedene Summanden. Falls sie auch für $t = \infty$ konvergiert, bezeichnen wir den Wert mit $(H \cdot X)_\infty \equiv \int_0^\infty H \, dX$. Damit gilt $(H \cdot X)_t = (H I_{(0,t]} \cdot X)_\infty = (H \cdot X^t)_\infty$, wobei X^t die in t **gestoppte Funktion** $X_s^t = X_{t \wedge s}$ bezeichnet.

Das elementare Integral ist sowohl bezüglich H (bei festem X) als auch bezüglich X (bei festem H) linear, dies bezeichnen wir als **Bilinearität**.

Eine nahe liegende Idee zur Vergrößerung der Klasse der Integranden ist, Funktionen $H : [0, \infty) \to \mathbb{R}$ gleichmäßig (oder gleichmäßig auf kompakten Intervallen) durch Treppenfunktionen $H(n)$ zu approximieren. Falls dann $(H(n) \cdot X)_t$ konvergiert, würde man den Grenzwert wieder Integral von H bezüglich X nennen. Für $X_t = t$ erhält man so das Regelintegral.

Für dieses Vorgehen benötigt man die Stetigkeit des Integrals $(H \cdot X)_t$ bezüglich der gleichmäßigen Konvergenz auf $[0, t]$, das heißt, für jede Folge $H(n)$ von Treppenfunktionen mit $\sup_{s \leq t} |H(n)_s| \to 0$ gilt $(H(n) \cdot X)_t \to 0$. Für $\sup_{s \leq t} |H(n)_s - H_s| \to 0$

ist dann nämlich $(H(n) \cdot X)_t$ eine Cauchy-Folge in $\mathbb{R}$ und deshalb konvergent. Wir zeigen jetzt, dass diese Idee genau für Integratoren mit endlicher Variation erfolgreich ist:

Satz 9.1 (Existenz des Stieltjes-Integrals)
Für $t > 0$ ist das Integral $(H \cdot X)_t$ genau dann stetig bezüglich der gleichmäßigen Konvergenz auf $[0, t]$, wenn $V_X(t) < \infty$ gilt.

Beweis. Für $V_X(t) < \infty$ und $H = \sum_{n=0}^{\infty} a_n I_{(t_n, t_{n+1}]}$ gilt

$$\left| \int_0^t H\, dX \right| \leq \sum_{n=0}^{\infty} |a_n| |X_{t \wedge t_{n+1}} - X_{t \wedge t_n}| \leq \sup_{s \leq t} |H_s| V_X(t),$$

und damit folgt die Stetigkeit bezüglich der gleichmäßigen Konvergenz auf $[0, t]$.

Für eine Partition $\mathcal{Z} = \{0 \leq t_0 < \cdots < t_{m+1} = t\}$ und $H \equiv \sum_{n=0}^{m} a_n I_{(t_n, t_{n+1}]}$ mit den Vorzeichen $a_n \equiv \text{sign}(X_{t_{n+1}} - X_{t_n})$ (wobei $\text{sign}(x) \equiv x^{-1}|x|$, was nach unseren Konventionen $\text{sign}(0) = 0$ bedeutet) ist andererseits $S(\mathcal{Z}, X) = (H \cdot X)_t$, was $V_X(t) \leq \sup\{(H \cdot X)_t : \sup_{s \leq t} |H_s| \leq 1\}$ impliziert. Wegen der Stetigkeit ist dieses Supremum dann endlich: Andernfalls gäbe es Treppenfunktionen $H(n)$ mit $\sup_{s \leq t} |H(n)_s| \leq 1$ und $c_n \equiv (H(n) \cdot X)_t \to \infty$, und weil $c_n^{-1} H(n)$ auf $[0, t]$ gleichmäßig gegen null konvergiert, folgt der Widerspruch $1 = (c_n^{-1} H(n) \cdot X)_t \to 0$. □

Für eine Funktion X mit endlicher Variation gibt es wegen dieses Satzes für jedes $t > 0$ genau eine stetige Fortsetzung des Integrals auf die Menge der Funktionen, die sich auf $[0, t]$ gleichmäßig durch Treppenfunktionen approximieren lassen. Diese Fortsetzung nennen wir wieder **Stieltjes-Integral**.

Für *rechtsstetiges* X gibt es eine andere Methode, die direkt zu einer größeren Klasse von Integranden führt: Mit X sind auch die Positiv- und Negativvariationen V_X^+ und V_X^- rechtsstetig und außerdem monoton mit $V_X^\pm(0) = 0$.

Mit Hilfe des Korrespondenzsatzes 2.7 finden wir dann Maße $\mu_X^\pm$ auf $(\mathbb{R}, \mathcal{B})$ mit $\mu_X^\pm([0, t]) = V_X^\pm(t)$ für alle $t \geq 0$. Falls $\lim_{t \to \infty} V_X^\pm(t) = 1$, folgt dies direkt aus Satz 2.7, und andernfalls wenden wir Satz 2.7 für jedes $n \in \mathbb{N}$ auf $F_n^\pm(t) \equiv V_X^\pm(0 \vee (t \wedge n))/V_X^\pm(n)$ an, für die zugehörigen Verteilungen $P_n^\pm$ sind dann durch $\mu_n^\pm = V_X^\pm(n) P_n^\pm$ Maße definiert mit $\mu_{n+1}^\pm(A \cap [0, n]) = \mu_n^\pm(A)$ wegen des Maßeindeutigkeitssatzes, und durch $\mu_X^\pm(A) \equiv \lim_{n \to \infty} \mu_n^\pm(A)$ finden wir die gesuchten Maße.

Für $H \equiv I_{(r,s]}$ gilt wegen $X - X_0 = V_X^+ - V_X^-$

$$\int_0^t H\, dX \; = \; X_{t \wedge s} - X_{t \wedge r} \; = \; V_X^+(t \wedge s) - V_X^+(t \wedge r) - V_X^-(t \wedge s) + V_X^-(t \wedge r)$$

$$= \; \int_{[0,t]} H\, d\mu_X^+ - \int_{[0,t]} H\, d\mu_X^-,$$

und wegen der Linearität des ersten und letzten Ausdrucks gilt diese Identität für alle Treppenfunktionen H. Wir nennen eine Borel-messbare Funktion H bezüglich X **integrierbar**, falls $\int_{[0,t]}|H|\,d\mu_X^{\pm}$ für alle $t \geq 0$ endlich sind, und definieren das **Lebesgue–Stieltjes-Integral** von H bezüglich X durch

$$(H \cdot X)_t \equiv \int_0^t H\,dX \equiv \int_0^t H_s\,dX_s \equiv \int_{[0,t]} H\,d\mu_X^+ - \int_{[0,t]} H\,d\mu_X^-.$$

Sind H positiv und $\mu_X \equiv \mu_X^+ - \mu_X^-$ ein Maß (was für monoton wachsendes X der Fall ist, im Allgemeinen nennt man μ_X ein „signiertes Maß"), so ist $(H \cdot X)_t = H \cdot \mu_X([0,t])$, wobei $H \cdot \mu_X$ wie in Kapitel 3 das Maß mit μ_X-Dichte H bezeichnet. Dieser Zusammenhang erklärt die Notation $H \cdot X$ für das Integral.

Bevor wir gleich die wesentlichen Eigenschaften für das Lebesgue–Stieltjes-Integral beweisen, „verallgemeinern" wir das Integral auf *Prozesse H* und *X*: Ist X rechtsstetig mit endlicher Variation (das heißt, alle Pfade $X(\omega)$ sind rechtsstetig mit endlicher Variation) und sind die Pfade $H(\omega)$ jeweils bezüglich $X(\omega)$ integrierbar, so nennen wir H bezüglich X integrierbar und definieren das Lebesgue–Stieltjes-Integral von H bezüglich X pfadweise als $(H \cdot X)_t(\omega) = (H(\omega) \cdot X(\omega))_t$.

Satz 9.2 (Lebesgue–Stieltjes-Integral)
Seien X, Y rechtsstetige Prozesse mit endlicher Variation und H, G bezüglich X und bezüglich Y integrierbar sowie $a, b \in \mathbb{R}$.

1. *$H \cdot X$ ist rechtsstetig mit $V_{H \cdot X}(t) \leq (|H| \cdot V_X)_t$. Mit X ist auch $H \cdot X$ stetig.*

2. *$(aH + bG) \cdot X = a(H \cdot X) + b(G \cdot X)$ und $H \cdot (aX + bY) = a(H \cdot X) + b(H \cdot Y)$.*

3. *G ist genau dann bezüglich $H \cdot X$ integrierbar, wenn GH bezüglich X integrierbar ist, und dann gilt $G \cdot (H \cdot X) = GH \cdot X$.*

4. *Sind X oder Y stetig, so gilt $X \cdot Y + Y \cdot X = XY - X_0 Y_0$.*

5. *Für jedes $\tau \geq 0$ gilt $(H \cdot X)^\tau = H \cdot X^\tau = H^\tau \cdot X^\tau = H I_{[0,\tau]} \cdot X$.*

6. *Sind X an eine Filtration $\mathcal{F}$ adaptiert und H bezüglich $\mathcal{F}$ progressiv messbar, so ist $H \cdot X$ wiederum $\mathcal{F}$-progressiv, also insbesondere $\mathcal{F}$-adaptiert.*

Die Aussagen in 2. bis 5. nennen wir **Bilinearität**, **Kettenregel**, **partielle Integration** und **Stoppregeln**.

Beweis. Weil die ersten fünf Aussagen sich bloß auf die Pfade beziehen, unterdrücken wir die ω-Abhängigkeit in der Notation.

2. Der erste Teil der zweiten Aussage folgt direkt aus der Linearität des Integrals bezüglich der Maße μ_X^+ und μ_X^-.

Für $a \geq 0$ ist $\mu_{aX}^{\pm} = a\mu_X^{\pm}$ und für $a < 0$ gilt $\mu_{aX}^{\pm} = -a\mu_X^{\mp}$ (die entsprechenden Aussagen für die Variationen ergeben sich direkt aus der Definition, und mit dem

Maßeindeutigkeitssatz folgen Sie für die zugehörigen Maße). Damit erhalten wir $H \cdot (aX) = a(H \cdot X)$.

Wegen $X - X_0 + Y - Y_0 = V_X^+ - V_X^- + V_Y^+ - V_Y^-$ gilt $G \cdot (X + Y) = G \cdot X + G \cdot Y$ für alle Indikatorfunktionen G, und mit Standardschluss folgt, dass H bezüglich $X + Y$ integrierbar ist mit $H \cdot (X + Y) = H \cdot X + H \cdot Y$.

5. Die Variationen des gestoppten Prozesses erfüllen $V_{X^\tau}^\pm(t) = V_X^\pm(t \wedge \tau)$, und wegen des Maßeindeutigkeitssatzes folgt $\mu_{X^\tau}^\pm(A) = \mu_X^\pm(A \cap [0, \tau])$. Damit erhalten wir $H \cdot X^\tau = H^\tau \cdot X^\tau = H I_{[0,\tau]} \cdot X = (H \cdot X)^\tau$.

1. Das Maß $\mu_X^+ + \mu_X^-$ besitzt die Verteilungsfunktion $V_X^+ + V_X^- = V_X$, so dass $|(H \cdot X)_t| \leq \int_{[0,t]} |H| d\mu_X^+ + \int_{[0,t]} |H| d\mu_X^- = (|H| \cdot V_X)_t$ gilt.

Für eine Partition $Z = \{0 = t_0 < \cdots < t_{m+1} = t\}$ folgt aus 5. und der Linearität

$$
\begin{aligned}
S(H \cdot X, Z) &= \sum_{n=0}^{m} |(H \cdot X)_{t_{n+1}} - (H \cdot X)_{t_n}| = \sum_{n=0}^{m} \left| \int_0^t H I_{(t_n, t_{n+1}]} dX \right| \\
&\leq \sum_{n=0}^{m} \int_0^t |H| I_{(t_n, t_{n+1}]} dV_X = \int_0^t |H| dV_X.
\end{aligned}
$$

Für das Supremum über alle Partitionen erhalten wir $V_{H \cdot X} \leq |H| \cdot V_X$.

Für $s \leq t$ folgt damit und der 5. Aussage $|(H \cdot X)_t - (H \cdot X)_s| = |H I_{(s,t]} \cdot X| \leq \int |H| I_{(s,t]} dV_X$, und die Rechtsstetigkeit folgt dann aus dem Satz von Lebesgue, weil $|H| I_{(s,t_n]} \to 0$ für jede Folge $t_n \downarrow s$ gilt. Mit X ist auch V_X stetig, so dass $\int_{\{t\}} |H| dV_X = 0$. Für jede Folge $s_n \uparrow t$ erhalten wir dann wieder mit dominierter Konvergenz $(H \cdot X)_{s_n} \to (H \cdot X)_t$, also die Linksstetigkeit von $H \cdot X$.

3. Durch Zerlegen in $X - X_0 = V_X^+ - V_X^-$ in Positiv- und Negativvariation und $H = H^+ - H^-$ in Positiv- und Negativteil können wir X als monoton wachsend und H als positiv annehmen. Dann ist H eine μ_X^+-Dichte von $\mu_{H \cdot X}^+$ und die Kettenregel in 3. stimmt mit der Aussage von Satz 3.10 überein.

4. Wegen der Bilinearität beider Seiten der Formel können wir wie eben durch Zerlegen X und Y als monoton wachsend annehmen und erhalten die partielle Integrationsformel aus der vor Satz 3.16 (als Anwendung des Satzes von Fubini) bewiesenen.

6. Wir haben vor Satz 8.13 gesehen, dass für rechtsstetiges X die Variationen $V_X^\pm(t)$ die Suprema über $S^\pm(X, Z)$ mit Partitionen $Z \subseteq \{k/2^n : k \in \mathbb{N}_0\} \cap [0, t]$ sind. Alle $S^\pm(X, Z)$ sind dann $\mathcal{F}_t$-messbar, so dass $V_X^\pm(t)$ als abzählbare Suprema wieder $\mathcal{F}_t$-messbar sind. Für $0 \leq s \leq t$ hängen $\mu_{X(\omega)}^\pm((s, t]) = V_{X(\omega)}^\pm(t) - V_{X(\omega)}^\pm(s)$ daher $\mathcal{F}_t$-messbar von ω ab.

Das System $\{A \in \mathbb{B} \cap [0, t] : \omega \mapsto \mu_{X(\omega)}^\pm(A) \text{ sind } \mathcal{F}_t\text{-messbar}\}$ ist wegen der σ-Additivität von Maßen ein Dynkin-System, das also den schnittstabilen Erzeuger $\{(s, t] : 0 \leq s \leq t\}$ von $\mathbb{B} \cap [0, t]$ enthält, und wegen des Dynkin-Arguments deshalb mit $\mathbb{B} \cap [0, t]$ übereinstimmt.

Wir haben damit gezeigt, dass durch $K^\pm(\omega, A) \equiv \mu_{X(\omega)}^\pm(A)$ endliche Kerne von $(\Omega, \mathcal{F}_t)$ nach $([0, t], \mathbb{B} \cap [0, t])$ definiert sind. Für positives und progressives H folgt daher aus Satz 3.14, dass $(H \cdot X)_t = \int H_s dK^+(\cdot, s) - \int H_s dK^-(\cdot, s)$ bezüglich $\mathcal{F}_t$ messbar ist. Weil mit H auch H^+ und H^- progressiv sind, erhalten wir, dass $H \cdot X$ an $\mathcal{F}$ adaptiert ist und wegen der ersten Aussage außerdem rechtsstetig. Satz 7.12 impliziert dann, dass $H \cdot X$ sogar $\mathcal{F}$-progressiv ist.   □

Wegen Satz 8.13 haben stetige Martingale nur dann endliche Variation, wenn sie fast sicher konstant sind, das heißt also, dass stetige Martingale und insbesondere Brownsche Bewegungen als Integratoren für das pfadweise Lebesgue–Stieltjes-Integral *gänzlich ungeeignet* sind!

Die Grundidee der stochastischen Integration (und damit die Lösung dieses Dilemmas) ist sehr einfach: Statt der pfadweisen Konvergenz elementarer Integrale untersuchen wir wahrscheinlichkeitstheoretische Begriffe, also stochastische, fast sichere oder $\mathcal{L}_p$-Konvergenz, und für ein Martingal als Integrator erhalten wir diese für den Fortsetzungsprozess benötigte Konvergenz mit Hilfe der Martingaltheorie des vorherigen Kapitels.

Für das Stieltjes-Integral haben wir vorhin *linksstetige* Treppenfunktionen betrachtet, also Funktionen der Form $H = \sum_{n=0}^{\infty} a_n I_{(t_n, t_{n+1}]}$. Der Grund für diese Wahl ist, dass für ein Maß μ mit Verteilungsfunktion F dann $\mu((s, t]) = F(t) - F(s)$ gilt. Für die Stochastik ergibt sich daraus der Nachteil, dass a_n *nicht* der Wert von H zur Zeit t_n ist, sondern dass $a_n = H_{t_{n+1}}$ gilt. Ist obige Verteilungsfunktion stetig, so gilt $\mu((s, t]) = \mu([s, t))$, und daher können wir dann genauso gut *rechtsstetige* Treppenfunktionen betrachten. Für eine solche Funktion H, das heißt also $H = \sum_{n=0}^{\infty} a_n I_{[t_n, t_{n+1})}$ mit $t_n \uparrow \infty$, und (um Widersprüche zu der früheren Definition zu vermeiden) eine stetige Funktion $X : [0, \infty) \to \mathbb{R}$ definieren wir wieder

$$(H \cdot X)_t \equiv \int_0^t H dX \equiv \int_0^t H_s dX_s \equiv \sum_{n=0}^{\infty} a_n (X_{t \wedge t_{n+1}} - X_{t \wedge t_n}).$$

Wir betrachten ab jetzt immer eine Filtration $\mathcal{F} = (\mathcal{F}_t)_{t \geq 0}$ und bezeichnen mit $T(\mathcal{F})$ die Menge aller $\mathcal{F}$-**Treppenprozesse**, das heißt $\mathcal{F}$-adaptierte Prozesse, deren Pfade rechtsstetige Treppenfunktionen sind. Für einen stetigen Prozess X und $H \in T(\mathcal{F})$ definieren wir dann den **Integralprozess** $H \cdot X$ pfadweise und schreiben wie oben $(H \cdot X)_t = \int_0^t H_s dX_s$. Die Menge $T(\mathcal{F})$ ist ein Vektorraum und das pfadweise definierte Integral ist wie vorhin bilinear.

Um wie beim Stieltjes-Integral gleichmäßige Konvergenz zu untersuchen, definieren wir $\||Y\||_\infty \equiv \sup\{|Y_t(\omega)| : \omega \in \Omega, t \geq 0\}$ für einen Prozess Y.

Mit $\overline{T}(\mathcal{F})$ bezeichnen wir den Vektorraum aller **gleichmäßigen Grenzwerte von Treppenprozessen**, also die Menge aller Prozesse H, so dass es $H(n) \in T(\mathcal{F})$ mit $\||H - H(n)\||_\infty \to 0$ gibt. Dabei müssen weder H noch $H(n)$ beschränkt sein, sondern bloß die Differenzen.

Im folgenden Satz benutzen wir für Zufallszeiten σ und τ **stochastische Intervalle** $[\sigma, \tau) \equiv \{(\omega, t) : \sigma(\omega) \leq t < \tau(\omega)\}$ und die dazu gehörigen **Indikatorprozesse**

$(I_{[\sigma,\tau)})_t(\omega) \equiv I_{[\sigma(\omega),\tau(\omega))}(t)$. Für diese sehr einfachen Treppenprozesse haben also alle Pfade (höchstens) zwei Sprungstellen.

Satz 9.3 (Treppenprozesse)
Für jeden Treppenprozess $H \in T(\mathcal{F})$ gibt es $\mathcal{F}$-Stoppzeiten $\tau_n \leq \tau_{n+1} \to \infty$ mit $H = \sum_{n=0}^{\infty} H_{\tau_n} I_{[\tau_n,\tau_{n+1})}$. Jeder stetige adaptierte Prozess ist Element von $\overline{T}(\mathcal{F})$.

Beweis. Wir bezeichnen die Sprungstellen von H mit τ_n, also $\tau_0 \equiv 0$ und $\tau_{n+1} \equiv \inf\{t \geq \tau_n : H_t \neq H_{\tau_n}\}$, und zeigen induktiv, dass τ_n Stoppzeiten sind. Wegen $H_t = H_t^{\tau_n}$ für $t < \tau_n$ ist τ_{n+1} die Eintrittszeit des rechtsstetigen Prozesses $H - H^{\tau_n}$ in die offene Menge $\{0\}^c$, also nach Satz 7.10.1 eine schwache $\mathcal{F}$-Stoppzeit. Außerdem ist $\{\tau_{n+1} = t\} = \{\tau_{n+1} \geq t\} \cap \{H_t \neq H_t^{\tau_n}\} \in \mathcal{F}_t$, so dass τ_{n+1} eine (echte) $\mathcal{F}$-Stoppzeit ist.

Auf $[\tau_n(\omega), \tau_{n+1}(\omega))$ ist $H(\omega)$ konstant mit Wert $H_{\tau_n}(\omega)$, was die erste Aussage beweist.

Für einen stetigen adaptierten Prozess X und $\varepsilon > 0$ definieren wir Stoppzeiten $\tau_0 \equiv 0$ und $\tau_{n+1} \equiv \inf\{t \geq \tau_n : |X_t - X_{\tau_n}| \geq \varepsilon\}$.

Wie eben ist τ_{n+1} Eintrittszeit von $X - X^{\tau_n}$ in die diesmal abgeschlossene Menge $(-\varepsilon, \varepsilon)^c$, also tatsächlich eine $\mathcal{F}$-Stoppzeit wegen Satz 7.10.2.

Für $t \in [\tau_n, \tau_{n+1})$ ist dann $|X_t - X_{\tau_n}| \leq \varepsilon$, und wegen der gleichmäßigen Stetigkeit der Pfade auf kompakten Intervallen gilt $\tau_n(\omega) \to \infty$ für jedes $\omega \in \Omega$. Durch $H \equiv \sum_{n=0}^{\infty} X_{\tau_n} I_{[\tau_n,\tau_{n+1})}$ ist also ein Treppenprozess mit $|||X - H|||_{\infty} \leq \varepsilon$ definiert. Die Adaptiertheit von H folgt dabei wegen

$$\{H_t \in B\} = \bigcup_{n \in \mathbb{N}_0} \{X_{\tau_n} \in B\} \cap \{\tau_n \leq t < \tau_{n+1}\}$$

aus $\{X_{\tau_n} \in B\} \in \mathcal{F}_{\tau_n}$ für alle $B \in \mathbb{B}$ und $\mathcal{F}_{\tau_n} \cap \{\tau_n \leq t\} \subseteq \mathcal{F}_t$. $\square$

Für einen Integrator $X \in \mathcal{CM}^2(\mathcal{F})$, also ein $\mathcal{L}_2$-beschränktes stetiges $\mathcal{F}$-Martingal, zeigen wir jetzt, dass das elementare Integral wiederum eine Martingaleigenschaft hat, sowie die Stetigkeit der Integration $T(\mathcal{F}) \to \mathcal{CM}^2(\overline{\mathcal{F}})$, $H \mapsto H \cdot X$, wobei wir auf $T(\mathcal{F})$ die gleichmäßige Konvergenz und auf $\mathcal{CM}^2(\overline{\mathcal{F}})$ die Halbnorm $|||X|||_2 = \sup\{\|X_t\|_2 : t \geq 0\}$ vom Ende des 8. Kapitels betrachten.

Satz 9.4 (Itô-Integral für Treppenprozesse)

1. Für $X, Y \in \mathcal{CM}^{\mathrm{loc}}(\mathcal{F})$ und $H \in T(\mathcal{F})$ sind $H \cdot X$ und $(H \cdot X)Y - H \cdot (XY)$ stetige lokale Martingale.

2. Für $X \in \mathcal{CM}^2(\mathcal{F})$ und ein beschränktes $H \in T(\mathcal{F})$ ist $H \cdot X \in \mathcal{CM}^2(\mathcal{F})$ mit $|||H \cdot X|||_2 \leq |||H|||_{\infty}|||X - X_0|||_2$.

Beweis. 1. Wegen Satz 9.3 ist $H = \sum_{n=0}^{\infty} H_{\tau_n} I_{[\tau_n, \tau_{n+1})}$ mit Stoppzeiten $\tau_n \uparrow \infty$.
Die zugehörigen Partialsummen bezeichnen wir mit $H(N) \equiv \sum_{n=0}^{N} H_{\tau_n} I_{[\tau_n, \tau_{n+1})}$.
Wegen $(H \cdot X)^{\tau_N} = \sum_{n=0}^{N} H_{\tau_n}(X^{\tau_{n+1}} - X^{\tau_n}) = H(N) \cdot X$ und Satz 8.15.1 reicht
es zu zeigen, dass $H(N) \cdot X$ lokale Martingale sind. Für festes $n \leq N$ ist $M \equiv H_{\tau_n}(X^{\tau_{n+1}} - X^{\tau_n})$ ein stetiger Prozess, der wegen $M_t = H_{\tau_n \wedge t}(X_t^{\tau_{n+1}} - X_t^{\tau_n})$
adaptiert ist, und deshalb sind $\varrho_m = \inf\{t \geq 0 : |M_t| + |X_t| \geq m\}$ Stoppzeiten mit
$\varrho_m \to \infty$. Für eine zweiwertige Stoppzeit σ folgt dann mit Glättung, Pull-out und
dem Optional-Sampling-Satz

$$E(M_\sigma^{\varrho_m}) = E(H_{\tau_n} E(X_{\tau_{n+1} \wedge \sigma}^{\varrho_m} - X_{\tau_n \wedge \sigma}^{\varrho_m} \mid \mathcal{F}_{\tau_n})) = 0.$$

Wegen des Martingaltests 8.3 sind daher M^{ϱ_m} Martingale, so dass M und als Linearkombination auch $H(N) \cdot X$ lokale Martingale sind.

Für die zweite Aussage berechnen wir

$$(H \cdot X)Y = \sum_{n=0}^{\infty} H_{\tau_n}(X^{\tau_{n+1}} - X^{\tau_n})Y^{\tau_{n+1}}$$

$$= \sum_{n=0}^{\infty} H_{\tau_n}((XY)^{\tau_{n+1}} - (XY)^{\tau_n}) - \sum_{n=0}^{\infty} H_{\tau_n} X^{\tau_n}(Y^{\tau_{n+1}} - Y^{\tau_n})$$

$$= H \cdot (XY) - G \cdot Y,$$

wobei $G \equiv \sum_{n=0}^{\infty} H_{\tau_n} X_{\tau_n} I_{[\tau_n, \tau_{n+1})}$ ein Treppenprozess ist. Wegen der schon bewiesenen Aussage ist also $(H \cdot X)Y - H \cdot (XY) = -G \cdot Y$ ein lokales Martingal.

2. Für $X \in \mathcal{CM}^2(\mathcal{F})$ und $\||H\||_{\infty} < \infty$ erfüllt nun $H(N) \cdot X$ selbst den Martin-
galtest (die Rechnung ist dieselbe wie eben), und wegen der Dreiecksungleichung ist
$\|(H(N) \cdot X)_t\|_2 < \infty$, so dass $H(N) \cdot X$ ein $\mathcal{L}_2$-Prozess ist. Wegen des Optional-
Sampling-Satzes sind daher die Zuwächse $(H(N) \cdot X)_{t \wedge \tau_{n+1}} - (H(N) \cdot X)_{t \wedge \tau_n} = H_{\tau_n}(X_t^{\tau_{n+1}} - X_t^{\tau_n})$ und aus gleichem Grund $X_t^{\tau_{n+1}} - X_t^{\tau_n}$ jeweils unkorreliert. Wegen
$E(H_{\tau_n}(X_t^{\tau_{n+1}} - X_t^{\tau_n})) = 0$ folgt damit

$$E((H(N) \cdot X)_t^2) = \text{Var}((H(N) \cdot X)_t) = \sum_{n=0}^{N} \text{Var}(H_{\tau_n}(X_t^{\tau_{n+1}} - X_t^{\tau_n}))$$

$$\leq \||H\||_{\infty}^2 \sum_{n=0}^{N} \text{Var}(X_t^{\tau_{n+1}} - X_t^{\tau_n}) \leq \||H\||_{\infty}^2 \text{Var}(X_t - X_0)$$

$$= \||H\||_{\infty}^2 E((X_t - X_0)^2) \leq \||H\||_{\infty}^2 \|X - X_0\|_2^2.$$

Insbesondere ist $(H(N) \cdot X)_t$ in $\mathcal{L}_2$ beschränkt und daher gleichgradig integrierbar,
so dass $(H(N) \cdot X)_t \to (H \cdot X)_t$ nicht nur fast sicher, sondern auch in $\mathcal{L}_1$ gilt. Daher
ist $H \cdot X$ ein echtes Martingal. Die Ungleichung für $\||H \cdot X\||_2$ folgt schließlich aus
der für $\||H(N) \cdot X\||_2$ mit dem Lemma von Fatou.   □

Wegen des zweiten Teils von Satz 9.4 können wir nun für Integratoren $X \in \mathcal{CM}^2(\mathcal{F})$ die Integration auf $\overline{T}(\mathcal{F})$ fortsetzen: Für $H \in \overline{T}(\mathcal{F})$ und eine Folge $H(n) \in T(\mathcal{F})$ mit $\||H - H(n)\||_\infty \to 0$ ist $(H(n) - H(1)) \cdot X$ eine Cauchy-Folge im $\mathcal{CM}^2(\mathcal{F}) \subseteq \mathcal{CM}^2(\overline{\mathcal{F}})$ und wegen der Vollständigkeit aus Satz 8.16 existiert ein (fast sicher eindeutiger) Grenzprozess $\lim_{n \to \infty} (H(n) - H(1)) \cdot X \in \mathcal{CM}^2(\overline{\mathcal{F}})$.

Das **Itô-Integral** von H bezüglich X definieren wir damit als

$$H \cdot X \equiv H(1) \cdot X + \lim_{n \to \infty} (H(n) - H(1)) \cdot X.$$

Dies ist eine „fast sichere Definition", und wir vereinbaren deshalb, *alle Aussagen über Integralprozesse stets als fast sicher aufzufassen.*

Die Definition von $H \cdot X$ hängt nicht von der speziellen Folge $H(n)$ ab, so dass es insbesondere kein Konsistenzproblem mit der pfadweisen Definition für $H \in T(\mathcal{F})$ gibt. Der erste Teil von Satz 9.4 impliziert $H \cdot X \in \mathcal{CM}^{\mathrm{loc}}(\overline{\mathcal{F}})$, und für beschränktes $H \in \overline{T}(\mathcal{F})$ ist $H \cdot X \in \mathcal{CM}^2(\overline{\mathcal{F}})$.

Außerdem überträgt sich die Bilinearität des „elementaren" Integrals auf die Fortsetzung. Bevor wir gleich Eigenschaften dieses „Itô-Regelintegrals" beweisen, wollen wir durch Lokalisieren die Klasse der Integratoren vergrößern:

Für $X \in \mathcal{CM}^{\mathrm{loc}}(\mathcal{F})$ gibt es Stoppzeiten $\tau_n \uparrow \infty$, so dass $(X - X_0)^{\tau_n} \in \mathcal{CM}^2(\mathcal{F})$ (zum Beispiel $\tau_n \equiv \inf\{t \geq 0 : |X_t| \geq n\}$), und für $n \in \mathbb{N}$ und $H \in \overline{T}(\mathcal{F})$ gilt dann $(H \cdot (X - X_0)^{\tau_{n+1}})^{\tau_n} = H \cdot (X - X_0)^{\tau_n}$: Für $H \in T(\mathcal{F})$ stimmt dies wegen der pfadweisen Definition, und für $H \in \overline{T}(\mathcal{F})$ folgt die Aussage dann aus der **Stetigkeit des Stoppens**, das heißt, für jede konvergente Folge $M(n) \to M$ in $\mathcal{CM}^2(\overline{\mathcal{F}})$ und jede $\overline{\mathcal{F}}$-Stoppzeit τ gilt auch $M(n)^\tau \to M^\tau$ in $\mathcal{CM}^2(\overline{\mathcal{F}})$.

Wegen Satz 8.15.3 gibt es also einen fast sicher eindeutig bestimmten stetigen $\overline{\mathcal{F}}$-adaptierten Prozess $H \cdot X$ mit $(H \cdot X)^{\tau_n} = H \cdot (X - X_0)^{\tau_n}$ für alle $n \in \mathbb{N}$, den wir wiederum als Itô-Integral von H bezüglich X bezeichnen.

Weil das Integral bezüglich konstanter Integratoren gleich 0 ist (für Treppenprozesse folgt dies sofort aus der Definition, und die Eigenschaft überträgt sich natürlich beim Grenzübergang), gilt für $X \in \mathcal{CM}^2(\mathcal{F})$ stets $H \cdot X = H \cdot (X - X_0)$, so dass es wiederum kein Konsistenzproblem gibt. Die Definition von $H \cdot X$ ist wegen Satz 8.15.2 unabhängig von der speziellen Folge τ_n mit $(X - X_0)^{\tau_n} \in \mathcal{CM}^2(\overline{\mathcal{F}})$.

Satz 9.5 (Itô-Regelintegral)
Seien $X \in \mathcal{CM}^{\mathrm{loc}}(\mathcal{F})$ und $H \in \overline{T}(\mathcal{F})$.

1. *$H \cdot X \in \mathcal{CM}^{\mathrm{loc}}(\overline{\mathcal{F}})$.*

2. *Das Itô-Integral ist bilinear.*

3. *Für jede $\overline{\mathcal{F}}$-Stoppzeit σ gilt $(H \cdot X)^\sigma = H \cdot X^\sigma = H^\sigma \cdot X^\sigma = H I_{[0,\sigma)} \cdot X$.*

4. *Ist X an eine Filtration $\mathcal{G} \subseteq \mathcal{F}$ adaptiert und $H \in \overline{T}(\mathcal{G})$, so stimmt $H \cdot X$ fast sicher mit einem $\overline{\mathcal{G}}$-adaptierten stetigen Prozess überein.*

Beweis. Wie eben seien $\tau_n \to \infty$ Stoppzeiten mit $(X - X_0)^{\tau_n} \in \mathcal{CM}^2(\mathcal{F})$.

3. Für $H \in T(\mathcal{F})$ folgen die Aussagen direkt aus der pfadweisen Definition, und für $X \in \mathcal{CM}^2(\mathcal{F})$ überträgt sich die Eigenschaft $(H \cdot X)^\sigma = H \cdot X^\sigma$ auf $H \in \overline{T}(\mathcal{F})$ wegen der Stetigkeit des Stoppens. Mit $\|\|H(n) - H\|\|_\infty \to 0$ konvergieren auch $\|\|H(n)^\sigma - H^\sigma\|\|_\infty$ und $\|\|H(n)I_{[0,\sigma)} - HI_{[0,\sigma)}\|\|_\infty$ gegen 0, und wir erhalten $(H \cdot X)^\sigma = H^\sigma \cdot X^\sigma = HI_{[0,\sigma)} \cdot X$.

Für $X \in \mathcal{CM}^{\mathrm{loc}}(\mathcal{F})$ gilt nach Definition des Integrals $(H \cdot X)^{\tau_n} = H \cdot (X - X_0)^{\tau_n}$ und daher

$$((H \cdot X)^\sigma)^{\tau_n} = ((H \cdot X)^{\tau_n})^\sigma = (H \cdot (X - X_0)^{\tau_n})^\sigma = H \cdot (X - X_0)^{\sigma \wedge \tau_n}$$
$$= H \cdot (X^\sigma - X_0)^{\tau_n} = (H \cdot X^\sigma)^{\tau_n}.$$

Mit Satz 8.15.2 folgt also $(H \cdot X)^\sigma = H \cdot X^\sigma$. Genauso erhalten wir die anderen Identitäten.

1. Diese Aussage folgt aus Satz 8.15.1, weil $(H \cdot X)^{\tau_n} = H \cdot (X - X_0)^{\tau_n}$ lokale Martingale sind.

2. Für Integratoren in $\mathcal{CM}^2(\mathcal{F})$ folgt die Bilinearität aus der Bilinearität des elementaren Integrals und der Stetigkeit der Addition und Multiplikation mit reellen Zahlen in $\mathcal{CM}^2(\overline{\mathcal{F}})$. Für Integratoren $X, Y \in \mathcal{CM}^{\mathrm{loc}}(\mathcal{F})$ überträgt sich die Bilinearität, indem man (etwa durch Bilden des Minimums) eine lokalisierende Folge τ_n findet mit $(X - X_0)^{\tau_n} \in \mathcal{CM}^2(\mathcal{F})$ und $(Y - Y_0)^{\tau_n} \in \mathcal{CM}^2(\mathcal{F})$.

4. Für $H \in T(\mathcal{G})$ ist $H \cdot X$ bezüglich $\mathcal{G}$ adaptiert, und für ein $\mathcal{G}$-adaptiertes $X \in \mathcal{CM}^2(\mathcal{F})$ und $H(n) \in T(\mathcal{G})$ mit $\|\|H(n) - H\|\|_\infty \to 0$ ist $(H(n) - H(1)) \cdot X$ eine Cauchy-Folge in $\mathcal{CM}^2(\mathcal{G})$, weil X auch ein $\mathcal{G}$-Martingal ist. Ein Grenzwert in $\mathcal{CM}^2(\overline{\mathcal{G}})$ ist dann auch ein Grenzwert in $\mathcal{CM}^2(\overline{\mathcal{F}})$, so dass $H \cdot X$ fast sicher mit einem Element von $\mathcal{CM}^2(\overline{\mathcal{G}})$ übereinstimmt.

Für $X \in \mathcal{CM}^{\mathrm{loc}}(\mathcal{G})$ sind $\tau_n = \inf\{t \geq 0 : |X_t| \geq n\}$ Stoppzeiten bezüglich $\mathcal{G}$, so dass $H \cdot (X - X_0)^{\tau_n}$ fast sicher mit Elementen von $\mathcal{CM}^2(\overline{\mathcal{G}})$ übereinstimmen. Wegen $H \cdot X = \lim_{n \to \infty} H \cdot (X - X_0)^{\tau_n}$ folgt damit, dass $H \cdot X$ fast sicher mit einem $\overline{\mathcal{G}}$-messbaren Prozess übereinstimmt.   □

Die vierte Aussage des Satzes impliziert, dass das Itô-Integral nicht von der Filtration $\mathcal{F}$ abhängt, solange der Integrator ein lokales $\mathcal{F}$-Martingal ist und der Integrand gleichmäßiger Grenzwert von $\mathcal{F}$-Treppenprozessen ist.

Man kann übrigens auch die Kettenregel $H \cdot (G \cdot X) = HG \cdot X$ zuerst für Treppenprozesse und damit für gleichmäßige Grenzwerte beweisen. Wir werden aber später einen angenehmeren Beweis erhalten und verzichten daher zum jetzigen Zeitpunkt auf die Kettenregel.

Das bisherige Vorgehen war sehr *ähnlich* wie beim Stieltjes-Integral mit dem einzigen Unterschied, dass nicht pfadweise Konvergenz sondern $\mathcal{L}_2$-Konvergenz der elementaren Integrale untersucht wurde.

Der folgende Satz begründet den fundamentalen *Unterschied* zwischen dem klassischen Stieltjes-Integral und dem stochastischen Integral:

Satz 9.6 (Covariation und partielle Integration)

Für $X, Y \in \mathcal{CM}^{\mathrm{loc}}(\mathcal{F})$ sei $[X, Y] \equiv XY - X_0 Y_0 - X \cdot Y - Y \cdot X$.

1. $[X, Y]$ ist ein stetiger $\overline{\mathcal{F}}$-adaptierter Prozess mit fast sicher endlicher Variation, so dass $XY - [X, Y] \in \mathcal{CM}^{\mathrm{loc}}(\overline{\mathcal{F}})$ und $[X, Y]_0 = 0$.

2. Durch die Eigenschaften in 1. ist $[X, Y]$ fast sicher eindeutig bestimmt.

3. $[X, Y] = [Y, X] = \frac{1}{4}([X + Y] - [X - Y])$ und $[X, Y + Z] = [X, Y] + [X, Z]$.

4. Für jede $\overline{\mathcal{F}}$-Stoppzeit τ gilt $[X, Y]^\tau = [X^\tau, Y^\tau] = [X^\tau, Y]$.

5. $[X] \equiv [X, X]$ ist fast sicher monoton wachsend.

Der Prozess $[X, Y]$ heißt **Covariation** von X und Y oder auch **Kompensator** (weil er XY zu einem lokalen Martingal „kompensiert"). Manchmal findet man auch die Bezeichnung „Klammerprozess". $[X] = [X, X]$ heißt **quadratische Variation** von X.

Wie schon für Integrale vereinbaren wir, auch Aussagen über Covariationen immer als fast sicher zu lesen. Die Formel

$$XY - X_0 Y_0 = X \cdot Y + Y \cdot X + [X, Y]$$

heißt **partielle Integrationsformel** der stochastischen Integration. Sie unterscheidet sich also von der für das Lebesgue–Stieltjes-Integral aus Satz 9.2.6 durch das Auftreten der Covariation.

Die Aussagen in 3. nennen wir **Symmetrie**, **Polarisierungsidentität** und **Bilinearität**.

Bevor wir den Satz beweisen, betrachten wir als erste Anwendung eine $\mathcal{F}$-Brownsche Bewegung B. Weil durch $M_t \equiv B_t^2 - t$ ein stetiges Martingal mit $M_0 = 0$ definiert ist, gilt $[B]_t = t$ wegen der Eindeutigkeitsaussage des Satzes. Wir werden übrigens in Satz 10.2 sehen, dass Brownsche Bewegungen die einzigen stetigen lokalen Martingale mit der quadratischen Variation $[B]_t = t$ sind.

Mit der partiellen Integrationsformel können wir jetzt erstmals ein Itô-Integral berechnen:

$$2(B \cdot B)_t = 2 \int_0^t B \, dB = B_t^2 - t \quad \text{für alle } t \geq 0.$$

Beweis. Wegen Satz 9.3 gilt $X, Y \in \overline{T}(\mathcal{F})$, so dass die Integrale $X \cdot Y$ und $Y \cdot X$ definiert sind.

2. Die Eindeutigkeit folgt aus der Version von Satz 8.13 für stetige lokale Martingale: Für einen weiteren stetigen adaptierten Prozess Z mit endlicher Variation und $XY - Z \in \mathcal{CM}^{\mathrm{loc}}(\overline{\mathcal{F}})$ ist nämlich $[X, Y] - Z \in \mathcal{CM}^{\mathrm{loc}}(\overline{\mathcal{F}})$ und außerdem mit endlicher Variation und daher (zeitlich) konstant.

3. Die Aussagen folgen mit der Bilinearität des Itô-Integrals direkt aus der Definition der Covariation.

4. Die erste Identität folgt direkt aus der Stoppregel $(X \cdot Y)^\tau = X^\tau \cdot Y^\tau$ in Satz 9.5.3, und wegen der Bilinearität müssen wir jetzt noch $[X^\tau, Y - Y^\tau] = 0$ zeigen, also

$$X^\tau(Y - Y^\tau) - X^\tau \cdot (Y - Y^\tau) - (Y - Y^\tau) \cdot X^\tau = 0.$$

Aus $H \cdot X^\tau = H^\tau \cdot X^\tau$ folgt $(Y - Y^\tau) \cdot X^\tau = 0 \cdot X^\tau = 0$, und aus $X^\tau = X I_{[0,\tau)} + X_\tau I_{[\tau,\infty)}$ erhalten wir $X^\tau \cdot Y = X^\tau \cdot Y^\tau + X_\tau(Y - Y^\tau)$, also $X^\tau \cdot (Y - Y^\tau) = X_\tau(Y - Y^\tau) = X^\tau(Y - Y^\tau)$.

5. Wir nehmen X zunächst als beschränkt an und betrachten für $N \in \mathbb{N}$ wie im Beweis zu Satz 9.3 die Approximationen $H(N) \equiv \sum_{n=0}^{\infty} X_{\tau_{N,n}} I_{[\tau_{N,n}\tau_{N,n+1})}$ mit $\tau_{N,0} \equiv 0$ und $\tau_{N,n+1} \equiv \inf\{t \geq 0 : |X_t - X_{\tau_{N,n}}| = 1/2^N\}$. Wegen $\tau_{N,n} \to \infty$ für $n \to \infty$ ist dann $X_t^2 - X_0^2 = \sum_{n=0}^{\infty}(X_t^{\tau_{N,n+1}})^2 - (X_t^{\tau_{N,n}})^2$ für jedes $t \geq 0$. Mit $a^2 - b^2 - 2b(a - b) = (a - b)^2$ folgt damit

$$Q(N)_t \equiv X_t^2 - X_0^2 - 2(H(N) \cdot X)_t = \sum_{n=0}^{\infty}(X_t^{\tau_{N,n+1}} - X_t^{\tau_{N,n}})^2 \geq 0.$$

Weil $(H(N) \cdot X)_t$ in $\mathcal{L}_2$ und damit auch stochastisch gegen $(X \cdot X)_t$ konvergiert, gibt es eine Teilfolge N_k mit $Q(N_k)_t \to [X]_t$ fast sicher. Also sind $[X]_t$ und damit auch $([X]_t)_{t \in \mathbb{Q}_+}$ fast sicher positiv. Als stetiger Prozess ist daher $[X]$ fast sicher positiv.

Für $\overline{\mathcal{F}}$-Stoppzeiten $\sigma \leq \tau$ folgt aus den Stoppregeln in 4. und der Bilinearität

$$\begin{aligned}
[X]^\tau - [X]^\sigma &= [X^\tau, X^\tau] - [X^\tau, X^\sigma] = [X^\tau, X^\tau - X^\sigma] \\
&= [X^\tau - X^\sigma] + [X^\sigma, X^\tau] - [X^\sigma, X^\sigma] = [X^\tau - X^\sigma].
\end{aligned}$$

Für $s \leq t$ liefert dies $[X]_t - [X]_s = [X]_t^t - [X]_t^s = [X^t - X^s]_t \geq 0$, also die Monotonie der quadratischen Variation.

Für allgemeines $X \in \mathcal{CM}^{\mathrm{loc}}(\mathcal{F})$ betrachten wir die lokalisierende Folge $\sigma_n \equiv \inf\{t \geq 0 : |X_t - X_0| \geq n\}$. Wegen der Stoppregel aus 4. sind dann $[X]^{\sigma_n} = [X^{\sigma_n}]$ monoton wachsend, und wegen $\sigma_n \to +\infty$ ist daher auch im allgemeinen Fall $[X]$ fast sicher monoton.

1. Wegen Satz 9.5.1 ist $XY - [X, Y] = X_0 Y_0 + X \cdot Y + Y \cdot X \in \mathcal{CM}^{\mathrm{loc}}(\overline{\mathcal{F}})$, und es gilt $[X, Y]_0 = 0$, weil $(X \cdot Y)_0 = (Y \cdot X)_0 = 0$. Wegen der Polarisierungsidentität und der 5. Aussage hat $[X, Y]$ als Differenz zweier fast sicher monotoner Prozesse fast sicher endliche Variation.   □

Die Covariation spielt eine herausragende Rolle in der stochastischen Integration, und die partielle Integrationsformel wird sowohl benutzt, um wie eben für die Brownsche Bewegung Integrale zu berechnen, als auch, um Covariationen zu bestimmen. Entscheidend für unsere Integrationstheorie ist, dass wir nun einen Zusammenhang zwischen lokalen Martingalen – die als Integratoren für das Itô-Integral dienen – und Prozessen mit endlicher Variation haben – bezüglich der wir das Lebesgue–Stieltjes-Integral definieren können. Weil der Durchschnitt dieser beiden Klassen bloß zeitlich konstante Prozesse $X = X_0$ enthält (für die stets $H \cdot X = 0$ gilt, egal ob man das Lebesgue–Stieltjes- oder das Itô-Integral betrachtet), ist $H \cdot X$ für geeignetes H und $X \in \mathcal{CM}^{\mathrm{loc}}(\mathcal{F})$ *oder X mit endlicher Variation immer fast sicher eindeutig definiert.*

Satz 9.7 (Eigenschaften der Covariation)
Seien $X, Y, Z, X(n) \in \mathcal{CM}^{\mathrm{loc}}(\mathcal{F})$.

1. Für alle $H \in \overline{T}(\mathcal{F})$ gilt $[H \cdot X, Y] = H \cdot [X, Y]$.

2. $X \in \mathcal{CM}^2(\mathcal{F})$ gilt genau dann, wenn $X_0 \in \mathcal{L}_2$ und $[X]_\infty \equiv \lim_{t\to\infty}[X]_t \in \mathcal{L}_1$. Für $X, Y \in \mathcal{CM}^2(\mathcal{F})$ ist $XY - [X, Y]$ ein gleichgradig integrierbares (echtes) Martingal.

3. $[X(n)]_\infty \xrightarrow{P} 0$ gilt genau dann, wenn $X(n)^* \equiv \sup_{t\geq 0}|X(n)_t - X(n)_0| \xrightarrow{P} 0$.

4. Für $[X]$-integrierbares H und $[Y]$-integrierbares G gilt

$$|HG| \cdot V_{[X,Y]} \leq \sqrt{(H^2 \cdot [X])(G^2 \cdot [Y])}.$$

Die Formel $[H \cdot X, Y] = H \cdot [X, Y]$ nennen wir **Fundamentalidentität** der stochastischen Integration. Die 4. Aussage des Satzes ist die sogenannte **Kunita–Watanabe-Ungleichung**.

Beweis. 2. Für zeitlich konstante Prozesse Z gelten $X \cdot Z = 0$ und $Z \cdot X = Z(X - X_0)$, und damit folgen $[X, Z] = XZ - X_0Z_0 - X \cdot Z - Z \cdot X = 0$ und wegen der Bilinearität $[X - X_0] = [X]$. Wir können daher im Folgenden $X_0 = 0$ annehmen.

Die Existenz von $[X]_\infty$ folgt aus der Monotonie der quadratischen Variation. Ist τ_n lokalisierend für $X^2 - [X] \in \mathcal{CM}^{\mathrm{loc}}(\overline{\mathcal{F}})$, so folgt mit $\tau_n \wedge n \to \infty$ und monotoner Konvergenz

$$E([X]_\infty) = \lim_{n\to\infty} E([X]_n^{\tau_n}) = \lim_{n\to\infty} E\big(([X]_n - X_n^2)^{\tau_n} + X_{n\wedge\tau_n}^2\big) = \lim_{n\to\infty} E(X_{n\wedge\tau_n}^2).$$

Für $X \in \mathcal{CM}^2(\mathcal{F})$ ist also $E([X]_\infty) \leq \|\sup_{t\geq 0}|X_t|\|_2^2 \leq 4\|\|X\|\|_2^2 < \infty$ wegen Satz 8.16. Also sind dann $[X]_\infty$ und $Z \equiv [X]_\infty + \sup_{t\geq 0}|X_t|^2 \in \mathcal{L}_1$. Wegen $|X_t^2 - [X]_t| \leq Z$ ist $X^2 - [X]$ als dominiertes lokales Martingal ein echtes Martingal und außerdem gleichgradig integrierbar. Für $X, Y \in \mathcal{CM}^2(\mathcal{F})$ folgt dann mit der Polarisierungsidentität, dass $XY - [X, Y]$ ein gleichgradig integrierbares Martingal ist.

Seien nun $[X]_\infty \in \mathcal{L}_1$ und τ_n lokalisierend für $X^2 - [X]$. Mit Fatous Lemma und der Normungleichung aus Satz 8.16 folgt

$$E(\sup_{t\geq 0} X_t^2) \leq \liminf_{n\to\infty} \|\sup_{t\geq 0}|X_t^{\tau_n}|\|_2^2 \leq 4 \sup_{n\in\mathbb{N}} \sup_{t\geq 0} \|X_t^{\tau_n}\|_2^2$$

$$= 4 \sup_{n\in\mathbb{N}} \sup_{t\geq 0} E\big((X_t^2 - [X]_t)^{\tau_n} + [X]_t^{\tau_n}\big) \leq 4E([X]_\infty).$$

Also ist $\sup_{t\geq 0} |X_t| \in \mathcal{L}_2 \subseteq \mathcal{L}_1$, und X ist als dominiertes lokales Martingal ein echtes.

3. Mit der Bezeichnung $X^* \equiv \sup_{t\geq 0} |X_t - X_0|$ folgt die dritte Aussage direkt aus den (für alle $\varepsilon, \delta > 0$ noch zu zeigenden) **Lenglart-Ungleichungen**

$$P([X]_\infty \geq \delta) \leq \frac{\varepsilon^2}{\delta} + P(X^* \geq \varepsilon) \quad \text{und} \quad P(X^* \geq \delta) \leq \frac{4\varepsilon}{\delta^2} + P([X]_\infty \geq \varepsilon).$$

Dabei können wir wieder $X_0 = 0$ annehmen. Für den Beweis der ersten Ungleichung definieren wir $\tau \equiv \inf\{t \geq 0 : |X_t| \geq \varepsilon\}$, so dass $\{X^* < \varepsilon\} \subseteq \{\tau = \infty\}$. Wegen $|X^\tau| \leq \varepsilon$ und der zweiten Aussage ist $M \equiv (X^2 - [X])^\tau$ ein echtes gleichgradig integrierbares Martingal, und mit $E(M_\infty) = 0$ folgt $E([X]_\tau) = E([X]_\infty^\tau) = E((X^2)_\infty^\tau) \leq \varepsilon^2$. Mit der Chebychev–Markov-Ungleichung aus Satz 4.3 erhalten wir damit

$$P([X]_\infty \geq \delta) = P([X]_\infty \geq \delta, \tau = \infty) + P([X]_\infty \geq \delta, \tau < \infty)$$

$$\leq P([X]_\tau \geq \delta) + P(\tau < \infty) \leq \frac{\varepsilon^2}{\delta} + P(X^* \geq \varepsilon).$$

Für die zweite Ungleichung sei $\sigma \equiv \inf\{t \geq 0 : [X]_t \geq \varepsilon\}$. Wegen $[X]_\infty^\sigma = [X]_\infty^\sigma \leq \varepsilon$ ist $X^\sigma \in \mathcal{CM}^2(\mathcal{F})$ mit $\| \sup |X_t^\sigma| \|_2^2 \leq 4E([X^\sigma]_\infty)$ wegen der im Beweis der zweiten Aussage gezeigten Ungleichung. Wieder mit der Chebychev–Markov-Ungleichung folgt dann

$$P(X^* \geq \delta) = P(X^* \geq \delta, \sigma = \infty) + P(X^* \geq \delta, \sigma < \infty)$$

$$\leq \frac{1}{\delta^2} \| \sup_{t\geq 0} |X_t^\sigma| \|_2^2 + P(\sigma < \infty) \leq \frac{4\varepsilon}{\delta^2} + P([X]_\infty \geq \varepsilon).$$

1. Für $H \in T(\mathcal{F})$ hat $H \cdot [X, Y]$ endliche Variation, und wegen Satz 9.4.1 und 9.5.1 ist

$$(H \cdot X)Y - H \cdot [X, Y] = (H \cdot X)Y - H \cdot (XY) + H \cdot (XY - [X, Y]) \in \mathcal{CM}^{\text{loc}}(\overline{\mathcal{F}}).$$

Die Eindeutigkeitsaussage in Satz 9.6.2 impliziert daher $[H \cdot X, Y] = H \cdot [X, Y]$. Wegen der Linearität dieser Formel in H müssen wir sie jetzt noch für beschränktes $H \in \overline{T}(\mathcal{F})$ zeigen. Durch Lokalisierung mit der Folge

$$\tau_N \equiv \inf\{t \geq 0 : |X_t| + |Y_t| + V_{[X,Y]}(t) \geq N\}$$

können wir dabei $X, Y \in \mathcal{CM}^2(\mathcal{F})$ und $V_{[X,Y]} \leq N$ sowie $X_0 = Y_0 = 0$ annehmen.

Seien $H(n) \in T(\mathcal{F})$ mit $\| | H(n) - H | \|_\infty \to 0$. Dann konvergiert $H(n) \cdot X$ in $\mathcal{CM}^2(\overline{\mathcal{F}})$ gegen $H \cdot X$, so dass wegen der dritten Aussage und der Polarisierungsidentität $\sup_{t\geq 0} |[(H(n) - H) \cdot X, Y]_t|$ stochastisch gegen null konvergiert.

Andererseits konvergiert $H(n) \cdot [X, Y](\omega)$ für jedes $\omega \in \Omega$ gleichmäßig gegen $H \cdot [X, Y](\omega)$ weil

$$\sup_{t \geq 0} \left| \int_0^t H(n) - H \, d[X, Y](\omega) \right| \leq \int_0^\infty |H(n) - H| \, dV_{[X,Y]}(\omega) \leq \||H(n) - H\||_\infty N.$$

Aus der fast sicheren Eindeutigkeit stochastischer Grenzwerte folgt $H \cdot [X, Y] = [H \cdot X, Y]$.

4. Für $s \leq t$ und $\lambda \in \mathbb{Q}$ gilt fast sicher

$$0 \leq [X+\lambda Y]_t - [X+\lambda Y]_s = ([X]_t - [X]_s) + 2\lambda([X, Y]_t - [X, Y]_s) + \lambda^2([Y]_t - [Y]_s).$$

Wegen der Stetigkeit in λ gilt dies dann auch fast sicher für alle $\lambda \in \mathbb{R}$, und Minimieren bezüglich λ liefert $|[X, Y]_t - [X, Y]_s| \leq ([X]_t - [X]_s)^{1/2}([Y]_t - [Y]_s)^{1/2}$ fast sicher. Wieder wegen der Stetigkeit gibt es dann ein fast sicheres Ereignis $A \in \mathcal{F}_\infty$, so dass diese Ungleichungen auf A für alle $s \leq t$ gelten.

Für eine Partition $\{t_0 \leq \cdots \leq t_{n+1}\}$ von $[s, t]$ folgt dann auf A mit der Cauchy–Schwarz-Ungleichung

$$\sum_{j=0}^n |[X, Y]_{t_{j+1}} - [X, Y]_{t_j}| \leq \left(\sum_{j=0}^n [X]_{t_{j+1}} - [X]_{t_j} \right)^{1/2} \left(\sum_{j=0}^n [Y]_{t_{j+1}} - [Y]_{t_j} \right)^{1/2}$$

$$= ([X]_t - [X]_s)^{1/2}([Y]_t - [Y]_s)^{1/2}.$$

Für das Supremum über alle Partitionen von $[s, t]$ erhalten wir damit

$$V_{[X,Y]}(t) - V_{[X,Y]}(s) \leq ([X]_t - [X]_s)^{1/2}([Y]_t - [Y]_s)^{1/2}.$$

Für festes $\omega \in A$ seien nun ν, μ und ϱ die lokalendlichen Maße auf $[0, \infty)$ mit Verteilungsfunktionen $[X](\omega), [Y](\omega)$ und $V_{[X,Y]}(\omega)$. Obige Ungleichung besagt dann $\varrho(J) \leq (\nu(J)\mu(J))^{1/2}$ für alle Intervalle $J = (s, t]$.

Für $h, g \in \mathcal{L}_2([0, \infty), \mathbb{B} \cap [0, \infty), \nu + \mu + \varrho)$ gibt es wegen Satz 8.7 Linearkombinationen h_n und g_n von Indikatorfunktionen $I_{J(k)}$ mit $J(k) \equiv [k/2^n, (k + 1)/2^n)$ die in $\mathcal{L}_2$ gegen h beziehungsweise g konvergieren. Für $h_n = \sum_{k \in E} a_k I_{J(k)}$ und $g_n = \sum_{k \in E} b_k I_{J(k)}$ gilt dann wieder wegen der Cauchy–Schwarz-Ungleichung

$$\int h_n g_n \, d\varrho = \sum_{k \in E} a_k b_k \varrho(J_k) \leq \left(\sum_{k \in E} a_k^2 \nu(J(k)) \right)^{1/2} \left(\sum_{k \in E} b_k^2 \mu(J(k)) \right)^{1/2}$$

$$= \left(\int h_n^2 \, d\nu \right)^{1/2} \left(\int g_n^2 \, d\mu \right)^{1/2}.$$

Weil die Konvergenz in $\mathcal{L}_2(\nu + \mu + \varrho)$ die in $\mathcal{L}_2(\nu), \mathcal{L}_2(\mu)$ und $\mathcal{L}_2(\varrho)$ impliziert, folgt durch Grenzübergang $\int hg \, d\varrho \leq (\int h^2 \, d\nu)^{1/2}(\int g^2 \, d\mu)^{1/2}$. Für $h, g \notin \mathcal{L}_2$ betrachten wir schließlich $h_n \equiv (|h| \wedge n)I_{[0,n]}$ und entsprechend definierte g_n. Dann folgt $\int |hg| \, d\varrho \leq (\int h^2 \, d\nu)^{1/2}(\int g^2 \, d\mu)^{1/2}$ mit monotoner Konvergenz.

Weil H und G progressiv sind, folgt aus Satz 3.12 die Messbarkeit aller Pfade, und die behauptete Ungleichung gilt für alle $\omega \in A$. $\square$

Der Name und die Eigenschaften der *Covariation* erinnern zurecht an die *Kovarianz* von $\mathcal{L}_2$-Zufallsvariablen. Präzisiert wird dieser Zusammenhang durch folgenden

Satz 9.8 (Unabhängigkeit und Covariation)

1. Für unabhängige $X, Y \in \mathcal{CM}^{\mathrm{loc}}(\mathcal{F})$ gilt $[X, Y] = 0$.

2. Für $X, Y \in \mathcal{CM}^2(\mathcal{F})$ mit $[X, Y] = 0$ sind $X_s - X_0$ und $Y_t - Y_0$ für alle $s, t \geq 0$ unkorreliert.

3. Für jeden $\mathcal{F}$-adaptierten, stetigen und zentrierten $\mathcal{L}_2$-Prozess X mit unabhängigen Zuwächsen und $X_0 = 0$ ist $[X]_t = \mathrm{Var}(X_t)$ für alle $t \geq 0$.

Beweis. 1. Wegen Satz 9.5.4 können wir $\mathcal{F}_t = \mathcal{F}(X)_t \vee \mathcal{F}(Y)_t$ und durch Lokalisieren $X, Y \in \mathcal{CM}^2(\mathcal{F})$ annehmen. Weil $\sigma(X_t) \vee \mathcal{F}(X)_s$ und $\sigma(Y_t) \vee \mathcal{F}(Y)_s$ für $s \leq t$ unabhängig sind, liefert Satz 6.2

$$E(X_t Y_t \mid \mathcal{F}(X)_s \vee \mathcal{F}(Y)_s) = E(X_t \mid \mathcal{F}(X)_s) E(Y_t \mid \mathcal{F}(Y)_s) = X_s Y_s.$$

Also ist XY ein Martingal, und die Eindeutigkeitsaussage in Satz 9.6 zeigt $[X, Y] = 0$.

2. Wir können $X_0 = Y_0 = 0$ und $s \leq t$ annehmen. Wegen Satz 9.7.2 ist $XY = XY - [X, Y]$ ein echtes Martingal, was $E(X_t Y_t) = 0$ impliziert. Für $s \leq t$ erhalten wir dann mit der Glättungseigenschaft und Pull-out

$$E(X_s Y_t) = E(E(X_s Y_t \mid \mathcal{F}_s)) = E(X_s E(Y_t \mid \mathcal{F}_s)) = E(X_s Y_s) = 0.$$

Also sind X_s und Y_t unkorreliert.

3. Wegen der Unabhängigkeit der Zuwächse ist X ein $\mathcal{L}_2$-Martingal, und für jede konvergente Folge $(t_n)_{n \in \mathbb{N}}$ ist $\sup_{n \in \mathbb{N}} |X_{t_n}| \in \mathcal{L}_2$ wegen der Maximalungleichung 8.4.2, so dass mit dominierter Konvergenz die Stetigkeit der Varianzfunktion $v(t) \equiv \mathrm{Var}(X_t)$ folgt. Für $\mathcal{F} \equiv \mathcal{F}(X)$ und $s < t$ liefert die Unabhängigkeit der Zuwächse $v(t) = \mathrm{Var}(X_t - X_s + X_s - X_0) = \mathrm{Var}(X_t - X_s) + v(s)$ und damit

$$E(X_t^2 - X_s^2 \mid \mathcal{F}_s) = E\big((X_t - X_s)^2 + 2X_s(X_t - X_s) \mid \mathcal{F}_s\big)$$
$$= \mathrm{Var}(X_t - X_s) = v(t) - v(s).$$

Also ist $X^2 - v$ ein stetiges $\mathcal{F}(X)$-Martingal. Weil nach Satz 9.5.4 die quadratische Variation nicht von der Filtration abhängt, folgt $[X]_t = \mathrm{Var}(X_t)$ aus der Eindeutigkeitsaussage in Satz 9.6.2. $\square$

Die Fundamentalidentität $[H \cdot X, Y] = H \cdot [X, Y]$ aus Satz 9.7.1 spielt im Weiteren eine zentrale Rolle. Einerseits hilft sie bei ganz konkreten Rechnungen. Für eine

Brownsche Bewegung B können wir zum Beispiel die quadratische Variation des Martingals $B_t^2 - t$ berechnen:

$$[B^2 - [B]]_t = [2B \cdot B] = 4(B^2 \cdot [B])_t = 4 \int_0^t B_s^2 \, ds.$$

Andererseits liefert sie auch wichtige theoretische Aussagen: Für $X \in \mathcal{CM}^2(\mathcal{F})$ und ein beschränktes $H \in \overline{T}(\mathcal{F})$ gilt $H \cdot X \in \mathcal{CM}^2(\overline{\mathcal{F}})$, und wegen Satz 9.7.2 ist $(H \cdot X)^2 - [H \cdot X]$ ein echtes Martingal. Für $t \geq 0$ folgt damit

$$\begin{aligned} E((H \cdot X)_t^2) &= E((H \cdot X)_t^2 - [H \cdot X]_t) + E([H \cdot X]_t) = E((H^2 \cdot [X])_t) \\ &= E\left(\int_0^t H_s^2 \, d[X]_s \right). \end{aligned}$$

Diese Formel bezeichnet man als **Itô-Isometrie**, die man benutzen kann, um die Klasse der Integranden zu vergrößern: Sind $H(n) \in \overline{T}(\mathcal{F})$ und H ein Prozess, so dass $E(\int_0^\infty (H(n) - H)^2 \, d[X])$ gegen null konvergiert, so ist $H(n) \cdot X$ eine Cauchy-Folge in $\mathcal{CM}^2(\overline{\mathcal{F}})$, und man kann das Integral von H bezüglich X als den Grenzwert in $\mathcal{CM}^2(\overline{\mathcal{F}})$ definieren.

Eine ähnliche Methode, die einem die etwas mühsame Beschreibung der Grenzwerte im obigen Sinn erspart, beruht ebenfalls auf der Formel $[H \cdot X, Y] = H \cdot [X, Y]$. Deren rechte Seite ist für alle progressiv messbaren Prozesse H sinnvoll, die geeignete Wachstumsbedingungen erfüllen (also zum Beispiel beschränkt sind) und man kann nun versuchen, *das Integral $H \cdot X$ durch die Formel zu definieren*.

Für $X \in \mathcal{CM}^{\mathrm{loc}}(\mathcal{F})$ definieren wir dazu den Raum der X-**integrierbaren Prozesse**

$$L(X) \equiv \left\{ H \text{ ist } \mathcal{F}\text{-progressiv und für alle } t \geq 0 \text{ ist } \int_0^t H^2 \, d[X] < \infty \ P\text{-fast sicher} \right\}.$$

Satz 9.9 (Existenz des Itô-Integrals)
Für $X \in \mathcal{CM}^{\mathrm{loc}}(\mathcal{F})$ und $H \in L(X)$ existiert ein fast sicher eindeutig bestimmter Prozess $H \cdot X \in \mathcal{CM}^{\mathrm{loc}}(\overline{\mathcal{F}})$ mit $(H \cdot X)_0 = 0$ und $[H \cdot X, Y] = H \cdot [X, Y]$ für alle $Y \in \mathcal{CM}^{\mathrm{loc}}(\overline{\mathcal{F}})$. Für $H \in \overline{T}(\mathcal{F})$ stimmt $H \cdot X$ mit dem Itô-Regelintegral überein.

Der nach diesem Satz fast sicher eindeutige Prozess $H \cdot X \in \mathcal{CM}^{\mathrm{loc}}(\overline{\mathcal{F}})$ heißt **Itô-Integral** von H bezüglich X, und wir schreiben weiterhin

$$(H \cdot X)_t \equiv \int_0^t H \, dX \equiv \int_0^t H_s \, dX_s.$$

Beweis. Wir zeigen zuerst die Eindeutigkeit: Für $N, M \in \mathcal{CM}^{\mathrm{loc}}(\overline{\mathcal{F}})$ mit $N_0 = M_0 = 0$ und $[N, Y] = [M, Y]$ für alle $Y \in \mathcal{CM}^{\mathrm{loc}}(\overline{\mathcal{F}})$ folgt mit $Y = N - M$ und der Bilinearität der Covariation $[N - M] = 0$. Wegen Satz 9.7.2 ist $N - M \in \mathcal{CM}^2(\overline{\mathcal{F}})$ und $(N - M)^2$ ist ein echtes Martingal. Die Konstanz der Erwartungswertfunktion liefert dann $E((N-M)_t^2) = E((N-M)_0^2) = 0$, also $N_t = M_t$ fast sicher für jedes $t \geq 0$. Wegen der Stetigkeit von N und M gilt dann auch $N = M$ fast sicher.

Die Existenz zeigen wir zuerst für $H \in L(X)$ mit $E(\int_0^\infty H^2 d[X]) < \infty$.

Auf das Skalarprodukt $\langle X, Y \rangle = E(X_\infty Y_\infty)$ vom Ende des achten Kapitels können wir wegen der Vollständigkeit von $\mathcal{CM}^2(\overline{\mathcal{F}})$ den Rieszschen Darstellungssatz 4.14 anwenden. Dazu definieren wir durch $\varphi(Y) \equiv E(\int_0^\infty H d[X, Y])$ eine lineare Abbildung $\mathcal{CM}^2(\overline{\mathcal{F}}) \to \mathbb{R}$. Wegen der Kunita–Watanabe-Ungleichung und der Cauchy–Schwarz-Ungleichung ist

$$E\left(\left|\int_0^\infty H d[X, Y]\right|\right) \leq E\left(\int_0^\infty |H| dV_{[X,Y]}\right) \leq E\left((H^2 \cdot [X])_\infty^{1/2} ([Y])_\infty^{1/2}\right)$$

$$\leq E\left((H^2 \cdot [X])_\infty\right)^{1/2} \left(E([Y]_\infty)\right)^{1/2} = \left(E(H^2 \cdot [X])_\infty\right)^{1/2} \|Y_\infty - Y_0\|_2,$$

weil nach Satz 9.7.2 $E((Y^2 - [Y])_\infty) = E(Y_0^2)$ gilt. Die gleiche Abschätzung gilt dann für $|\varphi(Y)|$, so dass $\varphi(Y)$ tatsächlich wohldefiniert und stetig ist. Die Linearität folgt aus der Bilinearität der Covariation und der Linearität des Lebesgue–Stieltjes-Integrals bezüglich des Integrators. Der Rieszsche Darstellungssatz liefert also $Z \in \mathcal{CM}^2(\overline{\mathcal{F}})$ mit

$$E\left(\int_0^\infty H d[X, Y]\right) = \varphi(Y) = \langle Y, Z \rangle = E(Y_\infty Z_\infty) \quad \text{für alle } Y \in \mathcal{CM}^2(\overline{\mathcal{F}}).$$

$H \cdot [X, Y]$ ist ein stetiger adaptierter Prozess mit endlicher Variation und für jede zweiwertige Stoppzeit σ ist wegen der Stoppregeln in Satz 9.6.4

$$E((H \cdot [X, Y])_\sigma) = E((H \cdot [X, Y])_\infty^\sigma) = E((H \cdot [X, Y^\sigma])_\infty)$$

$$= E(Y_\infty^\sigma Z_\infty) = E(Y_\sigma E(Z_\infty \mid \mathcal{F}_\sigma)) = E(Y_\sigma Z_\sigma)$$

wegen des Optional-Sampling-Satzes. Der Martingaltest liefert, dass $ZY - H \cdot [X, Y]$ ein echtes Martingal ist, und wegen der Eindeutigkeit der Covariation ist $[Z, Y] = H \cdot [X, Y]$ für alle $Y \in \mathcal{CM}^2(\overline{\mathcal{F}})$. Wegen der Stoppregeln überträgt sich diese Identität auf alle $Y \in \mathcal{CM}^{\mathrm{loc}}(\overline{\mathcal{F}})$.

Für allgemeines $H \in L(X)$ ist $H^2 \cdot [X]$ ein adaptierter stetiger Prozess, so dass $\tau_n \equiv \inf\{t \geq 0 : (H^2 \cdot [X])_t \geq n\}$ Stoppzeiten mit $\tau_n \to \infty$ sind. Wegen

$$(H^2 \cdot [X^{\tau_n}])_\infty = (H^2 \cdot [X])_\infty^{\tau_n} \leq n$$

existieren also eindeutig bestimmte $H \cdot X^{\tau_n} \in \mathcal{CM}^2(\overline{\mathcal{F}})$, so dass $[H \cdot X^{\tau_n}, Y] = H \cdot [X^{\tau_n}, Y]$ für alle $Y \in \mathcal{CM}^{\mathrm{loc}}(\overline{\mathcal{F}})$. Wegen der Stoppregeln für die Covariation gilt dann

$$[(H \cdot X^{\tau_{n+1}})^{\tau_n}, Y] = [H \cdot X^{\tau_{n+1}}, Y^{\tau_n}] = H \cdot [X^{\tau_{n+1}}, Y^{\tau_n}]$$

$$= H \cdot [X^{\tau_{n+1} \wedge \tau_n}, Y] = [H \cdot X^{\tau_n}, Y],$$

was wegen der Eindeutigkeit $(H \cdot X^{\tau_{n+1}})^{\tau_n} = H \cdot X^{\tau_n}$ impliziert. Wegen Satz 8.15.3 gibt es also ein $Z = H \cdot X \in \mathcal{CM}^{\mathrm{loc}}(\mathcal{F})$ mit $(H \cdot X)^{\tau_n} = H \cdot X^{\tau_n}$ für alle $n \in \mathbb{N}$, und wie eben folgt damit $[H \cdot X, Y]^{\tau_n} = (H \cdot [X, Y])^{\tau_n}$ für alle $n \in \mathbb{N}$, also $[H \cdot X, Y] = H \cdot [X, Y]$. $\qquad\qquad\qquad\qquad\qquad\qquad\qquad\qquad\qquad\qquad\qquad\qquad\qquad\qquad\qquad\qquad\quad\square$

Es lohnt sich anzumerken, dass wir für $H \in L(X)$ mit $E(\int_0^\infty H^2 d[X]) < \infty$ gezeigt haben, dass das Itô-Integral nicht bloß ein lokales $\mathcal{F}$-Martingal ist, sondern dass $H \cdot X \in \mathcal{CM}^2(\mathcal{F})$ gilt. Wegen $E([H \cdot X]_\infty) = E((H^2 \cdot [X])_\infty)$ folgt dies auch ohne „Beweisanalyse" mit Satz 9.7.2.

Wegen der Stoppregeln aus dem gleich folgenden Satz 9.10.3 erhalten wir dann, dass für $H \in L(X)$ mit $E(\int_0^t H^2 d[X]) < \infty$ für alle $t \geq 0$ der Integralprozess $H \cdot X$ ein echtes $\mathcal{L}_2$-Martingal ist.

Bevor wir gleich Eigenschaften des Itô-Integrals beweisen, fassen wir die bisher entwickelte stochastische Integrationstheorie noch einmal zusammen: Für einen Integrator $X \in \mathcal{CM}^{\mathrm{loc}}(\mathcal{F})$ haben wir das Itô-Regelintegral analog zum Stieltjes-Integral definiert, wobei die pfadweise Konvergenz durch einen stochastischen Konvergenzbegriff (nämlich eine $\mathcal{L}_2$-Konvergenz für $X \in \mathcal{CM}^2(\mathcal{F})$) ersetzt wurde. Die Integrale $H \cdot X$ sind dann stetige lokale $\overline{\mathcal{F}}$-Martingale, und als Integranden erhalten wir insbesondere alle stetigen Prozesse. Statt der gewöhnlichen partiellen Integrationsregel gilt dann $X \cdot Y + Y \cdot X = XY - X_0 Y_0 - [X, Y]$, wobei die Covariation $[X, Y]$ ein Prozess mit endlicher Variation und daher ein geeigneter Integrator für das Lebesgue–Stieltjes-Integral ist.

Die Fundamentalidentität $[H \cdot X, Y] = H \cdot [X, Y]$ charakterisiert das Itô-Integral, und mit einem Hilbert-Raum-Argument haben wir gezeigt, dass es für jedes $H \in L(X)$ einen Prozess $H \cdot X \in \mathcal{CM}^{\mathrm{loc}}(\overline{\mathcal{F}})$ gibt, der diese Identität erfüllt.

Abgesehen von zeitlich konstanten Prozessen sind die beiden Klassen von Integratoren – nämlich $\mathcal{CM}^{\mathrm{loc}}(\mathcal{F})$ und stetige adaptierte Prozesse mit endlicher Variation – disjunkt. Für eine einheitliche Theorie nennen wir einen Prozess

$$X = M + A$$

mit $M \in \mathcal{CM}^{\mathrm{loc}}(\mathcal{F})$ und einem stetigen adaptierten A mit endlicher Variation und $A_0 = 0$ ein $\mathcal{F}$-**Semimartingal**. Wegen Satz 8.13 ist die als **Doob–Meyer-Zerlegung** bezeichnete Darstellung fast sicher eindeutig, und wir nennen M den **Martingalanteil** und A den **systematischen Anteil** von X. Als letzte Abkürzung für einen Raum von Prozessen bezeichnen wir mit $\mathcal{SM}(\mathcal{F})$ die Menge aller $\mathcal{F}$-Semimartingale.

Für $X, Y \in \mathcal{SM}(\mathcal{F})$ mit Zerlegungen $X = M + A$ und $Y = N + B$ definieren wir die **Covariation** $[X, Y] \equiv [M, N]$ und die **quadratische Variation** $[X] \equiv [X, X] = [M]$. Die quadratische Variation hängt also nicht vom systematischen Anteil ab.

Für $H \in L(X) \equiv \{H \in L(M) : H \text{ ist } A\text{-integrierbar}\}$ nennen wir

$$H \cdot X \equiv H \cdot M + H \cdot A$$

weiterhin **Itô-Integral** von H bezüglich X und schreiben wie früher

$$(H \cdot X)_t \equiv \int_0^t H \, dX \equiv \int_0^t H_s \, dX_s.$$

$H \cdot X$ ist also wiederum ein Semimartingal mit Martingalanteil $H \cdot M$ und systematischem Anteil $H \cdot A$. Allein aus den Definitionen erhalten wir für $H \in L(X)$ und $G \in L(Y)$

$$[H \cdot X, G \cdot Y] = H \cdot (G \cdot [X, Y]) = HG \cdot [X, Y]$$

wegen der Kettenregel für das Lebesgue–Stieltjes-Integral.

Satz 9.10 (Eigenschaften des Itô-Integrals)
Seien X, Y stetige $\mathcal{F}$-Semimartingale.

1. Für $H, G \in L(X)$ gilt $(H + G) \cdot X = H \cdot X + G \cdot X$ und für $H \in L(X) \cap L(Y)$ ist $H \cdot (X + Y) = H \cdot X + H \cdot Y$.

2. Für $G \in L(X)$ und einen progressiven Prozess H ist $HG \in L(X)$ genau dann, wenn $H \in L(G \cdot X)$, und dann ist $H \cdot (G \cdot X) = HG \cdot X$.

3. Für $H \in L(X)$ und jede Stoppzeit τ ist $H \in L(X^\tau)$, und es gilt $H \cdot X^\tau = (H \cdot X)^\tau = H^\tau \cdot X^\tau = HI_{[0,\tau]} \cdot X = HI_{[0,\tau)} \cdot X$.

4. Es gilt $X \in L(Y)$ und $X \cdot Y + Y \cdot X = XY - X_0 Y_0 - [X, Y]$.

5. Für $H(n), H, G \in L(X)$ mit $H(n)_t \to H_t$ fast sicher und $|H(n)_t| \leq G_t$ für alle $t \geq 0$ gilt $\sup_{s \leq t} \left| \int_0^s H(n) - H \, dX \right| \xrightarrow{P} 0$.

Die Aussagen des Satzes nennen wir **Bilinearität**, **Kettenregel**, **Stoppregeln**, **partielle Integrationsregel** und **dominierte Konvergenz**.

Beweis. Wir benutzen stets die Zerlegungen $X = M + A$ und $Y = N + B$.

1. Die Bilinearität bezüglich der systematischen Anteile haben wir in Satz 9.2 schon gezeigt. Wegen der Cauchy–Schwarz-Ungleichung ist

$$\int_0^t (H + G)^2 \, d[M] \leq \left(\left(\int_0^t H^2 \, d[M] \right)^{1/2} + \left(\int_0^t G^2 \, d[M] \right)^{1/2} \right)^2,$$

so dass $H + G \in L(M)$ gilt. Weiter ist $H \cdot M + G \cdot M \in \mathcal{CM}^{\mathrm{loc}}(\overline{\mathcal{F}})$ mit

$$\begin{aligned}[H \cdot M + G \cdot M, Y] &= [H \cdot M, Y] + [G \cdot M, Y] \\ &= H \cdot [M, Y] + G \cdot [M, Y] = (H + G) \cdot [M, Y]\end{aligned}$$

für alle $Y \in \mathcal{CM}^{\mathrm{loc}}(\overline{\mathcal{F}})$, so dass mit der Eindeutigkeit aus Satz 9.9 $(H + G) \cdot M = H \cdot M + G \cdot M$ folgt.

Für $H \in L(M) \cap L(N)$ ist wegen $[M + N] = [M] + 2[M, N] + [N]$ und der Kunita–Watanabe-Ungleichung

$$\int_0^t H^2 d[M + N] \leq \int_0^t H^2 d[M] + 2 \int_0^t HH \, dV_{[M,N]} + \int_0^t H^2 d[N]$$

$$\leq \left((H^2 \cdot [M]_t)^{1/2} + (H^2 \cdot [N])_t^{1/2} \right)^2,$$

was $H \in L(M + N)$ zeigt. Die Formel $H \cdot (M + N) = H \cdot M + H \cdot N$ folgt genau wie eben aus der Bilinearität der Covariation und der Eindeutigkeitsaussage in Satz 9.10.

2. Für die systematischen Anteile ist dies die Kettenregel aus Satz 9.2, und deren Anwendung auf $[M]$ liefert $(HG)^2 \cdot [M] = H^2 \cdot (G^2 \cdot [M]) = H^2 \cdot [G \cdot M]$. Damit folgt die Äquivalenz von $HG \in L(M)$ und $H \in L(G \cdot M)$.

Für $Y \in \mathcal{CM}^{\mathrm{loc}}(\overline{\mathcal{F}})$ ist

$$[H \cdot (G \cdot M), Y] = H \cdot [G \cdot M, Y] = H \cdot (G \cdot [M, Y]) = HG \cdot [M, Y]$$

wiederum wegen der Kettenregel. Also folgt aus der Eindeutigkeit $H \cdot (G \cdot M) = HG \cdot M$. Mit der Bilinearität erhalten wir damit

$$H \cdot (G \cdot X) = H \cdot (G \cdot M + G \cdot A) = H \cdot (G \cdot M) + H \cdot (G \cdot A)$$

$$= HG \cdot M + HG \cdot A = HG \cdot (M + A).$$

3. $X^\tau = M^\tau + A^\tau$ ist ein stetiges Semimartingal und wegen $[M^\tau] = [M]^\tau$ ist $H \in L(X^\tau)$. Für den systematischen Anteil haben wir die ersten drei Identitäten in Satz 9.2 gezeigt, und die letzte folgt mit der Stetigkeit von A aus $\mu_A^\pm(\{\tau\}) = 0$. Für den Martingalanteil folgen die Regeln aus den Stoppregeln für die Covariation und das Stieltjes-Integral sowie der Eindeutigkeitsaussage in Satz 9.9: Für $Y \in \mathcal{CM}^{\mathrm{loc}}(\overline{\mathcal{F}})$ ist nämlich

$$[(H \cdot X)^\tau, Y] = [H \cdot X, Y]^\tau = (H \cdot [X, Y])^\tau = H \cdot [X, Y]^\tau$$

und dies stimmt mit $H \cdot [X^\tau, Y] = [H \cdot X^\tau, Y]$ überein. Wegen Satz 9.2.5 gilt außerdem $(H \cdot [X, Y])^\tau = HI_{[0,\tau]} \cdot [X, Y] = [HI_{[0,\tau]} \cdot X, Y]$, und wegen der Stetigkeit von $[X, Y]$ ist $HI_{[0,\tau]} \cdot [X, Y] = HI_{[0,\tau)} \cdot [X, Y] = [HI_{[0,\tau)} \cdot X, Y]$.

5. Für das Integral bezüglich des systematischen Anteils folgt die Aussage mit Lebesgues Satz für die zu V_A gehörigen Maße. Wegen $G \in L(M)$ ist $\int_0^t G^2 d[M]$ fast sicher endlich und mit dominierter Konvergenz für die zu $[M]$ gehörigen Maße folgt $[(H(n) - H) \cdot M]_t = \int_0^t (H(n) - H)^2 d[M] \to 0$ fast sicher. Satz 9.7.3 (angewendet auf die in t gestoppten Prozesse $(H(n) - H) \cdot M^t$) liefert

$$\sup_{s \leq t} \left| \int_0^s H(n) - H \, dM \right| \xrightarrow{P} 0.$$

4. Die Bilinearität der Covariation für lokale Martingale überträgt sich direkt auf Semimartingale, und weil beide Seiten der partiellen Integrationsformel bilinear sind, folgt der allgemeine Fall durch Polarisierung aus dem mit $X = Y$, das heißt, wir müssen $2X \cdot X = X^2 - X_0^2 - [X]$ zeigen. Außerdem können wir $X_0 = 0$ annehmen: Für den konstanten Prozess X_0 ist nämlich $X_0 \cdot X = X_0(X - X_0)$, und dann folgt der allgemeine Fall mit $(X - X_0) \cdot (X - X_0) = X \cdot (X - X_0) - X_0 \cdot (X - X_0) = X \cdot X - X_0 X$ aus dem speziellen.

Wegen der Bilinearität ist die partielle Integrationsformel für $X = M + A$ äquivalent zu $2M \cdot M + 2(A \cdot M + M \cdot A) + 2A \cdot A = M^2 - [M] + 2MA + A^2$, und wegen der partiellen Integrationsregeln aus Satz 9.2.6 und 9.6 müssen wir noch $A \cdot M + M \cdot A = MA$ beweisen. Durch Lokalisieren können wir dabei annehmen, dass A und M durch eine Konstante beschränkt sind. Für festes $r > 0$ und $n \in \mathbb{N}$ betrachten wir mit $t_k \equiv \frac{k}{n} r$ die Approximationen

$$A(n) = \sum_{k=0}^{n-1} A_{t_k} I_{[t_k, t_{k+1})} \quad \text{und} \quad M(n) = \sum_{k=0}^{n-1} M_{t_{k+1}} I_{[t_k, t_{k+1})}.$$

Dann gilt

$$\begin{aligned}
(A(n) \cdot M)_r + (M(n) \cdot A)_r &= \sum_{k=0}^{n-1} A_{t_k}(M_{t_{k+1}} - M_{t_k}) + M_{t_{k+1}}(A_{t_{k+1}} - A_{t_k}) \\
&= \sum_{k=0}^{n-1} M_{t_{k+1}} A_{t_{k+1}} - M_{t_k} A_{t_k} = M_r A_r.
\end{aligned}$$

Wegen der Stetigkeit von A und M gelten $A(n) \to A I_{[0,r)}$ und $M(n) \to M I_{[0,r)}$. Mit dominierter Konvergenz für das Lebesgue–Stieltjes-Integral bezüglich V_A folgt $(M(n) \cdot A)_r \to (M \cdot A)_r$ und mit der fünften Aussage $(A(n) \cdot M)_r \xrightarrow{P} (A \cdot M)_r$. Aus der fast sicheren Eindeutigkeit stochastischer Grenzwerte erhalten wir also schließlich $(A \cdot M)_r + (M \cdot A)_r = M_r A_r$.   □

Die partielle Integrationsregel besagt, dass das Produkt von zwei stetigen Semimartingalen $X = M + A$ und $Y = N + B$ wieder ein Semimartingal ist mit Martingalanteil $X \cdot N + Y \cdot M + X_0 Y_0$ und systematischem Anteil $X \cdot B + Y \cdot A + [M, N]$. Im Gegensatz zu lokalen Martingalen ist also die Menge der Semimartingale stabil unter Produktbildung. Wir sehen gleich, dass $\mathcal{SM}(\overline{\mathcal{F}})$ unter sehr viel allgemeineren Transformationen stabil ist.

Als das zentrale Ergebnis der modernen Wahrscheinlichkeitstheorie beweisen wir jetzt nämlich die **Itô-Formel**

$$f(X) = f(X_0) + f'(X) \cdot X + \tfrac{1}{2} f''(X) \cdot [X]$$

für $X \in \mathcal{SM}(\mathcal{F})$ und zweimal stetig differenzierbares $f : \mathbb{R} \to \mathbb{R}$.

Wie im Hauptsatz der Differenzial- und Integralrechnung (der als Spezialfall mit $X_t = t$ in der Itô-Formel enthalten ist) können wir also $f(X)$ durch Integrale über $f'(X)$ und $f''(X)$ darstellen.

Insbesondere zeigt die Itô-Formel, dass $f(X)$ für $X = M + A$ wieder ein Semimartingal ist mit Martingalanteil $f(X_0) + f'(X) \cdot M$ und systematischem Anteil $f'(X) \cdot A + \frac{1}{2} f''(X) \cdot [X]$.

Für viele Anwendungen benötigt man eine mehrdimensionale Version. Dafür bezeichnen wir mit $\mathcal{SM}(\mathcal{F})^n \equiv \{X = (X^1, \dots, X^n) : X^j \in \mathcal{SM}(\mathcal{F})\}$ die Menge aller $\mathbb{R}^n$-wertigen stetigen Semimartingale. Für $X \in \mathcal{SM}(\mathcal{F})^n$ ist dann durch $[X] \equiv ([X^j, X^k])_{j,k \in \{1,\dots,n\}}$ die **Covariationsmatrix** definiert. Für $H \in L(X) \equiv \{H = (H^1, \dots, H^n) : H^j \in L(X^j)\}$ definieren wir das Itô-Integral

$$H \cdot X \equiv \sum_{j=1}^{n} H^j \cdot X^j \in \mathcal{SM}(\overline{\mathcal{F}}).$$

Analog definieren wir das Integral für $X \in \mathcal{SM}(\mathcal{F})^I$ und $H \in \prod_{i \in I} L(X^i)$ für beliebige endliche Mengen I durch $H \cdot X \equiv \sum_{i \in I} H^i \cdot X^i$.

Für eine offene Menge $U \subseteq \mathbb{R}^n$ und differenzierbares $f : U \to \mathbb{R}$ ist $f' = (D_1 f, \dots, D_n f)$ der Gradient und $f'' = (D_i D_j f)_{i,j \in \{1,\dots,n\}}$ die Hesse-Matrix, falls die zweiten partiellen Ableitungen existieren. Mit diesen Notationen erhalten wir die Produktregeln

$$(fg)' = f'g + fg' \quad \text{und} \quad (fg)'' = f''g + 2f'g' + fg'',$$

wobei $f'g' \equiv (D_j f, D_k g)_{j,k \in \{1,\dots,n\}}$.

Die Bezeichnungen sind so gewählt, dass sich die mehrdimensionale Itô-Formel äußerlich nicht von der eindimensionalen unterscheidet.

Satz 9.11 (Itô-Formel)
Seien $X = (X^1, \dots, X^n) \in \mathcal{SM}(\mathcal{F})^n$ mit Werten in einer offenen Menge $U \subseteq \mathbb{R}^n$ und $f : U \to \mathbb{R}$ eine Funktion mit stetigen partiellen Ableitungen erster Ordnung und stetigen partiellen Ableitungen $D_j D_k f$ für alle j, k mit $[X_j, X_k] \neq 0$. Dann ist

$$f(X) = f(X_0) + f'(X) \cdot X + \frac{1}{2} f''(X) \cdot [X].$$

In dem Ausdruck $f''(X) \cdot [X] = \sum_{j,k=1}^{n} D_j D_k f(X) \cdot [X^j, X^k]$ brauchen die partiellen Ableitungen $D_j D_k f$ mit $[X^j, X^k] = 0$ nicht zu existieren, dann definieren wir das Integral $D_j D_k f(X) \cdot [X^j, X^k]$ natürlich trotzdem als den Nullprozess.

Für die Produktabbildung $f(x, y) = xy$ erhalten wir aus der Itô-Formel die partielle Integrationsregel, und wir werden sehen, dass wenigstens der „stochastische Anteil" des Beweises im Wesentlichen aus der partiellen Integrationsformel besteht.

Vorher betrachten wir noch als Anwendung die sehr einfache Funktion $f(x) \equiv \exp(x)$. Für $X \in \mathcal{SM}(\mathcal{F})$ ist auch $X - \frac{1}{2}[X]$ ein Semimartingal und die Itô-Formel liefert für das **Doléans-Exponential** $\mathcal{E}(X) \equiv \exp(X - \frac{1}{2}[X])$

$$\mathcal{E}(X) - \mathcal{E}(X)_0 = \mathcal{E}(X) \cdot (X - \tfrac{1}{2}[X]) + \tfrac{1}{2}\mathcal{E}(X) \cdot [X - \tfrac{1}{2}[X]] = \mathcal{E}(X) \cdot X,$$

weil $[X - \frac{1}{2}[X]]$ nur vom Martingalanteil abhängt. Das Doléans-Exponential ist übrigens durch $\mathcal{E}(X) - \mathcal{E}(X_0) = \mathcal{E}(X) \cdot X$ und $\mathcal{E}(X)_0 = \exp(X_0)$ eindeutig bestimmt: Wie eben liefert die Itô-Formel für $Z \equiv \mathcal{E}(X)^{-1} = \exp(-X + \frac{1}{2}[X])$ die Gleichung $Z - Z_0 = Z \cdot ([X] - X)$, so dass Z denselben Martingalanteil wie $-Z \cdot X$ hat. Für $Y \in \mathcal{SM}(\mathcal{F})$ mit $Y - Y_0 = Y \cdot X$ und $Y_0 = \exp(X_0)$ folgt mit partieller Integration, dem Verschwinden von Integralen bezüglich konstanter Integratoren und der Kettenregel

$$\begin{aligned}
ZY - Z_0 Y_0 &= Z \cdot Y + Y \cdot Z + [Z, Y] \\
&= Z \cdot (Y \cdot X) + Y \cdot (Z \cdot ([X] - X)) + [-Z \cdot X, Y \cdot X] \\
&= ZY \cdot X + YZ \cdot [X] - YZ \cdot X - ZY \cdot [X, X] = 0.
\end{aligned}$$

Beweis der Itô-Formel. Wir zeigen zuerst den Fall $U = \mathbb{R}^n$. Wir nennen (nur für diesen Beweis) die Abbildungen, für die die Aussage des Satzes richtig ist, Itô-Funktionen. Wegen der Linearität der Ableitung und des Integrals bilden diese Funktionen einen Vektorraum, der sowohl die konstanten Funktionen als auch die Projektionen $(x_1, \ldots, x_n) \mapsto x_j$ enthält. Wir zeigen jetzt, dass für zweimal stetig differenzierbare Itô-Funktionen f und g auch das Produkt Itô-Funktion ist.

Mit partieller Integration, dem Verschwinden des Integrals bezüglich konstanter Integratoren, der Unabhängigkeit der Covariation von den systematischen Anteilen und der Kettenregel erhalten wir nämlich

$$\begin{aligned}
f(X)g(X) - f(X_0)g(X_0) &= f(X) \cdot g(X) + g(X) \cdot f(X) + [f(X), g(X)] \\
&= f(X) \cdot (g'(X) \cdot X + \tfrac{1}{2}g''(X) \cdot [X]) + g(X) \cdot (f'(X) \cdot X + \tfrac{1}{2}f''(X) \cdot [X]) \\
&\quad + [f'(X) \cdot X, g'(X) \cdot X] \\
&= (f(X)g'(X) + g(X)f'(X)) \cdot X + \tfrac{1}{2}(fg''(X) + 2f'g'(X) + gf''(X)) \cdot [X] \\
&= (fg)'(X) \cdot X + \tfrac{1}{2}(fg)''(X) \cdot [X].
\end{aligned}$$

Damit folgt, dass alle Polynome Itô-Funktionen sind. Wir zeigen gleich, dass es für f wie im Satz und $M \equiv \{(j, k) \in \{1, \ldots, n\}^2 : [X_j, X_k] \neq 0\}$ Polynome f_m gibt, so dass f_m, f_m' und alle partiellen Ableitungen $D_j D_k f_m$ für $(j, k) \in M$ auf allen kompakten Mengen gleichmäßig gegen f, f' beziehungsweise $D_j D_k f$ konvergieren. Durch Bilden einer Teilfolge können wir dann annehmen, dass

$$d_m \equiv |f_m - f| + \sum_{j=1}^{n} |D_j(f_m - f)| + \sum_{(j,k) \in M} |D_j D_k(f_m - f)|$$

auf $\{x \in \mathbb{R}^n : \|x\| \le m\}$ durch $1/2^m$ beschränkt ist. Dann sind $d \equiv \sum_{m=1}^{\infty} d_m$ und $r \equiv d + |f| + \sum_{j=1}^{m} |D_j f| + \sum_{(j,k) \in M} |D_j D_k f|$ stetig, so dass $G \equiv r(X) \in L(X)$ gilt. Mit der dominierten Konvergenz aus Satz 9.10.5 und der Eindeutigkeit stochastischer Limiten folgt dann, dass mit allen f_m auch f eine Itô-Funktion ist.

Für die noch ausstehende Approximation gibt es im Fall $n = 1$ ein sehr einfaches Argument: Durch zweifache Anwendung des Hauptsatzes der Differenzialrechnung folgt $f(x) = f(0) + f'(0)x + \int_0^x \int_0^y f''(z)dzdy$, und indem man f'' durch Polynome q approximiert, erhält man die gewünschten Approximationen $p(x) = f(0) + f'(0)x + \int_0^x \int_0^y q(z)dzdy$.

Der Fall $n > 1$ ist etwas aufwändiger. Wir benötigen zunächst eine positive Funktion $\varphi \in C^2(\mathbb{R}^n)$ mit kompaktem Träger $\overline{\{\varphi \ne 0\}}$ und $\int \varphi d\lambda_n = 1$: Die Ableitungen von $h(t) \equiv \exp(-1/t)$ sind von der Form $p_j(1/t)h(t)$ mit Polynomen p_j (was induktiv aus der Produktregel folgt), und daher konvergieren alle Ableitungen von h für $t \to 0$ gegen 0. Mit einer geeigneten Konstanten $c > 0$ ist durch $\varphi(x) \equiv h(1 - \|x\|^2)/c$ für $\|x\| < 1$ und $\varphi(x) \equiv 0$ für $\|x\| \ge 1$ sogar eine C^∞-Funktion mit den gewünschten Eigenschaften definiert.

Durch $\varphi_k(x) \equiv k^n \varphi(kx)$ sind wiederum positive C^∞-Funktionen mit Träger in der Kugel $B(0, 1/k) = \{\|\cdot\| \le 1/k\}$ und $\int \varphi_k d\lambda_n = 1$ definiert. Der Beweis beruht nun darauf, dass man ein gleichmäßig stetiges f durch die Faltung

$$(f * \varphi_k)(x) \equiv \int f(y)\varphi_k(x - y)d\lambda_n(y) = \int f(x - y)\varphi_k(y)d\lambda_n(y)$$

gleichmäßig approximiert, weil für $\varepsilon > 0$ und $|f(x) - f(x - y)| \le \varepsilon$ für $\|y\| \le 1/k$

$$|f * \varphi_k(x) - f(x)| = \left| \int_{B(0,1/k)} (f(x - y) - f(x))\varphi_k(y)d\lambda_n(y) \right|$$

$$\le \int \varepsilon \varphi_k(y)d\lambda_n(y) = \varepsilon.$$

Entscheidend bei diesem Vorgehen ist, dass man alle Ableitungen $D^\alpha f$, die existieren und gleichmäßig stetig sind, ebenfalls approximiert: Satz 3.7 über Parameterintegrale liefert nämlich $D^\alpha(f * \varphi_k) = D^\alpha f * \varphi_k$.

Hat nun f wie im Satz zusätzlich Träger in einer Kugel $B(0, r)$, so haben alle geforderten partiellen Ableitungen ebenfalls Träger in $B(0, r)$ und sind insbesondere gleichmäßig stetig. Für eine Folge von Polynomen q_k, so dass $q_k - \varphi_k$ auf $B(0, 2r)$ gleichmäßig gegen 0 konvergiert (solche Polynome gibt es wegen des Weierstraßschen Approximationssatzes 4.10), erhalten wir dann, dass $f * q_k$ und $D^\alpha(f * q_k)$ gleichmäßig auf $B(0, r)$ gegen f beziehungsweise $D^\alpha f$ konvergieren.

Außerdem sind $f * q_k$ wiederum Polynome: Für $q(x) = x^\alpha$ liefert Ausmultiplizieren $q(x - y) = \sum_{\beta \le \alpha} c_{\alpha\beta} x^\beta y^{\alpha - \beta}$ mit Koeffizienten $c_{\alpha,\beta} \in \mathbb{R}$, so dass $f * q(x) = \sum_{\beta \le \alpha} c_{\alpha,\beta} \int_{B(0,r)} f(y)y^{\alpha - \beta} d\lambda_n(y)x^\beta$ ein Polynom ist.

Schließlich müssen wir noch zeigen, dass wir f und $D^\alpha f$ auf beliebigen Kugeln $B(0, r)$ durch g beziehungsweise $D^\alpha g$ approximieren können, so dass g Träger zum Beispiel in $B(0, r + 2)$ hat. Dazu benutzen wir wieder die Funktionen φ von oben: $\psi \equiv \varphi * I_{B(0,r+1)}$ ist eine C^∞-Funktion mit $\psi(x) = \int_{B(0,r+1)} \varphi(x-y)\, d\lambda_n(y) = 0$ für $\|x\| \geq r + 2$, weil dann $\|x - y\| > 1$ für $y \in B(0, r + 1)$, und $\psi(x) = 1$ für $\|x\| \leq r$, weil dann $\|x-y\| > 1$ für $y \notin B(0, r+1)$, so dass $\int_{\mathbb{R}^n} \varphi(x-y)\, d\lambda_n(y) = 1$. Dann stimmen f und $g \equiv \psi f$ und damit auch die Ableitungen auf $B(0, r)$ sogar überein.

Für $U \neq \mathbb{R}^n$ betrachten wir die Stoppzeiten $\tau_k \equiv \inf\{t \geq 0 : \operatorname{dist}(X_t, U^c) \leq \frac{1}{k}\}$ und C^∞-Funktionen g_k mit $g_k(x) = 1$ für $\operatorname{dist}(x, U^c) \geq 1/2k$ und $g_k(x) = 0$ für $x \notin U$ (solche Funktionen finden wir wie eben, indem wir eine stetige Funktion h_k mit $h_k(x) = 1$ für $\operatorname{dist}(x, U^c) \geq 1/3k$ und $h_k(x) = 0$ für $\operatorname{dist}(x, U^c) \leq 1/4k$ mit φ_j falten).

Für die (außerhalb von U durch 0 fortgesetzten) Funktionen $f_k \equiv fg_k$ und die gestoppten Semimartingale X^{τ_k} erhalten wir mit dem schon bewiesenen Fall

$$ f_k(X^{\tau_k}) - f_k(X_0) = f_k'(X^{\tau_k}) \cdot X^{\tau_k} + \tfrac{1}{2} f_k''(X^{\tau_k}) \cdot [X^{\tau_k}]. $$

Der Prozess auf der linken Seite dieser Gleichung stimmt mit $(f(X) - f(X_0))^{\tau_k}$ überein, weil $g_k(X_t) = 1$ für $t < \tau_k$ gilt. Wegen der Stoppregeln aus Satz 9.10.3 ist

$$ f_k'(X^{\tau_k}) \cdot X^{\tau_k} = f_k'(X) I_{[0,\tau_k)} \cdot X = f'(X) I_{[0,\tau_k)} \cdot X = (f'(X) \cdot X)^{\tau_k}, $$

und aus gleichem Grund ist $f_k''(X^{\tau_k}) \cdot [X^{\tau_k}] = (f''(X) \cdot [X])^{\tau_k}$. Wegen $\tau_k \to \infty$ folgt damit die Itô-Formel auch in der allgemeinen Situation.   □

Für eine n-dimensionale Brownsche Bewegung $B = (B^1, \ldots, B^n)$ gilt wegen Satz 9.8 und der Unabhängigkeit der Komponenten $[B^j, B^k] = 0$ für $j \neq k$ und daher $[B]_t = t E_n$ mit der n-dimensionalen Einheitsmatrix E_n. Für geeignetes f nimmt die Itô-Formel also die Form

$$ f(B_t) = f(0) + \sum_{j=1}^{n} \int_0^t D_j f(B_s)\, dB_s^j + \frac{1}{2} \int_0^t \Delta f(B_s)\, ds $$

an, wobei $\Delta f \equiv \sum_{j=1}^n D_j D_j f$ den Laplace-Operator bezeichnet. Weil $f(B)$ genau dann ein lokales Martingal ist, wenn der systematische Anteil verschwindet, liefert die Itô-Formel sehr leicht Aussagen der klassischen Analysis, die mit Brownschen Bewegungen anscheinend gar nichts zu tun haben. Wir nennen eine Funktion $f \in C^1(U)$ mit $D_j^2 f \in C(U)$ auf einem offenen $U \subseteq \mathbb{R}^n$ **harmonisch**, falls $\Delta f = 0$.

Mit σ bezeichnen wir im folgenden Satz das Oberflächenmaß auf der euklidischen Sphäre $S \equiv \{x \in \mathbb{R}^n : \|x\| = 1\}$ aus Satz 6.9.

Satz 9.12 (Harmonische Funktionen)

1. Eine messbare und auf kompakten Mengen beschränkte Funktion $f : U \to \mathbb{R}$ mit offenem $U \subseteq \mathbb{R}^n$ ist genau dann harmonisch, wenn $\int_S f(x + ru) d\sigma(u) = f(x)$ für alle $r > 0$ mit $K(x, r) \equiv \{y \in \mathbb{R}^n : \|x - y\| \leq r\} \subseteq U$. Dann ist $f \in C^\infty(U)$.

2. Jede beschränkte harmonische Funktion $f : \mathbb{R}^n \to \mathbb{R}$ ist konstant.

Die Bedingung im ersten Teil heißt **Mittelwerteigenschaft**, und die zweite Aussage ist der **Satz von Liouville**.

Beweis. 1. Sei zunächst $f \in C^1(U)$ mit $D_j^2 f \in C(U)$. Für eine n-dimensionale Brownsche Bewegung B und $r > 0$ sei $\tau \equiv \tau_{r,B} \equiv \inf\{t > 0 : \|B_t\| = r\}$. Wegen $\sup_{t \geq 0} |B_t^1| = \infty$ fast sicher, ist τ eine fast sicher endliche Stoppzeit. Außerdem ist $\|B^\tau\| \leq r$, so dass $B^\tau \in \mathcal{CM}^2(\mathcal{F})$ mit $\mathcal{F} \equiv \mathcal{F}(B)$ gilt. Aus der Beschränktheit von $f'(x + B^\tau)$ erhalten wir mit Satz 9.7.2 oder der Bemerkung nach dem Beweis von Satz 9.9, dass $f'(x + B^\tau) \cdot B^\tau$ ein $\mathcal{L}_2$-beschränktes Martingal ist. Aus der Itô-Formel folgt damit

$$E(f(x + B_t^\tau)) = f(x) + \tfrac{1}{2} E\left(\int_0^t \Delta f(x + B_s^\tau) ds \right)$$

und mit dominierter Konvergenz $E(f(x + B_\tau)) = f(x) + \tfrac{1}{2} E(\int_0^\tau \Delta f(x + B_s) ds)$. Außerdem ist $E(f(x + B_\tau)) = \int f(x + ru) dP^{\frac{1}{r} B_\tau}$ und wegen $\tau_{r,B} = \tau_{r,T(B)}$ und $B \overset{d}{=} T(B)$ für alle orthogonalen $T \in \mathbb{R}^{n \times n}$ ist $P^{\frac{1}{r} B_\tau}$ eine unter Orthogonaltransformationen invariante Verteilung mit $P(\|\frac{1}{r} B_\tau\| = 1) = 1$. Wegen der Eindeutigkeitsaussage in Satz 6.9.1 ist daher $E(f(x + B_\tau)) = \int_S f(x + ru) d\sigma(u)$.

Ist nun f harmonisch, so folgt die behauptete Mittelwerteigenschaft, und ist f nicht harmonisch, so gibt es eine Kugel $K(x, r) \subseteq U$ auf der Δf entweder strikt positiv oder strikt negativ ist. Wegen $\tau > 0$ ist dann $E(\int_0^\tau \Delta f(x + B_s) ds) \neq 0$, so dass f die Mittelwerteigenschaft nicht hat.

Es bleibt also zu zeigen, dass aus der Mittelwerteigenschaft $f \in C^\infty(U)$ folgt. Für $\varepsilon > 0$ sei dazu $\varphi \in C^\infty(\mathbb{R})$ eine positive Funktion mit $\varphi(r) = 0$ für $r \notin (0, \varepsilon)$ und $n V_n \int_0^\infty r^{n-1} \varphi(r) d\lambda(r) = 1$, wobei V_n wie früher das Lebesgue-Maß der n-dimensionalen Einheitskugel bezeichnet. Für $\psi(x) \equiv \varphi(\|x\|)$ und $x \in U$ mit $K(x, \varepsilon) \subseteq U$ folgt mit der Polarkoordinatentransformation aus Satz 6.9.3

$$
\begin{aligned}
(f * \psi)(x) &= \int f(x - y) \psi(y) d\lambda_n(y) \\
&= n V_n \int_{(0,\infty)} \int_S f(x - ru) \psi(ru) d\sigma(u) r^{n-1} d\lambda_1(r) \\
&= n V_n \int_{(0,\infty)} \int_S f(x - ru) d\sigma(u) \varphi(r) r^{n-1} d\lambda_1(r) = f(x).
\end{aligned}
$$

Wegen des Satzes 3.7 über Parameterintegrale ist $f * \psi$ unendlich oft differenzierbar.

2. Sei wieder B eine n-dimensionale $\mathcal{F}$-Brownsche Bewegung. Wegen der Itô-Formel ist $f(B) = f(0) + f'(B) \cdot B$ ein stetiges lokales Martingal und außerdem beschränkt, also als echtes gleichgradig integrierbares Martingal von der Form $f(B_t) = E(f(B)_\infty \mid \mathcal{F}_t)$, wobei $f(B)_\infty = \lim_{t \to \infty} f(B_t)$ bezüglich der Vervollständigung von $\mathcal{G} \equiv \bigwedge_{t>0} \sigma(B_s : s > t)$ messbar ist. Nach Satz 7.9 stimmt $(tB_{1/t})_{t \geq 0}$ fast sicher mit einer Brownschen Bewegung $\tilde{B}$ überein, für die dann $\overline{\mathcal{G}}$ mit der Vervollständigung von $\bigwedge_{t>0} \sigma(\tilde{B}_r : r < t)$ übereinstimmt. Wegen Satz 7.13.2 (oder des im Anschluss gezeigten Blumenthalschen 0-1-Gesetzes) ist

$$\overline{\mathcal{G}} = \overline{\mathcal{F}(\tilde{B})_0}^+ = \overline{\mathcal{F}(\tilde{B})_0} = \overline{\{\varnothing, \Omega\}},$$

und daher ist $f(B)_\infty$ fast sicher gleich einer Konstanten $c \in \mathbb{R}$. Dann ist aber auch $f(B_1) = E(f(B)_\infty \mid \mathcal{F}_1) = c$ fast sicher, so dass $A \equiv \{f \neq c\}$ eine wegen der Stetigkeit von f offene Menge mit $P(B_1 \in A) = N(0, E)(A) = 0$ ist, was $A = \varnothing$ impliziert.   □

Aufgaben

9.1. Für unabhängige Zufallsvariablen ξ, τ mit $P(\xi = \pm 1) = \frac{1}{2}$ und $\tau \sim U(0, 1)$ sei $X \equiv \xi I_{[\tau, \infty)}$. Zeigen Sie, dass X ein $\mathcal{F}(X)$-Martingal ist und dass der (als Lebesgue–Stieltjes-Integral definierte) Integralprozess $X \cdot X$ kein Martingal ist.

9.2. Zeigen Sie für $X, Y \in \mathcal{CM}^{\mathrm{loc}}(\mathcal{F})$ die Ungleichung $[X + Y]^{1/2} \leq [X]^{1/2} + [Y]^{1/2}$.

9.3. Zeigen Sie für $X \in \mathcal{SM}(\mathcal{F})$, $H \in L(X)$ und eine bezüglich $\mathcal{F}_0$ messbare Zufallsvariable ξ

$$H \cdot \xi X = \xi(H \cdot X) = (\xi H) \cdot X.$$

9.4. Seien $G(n) \equiv \sum_{k=0}^\infty B_{(k+1)2^{-n}} I_{(k2^{-n}, (k+1)2^{-n}]}$ mit einer Brownschen Bewegung B. Berechnen Sie die Erwartungswertfunktion der Prozesse $G(n) \cdot B$.

9.5. Für eine Brownsche Bewegung B seien $H \equiv I_{\{B_1 < 0\}} I_{[1,2]}$, $G \equiv I_{\{B_1 > 0\}} I_{(2,3]}$, $X \equiv H \cdot B$ und $Y \equiv G \cdot B$. Zeigen Sie $[H, G] = 0$ und, dass H, G nicht stochastisch unabhängig sind.

9.6. Sei $C^{1,2}([0, \infty) \times \mathbb{R}^n)$ die Menge aller Einschränkungen auf $[0, \infty) \times \mathbb{R}^n$ von Funktionen $f : \mathbb{R} \times \mathbb{R}^n \to \mathbb{R}$ mit stetiger partieller Ableitung nach der ersten „Zeitvariablen" t und stetigen zweiten partiellen Ableitungen nach den „Raumvariablen" x. Zeigen Sie für eine Brownsche Bewegung B und $f \in C^{1,2}([0, \infty) \times \mathbb{R}^n)$, dass $X_t \equiv f(t, B_t)$ genau dann ein lokales Martingal ist, wenn f die (Rückwärts-) **Wärmeleitungsgleichung** $D_t f + \frac{1}{2} \Delta f = 0$ erfüllt.

9.7. Für eine n-dimensionale Brownsche Bewegung B und Prozesse $U, V \in L(B)$ heißt

$$X \equiv X_0 + U \cdot B + V \cdot [B]$$

ein **Itô-Prozess** (bezüglich B). Zeigen Sie, dass die Menge aller Itô-Prozesse stabil unter $C^{1,2}([0, \infty) \times \mathbb{R}^n)$-Abbildungen ist.

9.8. Sei $\mathscr{F} = \overline{\mathscr{F}(B)}$ mit einer Brownschen Bewegung B. Zeigen Sie unter Vorgriff auf Satz 10.6, dass jedes lokale $\mathscr{F}$-Martingal ein Itô-Prozess ist. Charakterisieren Sie, welche $\mathscr{F}$-Semimartingale Itô-Prozesse sind.

9.9. Für $X, Y \in \mathcal{SM}(\mathscr{F})$ heißt $X \bullet Y \equiv X \cdot Y + \frac{1}{2}[X, Y]$ **Fisk–Stratonovich-Integral** von X bezüglich Y. Zeigen Sie die partielle Integrationsregel

$$X \bullet Y + Y \bullet X = XY - X_0 Y_0$$

und für $f \in C^3(\mathbb{R})$ (mit Hilfe der Itô-Formel für f')

$$f(X) = f(X_0) + f'(X) \bullet X.$$

Für welche $X \in \mathcal{CM}^{\mathrm{loc}}(\mathscr{F})$ ist $X \bullet X$ wieder ein lokales Martingal?

9.10. Seien $X, Y \in \mathcal{SM}(\mathscr{F})$, $t \geq 0$ und $0 = t_{n,0} \leq t_{n,1} \leq \cdots \leq t_{n,m_n} = t$ eine Folge von Partitionen mit $\max\{t_{n,j} - t_{n,j-1} : 1 \leq j \leq m_n\} \to 0$. Zeigen Sie mit partieller Integration und dominierter Konvergenz

$$\sum_{j=1}^{m_n} (X_{t_{n,j}} - X_{t_{n,j-1}})(Y_{t_{n,j}} - Y_{t_{n,j-1}}) \xrightarrow{P} [X, Y]_t.$$

9.11. Zeigen Sie für eine Brownsche Bewegung B und $p > \frac{1}{2}$ mit Hilfe partieller Integration $\frac{1}{t^p} B_t \to 0$ fast sicher für $t \to \infty$.

Kapitel 10

Anwendungen der stochastischen Integration

Am Schluss des vorherigen Kapitels haben wir mit der Itô-Formel Aussagen über harmonische Funktionen bewiesen, und wir wollen nun umgekehrt stochastische Ergebnisse mit Hilfe harmonischer Funktionen zeigen.

Dafür erweitern wir die Integrationstheorie zunächst auf komplexe Prozesse. Für ein zweidimensionales (lokales oder Semi-)Martingal (X, Y) bezüglich einer Filtration $\mathcal{F}$ nennen wir $Z = X + iY$ ein komplexes (lokales oder Semi-)Martingal. Wir bezeichnen mit $\mathcal{CM}^{\mathrm{loc}}(\mathcal{F}, \mathbb{C})$ und $\mathcal{SM}(\mathcal{F}, \mathbb{C})$ die Menge der komplexen lokalen beziehungsweise Semimartingale. Der Martingalanteil von Z ist $M + iN$ mit den Martingalanteilen M und N von X beziehungsweise Y.

Das Itô-Integral definieren wir durch die Forderung nach $\mathbb{C}$-Linearität, also

$$L(X + iY) \equiv \{H + iG : H, G \in L(X) \cap L(Y)\}$$

und

$$(H + iG) \cdot (X + iY) \equiv H \cdot X - G \cdot Y + i(H \cdot Y + G \cdot X).$$

Die Covariation von $X + iY$ und $\tilde{X} + i\tilde{Y}$ definieren wir entsprechend durch

$$[X + iY, \tilde{X} + i\tilde{Y}] \equiv [X, \tilde{X}] - [Y, \tilde{Y}] + i([X, \tilde{Y}] + [\tilde{X}, Y]).$$

Die quadratische Variation von $Z = X + iY$ ist $[Z] \equiv [Z, Z] = [X] - [Y] + 2i[X, Y]$, also nicht monoton wachsend wie im reellen Fall. Abgesehen davon liefern die Sätze des 9. Kapitels angewendet auf Real- und Imaginärteile sofort die entsprechenden Aussagen für das komplexe Itô-Integral.

Insbesondere gelten die Fundamentalidentität $[H \cdot Z, \tilde{Z}] = H \cdot [Z, \tilde{Z}]$ und die partielle Integrationsregel

$$Z\tilde{Z} - Z_0\tilde{Z}_0 = Z \cdot \tilde{Z} + \tilde{Z} \cdot Z + [Z, \tilde{Z}].$$

Für (geeignetes) $f : \mathbb{C} \to \mathbb{C}$ können wir die Itô-Formel auf Real- und Imaginärteil von $\phi(x, y) \equiv f(x + iy)$ anwenden. Eine Besonderheit ergibt sich dabei, wenn f nicht bloß zweimal partiell stetig differenzierbar ist, sondern sogar **komplex differenzierbar** in einer offenen Menge $U \subset \mathbb{C}$, das heißt, für alle $z_0 \in U$ existiert

$$f'(z_0) \equiv \lim_{z \to z_0} \frac{f(z) - f(z_0)}{z - z_0}.$$

Leser mit Kenntnissen der Funktionentheorie werden wissen, dass solche Funktionen dann schon unendlich oft differenzierbar sind (und sogar analytisch, das heißt, sie werden lokal durch ihre Taylor-Reihen dargestellt).

Für unsere Zwecke benötigen wir aber keinerlei Funktionentheorie, und wir definieren deshalb den Raum $H(U)$ der in U **holomorphen Funktionen** als Menge der zweimal komplex differenzierbaren Funktionen $f : U \to \mathbb{C}$ mit stetiger zweiter Ableitung f''. Mit gliedweiser Differenziation folgt, dass Potenzreihen im Inneren des Konvergenzkreises holomorph sind.

Entscheidend für die komplexe Itô-Formel sind die **Cauchy–Riemannschen Differenzialgleichungen**: Für $f \in H(U)$ und $\phi(x, y) \equiv f(x + iy)$ gelten

$$D_1\phi = f' \quad \text{und} \quad D_2\phi = if'.$$

Dies folgt direkt aus der Definition der komplexen Differenzierbarkeit, weil für $z_0 = x_0 + iy_0$ und jede reelle Nullfolge $h_n \neq 0$

$$\big(\phi(x_0 + h_n, y_0) - \phi(x_0, y_0)\big)/h_n \; = \; \frac{f(z_0 + h_n) - f(z_0)}{h_n} \longrightarrow f'(z_0),$$

$$\big(\phi(x_0, y_0 + h_n) - \phi(x_0, y_0)\big)/h_n \; = \; i\frac{f(z_0 + ih_n) - f(z_0)}{ih_n} \longrightarrow if'(z_0).$$

Satz 10.1 (Komplexe Itô-Formel)
Seien $Z \in \mathcal{SM}(\mathcal{F}, \mathbb{C})$ mit Werten in einer offenen Menge $U \subseteq \mathbb{C}$ und $f \in H(U)$. Dann ist $f(Z) = f(Z_0) + f'(Z) \cdot Z + \frac{1}{2}f''(Z) \cdot [Z]$.

Beweis. Um die Itô-Formel für Funktionen $\mathbb{R}^2 \to \mathbb{R}$ anzuwenden, betrachten wir $g(x, y) \equiv \Re f(x+iy)$ und $h(x, y) \equiv \Im f(x+iy)$. Wegen der Cauchy–Riemannschen Differenzialgleichungen für f und f' ist dann

$$D_1(g + ih) = f', \quad D_2(g + ih) = if', \quad D_1^2(g + ih) = f'',$$

$$D_2^2(g + ih) = -f'' \quad \text{und} \quad D_1 D_2(g + ih) = if''.$$

Für $Z = X + iY$ mit $X, Y \in \mathcal{SM}(\mathcal{F})$ liefert die Itô-Formel (unter Auslassung des Arguments (X, Y) in $D_j g(X, Y)$)

$$g(X, Y) - g(X_0, Y_0)$$
$$= D_1 g \cdot X + D_2 g \cdot Y + \tfrac{1}{2}(D_1^2 g \cdot [X] + 2D_1 D_2 g \cdot [X, Y] + D_2^2 g \cdot [Y])$$

und

$$h(X, Y) - h(X_0, Y_0)$$
$$= D_1 h \cdot X + D_2 h \cdot Y + \tfrac{1}{2}(D_1^2 h \cdot [X] + 2D_1 D_2 h \cdot [X, Y] + D_2^2 h \cdot [Y]).$$

Wegen $f' \cdot Z = f' \cdot X + if' \cdot Y = D_1(g + ih) \cdot X + D_2(g + ih) \cdot Y$ und

$$f'' \cdot [Z] = f'' \cdot [X] - f'' \cdot [Y] + 2if'' \cdot [X, Y]$$
$$= D_1^2(g + ih) \cdot [X] + D_2^2(g + ih) \cdot [Y] + 2D_1 D_2(g + ih) \cdot [X, Y]$$

folgt dann die Itô-Formel durch Addition obiger Formeln für g und ih. □

Genau wie im reellen Fall definieren wir für $Z \in \mathcal{SM}(\mathcal{F}, \mathbb{C})$ das **Doléans-Exponential** durch $\mathcal{E}(Z) \equiv \exp(Z - \frac{1}{2}[Z])$. Weil die Exponentialfunktion $\exp(z) = \sum_{n=0}^{\infty} z^n/n!$ als Potenzreihe in $\mathbb{C}$ holomorph ist, erhalten wir genau wie nach Satz 9.10, dass das Doléans-Exponential $\mathcal{E}(Z) - \mathcal{E}(Z_0) = \mathcal{E}(Z) \cdot Z$ erfüllt und dadurch sowie die Anfangsbedingung $\mathcal{E}(Z_0) = \exp(Z_0)$ eindeutig bestimmt ist. Insbesondere ist mit Z auch $\mathcal{E}(Z)$ ein komplexes lokales Martingal.

Als erste Anwendung der komplexen Itô-Formel beweisen wir jetzt eine Charakterisierung n-dimensionaler Brownscher Bewegungen $B = (B^1, \ldots, B^n)$ allein durch Martingaleigenschaften. Für $j \neq k$ sind B^j, B^k unabhängig, so dass $[B^j, B^k] = 0$ wegen Satz 9.8. Also sind $B^j B^k \in \mathcal{CM}^{loc}(\mathcal{F})$, und außerdem sind $(B_t^j)^2 - t$ Martingale. Mit der n-dimensionalen Einheitsmatrix E_n gilt also $[B]_t = tE_n$ für alle $t \geq 0$.

Satz 10.2 (Lévy-Charakterisierung Brownscher Bewegungen)
Jedes $M \in \mathcal{CM}^{loc}(\mathcal{F})^n$ mit $M_0 = 0$ und $[M]_t = tE_n$ für alle $t \geq 0$ ist eine $\mathcal{F}$-Brownsche Bewegung.

Beweis. Für $u \in \mathbb{R}^n$ betrachten wir das komplexe lokale Martingal $i\langle u, M \rangle$, dessen Doléans-Exponential also wieder ein lokales Martingal ist. Wegen der Bilinearität der Covariation ist $[i\langle u, M \rangle] = -u^T[M]_t u = -\|u\|^2 t$, so dass $\mathcal{E}(i\langle u, M \rangle)_t = \exp(i\langle u, M_t \rangle + t\|u\|^2/2)$ gilt. Dessen Betrag ist gleich $\exp(t\|u\|^2/2)$, so dass das Doléans-Exponential sogar ein echtes Martingal ist, und wir erhalten für $s \leq t$

$$E(\exp(i\langle u, M_t - M_s \rangle) \mid \mathcal{F}_s) = \exp(-i\langle u, M_s \rangle - t\|u\|^2/2)E(\mathcal{E}(i\langle u, M_t \rangle) \mid \mathcal{F}_s)$$
$$= \exp(-(t - s)\|u\|^2/2).$$

Nach Satz 5.10 ist dies die Fourier-Transformierte von $N(0, (t - s)E_n)$, und weil $\{\exp(i\langle u, \cdot \rangle) : u \in \mathbb{R}^n\}$ verteilungsbestimmend für $(\mathbb{R}^n, \mathbb{B}^n)$ ist, impliziert Satz 6.15, dass $\mathcal{F}_s$ und $M_t - M_s \sim N(0, (t - s)E_n)$ unabhängig sind. Also ist M eine $\mathcal{F}$-Brownsche Bewegung. □

Mit der Lévy-Charakterisierung kann man viele Aussagen über Brownsche Bewegungen sehr leicht beweisen. Zuerst erhalten wir die schon versprochene Verbesserung von Satz 7.8: Für unabhängige $\mathcal{F}$-Brownsche Bewegungen $B^1, \ldots, B^n$ ist $B = (B^1, \ldots, B^n) \in \mathcal{CM}^{loc}(\mathcal{F})^n$ mit $[B]_t = tE_n$ wegen Satz 9.8. Also ist B eine $\mathcal{F}$-Brownsche Bewegung.

Auch das Spiegelungsprinzip aus Satz 7.15 folgt leicht aus Satz 10.2: Für eine $\mathcal{F}$-Brownsche Bewegung B und eine Stoppzeit τ ist $\tilde{B} = B^\tau + (B - B^\tau) \in \mathcal{CM}^{loc}(\mathcal{F})$ wegen des Optional-Stopping-Satzes, und die Stoppregeln für die Covariation liefern $[\tilde{B}] = [B^\tau] + 2[B^\tau, B - B^\tau] + [B - B^\tau] = [B]$, weil $[B^\tau, B - B^\tau] = [B, (B - B^\tau)^\tau] = 0$ und $[B - B^\tau] = [B] - 2[B, B^\tau] + [B^\tau] = [B] - [B]^\tau$.

Als elaboriertere Anwendung der Lévy-Charakterisierung zeigen wir jetzt, dass man jedes stetige lokale Martingal als „zeittransformierte" Brownsche Bewegung darstellen kann. Für die mehrdimensionale Version dieser Aussage nennen wir $M = (M^1, \ldots, M^n) \in \mathcal{CM}^{loc}(\mathcal{F})^n$ **isotrop**, falls $[M] = [M^1] E_n$, das heißt, für $j \neq k$ gilt $[M^j, M^k] = 0$ und die quadratischen Variationen der Komponenten sind gleich. Dann heißt $R \equiv [M^1]$ **Rate** von M.

Der Grund für diese Bezeichnung ist die „Bewegungsinvarianz" isotroper lokaler Martingale: Für orthogonales $A \in \mathbb{R}^{n \times n}$ liefert die Bilinearität der Covariation nämlich $[AM] = A[M]A^t$, und für isotropes M folgt $[AM] = [M]$.

Ein komplexes $Z = X + iY \in \mathcal{CM}^{loc}(\mathcal{F}, \mathbb{C})$ heißt isotrop, falls $(X, Y) \in \mathcal{CM}^{loc}(\mathcal{F})^2$ isotrop ist. Dann ist $[Z] = [X] + 2i[X, Y] - [Y] = 0$, und für ein holomorphes f ist $f(Z) = f(Z_0) + f'(Z) \cdot Z$ wiederum ein isotropes lokales Martingal mit Rate

$$[\Re f(Z)] = [\Re f'(Z) \cdot \Re Z - \Im f'(Z) \cdot \Im Z] = |f'(Z)|^2 \cdot [\Re Z].$$

Wegen Satz 9.7.2 ist Z genau dann ein (echtes) $\mathcal{L}_2$-Martingal, wenn $[\Re Z]_t \in \mathcal{L}_1$ für alle $t \geq 0$.

Für unabhängige $\mathcal{F}$-Brownsche Bewegungen B^1, B^2 ist die **komplexe Brownsche Bewegung** $B \equiv B^1 + iB^2$ das wichtigste Beispiel eines komplexen isotropen Martingals. Die Rate ist $R_t = t$, und wegen der komplexen Itô-Formel und $[B] = 0$ ist – im Gegensatz zu reellen Brownschen Bewegungen – die quadrierte Brownsche Bewegung $B^2 = 2B \cdot B$ wieder ein komplexes lokales Martingal. Wegen Satz 9.7.2 und

$$E([\Re B^2]_t) = E\left(4 \int_0^t |B_s|^2 ds\right) = 4 \int_0^t E(|B_s|^2) ds = 4 \int_0^t s \, ds = 2t^2$$

ist B^2 sogar ein echtes komplexes Martingal.

Satz 10.3 (Zeittransformation, Dambis, Dubins, Schwarz)

Für jedes n-dimensionale oder komplexe isotrope lokale $\mathcal{F}$-Martingal M mit $M_0 = 0$, Rate R und $R_\infty = \infty$ gibt es eine n-dimensionale beziehungsweise komplexe Brownsche Bewegung B mit $B_{R_t} = M_t$ fast sicher für alle $t \geq 0$.

Falls eine von $\mathcal{F}_\infty$ unabhängige Brownsche Bewegung existiert, stimmt dies auch ohne die Voraussetzung $R_\infty = \infty$.

Beweis. Für $s \geq 0$ seien $\tau_s \equiv \inf\{t \geq 0 : R_t \geq s\}$ und $\mathcal{G}_s \equiv \overline{\mathcal{F}}_{\tau_s}$. Wir zeigen zuerst, dass durch $X_s \equiv M_{\tau_s}$ ein stetiges lokales $\mathcal{G}$-Martingal mit quadratischer Variation $[X]_s = (R_\infty \wedge s) E_n$ definiert ist.

Für $s \geq 0$ haben die gestoppten Komponenten $(M^j)^{\tau_s}$ quadratische Variation $R^{\tau_s} \leq s$. Satz 9.7.2 impliziert $M^{\tau_s} \in \mathcal{CM}^2(\mathcal{F})^n$ und dass $(M^j M^k - [M^j, M^k])^{\tau_s}$ echte gleichgradig integrierbare $\overline{\mathcal{F}}$-Martingale sind. Insbesondere ist M^{τ_s} abschließbar, so dass X_s auch auf der Menge $\{\tau_s = \infty\}$ definiert ist.

Der Optional-Sampling-Satz impliziert $E(M_{\tau_t} \mid \overline{\mathcal{F}}_{\tau_s}) = M_{\tau_s}$ und

$$E((M^j M^k - [M^j, M^k])_{\tau_t} \mid \overline{\mathcal{F}}_{\tau_s}) = (M^j M^k - [M^j, M^k])_{\tau_s}$$

für $s \leq t$, und wenn wir noch die Stetigkeit von X zeigen, folgt $[X]_s = R^{\tau_s}_\infty E_n = (R_\infty \wedge s) E_n$.

Für die Stetigkeit gibt es das Problem, dass $s \mapsto \tau_s$ zwar linksstetig, aber im Allgemeinen nicht stetig ist. Ist nämlich R auf einem Intervall $[a, b]$ konstant mit Wert s, so gilt $\tau_s \leq a$ und $\tau_{s+\varepsilon} \geq b$ für alle $\varepsilon > 0$. Wir zeigen deshalb, dass fast sicher aus der Konstanz von R auf $[a, b]$ auch die Konstanz von M auf $[a, b]$ folgt, was dann die fast sichere Stetigkeit von X impliziert.

Es reicht zu zeigen, dass diese Aussage für jedes Paar $(a, b) \in \mathbb{Q}_+^2$ fast sicher gilt, durch Schneiden der zugehörigen fast sicheren Ereignisse folgt sie dann fast sicher für alle $(a, b) \in \mathbb{Q}_+^2$ und mit der Stetigkeit von M auch fast sicher für alle $(a, b) \in [0, \infty)^2$.

Für $a < b$ sei nun $\sigma \equiv \inf\{t \geq a : R_t - R_a > 0\}$. Dann ist σ die Eintrittszeit von $R - R^a = I_{[a,\infty)} \cdot R = I_{[a,\infty)} \cdot [M^j] = [I_{[a,\infty)} \cdot M^j] = [M^j - (M^j)^a]$ in die offene Menge $(0, \infty)$, also eine schwache $\mathcal{F}$-Stoppzeit. Im Anschluss an den Regularisierungssatz 8.10 hatten wir festgestellt, dass (rechts-) stetige $\mathcal{F}$-Martingale auch $\mathcal{F}^+$-Martingale sind, so dass wir (für diesen Stetigkeitsbeweis) $\mathcal{F} = \mathcal{F}^+$ annehmen können. Dann ist σ also eine (echte) Stoppzeit, und $N \equiv M^j - (M^j)^a$ erfüllt $[N^\sigma] = [N]^\sigma = 0$, also $N^\sigma = 0$ fast sicher. Auf $\{R_b = R_a\}$ ist aber $\sigma \geq b$, so dass für $r \in [a, b]$ die Identität $M_r^j - M_a^j = N_r = N_r^\sigma = 0$ folgt.

Ist nun $R_\infty = \infty$, so erfüllt $X \in \mathcal{CM}^{\mathrm{loc}}(\mathcal{G})$ die Lévy-Charakterisierung aus Satz 10.2 und ist daher eine $\mathcal{G}$-Brownsche Bewegung. Wegen $R_{\tau_s} = s$ folgt außerdem $X_{R_t} = M_t$, weil es wegen des Zwischenwertsatzes zu jedem t ein s mit $\tau_s = t$ gibt.

Ist andernfalls Y eine von $\mathcal{F}_\infty$ unabhängige n-dimensionale Brownsche Bewegung, so betrachten wir $\mathcal{H}_s \equiv \mathcal{G}_s \vee \mathcal{F}(Y)_s$. Wegen Satz 6.2 sind bedingte Erwartungen bezüglich $\mathcal{H}_s$ und bezüglich $\mathcal{G}_s$ für $\mathcal{G}_\infty$-messbare Abbildungen gleich, und deshalb ist X auch ein lokales $\mathcal{H}$-Martingal mit $[X]_t = (R_\infty \wedge t) E_n$ für alle $s \geq 0$, weil die quadratische Variation nur von der Filtration $\mathcal{F}(X)$ abhängt.

Wir definieren $H_t \equiv I_{\{R_\infty < t\}} = I_{\{\tau_t = \infty\}}$. Dann ist $H \in L(Y)$ und $H \cdot Y$ ist isotrop mit Rate $[H \cdot Y^1]_t = H^2 \cdot [Y^1]_t = \int_0^t H_s \, ds = (t - R_\infty)^+$. Wegen der Unabhängigkeit von X und Y gilt $[X^j, Y^k] = 0$ für alle $j, k \in \{1, \dots, n\}$, und damit folgt, dass $B \equiv X + H \cdot Y$ ein isotropes $\mathcal{H}$-Martingal mit Rate $[X^1]_t + [H \cdot Y^1]_t = t \wedge R_\infty + (t - R_\infty)^+ = t$ ist. Also ist wieder wegen Satz 10.2 durch B eine Brownsche Bewegung definiert mit $B_{R_t} = M_t$. $\square$

Satz 10.3 liefert insbesondere, dass isotrope lokale Martingale M die gleichen Pfade wie Brownsche Bewegungen besitzen, die allerdings mit einer anderen „Geschwindigkeit" – nämlich mit der Rate R – durchlaufen werden. Es gilt also

$$\{M_t(\omega) : t \geq 0\} = \{B_s(\omega) : 0 \leq s < R_\infty(w)\}$$

für fast alle $\omega \in \Omega$ (was für den eindimensionalen Fall allerdings nicht besonders interessant ist, weil diese Mengen wegen des Zwischenwertsatzes Intervalle sind).

Die Zusatzvoraussetzung im Fall, dass $R_\infty = \infty$ nicht gilt, kann man übrigens durch „Vergrößerung" des Wahrscheinlichkeitsraums erreichen: Für eine $\tilde{\mathcal{F}}$-Brownsche Bewegung auf $(\tilde{\Omega}, \tilde{\mathcal{A}}, \tilde{P})$ ist das Produkt $(\Omega, \mathcal{A}, P) \otimes (\tilde{\Omega}, \tilde{\mathcal{A}}, \tilde{P})$ mit der Filtration $\mathcal{F}_t \otimes \tilde{\mathcal{F}}_t$ eine geeignete Vergrößerung.

Ist in der Situation von Satz 10.3 die Rate R deterministisch, das heißt $R_t = v(t)$ mit einer Funktion $v : [0, \infty) \to [0, \infty)$, so folgt insbesondere, dass mit B auch M ein Gauß-Prozess ist. Damit erhalten wir einen sehr kurzen Beweis von Lévys Satz 7.5, dass jeder stetige $\mathcal{L}_2$-Prozess X mit unabhängigen Zuwächsen und $X_0 = 0$ ein Gauß-Prozess ist: Wie im Beweis zu Satz 7.5 können wir X als zentriert annehmen und wegen Satz 9.8.3 ist dann $R_t = [X]_t = \mathrm{Var}(X_t)$ deterministisch.

In dem folgenden Satz nennen wir zwei Ereignisse fast sicher gleich, falls die Indikatorfunktionen fast sicher übereinstimmen.

Satz 10.4 (Konvergenz lokaler Martingale)
Sei M ein stetiges lokales $\mathcal{F}$-Martingal.

1. Die Ereignisse $\{M$ beschränkt$\}$, $\{M$ konvergiert in $\mathbb{R}\}$ und $\{[M]_\infty < \infty\}$ sind fast sicher gleich.

2. Auf $\{[M]_\infty = \infty\}$ gelten fast sicher

$$\limsup_{t\to\infty} \frac{M_t}{\sqrt{2[M]_t \log\log[M]_t}} = 1 \quad und \quad \liminf_{t\to\infty} \frac{M_t}{\sqrt{2[M]_t \log\log[M]_t}} = -1.$$

3. Die Ereignisse $\{[M]_\infty = \infty\}$ und $\{\mathcal{E}(M)_t \to 0\}$ sind fast sicher gleich.

Beweis. 1. Wir können $M_0 = 0$ annehmen. Um zu zeigen, dass $[M]_\infty$ auf der Menge $\{M$ beschränkt$\}$ fast sicher endlich ist, betrachten wir die Stoppzeiten $\tau_n \equiv \inf\{t \geq 0 : |M_t| \geq n\}$, so dass $M^{\tau_n} \in \mathcal{CM}^2(\mathcal{F})$ und $[M^{\tau_n}]_\infty = [M]_\infty^{\tau_n} \in \mathcal{L}_1$ wegen Satz 9.7.2. Insbesondere ist $[M]_{\tau_n} = [M]_\infty^{\tau_n}$ fast sicher endlich und wegen $\tau_n = \infty$ auf $\{|M| < n\}$ ist $[M]_\infty$ auf $\bigcup_{n\in\mathbb{N}}\{|M| < n\} = \{M$ beschränkt$\}$ fast sicher endlich.

Genauso zeigen wir, dass M auf $\{[M]_\infty < \infty\}$ fast sicher konvergiert: Für $\sigma_n \equiv \inf\{t \geq 0 : [M]_t \geq n\}$ ist $[M^{\sigma_n}] = [M]^{\sigma_n} \leq n$ und wieder wegen Satz 9.7.2 ist $M^{\sigma_n} \in \mathcal{CM}^2(\mathcal{F})$ und wegen des Martingalkonvergenzsatzes konvergent. Auf $\{[M]_\infty < n\}$ ist $\sigma_n = \infty$, so dass M auf $\bigcup_{n\in\mathbb{N}}\{[M]_\infty < n\} = \{[M]_\infty < \infty\}$ konvergiert.

2. Indem wir gegebenenfalls den Wahrscheinlichkeitsraum wie oben beschrieben vergrößern, finden wir eine Brownsche Bewegung B mit $M_t = B_{[M]_t}$. Weil $[M]_t$ auf $\{[M]_\infty = \infty\}$ gegen ∞ konvergiert, folgt dann die Aussage ohne jede weitere Wahrscheinlichkeitstheorie aus Khinchins Satz 7.18.

3. Wir können $M_0 = 0$ annehmen. Sind τ_n lokalisierend für $\mathcal{E}(M)$ und $s \leq t$, so liefert Fatous Lemma $E(\mathcal{E}(M)_t \mid \mathcal{F}_s) \leq \liminf_{n \to \infty} E(\mathcal{E}(M)_t^{\tau_n} \mid \mathcal{F}_s) = \mathcal{E}(M)_s$ und $E(\mathcal{E}(M)_t) \leq E(\mathcal{E}(M)_0) = 1$. Also ist $\mathcal{E}(M)$ ein $\mathscr{L}_1$-beschränktes Supermartingal, und wegen des Martingalkonvergenzsatzes existiert $\mathcal{E}(M)_\infty = \lim_{t \to \infty} \mathcal{E}(M)_t$ fast sicher. Nach Definition des Doléans-Exponentials gilt $\mathcal{E}(M)\mathcal{E}(-M) = \exp(-[M])$, so dass $[M]_\infty = \infty$ auf $\{\mathcal{E}(M) = 0\}$. Andererseits ist

$$\mathcal{E}(M) = \exp(M - \tfrac{1}{4}[M]) \exp(-\tfrac{1}{4}[M]) = \mathcal{E}(\tfrac{1}{2}M)^2 \exp(-\tfrac{1}{4}[M]),$$

und dies liefert $\mathcal{E}(M)_\infty = 0$ auf $\{[M]_\infty = \infty\}$. $\square$

Als weitere Anwendung der Itô-Formel und der Zeittransformation aus Satz 10.3 untersuchen wir jetzt das asymptotische Verhalten Brownscher Bewegungen.

Satz 10.5 (Rückkehrverhalten Brownscher Bewegungen)
Sei $B = (B^1, \ldots, B^n)$ eine n-dimensionale Brownsche Bewegung.

1. Für $n \geq 2$ und alle $a \in \mathbb{R}^n \setminus \{0\}$ gilt fast sicher $\tau_a \equiv \inf\{t \geq 0 : B_t = a\} = +\infty$.

2. Für $n = 2$, $a \in \mathbb{R}^2$ und jedes $\varepsilon > 0$ gilt $\sigma_{a,\varepsilon} \equiv \inf\{t \geq 0 : |B_t - a| \leq \varepsilon\} < \infty$ fast sicher.

3. Für $n \geq 3$ gilt $\|B_t\| \to +\infty$ fast sicher.

Beweis. 1. Wegen $\tau_a \geq \inf\{t \geq 0 : (B_t^1, B_t^2) = (a_1, a_2)\}$ reicht es den Fall $n = 2$ zu beweisen (wegen der Permutationsinvarianz können wir $a_1 \neq 0$ annehmen), und dafür müssen wir zeigen, dass die komplexe Brownsche Bewegung $B \equiv B^1 + iB^2$ den Wert $c \equiv a_1 + ia_2$ fast sicher nicht annimmt. Seien dazu $f(z) \equiv -c(\exp(z) - 1)$ und $M \equiv f(B)$. Dann ist $M \in \mathcal{CM}^{\mathrm{loc}}(\mathcal{F}(B), \mathbb{C})$ isotrop mit Rate

$$R_t = (|f'(Z)|^2 \cdot [B^1])_t = |c|^2 (\exp(2B^1) \cdot [B^1])_t \to +\infty,$$

weil $\sup_{t \geq 0} \exp(2B_t^1) = \exp(2 \sup_{t \geq 0} B_t^1) = +\infty$ fast sicher.

Wegen Satz 10.3 hat M fast sicher die gleichen Werte wie eine Brownsche Bewegung W, die also den Wert c fast sicher nicht annimmt. Wegen $B \stackrel{d}{=} W$ nimmt also auch B den Wert c fast sicher nicht an.

2. Wir zeigen für eine komplexe Brownsche Bewegung $B = B^1 + iB^2$ und $c \in \mathbb{C}$, dass $\sigma \equiv \inf\{t \geq 0 : |B_t - c| \leq \varepsilon\}$ fast sicher endlich ist. Für $c = 0$ ist nichts zu zeigen und sonst können wir $\varepsilon \leq |c|/2$ annehmen. Die Funktion $f(z) \equiv (z - c)^{-1}$ ist in $\mathbb{C} \setminus \{c\}$ holomorph, und weil B^σ den Wert c nicht annimmt, ist $M \equiv f(B^\sigma) \in \mathcal{CM}^{\mathrm{loc}}(\mathcal{F}(B), \mathbb{C})$ isotrop mit Rate

$$[\Re M] = |f'(B^\sigma)|^2 \cdot [B^1]^\sigma = |B^\sigma - c|^{-2} \cdot [B^1]^\sigma.$$

Wegen $|B^\sigma - c|^{-2} \geq \varepsilon^2/4$ gilt $[\Re M]_\infty = \infty$ auf der Menge $\{\sigma = \infty\}$. Weil $\Re M$ aber beschränkt ist, folgt $P(\sigma = \infty) = 0$ aus Satz 10.4.1.

3. Für $n \geq 3$ ist die Funktion $f(x) \equiv \|x\|^{2-n}$ harmonisch in $\mathbb{R}^n \setminus \{0\}$, weil $D_j f(x) = (2-n)x_j \|x\|^{-n}$ und $D_j^2 f(x) = (2-n)(\|x\|^{-n} - nx_j^2 \|x\|^{-(n-2)})$. Für festes $a \neq 0$ nimmt $B - a$ den Wert 0 fast sicher nicht an, und die Itô-Formel impliziert, dass $M \equiv f(B - a)$ ein lokales Martingal ist. Für eine lokalisierende Folge τ_m folgt für $s \leq t$ wegen $M \geq 0$ und Fatous Lemma

$$E(M_t \mid \mathcal{F}_s) = E\big(\lim_{m \to \infty} M_t^{\tau_m} \mid \mathcal{F}_s\big) \leq \liminf_{m \to \infty} E(M_t^{\tau_m} \mid \mathcal{F}_s) = M_s.$$

Also ist M ein Supermartingal und als solches wegen $E(|M_t|) = E(M_t) \leq E(M_0)$ in $\mathcal{L}_1$ beschränkt. Der Martingalkonvergenzsatz impliziert also die fast sichere Konvergenz $M_t \to M_\infty$. Wegen $\limsup_{t \to \infty} \|B_t - a\| \geq \limsup_{t \to \infty} |B_t^1| - |a_1| = \infty$ folgt dann $M_\infty = 0$, also $\|B_t - a\| = 1/M_t \to +\infty$. Wegen $\|B_t\| \geq \|B_t - a\| - \|a\|$ gilt daher auch $\|B_t\| \to +\infty$. $\qquad\square$

Für $\sigma = \sigma_{a,\varepsilon}$ wie in der zweiten Aussage des Satzes ist durch $\tilde{B}_t \equiv B_{\sigma+t} - B_\sigma$ wegen der starken Lévy-Eigenschaft wieder eine Brownsche Bewegung definiert, die also fast sicher jede Umgebung eines beliebigen Punktes trifft. Wegen der Separabilität von $\mathbb{R}^2$ folgt induktiv mit diesem Argument, dass fast jeder Pfad unendlich oft jede Umgebung jedes Punktes trifft. Dies bezeichnet man als **Rekurrenz** der zweidimensionalen Brownschen Bewegung.

Wegen der dritten Aussage ist die Situation für höhere Dimensionen ganz anders, und die Eigenschaft $\|B_t\| \to \infty$ heißt **Transienz**.

Im Beweis der dritten Aussage haben wir gezeigt, dass $M \equiv \|B - a\|^{-1}$ für $n = 3$ und $a \neq 0$ ein $\mathcal{L}_1$-beschränktes lokales Martingal mit $M_t \to 0$ ist. Wir zeigen jetzt, dass M sogar $\mathcal{L}_2$-beschränkt und damit gleichgradig integrierbar ist: Für die Dichte $\phi_t(x) \equiv (2\pi t)^{-3/2} \exp(-\|x - a\|^2/2t)$ von $B_t - a$ gilt $\phi_t(x) \leq \phi_t(\frac{1}{2}a)$ für alle $\|x\| \leq \|a\|/2$, und durch Zerlegen des Integrationsbereichs in $K \equiv \{\|\cdot\| \leq \|a\|/2\}$ und K^c folgt

$$
\begin{aligned}
\|M_t\|_2^2 &= \int_K \phi_t(x)/\|x\|^2 d\lambda_3(x) + \int_{K^c} \phi_t(x)/\|x\|^2 d\lambda_3(x) \\
&\leq \phi_t(\tfrac{1}{2}a) \int_K \|x\|^{-2} d\lambda_3(x) + \frac{4}{\|a\|^2} \leq C
\end{aligned}
$$

mit einer von t unabhängigen Konstanten C, weil $\phi_t(\frac{1}{2}a)$ beschränkt ist und

$$\int_K \|x\|^{-2} d\lambda_3(x) = \int_{[0,\|a\|/2]} y^{-2} d\lambda_3^{\|\cdot\|}(y) = \tfrac{3}{2} V_3 \|a\|,$$

weil $\lambda_3^{\|\cdot\|}$ die λ-Dichte $3V_3 t^2 I_{(0,\infty)}(t)$ hat, wie wir vor Satz 3.10 gezeigt haben.

Das positive und gleichgradig integrierbare lokale Martingal M ist aber trotzdem *kein echtes Martingal*, weil es sonst durch $M_\infty = 0$ abschließbar wäre, was den Widerspruch $\|a\|^{-1} = M_0 = E(M_\infty|\mathcal{F}_0) = 0$ impliziert.

Die stetigen lokalen Martingale, die wir bisher in den Beweisen benutzt haben, waren von der Form $M = M_0 + V \cdot B$ mit einer n-dimensionalen Brownschen Bewegung B und $V \in L(B)$, insbesondere für harmonische Funktionen f ist $f(B) = f(0) + f'(B) \cdot B$ wegen der Itô-Formel.

Wir zeigen jetzt, dass *jedes* lokale $\mathcal{F}(B)$-Martingal (man beachte, dass lokale Martingale nach Definition bloß *rechtsstetig* sein müssen) von dieser Form ist – also insbesondere fast sicher stetig.

Satz 10.6 (Integraldarstellung lokaler Martingale, Itô)
Seien B eine n-dimensionale Brownsche Bewegung und $\mathcal{F} = \overline{\mathcal{F}(B)}$. Dann ist jedes lokale $\mathcal{F}$-Martingal von der Form $M = M_0 + V \cdot B$ mit einem Prozess $V \in L(B)$.

Beweis. Wir untersuchen zuerst Martingale der Form $M_t = E(Y \mid \mathcal{F}_t)$. Seien dazu $H \equiv \{Y \in L_2(\Omega, \mathcal{F}_\infty, P) : E(Y) = 0\}$ und

$$K \equiv \{(V \cdot B)_\infty : V \in L(B) \text{ mit } [V \cdot B]_\infty \in \mathscr{L}_1\}.$$

Wegen Satz 9.7.2 ist $V \cdot B \in \mathcal{CM}^2(\overline{\mathcal{F}})$ für $[V \cdot B]_\infty \in \mathscr{L}_1$, so dass $(V \cdot B)_\infty \in \mathscr{L}_2(\Omega, \mathcal{F}_\infty, P)$ existiert. Weil $(V \cdot B)^2 - [V \cdot B]$ ein gleichgradig integrierbares echtes Martingal ist, gilt außerdem (in Verallgemeinerung der Itô-Isometrie vor Satz 9.9)

$$E((V \cdot B)_\infty^2) = E([V \cdot B]_\infty) = E((\|V\|^2 \cdot [B^1])_\infty)$$
$$= \int_\Omega \int_{[0,\infty)} \|V_t\|^2 d\lambda(t) dP = \|V\|_2,$$

wobei wir V als Element von $\mathscr{L}_2(\Omega \times [0,\infty), \mathcal{F}_\infty \otimes \mathbb{B}, P \otimes \lambda)$ auffassen und mit $\|\cdot\|_2$ die Halbnorm dieses Raums bezeichnen. Mit der Vollständigkeit der $\mathscr{L}_p$-Räume aus Satz 4.2 zeigen wir jetzt damit, dass K in H abgeschlossen ist:

Für $(V^m \cdot B)_\infty \in K$ mit $(V^m \cdot B)_\infty \to Y$ ist V^m eine Cauchy-Folge bezüglich $\|\cdot\|_2$ und daher konvergent. Der Grenzwert braucht allerdings nicht progressiv messbar zu sein. Nach Übergang zu einer Teilfolge können wir aber annehmen, dass V^m sogar fast sicher konvergiert, und für $A \equiv \{(\omega, t) \in \Omega \times [0,\infty) : V_t^m(\omega) \text{ konvergiert}\}$ ist dann $V \equiv \lim_{m\to\infty} V^m I_A$ als punktweiser Grenzwert progressiver Prozesse wieder progressiv, und wegen $P \otimes \lambda^1(A^c) = 0$ gilt $V^m \to V$ im zu $P \otimes \lambda^1$ gehörigen $\mathscr{L}_2$-Raum. Also ist $Y = (V \cdot B)_\infty \in K$.

Mit dem Projektionssatz 4.13 erhalten wir für jedes $Y \in H$ eine Zerlegung $Y = (V \cdot B)_\infty + Y - (V \cdot B)_\infty$, wobei $Z \equiv Y - (V \cdot B)_\infty$ zu allen Elementen von K orthogonal ist. Wir zeigen jetzt $Z = 0$ P-fast sicher, was dann also $Y \in K$ impliziert.

Andernfalls können wir wegen $E(Z) = 0$ durch Multiplikation mit einer Konstanten $E(Z^+) = E(Z^-) = 1$ annehmen. Für jedes $f \in \mathscr{L}_2([0,\infty), \mathbb{B}, \lambda)^n$ gilt für

$X \equiv \mathcal{E}(if \cdot B)$ die Beziehung $X - 1 = W \cdot B$ mit $W \equiv iXf$. Weil X beschränkt ist, folgt $[W \cdot B]_\infty = [X]_\infty \in \mathcal{L}_1$ aus Satz 9.7.2, so dass Real- und Imaginärteil von $X_\infty - 1$ in K sind. Mit $[if \cdot B]_\infty = -\int_0^\infty |f|^2 d\lambda \equiv c$ liefert die Orthogonalität

$$0 = E((X_\infty - 1)Z) = E(X_\infty Z) = \exp(-c/2)E((\exp(if \cdot B))_\infty Z).$$

Speziell für $f \equiv \sum_{j=1}^m u^j I_{[t_{j-1}, t_j)}$ mit $u^j \in \mathbb{R}^n$ und $0 \le t_0 \le \cdots \le t_m$ erhalten wir $(f \cdot B)_\infty = \sum_{j=1}^m \langle u^j, (B_{t_j} - B_{t_{j-1}})\rangle_n = \langle u, (B_{t_1} - B_{t_0}, \dots, B_{t_m} - B_{t_m})\rangle_{nm}$, also

$$E(\exp(i \langle u, B_{t_1} - B_{t_0}, \dots, B_{t_m} - B_{t_{m-1}}\rangle)Z) = 0.$$

Für die Verteilungen $Q_\pm \equiv Z^\pm \cdot P$ haben also $Q_\pm \circ (B_{t_1} - B_{t_0}, \dots, B_{t_m} - B_{t_{m-1}})$ gleiche Fourier-Transformierte und sind deshalb gleich.

Für $A \in \mathcal{E} \equiv \bigcup_{t_0 \le \cdots \le t_m} \sigma(B_{t_1} - B_{t_0}, \dots, B_{t_m} - B_{t_{m-1}})$ folgt daher $\int_A Z^+ dP = \int_A Z^- dP$, und wegen des Maßeindeutigkeitssatzes gilt diese Identität für alle $A \in \sigma(\mathcal{E}) = \mathcal{F}(B)_\infty$ und damit auch für alle $A \in \mathcal{F}_\infty$. Weil Z bezüglich $\mathcal{F}_\infty$ messbar ist, liefert dies nun $Z = E(Z \mid \mathcal{F}_\infty) = 0$ wegen der Radon–Nikodym-Gleichungen.

Für ein $\mathcal{F}$-Martingal der Form $M - M_0 = E(Y | \mathcal{F}_t)$ mit $Y \in \mathcal{L}_2(\Omega, \mathcal{F}_\infty, P)$ und $Y = (V \cdot B)_\infty$ erhalten wir jetzt $M_t - M_0 = E((V \cdot B)_\infty \mid \mathcal{F}_t) = (V \cdot B)_t$, also ist $V \cdot B$ eine (stetige) Modifikation von $M - M_0$.

Für ein beliebiges lokales $\mathcal{F}$-Martingal M mit $M_0 = 0$ zeigen wir jetzt zunächst die fast sichere Stetigkeit. Für eine lokalisierende Folge $\tau_m \uparrow \infty$ reicht es, die Stetigkeit von $M^{\tau_m \wedge m}$ zu zeigen, so dass wir M als abgeschlossen, also von der Form $M_t = E(M_\infty | \mathcal{F}_t)$ mit $M_\infty \in \mathcal{L}_1(\Omega, \mathcal{F}_\infty, P)$ annehmen können. Für $k \in \mathbb{N}$ sind $Y_k \equiv -k \vee (M_\infty \wedge k) \in \mathcal{L}_2(\Omega, \mathcal{F}_\infty, P)$ mit $Y_k \to M_\infty$ in $\mathcal{L}_1$ wegen dominierter Konvergenz. Also gibt es $V^k \in L(B)$ mit $[V^k \cdot B]_\infty \in \mathcal{L}_1$ und $Y_k - E(Y_k) = (V^k \cdot B)_\infty$. Für jedes $r > 0$ liefert die Maximalungleichung 8.4.1 für die rechtsstetigen Submartingale $|M - V^k \cdot B|$

$$P\left(\sup_{t \ge 0} |M_t - (V^k \cdot B)_t| > r\right) \le \tfrac{1}{r} E(|M_\infty - (V^k \cdot B)_\infty|) \to 0.$$

Nach Übergang zu einer Teilfolge wie in Satz 4.6 erhalten wir, dass die stetigen Prozesse $V^k \cdot B$ fast sicher gleichmäßig auf $[0, \infty)$ gegen M konvergieren, so dass M fast sicher stetig ist.

Es bleibt jetzt zu zeigen, dass jedes $M \in \mathcal{CM}^{\mathrm{loc}}(\mathcal{F})$ mit $M_0 = 0$ von der Form $M = V \cdot B$ ist. Für $\sigma_m = \inf\{t \ge 0 : |M_t| \ge m\}$ sind M^{σ_m} sogar beschränkt, also von der Form $M^{\sigma_m} = V^m \cdot B$. Außerdem ist

$$V^{m+1} I_{[0, \sigma_m]} \cdot B = (V^{m+1} \cdot B)^{\sigma_m} = (M^{\sigma_{m+1}})^{\sigma_m} = M^{\sigma_m}$$

für alle $m \in \mathbb{N}$, und durch $V \equiv \sum_{m=0}^\infty V^m I_{(\sigma_m, \sigma_{m+1}]}$ ist deshalb ein Prozess $V \in L(B)$ definiert mit $(V \cdot B)^{\sigma_m} = M^{\sigma_m}$ für alle $m \in \mathbb{N}$. Satz 8.15.2 liefert dann $V \cdot B = M$. $\qquad\qquad\square$

Zusammen mit dem Regularisierungssatz 8.10 folgt in der Situation von Satz 10.6, dass jedes $\overline{\mathcal{F}(B)}$-Martingal M eine stetige Modifikation besitzt. Insbesondere können etwa kompensierte Poisson-Prozesse keine Martingale bezüglich einer von einer Brownschen Bewegung erzeugten Filtration sein.

Bisher sind wir immer von einem Wahrscheinlichkeitsraum $(\Omega, \mathcal{A}, P)$ ausgegangen und haben dann stochastische Prozesse untersucht. Wir wollen nun andersherum für einen gegebenen Prozess X untersuchen, wie sich etwa Martingaleigenschaften bei Änderung des Wahrscheinlichkeitsmaßes verhalten. Zur besseren Unterscheidbarkeit reden wir dann von (lokalen) P-Martingalen und bezeichnen mit $\mathcal{CM}_P^{\mathrm{loc}}(\mathcal{F})$ den Raum der stetigen lokalen P-Martingale. $E_P(\cdot)$ beziehungsweise $E_P(\cdot \mid \mathcal{G})$ bezeichnen den (bedingten) Erwartungswert bezüglich P.

Eine Verteilung Q auf $\mathcal{F}_\infty$ heißt **lokalstetig** bezüglich P, falls $Q|_{\mathcal{F}_t} \ll P|_{\mathcal{F}_t}$ für alle $t \geq 0$. Falls $Q|_{\mathcal{F}_t} = Z_t \cdot P|_{\mathcal{F}_t}$, heißt dann $Z = (Z_t)_{t \geq 0}$ ein **Dichteprozess** von Q bezüglich P.

Satz 10.7 (Dichteprozesse)
Seien Q eine bezüglich P lokalstetige Verteilung mit Dichteprozess Z und $X = (X_t)_{t \geq 0}$ ein $\mathcal{F}$-adaptierter Prozess.

1. X ist genau dann ein Q-Martingal, wenn ZX ein P-Martingal ist.

2. $Q \ll P|_{\mathcal{F}_\infty}$ gilt genau dann, wenn Z gleichgradig integrierbar ist.

3. Sind X und Z rechtsstetig, so ist $Q|_{\mathcal{F}_\tau \cap \{\tau < \infty\}} = Z_\tau I_{\{\tau < \infty\}} \cdot P|_{\mathcal{F}_\tau \cap \{\tau < \infty\}}$ für jede Stoppzeit τ, und X ist genau dann ein lokales Q-Martingal, wenn XZ ein lokales P-Martingal ist.

Beweis. 1. Für alle $s \leq t$ und $A \in \mathcal{F}_s$ gilt $\int_A X_t \, dQ = \int_A X_t \, dQ|_{\mathcal{F}_t} = \int_A X_t Z_t \, dP$, und mit Hilfe der Radon–Nikodym-Gleichungen folgt die erste Aussage.

2. Für $Q = Z_\infty \cdot P|_{\mathcal{F}_\infty}$ folgt wie eben $E_P(Z_\infty \mid \mathcal{F}_t) = Z_t$, und Satz 6.14 impliziert die gleichgradige Integrierbarkeit.

Die erste Aussage für $X_t \equiv 1$ impliziert, dass Z ein P-Martingal ist, und aus der gleichgradigen Integrierbarkeit folgt mit Satz 8.9 $Z_t = E_P(Z_\infty | \mathcal{F}_t)$ mit einem $Z_\infty \in \mathcal{L}_1(\Omega, \mathcal{F}_\infty, P)$. Für alle $A \in \bigcup_{t \geq 0} \mathcal{F}_t$ gilt dann $\int_A Z_\infty \, dP = Q(A)$, so dass Z_∞ wegen des Eindeutigkeitssatzes eine P-Dichte von $Q|_{\mathcal{F}_\infty}$ ist.

3. Für $A \in \mathcal{F}_\tau \cap \{\tau < \infty\}$ ist $A = \bigcup_{n \in \mathbb{N}} A_n$ mit $A_n \equiv A \cap \{\tau \leq n\} \in \mathcal{F}_n$. Der Optional-Sampling-Satz impliziert

$$\int_{A_n} Z_\tau \, dP = \int_{A_n} Z_{\tau \wedge n} \, dP = \int_{A_n} Z_n \, dP = Q(A_n),$$

und wegen $Z_\tau \geq 0$ folgt mit monotoner Konvergenz $\int_A Z_\tau \, dP = Q(A)$. Wir haben damit insbesondere gezeigt, dass Z^τ ein Dichteprozess für die Filtration $\mathcal{F}^\tau \equiv (\mathcal{F}_{t \wedge \tau})_{t \geq 0}$ ist. Wegen des Optional-Sampling-Satzes ist X^τ genau dann ein $\mathcal{F}$-Martingal, wenn X^τ ein $\mathcal{F}^\tau$-Martingal ist, und damit impliziert die erste Aussage, dass X und ZX gleiche lokalisierende Folgen haben. $\square$

Wir wollen gleich für eine bezüglich P lokalstetige Verteilung Q die Itô-Integrale bezüglich P und Q vergleichen. Bisher hatten wir für Integratoren $X \in \mathcal{SM}_P(\mathcal{F})$ das Itô-Integral als Element von $\mathcal{SM}_P(\overline{\mathcal{F}}^P)$ definiert, mit der P-Vervollständigung $\overline{\mathcal{F}}_t^P = \mathcal{F}_t \vee \{A \in \mathcal{F}_\infty : P(A) \in \{0, 1\}\}$. Falls Q auf $\mathcal{F}_\infty$ nicht absolutstetig bezüglich P ist, können wir dann über $H \cdot X$ keine Q-fast sicheren Aussagen machen. Deshalb betrachten wir

$$\mathcal{N}_{\mathcal{F},P} \equiv \sigma\left(\left\{A \in \bigcup_{t \geq 0} \mathcal{F}_t : P(A) = 0\right\}\right)$$

und definieren die **lokale Vervollständigung** $\tilde{\mathcal{F}}_t^P \equiv \mathcal{F}_t \vee \mathcal{N}_{\mathcal{F},P}$ für $t \in [0, \infty)$. Wir zeigen jetzt, dass wir $H \cdot X$ für $H \in L(X)$ in $\mathcal{SM}(\tilde{\mathcal{F}}^P)$ finden können, wegen $\mathcal{N}_{\mathcal{F},P} \subseteq \mathcal{N}_{\mathcal{F},Q}$ sind dann Q-fast sichere Aussagen über das Integral sinnvoll, und $H \cdot X$ ist $\tilde{\mathcal{F}}^Q$-adaptiert. Der gestoppte Prozess X^m ist Element von $\mathcal{SM}_P(\mathcal{F}^m)$ mit $\mathcal{F}_t^m \equiv \mathcal{F}_{t \wedge m}$, so dass $H^m \cdot X^m \in \mathcal{SM}_P(\overline{\mathcal{F}^m}^P) \subseteq \mathcal{SM}_P(\tilde{\mathcal{F}}^P)$. Wegen $(H \cdot X)^m = H^m \cdot X^m$ erhalten wir also $H \cdot X \in \mathcal{SM}_p(\tilde{\mathcal{F}}^P)$.

Außer für die Definition des Itô-Integrals haben wir Vervollständigungen von Filtrationen im Regularisierungssatz 8.10 für Martingale sowie in Satz 10.6 benutzt. Beide Sätze stimmen auch für die lokale Vervollständigung: Der im Beweis zu Satz 8.10 *konstruierte* Prozess Y ist an $\tilde{\mathcal{F}}^+$ adaptiert, und der Beweis zu Satz 10.6 bleibt für die *lokale* Vervollständigung von $\mathcal{F}(B)$ statt der Vervollständigung richtig.

Satz 10.8 (Transformation von Drifts, Girsanov)
Seien Q eine bezüglich P lokalstetige Verteilung mit stetigem Dichteprozess Z und $X \in \mathcal{CM}_P^{loc}(\mathcal{F})$. Dann ist $\tilde{X} \equiv X - Z^{-1} \cdot [X, Z] \in \mathcal{CM}_Q^{loc}(\tilde{\mathcal{F}}^Q)$, und die Q-Variation von $\tilde{X}$ stimmt mit der P-Variation von X überein.

Ist in Girsanovs Satz B eine Brownsche Bewegung, so ist $\tilde{B} = B - Z^{-1} \cdot [B, Z]$ ein lokales Q-Martingal mit derselben quadratischen Variation wie B, also eine Q-Brownsche Bewegung wegen der Lévy-Charakterisierung.

Beweis. Seien $\tau_n \equiv \inf\{t \geq 0 : Z_t \leq 1/n\}$. Wir nehmen zunächst $X = X^{\tau_n}$ an, so dass $Z^{-1} \cdot [X, Z] = Z^{-1} I_{[0, \tau_n)} \cdot [X, Z]$ wegen $Z^{-1} I_{[0, \tau_n)} \leq n$ einen stetigen Prozess mit endlicher Variation definiert, der wegen der dem Satz vorangehenden Bemerkung und der partiellen Integrationsformel für $[X, Z]$ außerdem als $\tilde{\mathcal{F}}^P$-adaptiert angenommen werden kann. Mit partieller Integration, der Kettenregel und der Unabhängigkeit der Covariation von den systematischen Anteilen erhalten wir

$$\tilde{X}Z - \tilde{X}_0 Z_0 = \tilde{X} \cdot Z + Z \cdot \tilde{X} + [\tilde{X}, Z]$$
$$= \tilde{X} \cdot Z + Z \cdot X - Z \cdot (Z^{-1} \cdot [X, Z]) + [X, Z] = \tilde{X} \cdot Z + Z \cdot X.$$

Wegen Satz 10.7.1 ist $Z \in \mathcal{CM}_P^{loc}(\mathcal{F})$, so dass $\tilde{X}Z$ als Summe von Integralen bezüglich lokaler Martingale ein lokales P-Martingal ist. Satz 10.7.3 impliziert also $\tilde{X} \in \mathcal{CM}_Q^{loc}(\tilde{\mathcal{F}}^Q)$.

Die Übereinstimmung der P-Variation $[X] = [\tilde{X}]$ mit der Q-Variation von $\tilde{X}$ folgt aus der partiellen Integrationsformel, wenn wir zeigen, dass das P-Itô-Integral $\tilde{X} \cdot_P \tilde{X}$ Q-fast sicher mit dem Q-Itô-Integral $\tilde{X} \cdot_Q \tilde{X}$ übereinstimmt. Wegen Satz 9.3 und der Stetigkeit von $\tilde{X}$ gibt es $H(n) \in T(\tilde{\mathcal{F}}^P)$ mit $\|\,|H(n) - \tilde{X}|\,\|_\infty \to 0$, und mit der dominierten Konvergenz aus Satz 9.10.5 folgen $(H(n) \cdot \tilde{X})_t \overset{P}{\to} (\tilde{X} \cdot_P \tilde{X})_t$ und $(H(n) \cdot \tilde{X})_t \overset{Q}{\to} (\tilde{X} \cdot_Q \tilde{X})_t$, wobei $H(n) \cdot X$ wegen der pfadweisen Definition nicht von P und Q abhängt. Durch Übergang zu einer Teilfolge können wir annehmen, dass die erste Konvergenzaussage sogar P-fast sicher gilt, und sogar $P|_{\tilde{\mathcal{F}}^P}$-fast sicher, weil $H(n) \cdot X$ an $\tilde{\mathcal{F}}^P$ adaptiert ist. Weil Q auf $\tilde{\mathcal{F}}^P_\infty$ bezüglich P absolutstetig ist, gilt $(H(n) \cdot \tilde{X})_t \to (\tilde{X} \cdot_P \tilde{X})_t$ also Q-fast sicher und damit $(\tilde{X} \cdot_P \tilde{X})_t = (\tilde{X} \cdot_Q \tilde{X})_t$ Q-fast sicher.

Durch Anwenden des bisher Gezeigten auf X^{τ_n} erhalten wir, dass $\tilde{X}^{\tau_n}$ lokale Q-Martingale mit Variation $[X^{\tau_n}] = [X]^{\tau_n}$ sind, und wegen Satz 8.15.1 müssen wir noch $\tau_n \uparrow \infty$ Q-fast sicher zeigen. Wegen der Stetigkeit von Z wird dies von $\tau \equiv \inf\{t \geq 0 : Z_t = 0\} = \infty$ Q-fast sicher impliziert, was wiederum aus Satz 10.7.3 und $Q(\tau < \infty) = \int_{\{\tau < \infty\}} Z_\tau \, dP = \int 0 \, dP = 0$ folgt.   □

Girsanovs Satz impliziert insbesondere $\mathcal{SM}_P(\mathcal{F}) \subseteq \mathcal{SM}_Q(\tilde{\mathcal{F}}^Q)$ und die Gleichheit der quadratischen Variationen, weil sich die Martingalanteile nur um Prozesse mit endlicher Variation unterscheiden. Außerdem gilt $L_P(X) \subseteq L_Q(X)$ und für $H \in L_P(X)$ sind $H \cdot_P X$ und $H \cdot_Q X$ Q-fast sicher gleich.

Für einen Dichteprozess in Satz 10.8 der Form $Z = \mathcal{E}(M)$ mit $M \in \mathcal{CM}_P^{\mathrm{loc}}(\mathcal{F})$ nimmt die **Girsanov-Transformation** $\tilde{X} = X - Z^{-1} \cdot [X, Z]$ wegen $Z - Z_0 = Z \cdot M$ und $Z^{-1} \cdot [X, Z] = [X, Z^{-1} \cdot (Z - Z_0)] = [X, Z^{-1}Z \cdot M] = [X, M]$ die besonders einfache Form $\tilde{X} = X - [X, M]$ an.

Deshalb sind wir daran interessiert, wann ein Doléans-Exponential $\mathcal{E}(M)$ Dichteprozess einer bezüglich P lokalstetigen Verteilung Q ist. Wegen Satz 10.7.1 ist dafür notwendig, dass $\mathcal{E}(M)$ ein (echtes) Martingal mit $E(\mathcal{E}(M)_0) = 1$ ist. Ist $\mathcal{E}(M)$ außerdem gleichgradig integrierbar, also wegen Satz 8.9 abschließbar, so ist durch $Q \equiv \mathcal{E}(M)_\infty \cdot P$ eine Verteilung auf $\mathcal{F}_\infty$ definiert, so dass $\mathcal{E}(M)$ ein Dichteprozess ist.

Satz 10.9 (Martingalkriterien, Kazamaki, Novikov)
Für $M \in \mathcal{CM}^{\mathrm{loc}}(\mathcal{F})$ mit $M_0 = 0$ ist $\mathcal{E}(M)$ ein gleichgradig integrierbares (echtes) Martingal, falls entweder $K \equiv \sup\{E(\exp(\frac{1}{2}M_\tau)) : \tau \text{ beschränkte Stoppzeit}\} < \infty$ oder $E(\exp(\frac{1}{2}[M]_\infty)) < \infty$.

Beweis. $\mathcal{E}(M)$ ist ein positives lokales Martingal und (wie wir im Beweis von Satz 10.4.3 mit Hilfe von Fatous Lemma gesehen haben) daher ein $\mathcal{L}_1$-beschränktes Supermartingal, also fast sicher konvergent gegen $\mathcal{E}(M)_\infty \in \mathcal{L}_1(\Omega, \mathcal{F}_\infty, P)$ mit

$$E(\mathcal{E}(M)_\infty) \leq \limsup_{n \to \infty} E(\mathcal{E}(M)_n) \leq E(\mathcal{E}(M)_0) = 1.$$

Wir werden $E(\mathcal{E}(M)_\infty) \geq 1$ zeigen, dann ist $(M_t)_{t\in[0,+\infty]}$ wegen der Konstanz der Erwartungswerte ein echtes abgeschlossenes Martingal. Für zunächst festes $a \in (0,1)$ ist

$$\mathcal{E}(aM) = \exp(aM - \tfrac{a^2}{2}[M]) = \mathcal{E}(M)^{a^2} \exp((a-a^2)M).$$

Um diese Identität auch für $t = \infty$ zu benutzen, definieren wir

$$\exp((a-a^2)M)_\infty \equiv \liminf_{n\to\infty} \exp((a-a^2)M_n)$$

und erhalten $\mathcal{E}(aM)_\infty = \mathcal{E}(M)_\infty^{a^2} \exp((a-a^2)M)_\infty$. Auf $\{\mathcal{E}(M)_\infty \neq 0\}$ folgt dies einfach durch Grenzübergang, und weil nach Satz 10.4.3

$$\{\mathcal{E}(M)_\infty = 0\} = \{[M]_\infty = \infty\} = \{a^2[M]_\infty = \infty\} = \{\mathcal{E}(aM)_\infty = 0\},$$

gilt die Identität auch auf $\{\mathcal{E}(M)_\infty = 0\}$.

Wir betrachten nun $r \geq 1$ mit $ra^2 < 1$ und $\beta \equiv \beta_r \equiv r\frac{a-a^2}{1-ra^2} < \tfrac{1}{2}$. Wegen $\beta_1 = \frac{a}{1+a} < 1/2$ und der Stetigkeit von $r \mapsto \beta_r$, gibt es ein $r > 1$, das diese Bedingungen erfüllt.

Mit der Hölder-Ungleichung (in der Form $\|X^{1/p}Y^{1/q}\|_1 \leq \|X\|_1^{1/p}\|Y\|_1^{1/q}$) und $\|\cdot\|_1 \leq \|\cdot\|_q$ für $q \geq 1$ (einer Folgerung der Hölder-Ungleichung) erhalten wir für jede Stoppzeit τ

$$\|\mathcal{E}(aM)_\tau\|_r^r = \|\mathcal{E}(M)_\tau^{ra^2}\exp(\beta M)_\tau^{1-ra^2}\|_1 \leq \|\mathcal{E}(M)_\tau\|_1^{ra^2}\|\exp(\beta M)_\tau\|_{1/2\beta}^{1-ra^2}$$

$$= \|\mathcal{E}(M)_\tau\|_1^{ra^2} E(\exp(\tfrac{1}{2}M)_\tau)^{2\beta(1-ra^2)}.$$

Für beschränktes τ folgt $E(\mathcal{E}(aM)_\tau) \leq E(\mathcal{E}(aM)_0) = 1$ aus dem Optional-Sampling-Satz, und deshalb sind die r-Normen von $\mathcal{E}(aM)_\tau$ durch $K^{2\beta(1-ra^2)/r}$ beschränkt, so dass $\mathcal{E}(aM)$ wegen der Doob-Bedingung aus Satz 8.14 ein echtes gleichgradig integrierbares Martingal ist, was $E(\mathcal{E}(aM)_\infty) = 1$ impliziert.

Die obige Ungleichung für $r = 1$ und $\tau = \infty$ liefert zusammen mit Fatous Lemma außerdem

$$1 = \|\mathcal{E}(aM)_\infty\|_1 \leq \|\mathcal{E}(M)_\infty\|_1^{a^2} \liminf_{n\to\infty} E(\exp(\tfrac{1}{2}M_n))^{2a(1-a)}$$

$$\leq \|\mathcal{E}(M)_\infty\|_1^{a^2} K^{2a(1-a)}.$$

Durch Grenzübergang $a \to 1$ folgt damit $E(\mathcal{E}(M)_\infty) \geq 1$.

Wir zeigen jetzt noch, dass $E(\exp(\tfrac{1}{2}[M]_\infty)) < \infty$ die Bedingung $K < \infty$ impliziert: Mit $\exp(\tfrac{1}{2}M) = \mathcal{E}(M)^{1/2}\exp(\tfrac{1}{2}[M])^{1/2}$ folgt für jede beschränkte Stoppzeit aus der Cauchy–Schwarz-Ungleichung

$$E(\exp(\tfrac{1}{2}M_\tau)) \leq E(\mathcal{E}(M)_\tau)^{1/2} E(\exp(\tfrac{1}{2}[M]_\tau))^{1/2} \leq \exp(\tfrac{1}{2}[M]_\infty)^{1/2},$$

weil $E(\mathcal{E}(M)_\tau) \leq 1$ wegen des Optional-Sampling-Satzes. $\qquad\square$

Satz 10.9 für die gestoppten Prozesse M^t liefert, dass für jedes $M \in \mathcal{CM}^{\mathrm{loc}}(\mathcal{F})$ mit $M_0 = 0$ und $E(\exp(\frac{1}{2}[M]_t)) < \infty$ für alle $t \geq 0$ das Doléans-Exponential $\mathcal{E}(M)$ ein echtes Martingal ist.

Für Brownsche Bewegungen ergeben die beiden vorangehenden Sätze:

Satz 10.10 (Brownsche Bewegung mit Drift, Girsanov)

Seien B eine n-dimensionale Brownsche Bewegung und $V = (V^1, \ldots, V^n)$ ein progressiv messbarer Prozess mit $E(\exp(\frac{1}{2}\int_0^\infty \|V_s\|^2 ds)) < \infty$. Dann ist durch $\tilde{B}_t \equiv B_t - \int_0^t V_s\, ds$ eine Q-Brownsche Bewegung für $Q \equiv \mathcal{E}(V \cdot B)_\infty \cdot P$ definiert.

Beweis. Für $M \equiv V \cdot B$ ist $[M]_\infty = \sum_{j=1}^n ((V^j)^2 \cdot [B^j])_\infty = \int_0^\infty \|V_s\|^2 ds$, so dass die Novikov-Bedingung aus Satz 10.9 erfüllt ist. Also ist $\mathcal{E}(V \cdot B)$ ein positives gleichgradig integrierbares Martingal mit $E(\mathcal{E}(V \cdot B)_\infty) = 1$, und wegen Satz 10.7.2 ist Q sogar eine bezüglich P absolutstetige Verteilung mit Dichteprozess $\mathcal{E}(V \cdot B)$. Wegen Satz 10.8 ist

$$\tilde{B} = B - \mathcal{E}(M)^{-1} \cdot [B, \mathcal{E}(M)] = B - [B, M]$$

$$= B - [B, \sum_{j=1}^n V^j \cdot B^j] = B - V \cdot [B^1]$$

ein lokales Q-Martingal mit quadratischer Variation $[\tilde{B}] = [B]$, also wegen der Lévy-Charakterisierung eine Q-Brownsche Bewegung. $\square$

Die Bedingung $\exp(\frac{1}{2}\int_0^\infty \|V_s\|^2 ds) \in \mathcal{L}_1$ ist sehr restriktiv und schon für konstante Prozesse V nicht erfüllt. Dann ist aber $E(\exp(\frac{1}{2}\int_0^t \|V_s\|^2 ds)) < \infty$ für jedes $t \geq 0$, so dass $\mathcal{E}(V \cdot B)$ ein Martingal ist, das allerdings nicht gleichgradig integrierbar zu sein braucht:

Für $n = 1$ und $V_t = 1$ ist $\mathcal{E}(V \cdot B)_t = \exp(B_t - t/2)$ ein echtes Martingal, wie wir am Anfang des 8. Kapitels gesehen haben. Wegen $[B]_\infty = \infty$ und Satz 10.4.3 ist $\mathcal{E}(B)_\infty = 0$ fast sicher, so dass $\mathcal{E}(B)$ nicht abschließbar also auch nicht gleichgradig integrierbar ist.

Durch $Q_t \equiv \mathcal{E}(V \cdot B)_t \cdot P$ sind dann zwar Verteilungen auf $(\Omega, \mathcal{F}_t)$ definiert mit $Q_t|_{\mathcal{F}_s} = Q_s$ für alle $s \leq t$, aber es ist nicht klar, ob es eine Verteilung Q auf $\mathcal{F}_\infty$ mit $Q|_{\mathcal{F}_t} = Q_t$ gibt.

Für Aussagen über die Verteilung P^B, die also nicht die Filtration $\mathcal{F}$ betreffen, spielt der zugrunde liegende Wahrscheinlichkeitsraum keine Rolle, und man kann statt des Prozesses B auf $(\Omega, \mathcal{A}, P)$ den Prozess $\pi = (\pi_t)_{t \geq 0}$ der Projektionen auf dem Pfadraum $C([0, \infty), \mathbb{R}^n)$ betrachten.

In dieser Situation können wir die Existenz von lokalstetigen Verteilungen Q mit vorgegebenem Dichteprozess auch ohne gleichgradige Integrierbarkeit beweisen. Insbesondere gilt dann die in Satz 10.10 beschriebene Transformation auch unter der schwächeren Voraussetzung $E(\exp(\frac{1}{2}\int_0^t \|V_s\|^2 ds)) < \infty$ für alle $t \geq 0$.

Satz 10.11 (Existenz lokalstetiger Verteilungen)
Seien X ein separabler Banach-Raum, P eine Verteilung auf dem Raum der steti-
gen Pfade $(C[0, \infty), X), \mathcal{B}([0, \infty), X))$ und Z ein positives $\mathcal{F}(\pi)$-Martingal mit
$E(Z_0) = 1$. Dann gibt es eine lokalstetige Verteilung Q auf $\mathcal{B}([0, \infty), X)$ mit Dich-
teprozess Z.

Beweis. Wir wollen $C([0, \infty), X)$ als Produkt darstellen und Satz 6.8 über projektive Limiten anwenden. Seien dazu $X_1 \equiv C([0, 1], X)$ und wie vor Satz 7.6 $\mathcal{B}_1 \equiv$
$\mathcal{B}([0, 1], X)$ die Borel-σ-Algebra sowie $X_n \equiv \{f \in C([n-1, n]) : f(n-1) = 0\}$
und $\mathcal{B}_n \equiv \mathcal{B}([n-1, n], X) \cap X_n$. Wegen Satz 7.6 und der ihm vorangehenden
Bemerkungen sind $(X_n, \mathcal{B}_n)$ polnische Räume mit $\mathcal{B}_1 = \sigma(\pi_t : t \in [0, 1])$ und
$\mathcal{B}_n = \sigma(\pi_t : t \in [n-1, n]) \cap X_n = \sigma(\pi_t : t \in (n-1, n])$ (wobei die letz-
te Gleichheit aus Satz 1.6 folgt). Außerdem definieren wir $\varrho_1(f) \equiv f|_{[0,1]}$ und
$\varrho_n(f) \equiv f|_{[n-1,n]} - f(n-1)$ sowie

$$R : C([0, \infty), X) \to \prod_{n \in \mathbb{N}} X_n, \quad R(f) \equiv (\varrho_n(f))_{n \in \mathbb{N}}.$$

Dann ist R messbar (wegen der universellen Eigenschaft aus Satz 1.9) und bijektiv
mit Umkehrabbildung $S((f_n)_{n \in \mathbb{N}}) \equiv \sum_{n=1}^{\infty} \tilde{f}_n$ mit $\tilde{f}_n(x) \equiv 0$ für $x < n - 1$,
$\tilde{f}_n(x) \equiv f_n(x)$ für $x \in [n-1, n]$ und $\tilde{f}_n(x) \equiv f_n(n)$ für $x > n$. Wegen Satz 7.6 ist
$\mathcal{B}([0, \infty), X) = \sigma(\pi_t : t \geq 0)$ und wieder wegen Satz 1.9 ist S messbar.

Nachdem wir $C([0, \infty), X)$ als Produkt dargestellt haben, definieren wir Verteilun-
gen P_n auf $\bigotimes_{j=1}^{n}(X_j, \mathcal{B}_j)$ durch $P_n \equiv (Z_n \cdot P)^{(\varrho_1, \dots, \varrho_n)}$. Für $A \in \bigotimes_{j=1}^{n} \mathcal{B}_j$ gilt
dann wegen $B \equiv (\varrho_1, \dots, \varrho_n)^{-1}(A) \in \mathcal{F}(\pi)_n$

$$P_{n+1}(A \times X_{n+1}) = \int_B Z_{n+1} \, dP = \int_B Z_n \, dP = P_n(A).$$

Wegen Satz 6.8 gibt es nun eine Folge von $(X_n, \mathcal{B}_n)$-wertigen Zufallsgrößen X_n (auf
einem geeigneten Wahrscheinlichkeitsraum) mit $(X_1, \dots, X_n) \sim P_n$ für alle $n \in \mathbb{N}$.
Für die Verteilung μ von $(X_n)_{n \in \mathbb{N}}$ ist $Q \equiv \mu^S$ eine Verteilung auf $\mathcal{A} \equiv \mathcal{F}(\pi)_\infty$,
und für $B = (\varrho_1, \dots, \varrho_n)^{-1}(A) = R^{-1}(A \times \prod_{j>n} X_j)$ ist dann

$$Q(B) = \mu\left((R \circ S)^{-1}\left(A \times \prod_{j=1}^{n} X_j\right)\right) = P_n(A) = \int_B Z_n \, dP.$$

Wegen $\mathcal{F}(\pi)_n = \sigma((\varrho_1, \dots, \varrho_n))$ ist also $Q|_{\mathcal{F}(\pi)_n} = Z_n \cdot P$.

Für $t \notin \mathbb{N}$ wählen wir $n \in \mathbb{N}$ mit $n > t$ und erhalten

$$Q|_{\mathcal{F}(\pi)_t} = Q|_{\mathcal{F}(\pi)_n}|_{\mathcal{F}(\pi)_t} = (Z_n \cdot P)|_{\mathcal{F}(\pi)_t} = Z_t \cdot P.$$

Also ist Z ein Dichteprozess von Q. $\square$

Für eine $\mathcal{F}(\pi)$-Brownsche Bewegung B auf $(C([0,\infty)), \mathcal{B}([0,\infty)), P)$ ist durch das Doléans-Exponential $\mathcal{E}(B)_t = \exp(B_t - t/2)$ ein $\mathcal{F}(\pi)$-Martingal definiert, also wegen Satz 10.11 ein Dichteprozess einer lokalstetigen Verteilung Q. Wegen Satz 10.8 und der Lévy-Charakterisierung ist dann durch $\tilde{B}_t = B_t - t$ eine Q-Brownsche Bewegung gegeben.

Wir haben schon nach Satz 10.10 gesehen, dass $\mathcal{E}(B)$ nicht gleichgradig integrierbar ist, so dass Q wegen Satz 10.7.2 nicht bezüglich P absolutstetig ist. Weil $\frac{1}{t}B_t$ für jede Brownsche Bewegung fast sicher gegen 0 konvergiert, gilt für $A \equiv \{\frac{1}{t}\tilde{B}_t \to 0\}$ sogar $P(A) = 0$ und $Q(A) = 1$, das heißt, P und Q sind singulär.

Sowohl die Transformation von Drifts als auch die Integraldarstellung lokaler Martingale spielen in vielen finanzmathematischen Modellen eine wichtige Rolle. Als das einfachste Beispiel betrachten wir das **Black–Scholes-Modell** für einen Markt mit einer risikolosen Anleihe (oder einem Bankkonto) und einer Aktie. Die Anleihe wird mit dem Satz $r > 0$ verzinst, so dass der zugehörige Preis A_t zur Zeit t durch $A_t = A_0 e^{rt}$ gegeben ist, oder in Differenzialschreibweise $dA = rA\,dt$. Zur Vereinfachung nehmen wir im Folgenden noch $A_0 = 1$ an.

Die Preisänderungen der Aktie setzen sich aus einer „Verzinsung" mit Satz μ und „Zufallsschwankungen" zusammen. Für eine Brownsche Bewegung B wird für den Preisprozess der Aktie die „stochastische Differenzialgleichung"

$$dS = S\,d(\mu t + \sigma B)$$

als Modell angenommen. Dabei heißt $\sigma > 0$ **Volatilität**, die die „Schwankungsintensität" des Aktienkurses beschreibt. Wir interpretieren **stochastische Differenzialgleichungen** $H\,dX = G\,dY$ als Integralgleichung $H \cdot X = G \cdot Y$ – ohne also die „Differenziale" dX und dY zu definieren. Dann bedeutet obige Gleichung also $S - S_0 = 1 \cdot S = S \cdot (\sigma B + \mu[B])$, und deren eindeutige Lösung ist durch das Doléans-Exponential $S = S_0 \mathcal{E}(\sigma B + \mu[B])$ gegeben, also

$$S_t = S_0 \exp(\sigma B_t + (\mu - \sigma^2/2)t).$$

Um Preise zu verschiedenen Zeitpunkten zu vergleichen, betrachten wir den **diskontierten Prozess** $\tilde{S}_t \equiv e^{-rt}S_t = A_t^{-1}S_t$, also $\tilde{S} = S_0 \mathcal{E}(\sigma(B + \frac{\mu-r}{\sigma}[B]))$.

Ein **Portfolio** eines Marktteilnehmers besteht aus einem zweidimensionalen Prozess $\phi = (G, H)$, wobei G_t und H_t die Anzahl der Anleihen beziehungsweise Aktien zur Zeit t sind (die auch negativ sein dürfen, was dann als Kredit zu interpretieren ist). Der **Wert** $V = V(\phi)$ eines Portfolios ist dann $V_t = G_t A_t + H_t S_t$, und $\tilde{V}_t \equiv e^{-rt}\tilde{V}_t = A_t^{-1}V_t$ ist der **diskontierte Wert**. Ein Portfolio heißt **selbstfinanzierend**, falls $G \in L(A)$, $H \in L(S)$ und $dV = G\,dA + H\,dS$, also $V - V_0 = G \cdot A + H \cdot S$. Interpretiert wird dieser Begriff so, dass Änderungen dV des Wertes nur aus den Kursänderungen (multipliziert mit den Stückzahlen im Portfolio) resultieren.

Für den diskontierten Wertprozess eines selbstfinanzierenden Portfolios gilt dann mit partieller Integration und der Kettenregel

$$\tilde{V} - \tilde{V}_0 = A^{-1} \cdot V + V \cdot A^{-1} = A^{-1} \cdot (G \cdot A + H \cdot S) + (GA + HS) \cdot A^{-1}$$

$$= G \cdot (A^{-1} \cdot A + A \cdot A^{-1}) + H \cdot (A^{-1} \cdot S + S \cdot A^{-1})$$

$$= G \cdot (A^{-1}A) + H \cdot (A^{-1}S) = H \cdot \tilde{S}.$$

Mit den gleichen Argumenten folgt aus $\tilde{V} - \tilde{V}_0 = H \cdot \tilde{S}$ auch schon, dass V selbstfinanzierend ist.

Der Witz bei finanzmathematischen Anwendungen ist die Interpretation des diskontierten Wertprozesses als Martingal. Ist B eine P-Brownsche Bewegung, so hat $\tilde{S} = S_0 \mathcal{E}(\sigma \tilde{B})$ mit $\tilde{B} \equiv B + \frac{\mu - r}{\sigma}[B]$ den systematischen Anteil $\tilde{S} \cdot (\frac{\mu - r}{\sigma}[B])$, der wegen $\tilde{S} > 0$ im (typischen) Fall $\mu \neq r$ nicht verschwindet.

Für eine bezüglich P lokalstetige Verteilung Q mit Dichteprozess $Z \equiv \mathcal{E}(\frac{r-\mu}{\sigma} B)$ (um mit Hilfe von Satz 10.11 deren Existenz sicherzustellen, nehmen wir den zugrunde liegenden Wahrscheinlichkeitsraum als den Pfadraum an) ist aber $\tilde{B}$ ein Q-Martingal und $\tilde{S}_t = S_0 \exp(\sigma \tilde{B}_t - \frac{\sigma^2}{2}t)$ ist ebenfalls ein Q-Martingal, falls $S_0 \in \mathcal{L}_1(\Omega, \mathcal{F}_0, Q) = \mathcal{L}_1(\Omega, \mathcal{F}_0, P)$.

Mit Hilfe der Verteilung Q kann man dann Preise von Optionen berechnen: Für $T > 0$ (ausnahmsweise bezeichnet T hier also nicht den Zeitbereich eines Prozesses) heißt eine positive Zufallsvariable $h \in \mathcal{L}_1(\Omega, \mathcal{F}_T, Q)$ eine **Option** mit Ausübungszeitpunkt T, und ein selbstfinanzierendes Portfolio ϕ heißt **replizierend** für h, falls $V(\phi)_t \geq 0$ für alle $t \in [0, T]$ und $V(\phi)_T = h$ P-fast sicher.

Satz 10.12 (Marktvollständigkeit und Preisformel)

Seien $\mathcal{F} = \tilde{\mathcal{F}}(B)$ die lokale Vervollständigung der von B erzeugten Filtration und ϕ ein replizierendes Portfolio für eine Option h. Dann gilt für den zugehörigen Wertprozess $V = V(\phi)$

$$V_t \geq E_Q(e^{-r(T-t)}h \mid \mathcal{F}_t) \quad P\text{-fast sicher für alle } t \in [0, T],$$

und es gibt ein replizierendes Portfolio, für das Gleichheit gilt.

Beweis. Wegen $\tilde{V} - \tilde{V}_0 = H \cdot \tilde{S}$ ist $\tilde{V}$ ein lokales Q-Martingal und nach Voraussetzung außerdem positiv. Wegen des Lemmas von Fatou ist wie im Beweis zu Satz 10.4.3 $E_Q(\tilde{V}_T \mid \mathcal{F}_t) \leq \tilde{V}_t$ Q-fast sicher für $t \leq T$, und weil die P-Dichte $\mathcal{E}(\frac{r-\mu}{\sigma}B)_T$ von $Q \mid_{\mathcal{F}(B)_T}$ strikt positiv ist, gilt dies auch P-fast sicher. Damit folgt $V_t \geq E_Q(e^{-r(T-t)}h \mid \mathcal{F}_t)$.

Die Existenz eines replizierende Portfolios zeigen wir mit Satz 10.6. Wegen des Regularisierungssatzes 8.10 hat das Q-Martingal $E_Q(e^{-rT}h \mid \mathcal{F}_t)$ eine rechtsstetige Modifikation M. Weil sich B und $\tilde{B}$ bloß um den deterministischen Prozess $t \mapsto \frac{\mu - r}{\sigma}t$ unterscheiden, ist $\mathcal{F}(B) = \mathcal{F}(\tilde{B})$. Außerdem stimmen die lokalen Vervollständigungen bezüglich P und Q überein, weil die Dichte $\mathcal{E}(\sigma B)_t$ von $Q \mid_{\mathcal{F}_t}$ bezüglich $P \mid_{\mathcal{F}_t}$ strikt positiv ist, so dass die beiden Verteilungen gleiche Nullmengen haben. Wegen Satz 10.6 und der Bemerkung vor Satz 10.8 gilt daher $M - M_0 = \tilde{H} \cdot \tilde{B}$ für einen Prozess $\tilde{H} \in L(\tilde{B})$. Seien $H \equiv (\sigma \tilde{S})^{-1}\tilde{H}$ und $G \equiv M - H\tilde{S}$. Für den zu $\phi \equiv (G, H)$ gehörigen Wert $V = V(\phi)$ ist dann $\tilde{V} = G + H\tilde{S} = M$, und wegen $\tilde{S} - \tilde{S}_0 = \tilde{S} \cdot \sigma \tilde{B}$ ist

$$H \cdot \tilde{S} = \sigma H \tilde{S} \cdot \tilde{B} = \tilde{H} \cdot \tilde{B} = M - M_0 = \tilde{V} - \tilde{V}_0,$$

so dass ϕ selbstfinanzierend ist. Schließlich gilt für $t \leq T$

$$V_t = e^{rt}\tilde{V}_t = e^{rt}M_t = E_Q(e^{-r(T-t)}h \mid \mathcal{F}(B)_t). \qquad \Box$$

Wegen dieses Satzes heißt $F(t) \equiv E_Q(e^{-r(T-t)}h \mid \mathcal{F}(B)_t)$ **Preisprozess der Option** h. Eine Option der Form $h = f(S_T)$ heißt **pfadunabhängig** (oder auch „vanilla-option"). In dieser Situation kann man den Preis explizit durch ein Integral angeben: Es gilt $\tilde{S}_T = S_0 \exp(\sigma \tilde{B}_T - \frac{\sigma^2}{2}T) = \tilde{S}_t \exp(\sigma(\tilde{B}_T - \tilde{B}_t) - \frac{\sigma^2}{2}(T - t))$, und weil $\tilde{B}_T - \tilde{B}_t$ und $\mathcal{F}(B)_t = \mathcal{F}(\tilde{B})_t$ für $t \leq T$ unabhängig sind, kann man mit Hilfe von Satz 6.4 bedingte Erwartungen durch Einsetzen berechnen. Für $\tilde{f}(s) \equiv f(e^{rT}s)$ gilt dann $F(t) = e^{-r(T-t)}E_Q(\tilde{f}(\tilde{S}_T) \mid \mathcal{F}(\tilde{B})_t) = e^{-r(T-t)}\tilde{F}(t, S_t)$ mit

$$\begin{aligned}\tilde{F}(t,s) &= \int \tilde{f}(e^{-rt}s \exp(\sigma(\tilde{B}_T - \tilde{B}_t) - \frac{\sigma^2}{2}(T - t)))\,dQ \\ &= \frac{1}{\sqrt{2\pi}}\int f(s\exp(\sigma\sqrt{T-t}\,y + (r - \frac{\sigma^2}{2})(T - t)))e^{-y^2/2}\,d\lambda(y),\end{aligned}$$

weil $(\tilde{B}_T - \tilde{B}_t)/\sqrt{T-t} \sim N(0, 1)$.

Insbesondere hängt der Preis von solchen Optionen nur vom aktuellen Kurs der Aktie, der **Restlaufzeit** $T - t$ und der Volatilität aber *nicht* vom Parameter μ und auch nicht vom (absoluten) Zeitpunkt t ab.

Wir beenden dieses Kapitel mit einer weiteren Anwendung der Stochastik auf harmonische Funktionen, wobei wir nicht bloß wie am Ende des 9. Kapitels analytische Eigenschaften *beweisen*, sondern mit Hilfe Brownscher Bewegungen harmonische Funktionen *konstruieren*.

Die Mittelwerteigenschaft in Satz 9.12 besagt insbesondere, dass der Wert $f(x)$ einer harmonischen Funktion durch die Randwerte auf einer Sphäre eindeutig festgelegt ist, nämlich durch $f(x) = E(f(x + B_\tau))$. Man kann andererseits für eine auf dem Rand ∂U einer offenen Menge $U \subseteq \mathbb{R}^n$ definierte Funktion f durch $u(x) \equiv E(f(x + B_{\tau_x}))$ eine Funktion definieren, wobei nun τ_x die „Austrittszeit" aus U der in x startenden Brownschen Bewegung $x + B$ ist. Wir zeigen gleich, dass diese Funktion tatsächlich in U harmonisch ist.

Falls die „Austrittsorte" für Punkte x in der Nähe des Randes wieder nah bei x liegen und f stetig ist, kann man außerdem hoffen, dass sich u durch f stetig auf $\overline{U}$ fortsetzen lässt. Um diese Ideen zu konkretisieren, betrachten wir eine n-dimensionale Brownsche Bewegung B, und definieren für $x \in \mathbb{R}^n$ die Zufallszeiten

$$\tau_x \equiv \inf\{t > 0 : x + B_t \in U^c\}$$

(wobei hier tatsächlich $>$ und nicht wie bisher immer $\geq$ steht). Für $x \in U$ ist $x + B_0 \notin$ U^c, so dass τ_x nach Satz 7.10.2 als Eintrittszeiten in U^c Stoppzeiten sind. Für $x \in U^c$ sind τ_x „Wiedereintrittszeiten", die wegen $\{\tau_x \geq t\} = \bigcap_{s \in (0,t) \cap \mathbb{Q}} \{x + B_s \in U\} \in \mathcal{F}_t$ für $t > 0$ immer schwache $\mathcal{F}(B)$-Stoppzeiten sind. Daher ist

$$\{\tau_x = 0\} = \bigcap_{\varepsilon > 0} \{\tau_x < \varepsilon\} \in \mathcal{F}(B)_0^+ \subseteq \overline{\mathcal{F}(B)_0} \subseteq \overline{\{\emptyset, \Omega\}}$$

wegen Blumenthals 0-1-Gesetz Satz 7.13.2, so dass $P(\{\tau_x = 0\})$ entweder 0 oder 1 ist. Ein Randpunkt $x \in \partial U$ heißt **regulär** (bezüglich U), falls diese Wahrscheinlichkeit gleich 1 ist, das heißt, die Wahrscheinlichkeit, dass eine in x startende Brownsche Bewegung „in die Menge U hineinläuft" ist 0.

Um eine einfache hinreichende Bedingung für Regularität zu formulieren, nennen wir die Menge

$$K_{a,\delta} \equiv \{x \in \mathbb{R}^n : \langle x, a \rangle > \delta \|x\|\}$$

mit $a \in \mathbb{R}^n$, $\|a\| = 1$ und $\delta \in (0,1)$ einen **Kegel** mit Achse a und Öffnung $1 - \delta$.

Satz 10.13 (Dirichlet-Problem)
Seien $U \subseteq \mathbb{R}^n$ offen, B eine n-dimensionale Brownsche Bewegung und

$$\tau_x \equiv \inf\{t > 0 : x + B_t \in U^c\}.$$

1. Für eine beschränkte messbare Funktion $f : \partial U \to R$ ist durch

$$u(x) \equiv E(f(x + B_{\tau_x})I_{\{\tau_x < \infty\}})$$

eine in U harmonische Funktion definiert mit $\lim_{x \to x_0} u(x) = f(x_0)$ für jeden regulären Randpunkt x_0, in dem f stetig ist.

2. Ein Randpunkt x_0 von U ist regulär, falls es $\varepsilon > 0$ und einen Kegel K gibt mit $B(x_0, \varepsilon) \cap (x_0 + K) \subseteq U^c$.

Zarembas Kegelbedingung in 2. ist insbesondere in Punkten $x_0 \in \partial U$ erfüllt, in denen ∂U **glatt** ist, das heißt, es gibt $\varepsilon > 0$ und eine in x_0 differenzierbare Funktion $g : B(x_0, \varepsilon) \to \mathbb{R}$ mit $\|g'(x_0)\| = 1$ und $U \cap B(x_0, \varepsilon) = \{g < 0\}$.

Wegen $x_0 \in \partial U$ gilt dann nämlich $g(x_0) = 0$, und für $\langle \frac{x - x_0}{\|x - x_0\|}, g'(x_0) \rangle > \delta$ ist

$$\frac{g(x) - g(x_0)}{\|x - x_0\|} \geq \delta + \frac{g(x) - g(x_0) - \langle x - x_0, g'(x_0) \rangle}{\|x - x_0\|} > 0,$$

falls $\|x - x_0\|$ hinreichend klein ist. Also ist die Kegelbedingung sogar für *jeden* Kegel um $g'(x_0)$ erfüllt.

Beweis. 1. Wir fassen B gemäß Satz 7.6 als Zufallsgröße mit Werten in dem polnischen Raum $\mathcal{X} \equiv C([0,\infty), \mathbb{R}^n)$ auf und definieren $\varrho(\psi) \equiv \inf\{t \geq 0 : \psi(t) \in U^c\}$

für $\psi \in \mathcal{X}$. Als Eintrittszeit in die abgeschlossene Menge U^c des durch $\pi_t(\psi) \equiv \psi(t)$ definierten stetigen Prozesses $\pi \equiv (\pi_t)_{t\geq 0}$ ist ϱ wegen Satz 7.10 eine $\mathcal{F}(\pi)$-Stoppzeit. Auf der Menge $\{\varrho < \infty\}$ ist dann wegen Satz 7.12 der „Austrittsort" $A(\psi) \equiv \psi(\varrho(\psi)) = \pi_\varrho(\psi)$ eine bezüglich $\mathcal{F}(\pi)_\infty \cap \{\varrho < \infty\}$ messbare Abbildung. Definieren wir noch $A(\psi) \equiv z$ für $\varrho(\psi) = \infty$ mit einem $z \notin \partial U$ und $f(z) \equiv 0$, so gilt mit diesen Bezeichnungen $u(x) = E(f(A(x + B)))$. Weil $\mathcal{F}(\pi)_\infty$ in der Borel-σ-Algebra $\mathcal{B}([0,\infty), \mathbb{R}^n)$ enthalten ist und $(x, \omega) \mapsto x + B(\omega)$ eine $(\mathbb{B}^n \otimes \mathcal{A}, \mathcal{B}([0,\infty), \mathbb{R}^n))$-messbare Abbildung definiert, ist u wegen Satz 3.12 wohldefiniert und $(\mathbb{B}^n, \mathbb{B})$-messbar.

Wir zeigen jetzt, dass u die Mittelwerteigenschaft aus Satz 9.12 erfüllt, wegen $|u(x)| \leq \sup\{|f(y)| : y \in \partial U\}$ für alle $x \in U$ ist u dann harmonisch. Seien also $x \in U$ und $r > 0$ mit $K(x, r) \subseteq U$ sowie $\sigma \equiv \inf\{t > 0 : \|B_t\| = r\}$. Für $\psi \in \mathcal{X}$ hängt der Austrittsort nicht vom Verlauf von ψ bis zu Zeiten $s < \varrho(\psi)$ ab, das heißt, es gilt $A(\psi) = A(\psi(s + \cdot))$. Wegen der starken Lévy-Eigenschaft aus Satz 7.14 sind B_σ und $\tilde{B} \equiv B_{\sigma+\cdot} - B_\sigma \overset{d}{=} B$ unabhängig, und wegen $\sigma < \varrho(x + B)$ folgt mit der Glättungseigenschaft und Satz 6.4 über das Bedingen durch Einsetzen

$$u(x) = E(E(f(A(x + B_\sigma + \tilde{B})) \mid B_\sigma)) = \int E(f(A(x + y + \tilde{B}))) dP^{B_\sigma}(y)$$

$$= \int u(x + y) dP^{B_\sigma}(y).$$

Wegen der Invarianz der Verteilung von B_σ unter Orthogonaltransformationen erfüllt also u die Mittelwerteigenschaft und ist daher harmonisch in U.

Sei nun x_0 ein regulärer Randpunkt von U, in dem f stetig ist. Für $\psi \in \mathcal{X}$ und $s < \varrho(\psi)$ gilt $\varrho(\psi) = s + \varrho(\psi(s + \cdot))$, so dass die Ungleichung $\varrho(\psi) \leq s + \varrho(\psi(s + \cdot))$ für jedes $s \geq 0$ gilt. Für $0 < s < t$ folgt dann wieder mit der Lévy-Eigenschaft und Bedingen durch Einsetzen

$$P(\varrho(x + B) \geq t) \leq P(\varrho(x + B_{s+\cdot}) \geq t - s)$$

$$= P(\varrho(x + B_s + (B_{s+\cdot} - B_s)) \geq t - s)$$

$$= \int P(\varrho(y + B) \geq t - s) dP^{x+B_s}(y).$$

Für eine Folge $x_k \to x_0$ konvergieren die λ_n-Dichten von $P^{x_k + B_s} = N(x_k, sE_n)$ gegen die von $P^{x_0 + B_s}$, und wegen Satz 5.1 konvergieren deshalb die Integrale. Mit obiger Identität für $x = x_0$ folgt

$$\limsup_{k \to \infty} P(\varrho(x_k + B) \geq t) \leq P(\varrho(x_0 + B_{s+\cdot}) \geq t - s).$$

Für eine Folge $s_j \downarrow 0$ sind die Ereignisse $A_j \equiv \{\varrho(x_0 + B_{s_j+\cdot}) \geq t - s_j\} = \{x_0 + B_r \in U \text{ für } s_j \leq r < t\}$ fallend mit Durchschnitt

$$\bigcap_{j \in \mathbb{N}} A_j = \{\varrho(x_0 + B_r) \in G \text{ für } 0 < r < t\} = \{\tau_x \geq t\}.$$

Mit der Stetigkeit von oben folgt daher

$$\limsup_{k \to \infty} P(\varrho(x_k + B) \geq t) \leq P(\tau_x \geq t) = 0.$$

Wir haben damit gezeigt, dass $\varrho(x_k + B)$ stochastisch gegen 0 konvergiert, und durch Übergang zu einer Teilfolge können wir wegen Satz 4.6 annehmen, dass diese Konvergenz sogar fast sicher gilt. Für Elemente ω eines fast sicheren Ereignisses, $\psi_k \equiv x_k + B(\omega)$ und $t_k \equiv \varrho(\psi_k)$ gelten dann $\psi_k - \psi_0 = x_k - x_0$ und

$$
\begin{aligned}
A(x_k + B)(\omega) &= \psi_k(t_k) = \psi_k(t_k) - \psi_0(t_k) + \psi_0(t_k) = x_k - x_0 + \psi_0(t_k) \\
&\to \psi_0(0) = x_0.
\end{aligned}
$$

Wegen der Stetigkeit von f in x_0 gilt dann $f(A(x_k + B)) \to f(x_0)$ fast sicher, und mit dominierter Konvergenz folgt $u(x_k) \to f(x_0)$.

2. Durch Verschieben (also Betrachten von $U - x_0$) können wir $x_0 = 0$ annehmen. Sei $K = K_{a,\delta}$ ein Kegel mit $K \cap B(0, \varepsilon) \subseteq U^c$. Für jedes orthogonale $T \in \mathbb{R}^{n \times n}$ gilt $T(K_{a,\delta}) = K_{T(a),\delta}$, und wegen $x \in K_{x,\delta}$ für $\|x\| = 1$ ist $S \equiv \{\| \cdot \| = 1\} \subseteq \bigcup \{K_{T(a),\delta} : T \text{ orthogonal}\}$. Weil S kompakt und $K_{b,\delta}$ offen sind, gibt es orthogonale $T_0, \ldots, T_m$ mit $T_0 = E_n$ und $S \subseteq \bigcup_{j=0}^{m} K_{T_j(a),\delta}$, also auch $\mathbb{R}^n \setminus \{0\} \subseteq \bigcup_{j=0}^{m} K_{T_j(a),\delta}$.

Für $\tau_j \equiv \inf\{t > 0 : B_t \in K_{T_j(a),\delta}\}$ gilt dann $\min_{0 \leq j \leq m} \tau_j = 0$ fast sicher. Wegen der Invarianz Brownscher Bewegungen aus Satz 7.9 ist andererseits $\tau_j \overset{d}{=} \tau_0$ für alle $1 \leq j \leq m$, und damit folgt

$$1 = P\Big(\min_{0 \leq j \leq m} \tau_j = 0 \Big) = P\Big(\bigcup_{j=0}^{m} \{\tau_j = 0\} \Big) \leq \sum_{j=0}^{m} P(\tau_j = 0) = (m+1) P(\tau_0 = 0).$$

Daher ist $P(\tau_0 = 0) = 1$, und damit folgt die Regularität von $x_0 = 0$. $\square$

Im Fall $n = 2$ ist die Kegelbedingung auch in dem „Grenzfall", dass bloß ein Geradenstück $G = \{x_0 + \lambda a : 0 < \lambda < \varepsilon\}$ in U^c liegt, hinreichend für die Regularität eines Randpunktes x_0: Durch Verschieben und Drehen können wir $x_0 = 0$ und $a = (1, 0)$ annehmen. Seien $\tau^{\pm} \equiv \inf\{t > 0 : B_t^2 = 0, \pm B_t^1 \geq 0\}$. Weil die eindimensionale Brownsche Bewegung B^2 auf jedem Intervall $(0, \varepsilon)$ fast sicher unendlich oft das Vorzeichen wechselt (das hatten wir im Anschluss an Satz 7.9 gesehen), ist $\tau^+ \wedge \tau^- = 0$ fast sicher. Außerdem ist $\tau^+ \overset{d}{=} \tau^-$ wegen $(-B^1, B^2) \overset{d}{=} (B^1, B^2)$, und Satz 7.13.2 (oder das im Anschluss an Satz 7.13 formulierte Blumenthalsche 0-1-Gesetz) liefern $P(\tau^+ = 0) \in \{0, 1\}$. Wegen

$$1 = P(\tau^+ \wedge \tau^- = 0) \leq P(\tau^+ = 0) + P(\tau^- = 0) = 2 P(\tau^+ = 0)$$

folgt damit $P(\tau^+ = 0) = 1$, und dies liefert die Regularität.

Aufgaben

10.1. Seien (X, Y, Z) eine dreidimensionale Brownsche Bewegung, $\text{sign}(x) \equiv |x|^{-1}x$ und $\tilde{Z} \equiv \text{sign}(X_1)\text{sign}(Y_1)\text{sign}(Z_1)Z$. Zeigen Sie, dass (X, Y), $(X, \tilde{Z})$ und $(Y, \tilde{Z})$ jeweils zweidimensional Brownsche Bewegungen sind. Gibt es eine Filtration $\mathcal{F}$, bezüglich der $(X, Y, \tilde{Z})$ ein lokales Martingal ist?

10.2. Seien B eine n-dimensionale Brownsche Bewegung, $a \in \mathbb{R}^n \setminus \{0\}$ und $X \equiv B - a$. Zeigen Sie

$$\|X\| - \|a\| = \|X\|^{-1}X \cdot X + \frac{n-1}{2}\|X\|^{-1} \cdot [X]$$

und, dass $W \equiv \|B\|^{-1}B \cdot B$ eine eindimensionale Brownsche Bewegung ist.

10.3. Zeigen Sie, dass durch $H_n(x, y) \equiv D_\alpha^n(\exp(\alpha x - y\alpha^2/2))|_{\alpha=0}$ Polynome definiert sind mit $(D_y + \frac{1}{2}D_x^2)H_n = 0$. Folgern Sie daraus, dass $H_n(M, [M])$ für $M \in \mathcal{CM}^{\text{loc}}(\mathcal{F})$ wieder lokale Martingale sind und dass $H_n(B, [B])$ für eine Brownsche Bewegung B echte Martingale sind. Berechnen Sie H_n für $n \in \{1, 2, 3\}$.

10.4. Beweisen Sie die starke Lévy-Eigenschaft Brownscher Bewegungen aus Satz 7.14 mit Hilfe der Lévy-Charakterisierung aus Satz 10.2.

10.5. Seien $p : \mathbb{C} \to \mathbb{C}$ ein nicht konstantes Polynom und B eine komplexe Brownsche Bewegung. Zeigen Sie, dass die Pfadmengen $\{p(B_t(\omega)) : t \geq 0\}$ fast sicher mit Pfadmengen Brownscher Bewegungen übereinstimmen. Folgern Sie dann aus der Rekurrenz von B, dass $\inf\{|p(z)| : z \in \mathbb{C}\} = 0$ gilt und damit den Fundamentalsatz der Algebra.

10.6. Seien $U \subseteq \mathbb{C}$ beschränkt und $f \in C(\overline{U}) \cap H(U)$ mit $f|_{\partial U} = 0$. Zeigen Sie $f = 0$. Betrachten Sie dazu eine komplexe Brownsche Bewegung B, für $z \in U$ die Stoppzeit $\tau = \inf\{t \geq 0 : z + B_t \in U^c\}$ und das stetige Martingal $f(z + B^\tau)$.

10.7. Zeigen Sie in der Situation von Satz 10.6 die Eindeutigkeit des Prozesses V, das heißt, aus $V \cdot B = 0$ für $V \in L(B)$ folgt $V = 0$ fast sicher.

10.8. Seien B eine 3-dimensionale Brownsche Bewegung und $M \equiv \|B - a\|^{-1} - \|a\|^{-1}$ für ein $a \in \mathbb{R}^n \setminus \{0\}$. Stellen Sie dieses lokale Martingal als $M = V \cdot B$ mit einem Prozess $V \in L(B)$ dar.
Finden Sie dann (mit Hilfe von $\tilde{M} \equiv \|B + a\|^{-1} - \|a\|^{-1}$) einen Prozess $W \in L(B)$ mit $W \neq 0$ und $(W \cdot B)_\infty = 0$.

10.9. Seien $\mathcal{F} = \overline{\mathcal{F}}$ eine P-vollständige Filtration und Q eine bezüglich P lokalstetige Verteilung auf $\mathcal{F}_\infty$. Zeigen Sie, dass dann Q bezüglich $P|_{\mathcal{F}_\infty}$ absolutstetig ist. (Diese Aussage ist ziemlich banal – zeigt aber die Unangemessenheit der usual conditions im Zusammenhang mit lokalstetigen Verteilungen.)

10.10. Seien Z ein stetiger Dichte-Prozess einer bezüglich P lokalstetigen Verteilung Q auf $\mathcal{F}_\infty$ und $Y \equiv \inf\{Z_t : t \geq 0\}$. Zeigen Sie $Q(Y < \alpha) = \alpha P(Y < \alpha)$, $Y > 0$ Q-fast sicher und $Q^Y = U(0,1)$, falls $Y = 0$ P-fast sicher. Zeigen Sie schließlich, dass Y für $Z \equiv \mathcal{E}(B)$ mit einer Brownschen Bewegung B auf dem Pfadraum $C([0,\infty))$ P-fast sicher gleich 0 ist.

10.11. Bestimmen Sie für eine Brownsche Bewegung B und $a, b \in \mathbb{R}$ die Verteilung der Stoppzeit $\sigma_{a,b} \equiv \inf\{t \geq 0 : B_t - bt = a\}$. Führen Sie das Problem mit Hilfe von Girsanovs Satz 10.10 auf den nach Satz 7.16 behandelten Fall $b = 0$ zurück.

10.12. Zeigen Sie für eine mehrdimensionale Brownsche Bewegung B, $a \neq 0$ und $M \equiv \log(\|B - a\|/\|a\|)$, dass $\mathcal{E}(M)$ Dichteprozess einer bezüglich $\mathcal{F}(B)_\infty$ absolutstetigen Verteilung ist.

10.13. Seien B eine Brownsche Bewegung, $\sigma \equiv \inf\{t \geq 0 : B_t = 1\}$ und $M \equiv B^\sigma$. Zeigen Sie, dass $\mathcal{E}(M)$ ein echtes gleichgradig integrierbares Martingal ist aber $\mathcal{E}(-M)$ nicht. Folgern Sie daraus, dass die Novikov-Bedingung $E(\exp(\frac{1}{2}[M]_\infty) < \infty$ aus Satz 10.9 für die Eigenschaft, dass $\mathcal{E}(M)$ ein gleichgradig integrierbares Martingal ist, nicht notwendig ist.

10.14. Zeigen Sie, dass jedes stetige lokale Martingal $Z > 0$ das Doléans-Exponential eines lokalen Martingals M ist.

10.15. Ein selbstfinanzierendes Portfolio $\phi = (G, H)$ heißt **Arbitrage**, falls für ein $T > 0$ und den zugehörige Wertprozess V die Eigenschaften $V_0 = 0$, $V_t \geq 0$ für alle $t \in [0, T]$ und $P(V_T = 0) < 1$ gelten, das heißt, man kann mit einem kostenlosen Portfolio ohne jedes Risiko mit positiver Wahrscheinlichkeit einen echten Gewinn erzielen. Zeigen Sie, dass es im Black–Scholes-Modell keine Arbitrage gibt.

10.16. Für $K > 0$ heißt eine Option der Form $h \equiv (S_T - K)^+$ eine europäische **Call-Option** mit Strike-Preis K. Bestimmen Sie im Black–Scholes-Modell den Preis einer solchen Option.

10.17. Finden Sie eine offene Menge in $\mathbb{R}^3$, die Zarembas Kegelbedingung in einem regulären Randpunkt nicht erfüllt.

10.18. Bestimmen Sie alle in offenen Teilmengen von $\mathbb{R}$ harmonischen Funktionen und untersuchen Sie die Lösbarkeit des Dirichlet-Problems.

10.19. Untersuchen Sie das Dirichlet-Problem in Mengen $\mathbb{R}^n \setminus \{x_1, \ldots, x_m\}$.

10.20. Zeigen Sie für $f \in C^2(\mathbb{R}^n)$ mit kompaktem Träger und eine n-dimensionale Brownsche Bewegung mit Hilfe der Itô-Formel, dass durch $u(t, x) \equiv E(f(x + B_t))$ eine Lösung des **Cauchy-Problems** $D_t u = \frac{1}{2}\Delta u$, $u(0, \cdot) = f$ gegeben ist.

Anhang

Metrische Räume

Wir erinnern in diesem Anhang zunächst an die grundlegenden Definitionen metrischer Räume und beweisen dann die Existenz von Borel-Isomorphismen zwischen polnischen Räumen und Borel-Mengen in $\mathbb{R}$.

Eine Abbildung $d : X \times X \to [0, \infty)$ mit $d(x, x) = 0$, $d(x, y) = d(y, x)$ und der **Dreiecksungleichung** $d(x, z) \leq d(x, y) + d(y, z)$ für alle $x, y, z \in X$ heißt **Halbmetrik** auf X, und (X, d) heißt dann **halbmetrischer Raum**. Falls außerdem $d(x, y) = 0$ nur für $x = y$ gilt, heißt (X, d) **metrischer Raum**.

Aus der Dreiecksungleichung folgt mit Fallunterscheidung für den Betrag die **untere Dreiecksungleichung** $|d(x, z) - d(y, z)| \leq d(x, y)$.

Die Mengen $B_d(x, \varepsilon) \equiv B(x, \varepsilon) \equiv \{y \in X : d(x, y) < \varepsilon\}$ heißen **Kugeln**. Für eine Menge $A \subseteq X$ heißt $\overset{\circ}{A} \equiv \{a \in A : \exists \varepsilon > 0 \; B(a, \varepsilon) \subseteq A\}$ **offener Kern** von A, und Mengen $A \subseteq X$ mit $A = \overset{\circ}{A}$ heißen **offen** in (X, d).

Wegen der Dreiecksungleichung sind die Kugeln $B(a, \varepsilon)$ offen, und dies impliziert die Offenheit von $\overset{\circ}{A}$, das heißt, $\overset{\circ}{A}$ ist die größte offene Teilmenge von A.

Die Komplemente offener Mengen heißen **abgeschlossen** in (X, d). Für $M \subseteq X$ ist der **Abschluss**

$$\overline{M} \equiv \{x \in X : \forall \varepsilon > 0 \; B(x, \varepsilon) \cap M \neq \varnothing\}$$

das Komplement des offenen Kerns von M^c und daher die kleinste abgeschlossene Obermenge von M.

Eine Folge $(x_n)_{n \in \mathbb{N}} \in X^{\mathbb{N}}$ heißt in (X, d) **konvergent** gegen $x \in X$ und wir schreiben dann $x_n \to x$, falls für alle $\varepsilon > 0$ ein $N \in \mathbb{N}$ existiert mit $x_n \in B(x, \varepsilon)$ für alle $n \geq N$. Dann gilt

$$\overline{M} = \{x \in X : \exists (x_n)_{n \in \mathbb{N}} \in M^{\mathbb{N}} \text{ mit } x_n \to x\}.$$

Die bisher eingeführten Begriffe hängen nur insofern von der Halbmetrik ab, als die Kugeln $B(x, \varepsilon)$ von d abhängen. Ist also D eine weitere Halbmetrik auf X, so dass für alle $\varepsilon > 0$ und $x \in X$ ein $\delta > 0$ mit $B_d(x, \delta) \subseteq B_D(x, \varepsilon)$ und $B_D(x, \delta) \subseteq B_d(x, \varepsilon)$ existiert, so haben (X, d) und (X, D) gleiche offene Mengen und gleiche konvergente Folgen. Anders verhält sich der folgende Begriff:

Eine Folge $(x_n)_{n \in \mathbb{N}} \in X^{\mathbb{N}}$ heißt **Cauchy-Folge** in (X, d), falls für alle $\varepsilon > 0$ ein $N \in \mathbb{N}$ existiert mit $d(x_n, x_m) < \varepsilon$ für alle $n, m \geq N$. Wegen der Dreiecksungleichung ist jede konvergente Folge eine Cauchy-Folge, und (X, d) heißt **vollständig**, falls umgekehrt jede Cauchy-Folge in (X, d) konvergiert.

Eine Abbildung $f : X \to Y$ zwischen zwei halbmetrischen Räumen (X, d) und (Y, D) heißt **stetig** in $x \in X$, falls zu jedem $\varepsilon > 0$ ein $\delta > 0$ mit $f(B(x, \delta)) \subseteq B(f(x), \varepsilon)$ existiert. Die Abbildung heißt stetig (auf X), falls sie in jedem Punkt stetig ist.

Im Zusammenhang mit Borel-σ-Algebren ist wichtig, dass f genau dann stetig ist, wenn Urbilder offener Mengen stets offen sind:

Sind nämlich f stetig, $A \subseteq Y$ offen und $x \in f^{-1}(A)$, so gibt es $\varepsilon > 0$ mit $B_D(f(x), \varepsilon) \subseteq A$ und daher $\delta > 0$ mit $B_d(x, \delta) \subseteq f^{-1}(B_D(f(x), \varepsilon)) \subseteq f^{-1}(A)$, was die Offenheit von $f^{-1}(A)$ zeigt.

Aus der Offenheit von $B_D(f(x), \varepsilon)$ und $x \in f^{-1}(B_D(f(x), \varepsilon))$ folgt andererseits, dass es $\delta > 0$ mit $B(x, \delta) \subseteq f^{-1}(B_D(f(x), \varepsilon))$ gibt, und dies impliziert die Stetigkeit in x.

Für einen halbmetrischen Raum (X, d) und $A \subseteq X$ bezeichnen wir mit d_A die Einschränkung von d auf $A \times A$. Jede in (X, d) offene Teilmenge von A ist auch in (A, d_A) offen, aber andererseits ist A immer in (A, d) offen – das heißt also, dass Offenheit keine „interne" Eigenschaft einer Menge ist, sondern von dem Raum abhängt, in dem die Menge betrachtet wird.

Abzählbare Durchschnitte offener Mengen heißen G_δ-**Mengen**, und es ist überraschend, dass dieser Begriff oft nicht von dem Raum abhängt, in dem die Menge betrachtet wird. Wir benötigen folgende Version dieser Tatsache:

Satz A.1 (Vollständige G_δ-Mengen, Sierpinski)
Seien (X, d) ein vollständiger metrischer Raum, (Y, D) ein metrischer Raum und $f : X \to Y$ injektiv und stetig, so dass $f^{-1} : f(X) \to X$ ebenfalls stetig ist. Dann ist $f(X)$ eine G_δ-Menge in (Y, D).

Beweis. Die Stetigkeit der Umkehrabbildung f^{-1} impliziert folgende Bedingung:

$$\forall\, x \in X, n \in \mathbb{N} \quad \exists\, \delta(x, n) \in (0, 1/n) \quad \forall\, y \in X$$

$$D(f(x), f(y)) < \delta(x, n) \Longrightarrow d(x, y) < \tfrac{1}{n}.$$

Damit sind $G_n \equiv \bigcup_{x \in X} B_D(f(x), \tfrac{1}{2}\delta(x, n))$ offen in (Y, D) mit $f(X) \subseteq G_n$ für alle $n \in \mathbb{N}$, und wir zeigen $\bigcap_{n \in \mathbb{N}} G_n \subseteq f(X)$, weshalb $f(X)$ dann eine G_δ-Menge ist.

Für $z \in \bigcap_{n \in \mathbb{N}} G_n$ gibt es $x_n \in X$ mit $D(f(x_n), z) < \tfrac{1}{2}\delta(x_n, n)$, und für $n, m \in \mathbb{N}$ folgt mit der Dreiecksungleichung

$$D(f(x_n), f(x_m)) < \tfrac{1}{2}(\delta(x_n, n) + \delta(x_m, m)) \leq \delta(x_n, n) \vee \delta(x_m, m).$$

Nach Wahl der $\delta(x, n)$ liefert dies $d(x_n, x_m) < \tfrac{1}{n} \vee \tfrac{1}{m}$, so dass $(x_n)_{n \in \mathbb{N}}$ eine Cauchy-Folge in (X, d) ist. Wegen der Vollständigkeit gibt es $x \in X$ mit $x_n \to x$, und die Stetigkeit von f impliziert $f(x_n) \to f(x)$ in (Y, D). Mit der Dreiecksungleichung folgt

$$D(z, f(x)) \leq D(z, f(x_n)) + D(f(x_n), f(x)) < \delta(x_n, n) + D(f(x_n), f(x)),$$

und wegen $\delta(x_n, n) < \frac{1}{n}$ erhalten wir $D(z, f(x)) = 0$, also $z = f(x) \in f(X)$. $\square$

Für einen halbmetrischen Raum (X, d) sei $\mathcal{B}(X, d) \equiv \sigma(\{A \subseteq X : A \text{ offen}\})$ die Borel-σ-Algebra. Eine bijektive Abbildung $T : X \to Y$ zwischen zwei halbmetrischen Räumen heißt **Borel-Isomorphismus**, falls T und die Umkehrabbildung T^{-1} beide bezüglich der Borel-σ-Algebren messbar sind.

Weil das Bild $T(A)$ einer Menge A mit dem Urbild unter der inversen Abbildung übereinstimmt, sind für Borel-Isomorphismen die Bilder messbarer Mengen wieder messbar.

Die Komposition von Borel-Isomorphismen ist wieder ein Borel-Isomorphismus, und außerdem ist auch die Einschränkung $T|_M$ eines Borel-Isomorphismus $T : (X, d) \to (Y, D)$ auf eine Menge $M \subseteq X$ ein Borel-Isomorphismus zwischen (M, d_M) und $(T(M), D_{T(M)})$: Eine Menge $A \subseteq M$ ist genau dann in (M, d_M) offen, wenn es eine in (X, d) offene Menge B mit $B \cap M = A$ gibt (nämlich die Vereinigung aller Kugeln, deren Schnitt mit M in A enthalten ist), und wegen Satz 1.6 stimmt daher $\mathcal{B}(M, d_M)$ mit der Spur-σ-Algebra $\mathcal{B}(X, d) \cap M$ überein. Deshalb ist $T|_M : \mathcal{B}(M, d_M) \to \mathcal{B}(T(M), D_{T(M)})$ messbar und das gleiche Argument impliziert die Messbarkeit der Umkehrabbildung.

Weil stetige Abbildungen messbar sind, ist jedes stetige und injektive $T : X \to Y$ mit stetiger Umkehrabbildung ein Borel-Isomorphismus zwischen (X, d) und seinem Bild $(T(X), D|_{T(X)})$.

Als Vorbereitung des Hauptergebnisses zeigen wir jetzt, dass $[0, 1]$ versehen mit der Metrik $|x - y|$ und $\{0, 1\}^{\mathbb{N}}$ Borel-isomorph sind. Dabei betrachten wir auf $\{0, 1\}^{\mathbb{N}}$ die Metrik $D(\alpha, \beta) \equiv \sup\{|\alpha_n - \beta_n|/2^n : n \in \mathbb{N}\}$. In Verallgemeinerung von Satz 1.10 gilt dann $\mathcal{B}(\{0, 1\}^{\mathbb{N}}, D) = \bigotimes_{n \in \mathbb{N}} \mathcal{P}(\{0, 1\})$:

Einerseits sind wegen $|\alpha_n - \beta_n| \leq 2^n D(\alpha, \beta)$ alle Projektionen stetig und daher messbar, und andererseits ist jede offene Menge A die abzählbare Vereinigung aller in A enthaltenen Kugeln $B(\alpha, 1/2^n) = \{\beta \in \{0, 1\}^{\mathbb{N}} : \beta_k = \alpha_k \text{ für } k \leq n\} \in \bigotimes_{n \in \mathbb{N}} \mathcal{P}(\{0, 1\})$ mit $\alpha \in S \equiv \{\beta \in \{0, 1\}^{\mathbb{N}} : \{n \in \mathbb{N} : \beta_n \neq 0\} \text{ endlich}\}$.

Satz A.2 (Binärdarstellung)
Es gibt einen Borel-Isomorphismus $T : \{0, 1\}^{\mathbb{N}} \to [0, 1]$.

Beweis. Weil jede reelle Zahl eine Binärdarstellung besitzt, ist $S : \{0, 1\}^{\mathbb{N}} \to [0, 1]$, $\alpha \mapsto \sum_{n=1}^{\infty} \alpha_n / 2^n$ surjektiv. S ist stetig, weil für $\alpha, \beta \in \{0, 1\}^{\mathbb{N}}$ mit $D(\alpha, \beta) < 1/2^n$ die Gleichheit $\alpha_j = \beta_j$ für $1 \leq j \leq n$ folgt und damit

$$|S(\alpha) - S(\beta)| \leq \sum_{j=n+1}^{\infty} 2^{-j} = 2^{-n}.$$

Allerdings ist S nicht injektiv, und deshalb betrachten wir

$$A \equiv \{\alpha \in \{0, 1\}^{\mathbb{N}} : \alpha_n = 1 \text{ für unendlich viele } n \in \mathbb{N}\}.$$

Dann ist $S|_A : A \to (0,1]$ bijektiv mit Umkehrabbildung $R(x) \equiv (I_{Z_n}(x))_{n\in\mathbb{N}}$, wobei

$$Z_n \equiv \bigcup \{(j/2^n, (j+1)/2^n] : j \in \{0,\dots,2^n\} \text{ ungerade}\}.$$

Die Menge A^c ist abzählbar, und weil einelementige Mengen abgeschlossen sind, ist daher $A \in \mathcal{B}(\{0,1\}^{\mathbb{N}}, D)$.

Aus gleichem Grund ist $B \equiv S^{-1}(\mathbb{Q} \cap [0,1]) \in \mathcal{B}(\{0,1\}^{\mathbb{N}}, D)$, und für eine bijektive Abbildung $f : A^c \cup B \to \mathbb{Q} \cap [0,1]$ ist durch

$$T(\alpha) \equiv \begin{cases} S(\alpha), & \alpha \in A \setminus B \\ f(\alpha), & \alpha \in A^c \cup B \end{cases}$$

eine bijektive Abbildung definiert.

Weil S (als stetige Abbildung) und f (Urbilder beliebiger Mengen sind abzählbar) beide messbar sind, ist T messbar. Mit der universellen Eigenschaft aus Satz 1.9.1 und $Z_n \in \mathbb{B} \cap [0,1]$ für alle $n \in \mathbb{N}$ folgt die Messbarkeit von R, und damit erhalten wir die Messbarkeit von

$$T^{-1}(x) = \begin{cases} R(x), & x \in [0,1] \setminus \mathbb{Q} \\ f^{-1}(x), & x \in [0,1] \cap \mathbb{Q} \end{cases}. \qquad \square$$

Mit den beiden vorangehenden Sätzen können wir jetzt als Hauptergebnis die Existenz von Borel-Isomorphismen in einer sehr allgemeinen Situation beweisen. Ein halbmetrischer Raum heißt **separabel**, falls es eine abzählbare Teilmenge gibt, deren Abschluss der ganze Raum ist.

Ein vollständiger separabler metrischer Raum (X,d) heißt **polnisch** (zu Ehren vieler polnischer Mathematiker, die an der Entwicklung der Theorie mitgewirkt haben), und wir nennen (in leichter Abweichung von der in der Literatur üblichen Bezeichnung) dann auch den Messraum $(X, \mathcal{B}(X,d))$ polnisch. Wegen des folgenden Satzes lassen sich viele Probleme für polnische Räume leicht auf den Fall $(\mathbb{R}, \mathbb{B})$ zurückführen:

Satz A.3 (Borel-Isomorphismen polnischer Räume)
Für jeden polnischen Raum (X,d) gibt es $B \in \mathbb{B} \cap [0,1]$ und einen Borel-Isomorphismus $T : X \to B$.

Beweis. Für eine abzählbare Teilmenge $D = \{x_n : n \in \mathbb{N}\}$ mit $\overline{D} = X$ definieren wir $f : X \to [0,1]^{\mathbb{N}}$ durch $f(x) \equiv (d(x,x_n) \wedge 1)_{n\in\mathbb{N}}$, wobei wir auf $[0,1]^{\mathbb{N}}$ die Produktmetrik $D(a,b) \equiv \sup\{|a_n - b_n|/2^n : n \in \mathbb{N}\}$ betrachten. Dann ist f stetig, weil wegen der unteren Dreiecksungleichung $|d(x,x_n) - d(y,y_n)| \leq d(x,y)$ gilt, und außerdem ist f injektiv mit stetiger Umkehrabbildung: Für $x,y \in X$ mit $d(x,y) > \varepsilon \in (0,1)$ und $n \in \mathbb{N}$ mit $d(x,x_n) < \varepsilon/4$ ist nämlich $d(x_n,y) > \frac{3}{4}\varepsilon$, so dass $D(f(x), f(y)) \geq 2^{-n}\varepsilon/2$.

Also definiert f einen Borel-Isomorphismus zwischen (X, d) und $(f(X), D_{f(X)})$, und wegen Sierpinskis Satz ist $f(X)$ eine G_δ-Menge in $[0, 1]^{\mathbb{N}}$, also insbesondere $\mathcal{B}([0, 1]^{\mathbb{N}}, D)$-messbar.

Mit einer bijektiven Abbildung $\varphi : \mathbb{N} \times \mathbb{N} \to \mathbb{N}$ finden wir einen Borel-Isomorphismus $\{0, 1\}^{\mathbb{N}} \to \{0, 1\}^{\mathbb{N} \times \mathbb{N}}$, $(\alpha_n)_{n \in \mathbb{N}} \mapsto (\alpha_{\varphi(n,m)})_{(n,m) \in \mathbb{N} \times \mathbb{N}}$ und damit und Satz A.2 einen Borel-Isomorphismus $g : [0, 1]^{\mathbb{N}} \to [0, 1]$. Die Einschränkung $g|_{f(X)}$ ist ein Borel-Isomorphismus zwischen $f(X)$ und $B \equiv g(f(X))$, und damit ist auch $T \equiv g \circ f : X \to B$ ein Borel-Isomorphismus. Wegen $f(X) \in \mathcal{B}([0, 1]^{\mathbb{N}}, D)$ ist schließlich $B \in \mathbb{B}$.   □

Lesehinweise

Es gibt eine schier endlose Anzahl hervorragender Bücher über Wahrscheinlichkeits-theorie. Anstatt einer umfangreichen Liste führen wir nur einige wenige Werke auf. *Das* Referenzbuch schlechthin ist nicht ganz leicht zu lesen, beinhaltet dafür aber fast alles was man über Wahrscheinlichkeitstheorie wissen kann. Ich hoffe, dass das vorliegende Buch eine gute Vorbereitung darstellt.

[1] Kallenberg, Olav, *Foundations of modern probability*, zweite Auflage, Springer-Verlag, New York, 2002.

Einige „Klassiker" der Theorie sind:

[2] Bauer, Heinz, *Wahrscheinlichkeitstheorie*, fünfte Auflage, Walter de Gruyter, Berlin, 2002.

[3] Chung, Kai Lai, *A course in probability theory*, dritte Auflage, Academic Press, Inc., San Diego, CA, 2001.

[4] Loève, Michel, *Probability theory I & II*, vierte Auflage, Springer-Verlag, New York, Heidelberg, 1977 & 1978.

[5] Shiryaev, Albert N., *Probability*, zweite Auflage, Springer-Verlag, New York, 1996.

Stochastische Prozesse (und deren Anwendungen in der Finanzstochastik) findet man unter anderem in:

[6] Doob, Joseph L., *Stochastic processes*, Nachdruck des Originals von 1953, John Wiley & Sons, Inc., New York, 1990.

[7] Hunt, Phil J. und Kennedy, Joanne E., *Financial derivatives in theory and prac-tice*, überarbeitete Auflage, John Wiley & Sons, Ltd., Chichester, 2004.

[8] Karatzas, Ioannis und Shreve, Steven E., *Brownian motion and stochastic cal-culus*, zweite Auflage, Springer-Verlag, New York, 1991.

[9] Protter, Philip E., *Stochastic integration and differential equations*, zweite Auf-lage, Springer-Verlag, Berlin, 2004.

[10] Øksendal, Bernt, *Stochastic differential equations*, sechste Auflage, Springer-Verlag, Berlin, 2003.

[11] Revuz, Daniel und Yor, Marc, *Continuous martingales and Brownian motion*, dritte Auflage, Springer-Verlag, Berlin, 1999.

Maßtheorie und reelle Analysis werden in folgenden Büchern dargestellt:

[12] Bauer, Heinz, *Maß- und Integrationstheorie*, zweite Auflage, Walter de Gruyter, Berlin, 1992.

[13] Elstrodt, Jürgen, *Maß- und Integrationstheorie*, vierte Auflage, Springer-Verlag, Berlin, 2005.

[14] Rudin, Walter, *Real and complex analysis*, dritte Auflage, McGraw-Hill Book Co., New York, 1987.

Elementare Einführungen in die Stochastik findet man schließlich in:

[15] Henze, Norbert, *Stochastik für Einsteiger*, sechste Auflage, Vieweg, Wiesbaden, 2006.

[16] Jacod, Jean und Protter, Philip, *Probability essentials*, zweite Auflage, Springer-Verlag, Berlin, 2003.

Symbolverzeichnis

$\bigvee_{\alpha \in I} \mathcal{A}_\alpha,\ \mathcal{A}_1 \vee \cdots \vee \mathcal{A}_n$ Maximum von σ-Algebren, *Seite 2*

$\bigwedge_{\alpha \in I} \mathcal{A}_\alpha,\ \mathcal{A}_1 \wedge \cdots \wedge \mathcal{A}_n$ Minimum von σ-Algebren, *Seite 1*

$\int X\, d\mu$ Integral, *Seite 34*

$\int_A X\, d\mu$ Integral über A, *Seite 44*

$\||X\||_p$ Supremum der p-Normen, *Seite 168*

$\|X\|_p$ p-Norm, *Seite 61*

$\|x\|$ (euklidische) Norm, *Seite 29*

$A_n \uparrow A,\ A_n \downarrow A$ aufsteigende Vereinigung, fallender Durchschnitt, *Seite 3*

$x \vee y,\ x \wedge y$ Minimum und Maximum reeller Zahlen

$|A|$ Anzahl der Elemente von A

$\mathcal{B}(\Omega, d), \mathbb{B}, \mathbb{B}_n$ Borel σ-Algebren, *Seite 2*

$\mathcal{B}(T, \mathcal{X})$ Borel-σ-Algebra auf $C(T, \mathcal{X})$, *Seite 133*

$\mathcal{B} \cap M$ Spur-σ-Algebra, *Seite 12*

$B(n, p)$ Binomialverteilung, *Seite 5*

$\mathbb{C}$ komplexe Zahlen

$C(T, \mathcal{X})$ Raum stetiger Funktionen, *Seite 132*

$\mathcal{CM}^{\text{loc}}(\mathcal{F})$ Raum der stetigen lokalen Martingale, *Seite 166*

$\mathcal{CM}^p(\mathcal{F})$ Raum der stetigen $\mathcal{L}_p$-beschränkten Martingale, *Seite 168*

D_j, D^α j-te partielle Ableitung, $D_1^{\alpha_1} \cdots D_n^{\alpha_n}$

$\delta(\mathcal{E})$ erzeugtes Dynkin-System, *Seite 7*

δ_a Dirac-Maß, *Seite 3*

∂A topologischer Rand, *Seite 77*

$\mathcal{E}(X)$ Doléans-Exponential, *Seite 194*

$E(X)$ Erwartungswert, Erwartungsvektor, *Seite 54*

$E(X \mid \mathcal{G})$ bedingte Erwartung, *Seite 117*

$E(X \mid Y = y), E(X \mid Y)$ bedingte Erwartungen, *Seite 112*

$\text{Exp}(\tau)$ Exponentialverteilung, *Seite 45*

$f * g$ Faltung von Funktionen, *Seite 56*

φ_{μ,σ^2} Normalverteilungsdichte, *Seite 53*

φ_X charakteristische Funktion, *Seite 86*

$f \cdot \mu$ Maß mit μ-Dichte f, *Seite 45*

$\mathcal{F}^+$ rechtsstetige Filtration, *Seite 142*

$\overline{\mathcal{F}}$ vervollständigte Filtration, *Seite 142*

$\tilde{\mathcal{F}}^P$ lokale Vervollständigung, *Seite 211*

$\mathcal{F}_\tau$ σ-Algebra der Ereignisse vor τ, *Seite 139*

$\Gamma_{\alpha,\tau}$ Gammaverteilung, *Seite 57*

$Ge(p)$ geometrische Verteilung, *Seite 5*

$H(U)$ Raum der holomorphen Funktionen, *Seite 201*

$H \cdot X, \int H dX$ Integral von Prozessen, *Seite 172*

I_A Indikatorfunktion, *Seite 34*

$\Im z$ Imaginärteil von z

$I_{[\sigma,\tau)}$ Indikatorprozess, *Seite 177*

$K(X,Y), \mathrm{Kov}(X)$ Matrix der Kovarianzen, *Seite 77*

$\mathrm{Kor}(X,Y)$ Korrelation, *Seite 68*

$\mathrm{Kov}(X,Y)$ Kovarianz, *Seite 68*

$L(X)$ Raum der X-integrierbaren Prozesse, *Seite 187*

$\mathcal{L}_1(\Omega, \mathcal{A}, \mu)$ Raum integrierbarer Funktionen, *Seite 42*

λ, λ_n Lebesgue-Maß auf $\mathbb{R}$ und $\mathbb{R}^n$, *Seite 28*

$\limsup_{n\to\infty} A_n, \liminf_{n\to\infty} A_n$ Limes superior und inferior, *Seite 21*

$\mathcal{L}_p \equiv \mathcal{L}_p(\Omega, \mathcal{A}, \mu)$ Raum p-fach integrierbarer Funktionen, *Seite 62*

$\mathcal{L}_p(\mathcal{X})$ Raum $\mathcal{X}$-wertiger $\mathcal{L}_p$-Funktionen, *Seite 76*

$\mathcal{M}(\Omega, \mathcal{F}), \mathcal{M}_+(\Omega, \mathcal{F})$ Räume messbarer Abbildungen, *Seite 37*

$\mathbb{N}, \mathbb{N}_0$ natürliche Zahlen, $\mathbb{N} \cup \{0\}$

$N(\mu, Q)$ multivariate Normalverteilung, *Seite 94*

$N(\mu, \sigma^2)$ Normalverteilung, *Seite 53*

$\nu * \mu$ Faltung von Maßen, *Seite 56*

$\nu \ll \mu$ Absolutstetigkeit, *Seite 74*

$\mathcal{P}(\Omega)$ Potenzmenge, *Seite 1*

$Po(\lambda)$ Poisson-Verteilung, *Seite 5*

$\bigotimes_{j=1}^n \mu_j, \nu \otimes \mu$ Produkt von Maßen, *Seite 51*

$\bigotimes_{\alpha \in I} \mathcal{B}_\alpha$, $\mathcal{A} \otimes \mathcal{B}$ Produkt-σ-Algebra, *Seite 14*

$\bigotimes_{j=1}^{n} f_j$ Tensorprodukt von Funktionen, *Seite 20*

$\nu \cdot K$ gemittelte Verteilung, *Seite 49*

$\nu \otimes K$ Produktmaß, *Seite 49*

$\prod_{\alpha \in I} \mathcal{X}_\alpha$, $X \times Y$ kartesisches Produkt, *Seite 13*

$f \otimes g$ Tensorprodukt, Produktdichte, *Seite 52*

P^X, μ^X Verteilung einer Zufallsgröße, Bildmaß, *Seite 10*

$\mathbb{Q}, \mathbb{Q}_+$ rationale Zahlen, $\{q \in \mathbb{Q} : q > 0\}$

$\hat{Q}$ Fourier-Transformierte, *Seite 86*

$Q_m \xrightarrow{w} Q$ schwache Konvergenz, *Seite 83*

$\overline{\mathbb{R}}$ $\mathbb{R} \cup \{-\infty, \infty\}$, *Seite 36*

$\mathbb{R}$ reelle Zahlen

$\Re z$ Realteil von z

$\sigma(X), \sigma(X_\alpha : \alpha \in I)$ von Zufallsgrößen erzeugte σ-Algebra, *Seite 13*

$\sigma(\mathcal{E})$ erzeugte σ-Algebra, *Seite 1*

$\mathcal{SM}(\mathcal{F})$ Raum der $\mathcal{F}$-Semimartingale, *Seite 189*

$T(\mathcal{F}), \overline{T}(\mathcal{F})$ Treppenprozesse, *Seite 176*

$U(0, 1)$ Gleichverteilung auf $[0, 1]$, *Seite 25*

$U(B)$ Gleichverteilung auf B, *Seite 45*

$\text{Var}(X)$ Varianz, *Seite 68*

$V_X, V_X^{\pm}$ Variation, Positiv- und Negativvariation, *Seite 165*

X^+, X^- Positiv- und Negativteil, *Seite 39*

$[X, Y], [X]$ Covariation, quadratische Variation, *Seite 181*

$\langle x, y \rangle$ Skalarprodukt, *Seite 72*

$[X]$ Covariationsmatrix, *Seite 193*

$X \stackrel{d}{=} Y$ Verteilungsgleichheit, *Seite 10*

$\{X \in B\} = X^{-1}(B)$ Urbild, *Seite 9*

$X \sim Q$ Q ist die Verteilung von X, *Seite 10*

X_τ Wert zur Zeit τ, *Seite 138*

X^τ gestoppter Prozess, *Seite 164*

$X_n \xrightarrow{P} X$ stochastische Konvergenz, *Seite 64*

$X_n \uparrow X$ monotone Konvergenz, *Seite 37*

$X_m \xrightarrow{d} X$ Verteilungskonvergenz, *Seite 84*

Index

www.ingramcontent.com/pod-product-compliance
Lightning Source LLC
Chambersburg PA
CBHW081100220326

41598CB00038B/7168